# 宁夏中部干旱区膜下滴灌马铃薯试验研究

尹娟　李薛锋　著

中国水利水电出版社
www.waterpub.com.cn
·北京·

## 内 容 提 要

本书针对宁夏中部干旱区水资源短缺及马铃薯产业发展中存在的问题，分别在同心县预旺镇、下马关镇和韦州镇等地进行多年系统的试验研究。采用室外试验和室内试验相结合、大田试验和理论分析相结合的技术路线，开展关于膜下滴灌条件下马铃薯灌溉制度、耗水规律、水肥耦合效应、水氮运移规律等方面的研究。研究成果可为宁夏中部干旱区马铃薯产业提质、增效和可持续发展提供理论依据和技术支撑。

本书可供农业水土工程、水利工程等相关领域的本科生、硕士研究生及学者参考。

图书在版编目（CIP）数据

宁夏中部干旱区膜下滴灌马铃薯试验研究 / 尹娟，李薛锋著. -- 北京 : 中国水利水电出版社, 2021.10
ISBN 978-7-5226-0195-3

Ⅰ. ①宁… Ⅱ. ①尹… ②李… Ⅲ. ①干旱区—马铃薯—滴灌—研究—宁夏 Ⅳ. ①S532.71②S275.6

中国版本图书馆CIP数据核字(2021)第215061号

| | |
|---|---|
| 书　　名 | 宁夏中部干旱区膜下滴灌马铃薯试验研究<br>NINGXIA ZHONGBU GANHANQU MOXIA DIGUAN MALINGSHU SHIYAN YANJIU |
| 作　　者 | 尹　娟　李薛锋　著 |
| 出版发行 | 中国水利水电出版社<br>（北京市海淀区玉渊潭南路1号D座　100038）<br>网址：www. waterpub. com. cn<br>E-mail：sales@mwr. gov. cn<br>电话：(010) 68545888（营销中心） |
| 经　　售 | 北京科水图书销售有限公司<br>电话：(010) 68545874、63202643<br>全国各地新华书店和相关出版物销售网点 |
| 排　　版 | 中国水利水电出版社微机排版中心 |
| 印　　刷 | 天津嘉恒印务有限公司 |
| 规　　格 | 184mm×260mm　16开本　18.25印张　444千字 |
| 版　　次 | 2021年10月第1版　2021年10月第1次印刷 |
| 印　　数 | 001—800册 |
| 定　　价 | **128.00**元 |

# 前言

PREFACE

随着人口的增长、城镇化和经济社会的快速发展，我国用水矛盾日益尖锐，水资源短缺问题已成为严重制约国民经济和社会可持续发展的瓶颈。农业用水在水资源开发利用中占有很大比例，我国是农业用水大户，用水总量4000亿$m^3$，占全国总用水量的70%，其中农田灌溉用水量3600亿～3800亿$m^3$，占农业用水量的90%～95%。由于技术及管理水平等原因，灌溉制度不完善，灌溉水利用效率以及水分生产效率远低于发达国家，分别为45%和1.0kg/$m^3$，而发达国家可分别达到80%和2.0kg/$m^3$。20世纪，世界人口增加了2倍，而人类的用水量增加了5倍，对人类和环境产生了巨大的影响[1]。到目前为止，我国大部分地区仍然采用传统的灌水方法，如沟灌、漫灌等，这些灌水方法使得农业用水浪费十分严重，加重了水资源危机。发展节水灌溉，是提高用水效率、建立节水型社会的需要，是调整农业与农村产业结构、农民增收、发展现代农业、促进农村水利现代化的需要，具有重要的现实意义和深远的历史意义。

节水灌溉是缓解我国特别是北方地区水资源供需矛盾的主要途径之一，也是农业可持续发展的要求，而且正在成为全社会的共识。滴灌是一种通过灌水器，将水和液体肥料小流量、长时间、高频率地灌溉到作物根区的一种现代灌溉技术，具有节水、增产、省肥、省工等优点，非常适合灌溉垄作作物，在发达国家已经被广泛用于马铃薯灌溉[2]。膜下滴灌则是将地膜栽培技术与滴灌技术有机结合，即在滴灌带或滴灌毛管上覆盖地膜，是一项节水、增效的灌溉技术。马铃薯是一种对水肥需求较多的粮食作物，目前我国北方马铃薯产区仍使用大水漫灌和撒施的方式种植马铃薯。随着农业技术的发展，来自以色列的滴灌技术开始被应用在马铃薯的种植上，这种滴灌施肥技术已经在国内外经济作物上有了广泛应用和研究。

为了保障国家粮食安全，农业农村部在2015年初发布“推进马铃薯主粮化”的消息，使得马铃薯成为继小麦、玉米、水稻之后的第四大主粮[3]；2016年初，出台了《关于推进马铃薯产业开发的指导意见》，将进行马铃薯主粮产品的产业化开发。在宁夏中南部，马铃薯是当地农民的主要经济来源之一。但由于水资源紧缺制约着当地马铃薯的生产与发展，再加上落后的种植方式和粗放的田间管理，使得灌水和肥料得不到合理搭配，大大降低了水肥利用效率，导致当地马铃薯产量、品质每年起伏较大，给马铃薯产业化发展带来了不确定性[4]。

因此，对马铃薯膜下滴灌进行试验研究，对于解决贫困地区的生态农业、水资源可持续发展、农民增收等问题，促进国民经济发展均具有重大的现实意义。

# 目录
CONTENTS

# 第1章　宁夏中部干旱区马铃薯有限补灌（滴灌）试验研究

## 1.1　试验设计

本次试验设计了覆膜（A）和不覆膜（B）小区试验，每种试验有7个处理，各设3次重复，共21个小区。小区长6m、宽5m，总长42m、总宽15m、株距50cm、行距60cm。小区面积30$m^2$，四周设保护行。水源为田间地头窖供水，每个小区为一个支管单元，在支管单元入口安装有闸阀、压力表和水表，在每垄上安装一条旁壁式滴灌带，滴头间距50cm，额定工作压力0.1MPa，滴头流量2.1L/h。滴灌系统干管直径32mm，支管直径20mm，毛管直径16mm。春季深耕整地，苗期进行查苗补苗，在块茎形成期进行一次中耕培土，同时注意蚜虫和晚疫病等马铃薯块茎病虫害的防治，锄草、施肥、防治病虫害等田间管理与当地农田一致。

马铃薯于2010年5月8日播种，在播种前每个小区施入了相同数量的肥料。春覆膜用黑膜，覆膜时间为2010年5月1日，播前灌时间为5月3日，9月5日收获，整个生育期为116d。遇到降雨时各处理的灌水次数依次后延。考虑到试验区土质的差异性，处理采用随机排列方式进行布置，覆膜与不覆膜的试验方案保持一致。

1. 试验A（覆膜）

（1）处理A1。灌溉定额：0$m^3/hm^2$；灌水次数：0次（对照组）。

（2）处理A2。灌溉定额：105$m^3/hm^2$；灌水次数：1次（块茎增长期）。

（3）处理A3。灌溉定额：105$m^3/hm^2$；灌水次数：2次（块茎形成期，块茎增长期）。

（4）处理A4。灌溉定额：105$m^3/hm^2$；灌水次数：3次（播前，块茎形成期，块茎增长期）。

（5）处理A5。灌溉定额：210$m^3/hm^2$；灌水次数：1次（块茎增长期）。

（6）处理A6。灌溉定额：210$m^3/hm^2$；灌水次数：2次（块茎形成期，块茎增长期）。

（7）处理A7。灌溉定额：210$m^3/hm^2$；灌水次数：3次（播前，块茎形成期，块茎增长期）。

每个处理重复3次，共21个小区，覆膜试验小区布置示意图见表1.1。

2. 试验B（不覆膜）

（1）处理B1。灌溉定额：0$m^3/hm^2$；灌水次数：0次（对照组）。

（2）处理B2。灌溉定额：105$m^3/hm^2$；灌水次数：1次（块茎增长期）。

（3）处理B3。灌溉定额：105m³/hm²；灌水次数：2次（块茎形成期，块茎增长期）。

（4）处理B4。灌溉定额：105m³/hm²；灌水次数：3次（播前，块茎形成期，块茎增长期）。

（5）处理B5。灌溉定额：210m³/hm²；灌水次数：1次（块茎增长期）。

（6）处理B6。灌溉定额：210m³/hm²；灌水次数：2次（块茎形成期，块茎增长期）。

（7）处理B7。灌溉定额：210m³/hm²；灌水次数：3次（播前，块茎形成期，块茎增长期）。

每个处理重复3次，共21个小区，不覆膜试验小区布置示意图见表1.2。

**表1.1　覆膜试验小区布置示意图**

| | | |
|---|---|---|
| A3 | A5 | A1 |
| A7 | A1 | A6 |
| A1 | A7 | A4 |
| A6 | A4 | A2 |
| A5 | A2 | A3 |
| A4 | A6 | A7 |
| A2 | A3 | A5 |

**表1.2　不覆膜试验小区布置示意图**

| | | |
|---|---|---|
| B3 | B5 | B1 |
| B7 | B1 | B6 |
| B1 | B7 | B4 |
| B6 | B4 | B2 |
| B5 | B2 | B3 |
| B4 | B6 | B7 |
| B2 | B3 | B5 |

## 1.2　不同灌水处理马铃薯耗水量的变化规律

### 1.2.1　马铃薯全生育期降水量的变化规律

马铃薯生育期降水量见表1.3。由表可知，从5月中旬到8月底马铃薯整个生育期中总降水量为149.8mm。

**表1.3　马铃薯生育期降水量**

| 日期（月．日） | 5.16 | 5.18 | 5.26 | 6.7 | 6.30 | 7.9 | 8.10 | 8.18 | 总计 |
|---|---|---|---|---|---|---|---|---|---|
| 降水量/mm | 6.8 | 8.5 | 36.5 | 10.8 | 47.1 | 2.3 | 16.6 | 21.2 | 149.8 |

马铃薯全生育期降水量变化规律如图1.1所示，由图可知，5月份降水次数较多，但有效降水量不大，累积降水量51.8mm，占全生育期降水量的34.58%；6月份降水较少，累积降水量为57.9mm，占全生育期降水量的38.65%；7月份降水次数及降水量都较少，累积降水量为2.3mm，占全生育期降水量的1.54%。8月份降水量为37.8mm，占全生育期降水量的25.23%。总体来看，在马铃薯苗期降水量较大，而作物此时对水分的需求量较小。6月份降水量较多，此时马铃薯处于块茎形成期，对水分极其敏感，对水分需求较大，有限的降水量在一定程度上可以缓解干旱程度。7月份降水量最少。而7月份处于马铃薯块茎形成末期和块茎增长初期，此时马铃薯已进入需水临界期，对水分的需求也较

大。而此时降水量较少，在一定程度上会对马铃薯的生长产生影响。8 月下旬进入马铃薯淀粉积累期，虽然需水量较少，但高温干燥、降水量较少的气候条件对马铃薯淀粉的积累亦有很大的影响。

### 1.2.2　不同灌水处理马铃薯土壤含水量的变化规律

土壤含水量受到降水量、灌水量、蒸发量、马铃薯生理耗水等多方面因素的影响，是衡量土壤供水状况的主要指标。

表 1.4 和表 1.5 为马铃薯生育期 0～100cm 土层的平均土壤含水量。由表看出，在马铃薯生育期，受降雨、灌水及蒸发蒸腾的综合影响，各处理土壤水分呈波动性变化。在第一次进行灌水后的处理 4 和处理 7，土壤含水量较其他处理明显上升，其他各处理间差异不太明显。在降雨后，各处理土壤含水量均有升高，降水量越大，土壤含水量越大；灌水量越大，土壤含水量越大。在块茎形成期，由于降雨次数多，降水量也大，在灌水后，处理 3、处理 4、处理 6、处理 7 的土壤含水量明显升高，并达到峰值；随后各处理土壤含水量逐渐降低，在块茎增长期灌水后，各处理间土壤含水量出现明显差异。在淀粉积累期，各处理土壤含水量逐渐降低。不补灌的处理在整个生育期内土壤含水量始终最小。说明土壤含水量的大小主要取决于灌水量的大小，灌水量大的土壤含水量大，灌水量小的土壤含水量小。

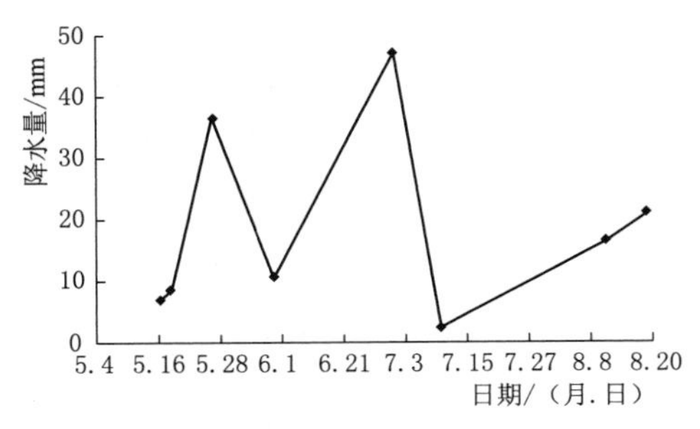

图 1.1　马铃薯生育期降水量变化规律

**表 1.4　覆膜马铃薯生育期 0～100cm 的平均土壤含水率**　%

| 日期（月．日） | 5.4 | 5.8 | 5.28 | 6.8 | 6.20 | 7.2 | 7.8 | 7.18 | 7.28 | 8.8 | 8.18 | 8.28 |
|---|---|---|---|---|---|---|---|---|---|---|---|---|
| 处理 A1 | 7.54 | 7.21 | 11.18 | 10.52 | 9.84 | 11.63 | 14.38 | 16.80 | 13.63 | 13.25 | 12.73 | 8.34 |
| 处理 A2 | 7.54 | 7.86 | 12.77 | 10.52 | 9.65 | 11.63 | 14.37 | 16.73 | 13.63 | 15.68 | 14.81 | 11.64 |
| 处理 A3 | 7.54 | 7.26 | 11.92 | 10.52 | 9.24 | 11.63 | 14.78 | 20.03 | 16.25 | 14.59 | 13.36 | 10.95 |
| 处理 A4 | 7.54 | 11.31 | 13.60 | 12.49 | 11.25 | 13.19 | 16.22 | 17.89 | 15.47 | 13.67 | 13.16 | 10.16 |
| 处理 A5 | 7.54 | 7.58 | 11.89 | 10.52 | 10.23 | 11.63 | 14.48 | 17.08 | 13.63 | 18.07 | 16.52 | 12.23 |
| 处理 A6 | 7.54 | 7.93 | 11.68 | 10.52 | 9.41 | 11.63 | 14.54 | 22.42 | 18.72 | 16.27 | 14.17 | 11.75 |
| 处理 A7 | 7.54 | 11.38 | 14.09 | 13.80 | 12.64 | 14.51 | 18.01 | 21.12 | 17.34 | 15.00 | 13.65 | 11.25 |

**表 1.5　不覆膜马铃薯生育期 0～100cm 的平均土壤含水率**　%

| 日期（月．日） | 5.4 | 5.8 | 5.28 | 6.8 | 6.20 | 7.2 | 7.8 | 7.18 | 7.28 | 8.8 | 8.18 | 8.28 |
|---|---|---|---|---|---|---|---|---|---|---|---|---|
| 处理 B1 | 7.54 | 7.25 | 10.66 | 10.15 | 9.15 | 10.25 | 12.30 | 13.78 | 12.58 | 12.24 | 12.05 | 7.29 |
| 处理 B2 | 7.54 | 7.48 | 11.27 | 10.15 | 9.24 | 10.25 | 12.08 | 13.25 | 12.58 | 15.49 | 14.67 | 10.34 |
| 处理 B3 | 7.54 | 7.28 | 10.64 | 10.15 | 9.46 | 10.25 | 12.60 | 17.89 | 15.72 | 14.21 | 13.28 | 9.56 |
| 处理 B4 | 7.54 | 8.64 | 13.05 | 12.30 | 10.32 | 11.86 | 15.82 | 15.03 | 14.26 | 13.35 | 12.64 | 8.41 |

续表

| 日期（月．日） | 5.4 | 5.8 | 5.28 | 6.8 | 6.20 | 7.2 | 7.8 | 7.18 | 7.28 | 8.8 | 8.18 | 8.28 |
|---|---|---|---|---|---|---|---|---|---|---|---|---|
| 处理B5 | 7.54 | 7.83 | 10.49 | 10.15 | 9.01 | 10.25 | 12.22 | 13.99 | 12.58 | 17.36 | 15.38 | 11.18 |
| 处理B6 | 7.54 | 7.54 | 10.35 | 10.15 | 9.81 | 10.25 | 13.73 | 19.06 | 17.16 | 15.90 | 14.03 | 10.24 |
| 处理B7 | 7.54 | 9.78 | 13.82 | 13.49 | 11.83 | 13.08 | 17.73 | 17.62 | 15.57 | 14.78 | 13.16 | 9.52 |

图1.2表示不同灌水处理下覆膜与不覆膜马铃薯土壤含水率随时间的变化规律。由图看出，覆膜马铃薯的不同灌水处理土壤含水量均大于不覆膜，且覆膜与不覆膜马铃薯土壤含水量变化趋势与不覆膜的相同。7月18日的含水率呈现明显波动，A6的土壤含水率最大，为22.42%。这是由于在7月15日进行灌水，A6的灌水量最大。在马铃薯生育期内，块茎增长期出现了土壤含水率高峰，在淀粉积累期土壤含水量都呈逐渐降低的趋势；覆膜与不覆膜的各处理均在降雨、灌水后土壤含水量明显升高，随后又逐渐降低，且各处理间的差异不太明显。A6的马铃薯平均含水率最高，为15.19%，B1的含水率最低，为9.44%。覆膜的平均含水率为13.69%，不覆膜的平均含水率为10.70%，覆膜的平均含水率比不覆膜的平均含水率大2.99%。

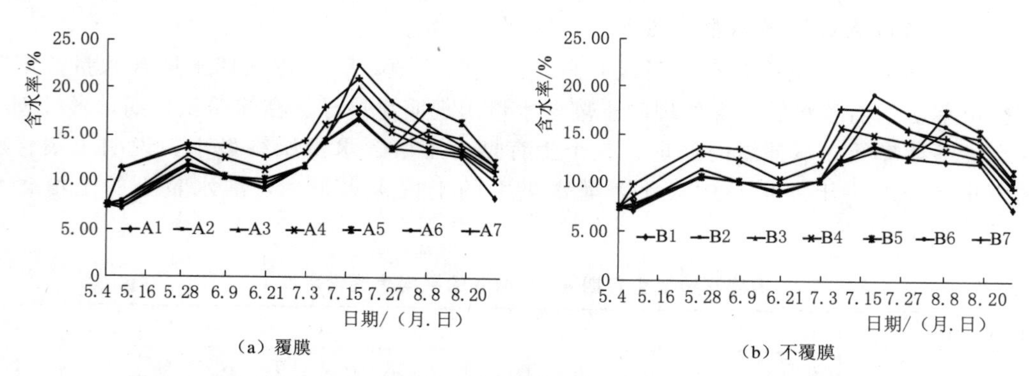


图1.2　不同灌水处理下覆膜和不覆膜马铃薯土壤含水率随时间的变化规律

### 1.2.3　不同灌水处理马铃薯的耗水规律

作物需水量由叶面蒸腾、蒸发和深层渗漏水量组成，一般旱作物忽略深层渗漏。作物耗水指借助水的作用为调节作物的生长环境所消耗的水分，包括土壤蒸发和作物表面的蒸发。对于旱田，作物耗水量即作物需水量。广大北方干旱地区，生育期间降雨量往往不能满足马铃薯对水分的需求，所以对马铃薯要及时进行补充灌溉。作物耗水量是研究农田水分变化规律、水分资源开发利用、农田水利工程规划和设计、分析和计算灌溉用水量等的依据之一。耗水模系数[5]是指作物在某一生育阶段耗水量占整个生育期总耗水量的百分数。耗水模系数的大小主要受日耗水量和生育阶段长短两个因素的影响，它不仅反映了作物各生育阶段的耗水特性，也反映了不同生育阶段对水分的敏感程度和灌溉的重要性。

作物需水量的计算一般有三种计算方法，第一种是采用彭曼-蒙特斯公式，计算参照作物腾发量；第二种采用水量平衡法，计算作物实际耗水量；第三种是估算作物腾发量。本书采用后两种方法计算马铃薯耗水量，以期研究马铃薯耗水量的变化规律，为制定最适宜补灌灌溉制度提供理论依据。

1. 作物实际需水量计算

作物实际需水量根据水量平衡方程计算

$$ET=P+K-(W_t-W_0)+M+WT \tag{1.1}$$

式中　$ET$——时段 $t$ 内的耗水量，mm；

$P$——时段 $t$ 内的降雨量，mm；

$K$——时段 $t$ 内的地下水补给量，mm，由于试验地块地下水埋深较深，故地下水补给量 $K$ 可以忽略不计；

$W_0$、$W_t$——时段初和任一时间 $t$ 时的土壤计划湿润层内的储水量，mm；

$M$——时段 $t$ 内的灌水量，mm；

$WT$——由于计划湿润层增加而增加的水量，mm。

2. 估算作物腾发量

用自由水面的蒸发量或者蒸发皿的蒸发量作为反映蒸发潜力的一个综合指标，通过试验建立实际腾发量与自由水面蒸发量或蒸发皿蒸发量的经验关系，从而根据自由水面蒸发量或蒸发皿蒸发量来估算实际的作物腾发量[6]。这种方法的最大优点是不需要很复杂的仪器，易于操作。本书采用 20cm 蒸发皿蒸发量来估算马铃薯实际的腾发量。

#### 1.2.3.1　不同灌水处理马铃薯耗水量的变化规律

表 1.6 和表 1.7 表示覆膜与不覆膜马铃薯全生育期耗水量，表 1.8 和表 1.9 表示不同灌水处理对马铃薯各生育阶段耗水量和耗水模系数的影响。由表看出，马铃薯生育期内随着植株的生长，耗水量总体表现为先增大后减小的趋势。马铃薯苗期，主要围绕地上部分茎叶的生长，以蒸发为主，不需要过多的水分。块茎形成期，由地上部分转为地下部分生长，进入生殖生长和营养生长并进阶段，田间耗水量以植株蒸腾为主，耗水量逐渐增大，耗水模数也逐渐增大。在块茎增长期，耗水量逐渐减小。淀粉积累期，植株下部叶片开始衰老，植株蒸腾强度逐渐减弱，马铃薯逐渐停止生长，此时对水分要求不高，耗水量逐渐降低。不同灌水处理马铃薯覆膜与不覆膜最大耗水量均为处理 6，分别为 230mm 和 247mm，不覆膜的马铃薯比覆膜的高出 17mm；最小耗水量均为处理 1；覆膜马铃薯的平均耗水量为 217mm，不覆膜马铃薯的平均耗水量为 236mm，不覆膜的马铃薯全生育期平均耗水量比覆膜的高出 8.76%。

**表 1.6**　　**覆膜马铃薯全生育期耗水量**　　单位：mm

| 处　理 | 降水量 | 灌水量 | 土壤储水量 | 耗水量 |
|---|---|---|---|---|
| A1 | 149.80 | 0.00 | 52.20 | 202.00 |
| A2 | 149.80 | 10.49 | 57.71 | 218.00 |
| A3 | 149.80 | 10.49 | 64.71 | 225.00 |
| A4 | 149.80 | 10.49 | 47.71 | 208.00 |
| A5 | 149.80 | 20.99 | 50.21 | 221.00 |

续表

| 处　理 | 降水量 | 灌水量 | 土壤储水量 | 耗水量 |
|---|---|---|---|---|
| A6 | 149.80 | 20.99 | 59.21 | 230.00 |
| A7 | 149.80 | 20.99 | 47.21 | 218.00 |
| 平均 | | | | 217.43 |

**表1.7**　　不覆膜马铃薯全生育期耗水量　　单位：mm

| 处　理 | 降水量 | 灌水量 | 土壤储水量 | 耗水量 |
|---|---|---|---|---|
| B1 | 149.80 | 0.00 | 69.20 | 219.00 |
| B2 | 149.80 | 10.49 | 77.71 | 238.00 |
| B3 | 149.80 | 10.49 | 81.71 | 242.00 |
| B4 | 149.80 | 10.49 | 64.71 | 225.00 |
| B5 | 149.80 | 20.99 | 70.21 | 241.00 |
| B6 | 149.80 | 20.99 | 76.21 | 247.00 |
| B7 | 149.80 | 20.99 | 68.21 | 239.00 |
| 平均 | | | | 235.86 |

**表1.8**　　覆膜马铃薯不同灌水处理各生育阶段耗水量和耗水模系数

| 处理 | 苗　期 | | 块茎形成期 | | 块茎增长期 | | 成熟期 | | 全生育期 |
|---|---|---|---|---|---|---|---|---|---|
| | 耗水量/mm | 模系数/% | 耗水量/mm | 模系数/% | 耗水量/mm | 模系数/% | 耗水量/mm | 模系数/% | 耗水量/mm |
| A1 | 47.36 | 23.4 | 75.92 | 37.6 | 51.54 | 25.5 | 27.18 | 13.5 | 202 |
| A2 | 51.11 | 23.4 | 84.09 | 38.6 | 54.54 | 25 | 28.26 | 13 | 218 |
| A3 | 48.4 | 21.5 | 81.89 | 36.4 | 65.23 | 29 | 29.48 | 13.1 | 225 |
| A4 | 45 | 21.6 | 83.7 | 40.2 | 50.29 | 24.2 | 29.01 | 13.9 | 208 |
| A5 | 51.46 | 23.3 | 79.24 | 35.9 | 64.43 | 29.2 | 25.87 | 11.7 | 221 |
| A6 | 56.8 | 24.7 | 80.64 | 35.1 | 68.05 | 29.6 | 24.51 | 10.7 | 230 |
| A7 | 51.57 | 23.7 | 68.63 | 31.5 | 66.34 | 30.4 | 31.46 | 14.4 | 218 |
| 平均 | 50.72 | 23.04 | 79.7 | 36.27 | 61.48 | 27.89 | 28.1 | 12.8 | 220 |

**表1.9**　　不覆膜马铃薯不同灌水处理各生育阶段耗水量和耗水模系数

| 处理 | 苗　期 | | 块茎形成期 | | 块茎增长期 | | 成熟期 | | 全生育期 |
|---|---|---|---|---|---|---|---|---|---|
| | 耗水量/mm | 模系数/% | 耗水量/mm | 模系数/% | 耗水量/mm | 模系数/% | 耗水量/mm | 模系数/% | 耗水量/mm |
| B1 | 57.18 | 26.1 | 67.86 | 31 | 59.45 | 27.1 | 34.51 | 15.8 | 219 |
| B2 | 60.38 | 25.4 | 80.59 | 33.9 | 66.56 | 28 | 30.47 | 12.8 | 238 |
| B3 | 69.3 | 28.6 | 75.58 | 31.2 | 65.16 | 26.9 | 31.96 | 13.2 | 242 |
| B4 | 56.02 | 24.9 | 80.4 | 35.7 | 63.13 | 28.1 | 25.45 | 11.3 | 225 |
| B5 | 69.25 | 28.7 | 78.57 | 32.6 | 60.57 | 25.1 | 32.61 | 13.5 | 241 |
| B6 | 63.78 | 25.8 | 79.12 | 32 | 69.09 | 28 | 35.01 | 14.2 | 247 |

续表

| 处理 | 苗期 | | 块茎形成期 | | 块茎增长期 | | 成熟期 | | 全生育期 |
|---|---|---|---|---|---|---|---|---|---|
| | 耗水量/mm | 模系数/% | 耗水量/mm | 模系数/% | 耗水量/mm | 模系数/% | 耗水量/mm | 模系数/% | 耗水量/mm |
| B7 | 60.93 | 25.5 | 82.3 | 34.4 | 63.82 | 26.7 | 31.95 | 13.4 | 239 |
| 平均 | 63.86 | 26.8 | 79.43 | 33.3 | 64.72 | 27.1 | 31.24 | 13.1 | 238.67 |

不同灌水处理马铃薯覆膜和不覆膜耗水量之间的关系见图 1.3。由图可知，耗水量与灌溉定额成正比，当灌溉次数一定，灌溉定额不同时，马铃薯的灌溉定额越大，其耗水量就越大，且补灌处理的耗水量大于不补灌的。即当灌水次数为 1 次时，灌溉定额分别为 0、105$m^3/hm^2$、210$m^3/hm^2$时，耗水量的变化规律为：处理 5＞处理 2＞处理 1，处理 5、处理 2 与处理 1 的平均耗水量之差分别为 9.40%、7.92%。当灌水次数为 2 次时，耗水量的变化规律为：处理 6＞处理 3＞处理 1，处理 6、处理 3 与处理 1 的平均耗水量之差分别为 13.86%、11.39%。在灌水次数为 2 次的情况下，各个处理间耗水量的差异要大于相同灌溉定额下灌 1 次水的处理。当灌水次数为 3 次时，耗水量的变化规律为：处理7＞处理 4＞处理 1，处理 7、处理 4 与处理 1 的平均耗水量之差分别为 7.92%、2.97%，且各个处理间耗水量的差异要大于灌 1 次水和灌 2 次水的处理。

由图 1.3 可知，当灌溉定额一定、灌水次数不同时，耗水量的变化规律为：灌 2 次水＞灌 1 次水＞灌 3 次水。且补灌处理的耗水量均大于不补灌的。当灌溉定额为 105$m^3/hm^2$时，处理 3＞处理 2＞处理 4＞处理 1，处理 3、处理 2、处理 4 与处理 1 的平均耗水量之差分别为 11.38%、7.92%、2.97%；当灌溉定额为 210$m^3/hm^2$，处理 6＞处理 5＞处理 7＞处理 1，处理 6、处理 5、处理 7 与处理 1 的平均耗水量之差分别为 13.86%、9.41%、7.92%。

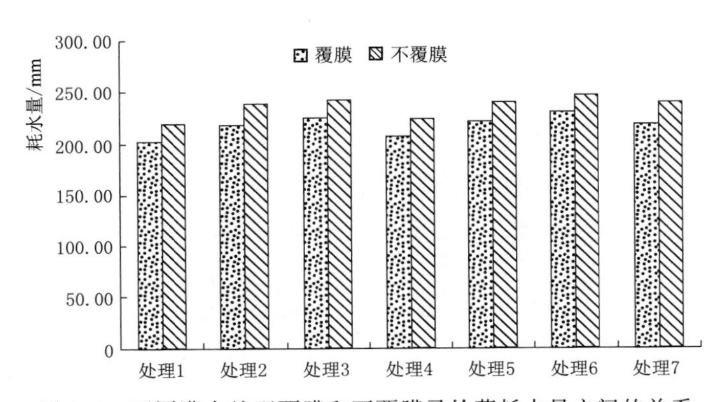

图 1.3 不同灌水处理覆膜和不覆膜马铃薯耗水量之间的关系

由图 1.3 可知，覆膜与不覆膜所有处理的耗水量变化规律相似，都是在灌水次数一定时，灌溉定额越大，耗水量越大；在灌溉定额一定时，灌 2 次水的马铃薯耗水量最大，其次是灌 1 次水，最后是灌 3 次水；进行补灌处理的耗水量都大于不补灌的，且差异明显；不覆膜的各处理耗水量均大于覆膜的。与覆膜马铃薯耗水量相比较，不覆膜的处理 7、处理 6、处理 5、处理 4、处理 3、处理 2、处理 1 的耗水量之差分别为 21mm、17mm、

20mm、17mm、16mm、20mm、17mm。不覆膜马铃薯的耗水量大于覆膜的，原因是覆膜抑制了土壤水分的蒸发，减小了土壤水分的损耗，有利于马铃薯块茎生长。说明覆膜能减少马铃薯的耗水量，有明显节水效果。

#### 1.2.3.2 不同灌水处理马铃薯耗水量与产量的关系

图 1.4 表示覆膜条件下，不同灌水处理马铃薯耗水量与产量的关系。由图 1.4 可知，处理 A6 的耗水量最大，产量也最高为 33678kg/hm$^2$；处理 A1 的耗水量最低，产量也是最低，仅为 20340kg/hm$^2$。

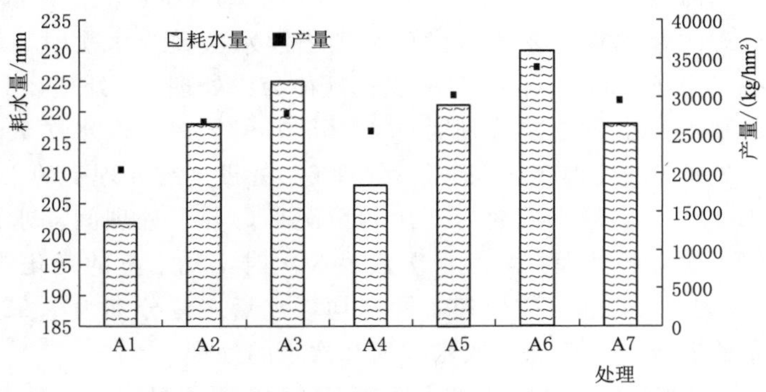


图 1.4 不同灌水处理覆膜马铃薯的耗水量与产量关系

图 1.5 是覆膜马铃薯耗水量与产量的关系拟合曲线图，经分析得出马铃薯的产量与耗水量成二次抛物线关系。其关系式为

$$y=-2.8327x^2+1616.4x-189717 \quad (R^2=0.8318) \tag{1.2}$$

式中 $y$——产量，kg/hm$^2$；

$x$——耗水量，mm。

由式 1.2 可知，产量和耗水量之间的相关系数为 $R^2=0.8318$，说明马铃薯的耗水量与产量呈良好的相关关系。当耗水量为 230mm 时，对应产量最高，为 33678kg/hm$^2$。当耗水量小于 230mm 时，产量随着耗水量的增加而增加。

### 1.2.4 不同灌水处理马铃薯蒸发皿蒸发量的变化规律

蒸发是农田土壤耗水的重要组成部分，因此，减少蒸发的无效耗水是农田节水的主要途径之一。原保忠等[7]在日本研究塑料大棚内马铃薯的灌溉制度时发现，按灌水量与 20cm 标准蒸发皿水面蒸发量 1∶1 的关系进行灌溉，就可获得高产。本书用 20cm 蒸发皿来研究蒸发量的变化规律，以研究蒸发量与耗水量关系及对产量的影响。

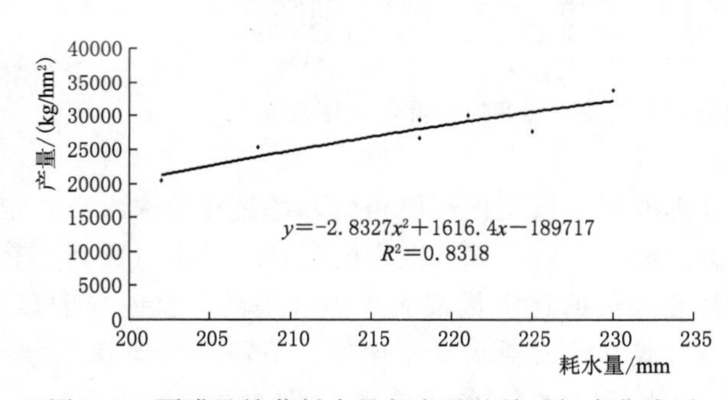


图 1.5 覆膜马铃薯耗水量与产量的关系拟合曲线图

不同灌水处理覆膜马铃薯蒸发皿蒸发量随时间变化规律如图 1.6 所示。

由图明显可知，马铃薯生长前期蒸发量较小，且不同处理之间差距不大，这是因为马铃薯生长前期多阴雨天且气温不高，故其蒸发较弱。7月17—19日，处理7、处理6、处理4、处理3的蒸发量有小幅度的上升，这是因为在7月16日对其进行补灌，但由于阴天且气温不高，故蒸发量上升幅度不大。由于是有限灌溉，故在同样灌溉定额下，灌2次水的处理>灌1次水的处理，即处理6>处理7，处理4>处理3。从7月25—28日，由于是阴天且气温低，故蒸发较弱。7月29日—8月4日，蒸发量持续上升，这是由于从29日起气温较高，且8月1日进行了灌水，故其蒸发量持续上升，蒸发量达到最高峰，且不同处理之间差异明显。从8月6日起，气温逐渐降低，植株到了淀粉积累期，蒸发也逐渐降低，到最后几乎为零。

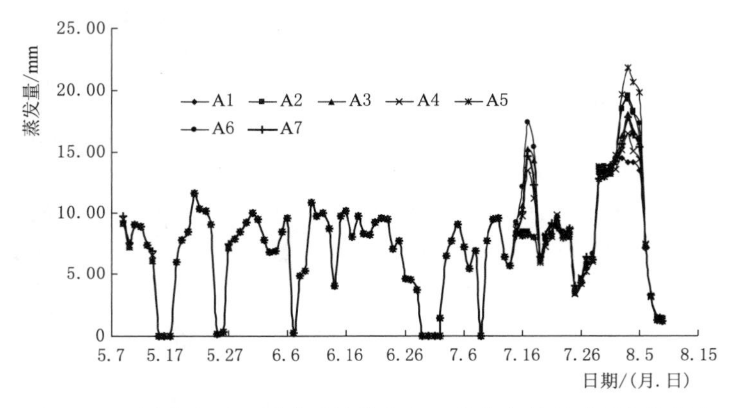


图1.6 不同灌水处理覆膜马铃薯蒸发皿的蒸发量随时间变化规律

表1.10表示覆膜与不覆膜马铃薯的不同灌水处理全生育期蒸发皿蒸发量，由表可见，全生育期内不同灌水处理蒸发皿蒸发量最大的是处理B6，为271.72mm，最小的是处理A1，为225.07mm；覆膜的平均蒸发皿蒸发量为246.01mm，不覆膜的为256.29mm，不覆膜平均蒸发皿蒸发量比覆膜的高4.18%。

**表1.10 覆膜与不覆膜马铃薯的不同灌水处理全生育期蒸发皿蒸发量** 单位：mm

| 处理 | 处理1 | 处理2 | 处理3 | 处理4 | 处理5 | 处理6 | 处理7 | 平均 |
|---|---|---|---|---|---|---|---|---|
| 覆膜 | 225.07 | 243.19 | 250.78 | 238.85 | 251.68 | 264.84 | 247.66 | 246.01 |
| 不覆膜 | 233.46 | 256.93 | 265.64 | 248.20 | 263.10 | 271.72 | 255.00 | 256.29 |

#### 1.2.4.1 覆膜与不覆膜不同灌水处理马铃薯蒸发皿蒸发量的变化规律

覆膜与不覆膜马铃薯的不同灌水处理蒸发皿蒸发量的变化规律如图1.7所示。由图看出，覆膜与不覆膜的马铃薯的蒸发皿蒸发量变化规律相似，灌水次数一定时，灌溉定额越大，蒸发量越大；灌溉定额一定时，累计蒸发量呈灌2次水>灌1次水>灌3次水的规律；进行补灌处理的蒸发量都大于不补灌的处理，且差异明显；覆膜的蒸发量小于不覆膜的，与覆膜的相比较，不覆膜的处理7、处理6、处理5、处理4、处理3、处理2、处理1的蒸发量分别多7.34mm、6.88mm、11.42mm、9.35mm、14.86mm、13.74mm、

8.39mm。说明覆膜具有抑制表层土壤蒸发，提高土壤含水率的作用。

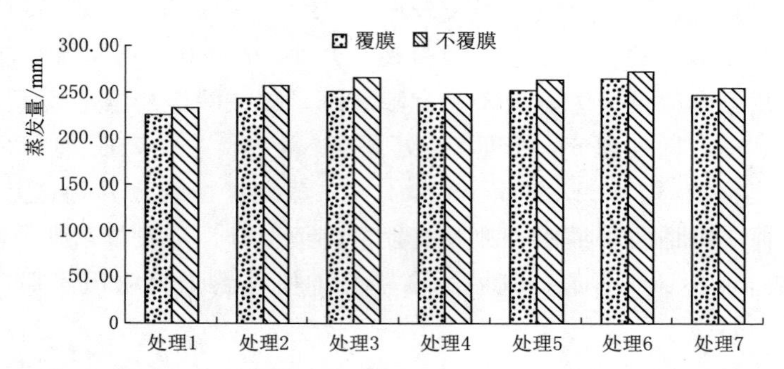


图 1.7　覆膜与不覆膜马铃薯不同灌水处理蒸发皿蒸发量的变化规律

### 1.2.4.2　马铃薯的蒸发皿蒸发量与耗水量的关系

图 1.8 表示覆膜马铃薯不同灌水处理蒸发量与耗水量关系。由图看出，马铃薯的累计蒸发量曲线与生育期的耗水量曲线相似。图 1.9 表示蒸发皿累计蒸发量与耗水量的曲线关系拟合图。经分析，马铃薯的耗水量与蒸发皿的累计蒸发量呈二次抛物线关系。用 20cm 蒸发皿的累积蒸发量作为自变量，累积腾发量作为因变量，得到的回归曲线可以用式（1.3）表示

$$y=-0.0028x^2+2.1112x-133.25 \quad (R^2=0.9253) \tag{1.3}$$

式中　$y$——耗水量，mm；

　　　$x$——累积的蒸发量，mm。

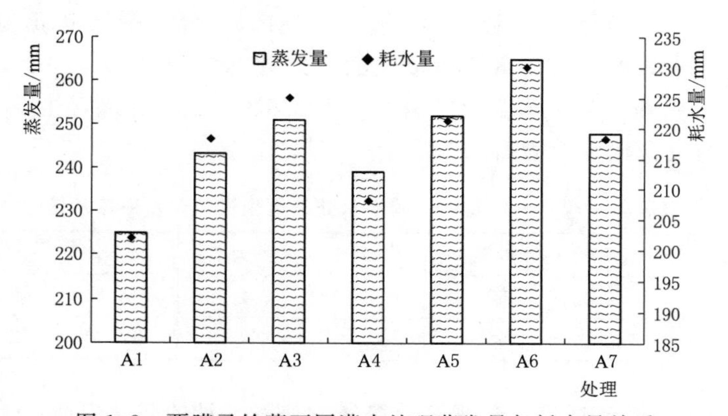


图 1.8　覆膜马铃薯不同灌水处理蒸发量与耗水量关系

经分析得出，其相关系数为 $R^2=0.9253$，说明马铃薯累计蒸发皿与耗水量呈良好的相关关系，这意味可以用累积蒸发量来估算马铃薯耗水量。此结果与王凤新等[8]研究结论相一致，20cm 小型蒸发皿在预测马铃薯的腾发量方面，较为可靠。而 20cm 蒸发皿因其设备更简单、便宜，具有更好的应用推广价值。试验证明，用 20cm 的蒸发皿的蒸发量作为灌溉计划的参考是可行的。

### 1.2.5 不同灌水处理马铃薯的水分利用效率

作物水分利用效率（*WUE*）指作物消耗单位水分所生产的同化的物质的量，它实质上反映作物耗水与干物质生产之间的关系，也是评价作物生长适宜程度的综合生理生态指标[9]。山仑等[10]指出水分不足是干旱半干旱地区农业生产的主要限制因子，这种环境下的农业生产必须以水分的高效利用为中心。李荣生等[11]也指出提高作物本身的水分利用效率应是实现高效用水的中心和潜力所在。水分利用效率（*WUE*）是单位面积作物的单位水分消耗（单位面积的作物腾发量）所获得的经济产量，其计算式为

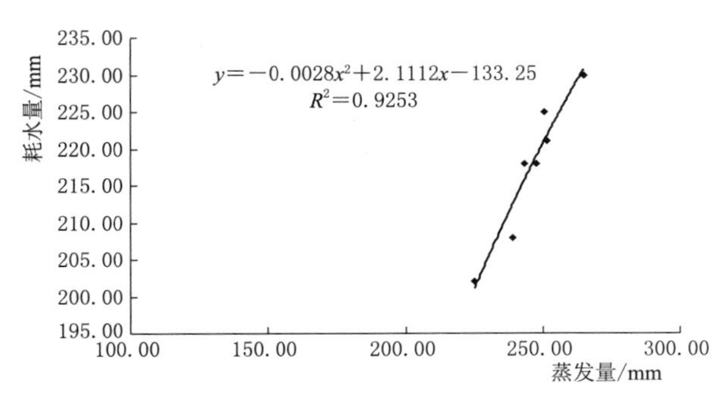


图 1.9 蒸发皿累计蒸发量与耗水量的曲线关系拟合图

$$WUE=Y/ET \qquad (1.4)$$

式中 $Y$——作物经济产量，kg/hm$^2$；

$ET$——作物耗水量，mm。

表 1.11 和表 1.12 为覆膜和不覆膜马铃薯生育期内耗水量、产量和水分利用效率。由表可看出，A6 的马铃薯水分利用效率最大，为 14.64kg/m$^3$，B1 的水分利用效率最低，为 7.30kg/m$^3$；覆膜与不覆膜马铃薯的平均水分利用效率分别为 12.63kg/m$^3$、9.26kg/m$^3$，覆膜的平均水分利用效率比不覆膜的高出 36%。

**表 1.11　覆膜马铃薯生育期耗水量、产量及水分利用效率**

| 处理 | 耗水量/mm | 产量/(kg/hm$^2$) | 水分利用效率/(kg/m$^3$) |
|---|---|---|---|
| A1 | 202 | 20340 | 10.06 |
| A2 | 218 | 26676 | 12.23 |
| A3 | 225 | 27676 | 12.29 |
| A4 | 208 | 25342 | 12.18 |
| A5 | 221 | 30044 | 13.59 |
| A6 | 230 | 33678 | 14.64 |
| A7 | 218 | 29344 | 13.45 |
| 平均 | 217 | 27586 | 12.63 |

**表 1.12　不覆膜马铃薯生育期耗水量、产量及水分利用效率**

| 处理 | 耗水量/mm | 产量/(kg/hm$^2$) | 水分利用效率/(kg/m$^3$) |
|---|---|---|---|
| B1 | 219 | 16006 | 7.30 |
| B2 | 238 | 22341 | 9.38 |
| B3 | 242 | 23008 | 9.50 |
| B4 | 225 | 20340 | 9.04 |

续表

| 处理 | 耗水量/mm | 产量/(kg/hm²) | 水分利用效率/(kg/m³) |
|---|---|---|---|
| B5 | 241 | 23675 | 9.82 |
| B6 | 247 | 24675 | 9.99 |
| B7 | 239 | 23342 | 9.76 |
| 平均 | 236 | 21912 | 9.26 |

1. 不同灌水处理马铃薯水分利用效率变化规律

不同灌水处理覆膜和不覆膜马铃薯水分利用效率如图1.10所示。由图可知，耗水量与灌溉定额成正比。当灌水次数一定，灌溉定额不同时，马铃薯的灌溉定额越大，其水分利用效率就越高，且补灌处理的水分利用效率均大于不补灌的。当灌水次数为1次时，水分利用效率的变化规律为：A5＞A2＞A1，A5、A2与A1的水分利用效率之差分别为35.01％、21.52％；当灌水次数为2次时，水分利用效率的变化规律为：A6＞A3＞A1，A6、A3与A1的水分利用效率之差分别为45.42％、22.16％；当灌水次数为3次时，水分利用效率的变化规律为：A7＞A4＞A1，A7、A4与A1的水分利用效率之差分别为33.67％、21.00％。

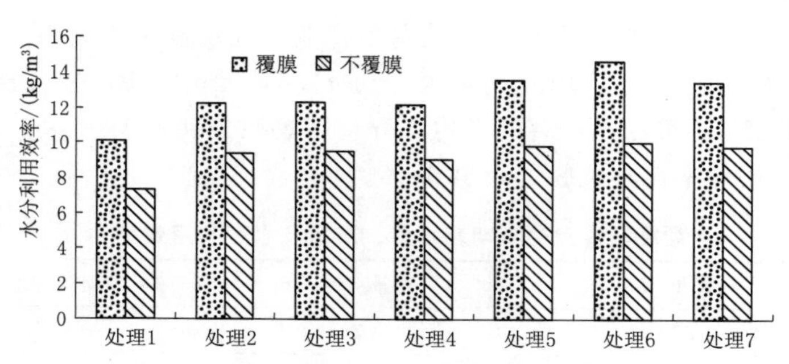


图1.10 不同灌水处理覆膜和不覆膜马铃薯的水分利用效率

当灌溉定额一定，灌水次数不同时，水分利用效率变化规律为：灌2次水＞灌1次水＞灌3次水，且补灌处理的水分利用效率均大于不补灌的。即当灌溉定额为105m³/hm²时，水分利用效率的变化规律为：A3＞A2＞A4＞A1，处理3、处理2、处理4与处理1的水分利用效率之差分别为22.16％、21.52％、21.00％；当灌溉定额为210m³/hm²时，水分利用效率的变化规律为：A6＞A5＞A7＞A1，处理6、处理5、处理7与处理1的水分利用效率之差分别为45.42％、35.01％、33.67％。在灌溉定额为210m³/hm²的处理，各个处理与处理1的水分利用效率的差异要大于灌溉定额为105m³/hm²处理，说明在试验条件下，灌溉定额越大，各个处理与处理1的水分利用效率的差异越大。

由图1.11可知，覆膜与不覆膜的所有处理的水分利用效率变化规律相似，都是在灌水次数一定时，灌溉定额越大，水分利用效率越高；在灌溉定额一定时，灌2水次的水分利用效率最高，其次是灌1次水，最后是灌3次水；进行补灌处理的水分利用效率都大于不补灌的处理，且差异明显；覆膜的各个处理的水分利用效率均大于不覆膜的，覆膜比不覆膜的处理7、处理6、处理5、处理4、处理3、处理2、处理1的水分利用效率分别高3.69kg/m³、4.65kg/m³、3.77kg/m³、3.14kg/m³、2.79kg/m³、2.85kg/m³、2.76kg/m³。说明覆膜种植能提高马铃薯的水分利用效率。

2. 马铃薯水分利用效率与灌溉定额的关系

覆膜马铃薯灌溉定额与水分利用效率的关系如图1.11所示。经分析，马铃薯的水分利用效率与灌溉定额符合二次抛物线关系。对图1.11资料拟合得

$$y=-2\times10^{-5}x^2+0.2311x+10.064 \qquad (R^2=0.9334) \tag{1.5}$$

式中 $y$——水分利用效率，kg/m³；

$x$——灌溉定额，m³/hm²。

经分析得出，其相关系数为 $R^2=0.9334$，说明马铃薯水分利用效率与灌溉定额呈良好的相关关系。当灌溉定额为210m³/hm²时，对应水分利用效率最高为14.64kg/m³。当灌水量小于210m³/hm²时，水分利用效率随着灌水量的增加而增加。

3. 膜下滴灌马铃薯灌溉定额与产量的关系

覆膜马铃薯灌溉定额与产量的关系如图1.12所示。经分析马铃薯的灌溉定额与产量符合二次抛物线关系。对图1.12资料拟合得：

$$y=-0801x^2+67.696x+20340 \qquad (R^2=0.8703) \tag{1.6}$$

式中 $y$——产量，kg/hm²；

$x$——灌溉定额，m³/hm²。

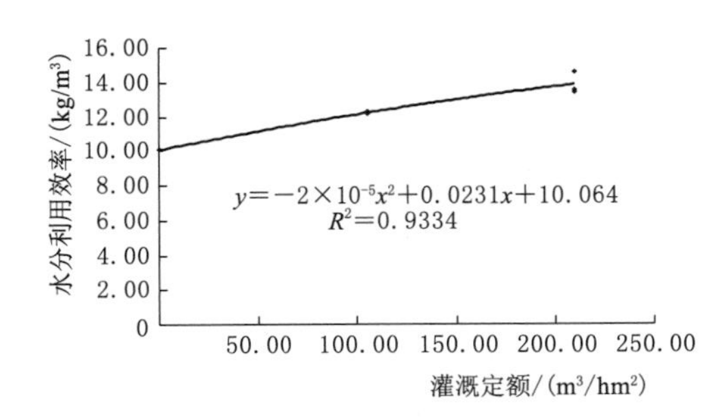


图1.11 不同灌水处理覆膜马铃薯灌溉定额与水分利用效率的关系

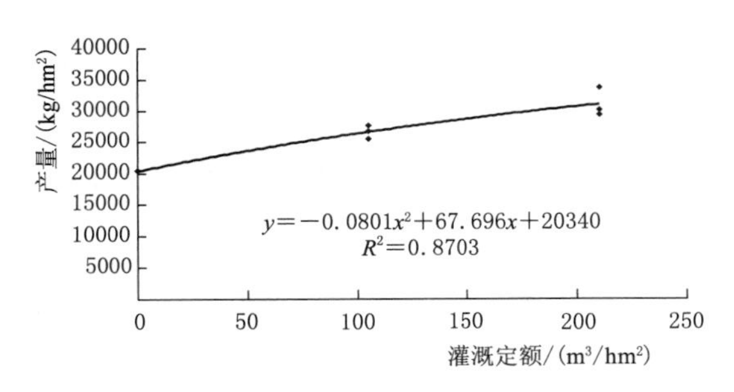


图1.12 不同灌水处理覆膜马铃薯灌溉定额与产量的关系

经分析得出，其相关系数为 $R^2=0.8703$，说明马铃薯的产量与灌溉定额呈良好的相关关系。当灌溉定额为210m³/hm²时，对应产量最高为33678kg/hm²。当灌溉定额小于210m³/hm²时，产量随着灌溉定额的增加而增加。

## 1.2.6 马铃薯灌溉定额、灌水次数与产量的关系

众多学者对干旱、半干旱气候条件下马铃薯块茎的灌溉进行了大量的研究[12]，结果均表明灌溉对马铃薯块茎产量和质量的提高有利。表1.13为马铃薯灌溉定额、灌水次数与产量的方差分析，由表中可知，$F_{灌溉次数}>F_{临}$，说明灌溉定额与产量呈显著相关；$F_{灌水次数}<F_{临}$，说明灌水次数与产量无显著影响。因此，在试验条件下，灌溉定额越大，产量越高。对试验结果影响不显著的因子可以依经济、方便为原则任选一水平。在试验条

件下，选择灌溉定额为 210m³/hm²，灌水次数为 2 次，分别是在块茎形成期和块茎增长期补灌，即 A6 为最优处理。

表 1.13　　马铃薯灌溉定额、灌水次数与产量的方差分析

| 方差来源 | 平方差和 $S$ | 自由度 $f$ | $F_{比值}$ | $F_{临}$ | | 显著性 |
|---|---|---|---|---|---|---|
| | | | | $a=0.05$ | $a=0.01$ | |
| 灌溉定额 A | 132439.16 | 1 | 31.52 | 18.51 | 98.49 | * 显著 |
| 灌水次数 B | 51922.75 | 2 | 6.18 | 19.00 | 99.01 | 不显著 |
| 误差 | 8402.59 | 2 | | | | |

## 1.3　不同灌水处理马铃薯生长量的变化规律

### 1.3.1　不同灌水处理马铃薯株高的变化规律

1. 灌溉定额对马铃薯株高的影响

灌水次数一定，灌溉定额不同时覆膜马铃薯株高的变化规律如图 1.13 所示。可以看出，各处理的整体变化规律相同，马铃薯在块茎形成期先是以地上茎叶生长为主，株高增长的速度很快，然后转向地上茎叶生长与地下块茎形成并进阶段，增长速度变缓；到块茎增长期，主要进行地下部分块茎生长，株高生长达到最高峰并趋于稳定；而到淀粉积累期，株高开始衰减；且进行补灌处理的株高均大于不补灌的处理，且差异明显。不同灌水处理马铃薯平均株高最大的是 A7，为 38cm；最小的是 A1，为 27.5cm。

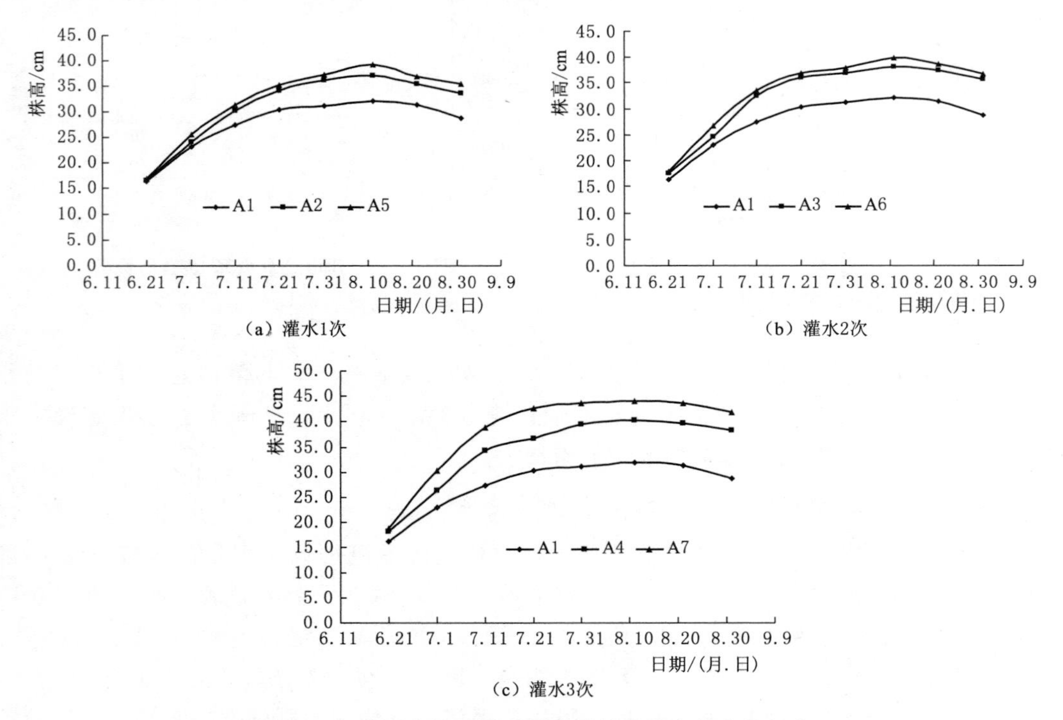


图 1.13　灌溉定额不同时覆膜马铃薯株高的变化规律

在全生育期内灌水次数为1次，灌溉定额不同时马铃薯株高变化规律如图1.13（a）所示。可以看出，当马铃薯的灌溉定额分别为0、105$m^3/hm^2$、210$m^3/hm^2$，灌水次数为1次时，植株高度与灌溉定额成正比，灌溉定额越大，植株越高，即A5＞A2＞A1；A5、A2与A1的平均植株高度之差分别为16.98％、12.03％。

在全生育期内灌水次数为2次，灌溉定额不同时马铃薯株高变化规律如图1.13（b）所示。可以看出，在灌水次数为2次的情况下，植株高度随灌溉定额的增加而增大，即A6＞A3＞A1。A6、A3与A1的平均植株高度之差分别为21.65％、17.34％。在灌水次数为2次的情况下，各个处理株高增长幅度明显大于相同灌溉定额下灌1次水的株高增长幅度。

在全生育期内灌水次数为3次，灌溉定额不同时马铃薯株高变化规律如图1.13（c）所示。可以看出，马铃薯株高变化规律与图1.13（a）、（b）相似，植株高度与灌溉定额成正比，即A7＞A4＞A1，且各个处理株高增长幅度明显大于灌1次水和灌2次水的处理。A7、A4与A1的平均植株高度之差分别为37.99％、24.15％。说明在灌溉定额一定的条件下，灌水次数越多，马铃薯株高越高，即少量多次灌水有利于马铃薯地上部分的生长；在灌水次数一定的条件下，灌溉定额越大，马铃薯株高越高。

*2. 灌水次数对马铃薯株高的影响*

灌溉定额一定，灌水次数不同时覆膜马铃薯的株高变化规律如图1.14所示。可以看出，在块茎形成期时，株高增长的速度很快；到块茎增长期，株高生长达到最高峰并趋于稳定；而到淀粉积累期株高开始衰减；进行补灌处理的株高均大于不补灌的株高，且差异明显。

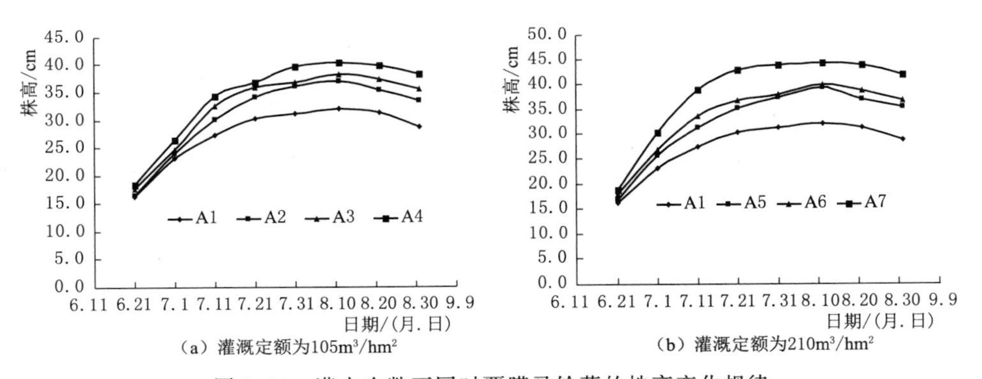

（a）灌溉定额为105$m^3/hm^2$　　（b）灌溉定额为210$m^3/hm^2$

图1.14　灌水次数不同时覆膜马铃薯的株高变化规律

马铃薯全生育期内灌溉定额为105$m^3/hm^2$灌水次数分别为1次、2次、3次的株高变化规律如图1.14（a）所示。可以看出，灌溉定额为105$m^3/hm^2$时，植株高度与灌溉次数成正比，灌溉次数越多，植株越高，不补灌处理的马铃薯株高最小，即A4＞A3＞A2＞A1。A4、A3、A2与A1的平均植株高度之差分别为24.15％、17.34％、12.03％。

马铃薯全生育期内灌溉定额为210$m^3/hm^2$灌水次数分别为1次、2次、3次的株高变化规律如图1.14（b）所示。可以看出，灌溉定额为210$m^3/hm^2$的处理，与图1.14（a）相似，植株高度随灌溉次数增多而增高，不补灌处理的马铃薯株高最小，即A7＞A6＞

A5＞A1。A7、A6、A5与A1的平均植株高度之差分别为37.99％、21.65％、16.98％。与灌溉定额为105m$^3$/hm$^2$相比，各个处理的株高增加幅度明显增大。说明在试验条件下，补灌灌溉定额越大，马铃薯株高越高，越有利于马铃薯地上部分的增长。

3. 覆膜与不覆膜对马铃薯株高的影响

覆膜与不覆膜对马铃薯平均株高的影响如图1.15所示。可以看出，覆膜与不覆膜的株高变化规律相似，在灌水次数一定时，灌溉定额越大，植株越高；在灌溉定额一定时，灌水次数越多，植株越高；进行补灌处理的株高都大于不补灌的处理，且差异明显；覆膜的各个处理的株高均大于不覆膜的，与不覆膜的株高相比较，覆膜的处理7、处理6、处理5、处理4、处理3、处理2、处理1的株高分别高6.0cm、5.0cm、4.7cm、4.8cm、4.5cm、3.8cm、2.4cm。覆膜的平均株高为32.7cm，不覆膜的为28.2cm。说明覆膜具有良好的保水性，有助于马铃薯植株的生长，适宜在宁夏中部干旱地区大面积推广。

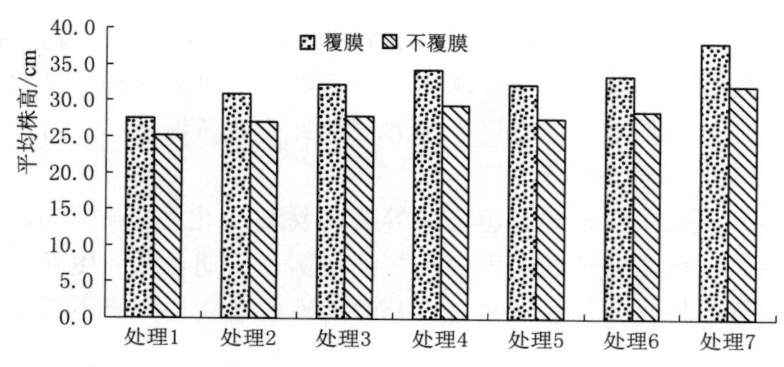


图1.15　覆膜与不覆膜对马铃薯平均株高的影响关系

## 1.3.2　不同灌水处理马铃薯茎粗的变化规律

1. 灌溉定额对马铃薯茎粗的影响

灌水次数一定，灌溉定额不同时覆膜马铃薯茎粗的变化规律如图1.16所示。可以看出，在块茎形成期，茎粗增长的速度很快，而后增长速度变缓；到块茎增长期，茎粗生长达到最高峰并趋于稳定；到淀粉积累期，茎粗开始衰减。但茎粗开始衰减的时间比株高要早10天左右，且衰减幅度比株高要大；进行补灌处理的径粗均大于不补灌的径粗，且差异明显。不同灌水处理马铃薯平均茎粗最大的是A7，为1.42mm；最小的是A1，为1.03mm。

图1.16（a）表示在马铃薯全生育期内灌水次数为1次，灌溉定额分别为0、105m$^3$/hm$^2$、210m$^3$/hm$^2$的茎粗变化规律。可以看出，灌水次数为1次时，茎粗与灌溉定额成正比，灌溉定额越大，茎粗值越大，即A5＞A2＞A1；A5、A2与A1的平均茎粗之差分别为19.27％、8.90％。

图1.16（b）表示在马铃薯全生育期内灌水次数为2次，灌溉定额不同的马铃薯茎粗变化规律。可以看出，在灌水次数为2次的条件下，茎粗随灌溉定额的增加而增大，即A6＞A3＞A1。A6、A3与A1的平均茎粗之差分别为27.93％、14.63％。与相同灌溉定额下灌1次水的茎粗相比，灌2次水时茎粗的增长率明显增大。

图 1.16（c）表示在马铃薯全生育期内灌水次数为 3 次，灌溉定额不同的马铃薯径粗变化规律。可以看出，马铃薯茎粗的变化规律与灌 1 次水和灌 2 次水的相似，茎粗与灌溉定额成正比，灌溉定额越大，茎粗值越大，即 A7＞A4＞A1，且各个处理的茎粗增长率明显大于灌 1 次水和灌 2 次水的。与 A1 相比，A7、A4 的平均茎粗增长率分别为 38.41％、23.17％。

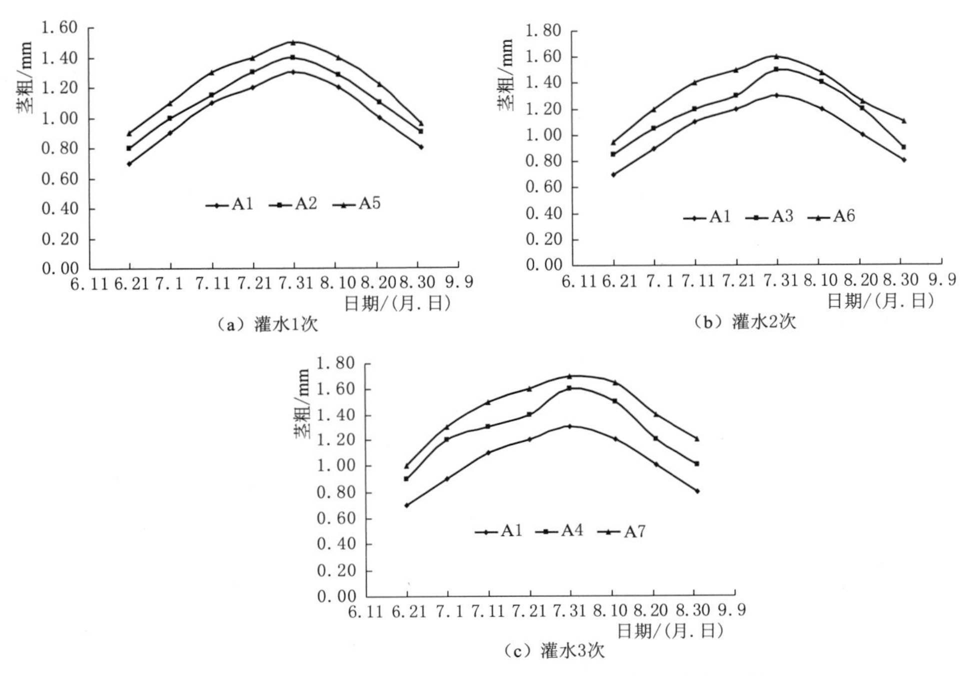


图 1.16 灌溉定额不同时覆膜马铃薯茎粗的变化规律

2. 灌水次数对马铃薯茎粗的影响

灌溉定额一定，灌水次数不同时覆膜马铃薯茎粗的变化规律如图 1.17 所示。可以看出，在块茎形成期时，茎粗增长的速度很快；到块茎增长期，茎粗生长达到最高峰并趋于稳定；而到淀粉积累期茎粗开始衰减；进行补灌处理的茎粗明显大于不补灌处理的，且差异明显。

图 1.17（a）是在马铃薯全生育期内灌溉定额为 $105m^3/hm^2$，灌水次数分别为 1 次、2 次、3 次的茎粗变化规律。可以看出，灌溉定额为 $105m^3/hm^2$ 时，茎粗与灌溉次数成正比，灌溉次数越大，茎粗越粗，即 A4＞A3＞A2＞A1；与 A1 相比较，A4、A3、A2 的平均茎粗增长率分别为 23.17％、14.63％、8.90％。

图 1.17（b）是在马铃薯全生育期内灌溉定额为 $210m^3/hm^2$，灌水次数分别为 1 次、2 次、3 次的茎粗变化规律。可以看出，灌溉定额为 $210m^3/hm^2$ 时，植株茎粗随灌溉次数增多而增加，即 A7＞A6＞A5＞A1；与 A1 相比较，A7、A6、A5 的平均茎粗增长率分别为 38.41％、27.93％、19.27％。在灌溉定额为 $210m^3/hm^2$ 的条件下，各个处理茎粗的增长率明显大于灌溉定额为 $105m^3/hm^2$ 时的。

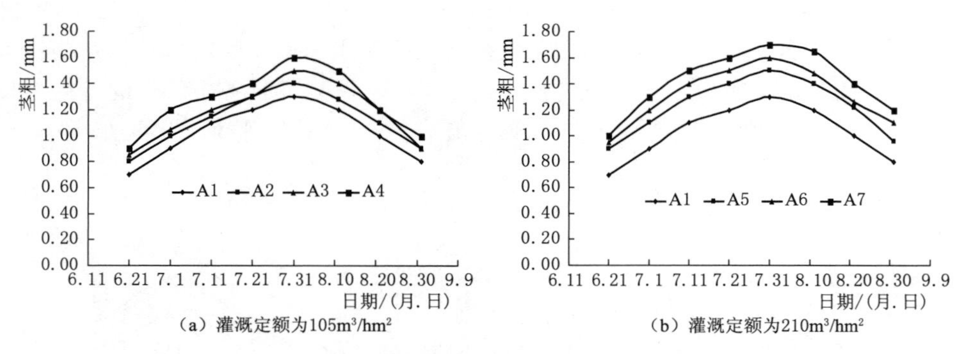


图 1.17 灌水次数不同时覆膜马铃薯茎粗的变化规律

3. *覆膜与不覆膜对马铃薯茎粗的影响*

覆膜与不覆膜的不同灌水处理马铃薯平均茎粗的变化规律如图 1.18 所示。可以看出，覆膜与不覆膜的茎粗变化规律相似，都是在灌水次数一定时，灌溉定额越大，茎粗值越大；在灌溉定额一定时，灌水次数越多，茎粗值越大；进行补灌处理的径粗都大于不补灌处理的，且差异明显；覆膜的各个处理的茎粗值均大于不覆膜的，与不覆膜的径粗相比较，覆膜的处理 7、处理 6、处理 5、处理 4、处理 3、处理 2、处理 1 的径粗分别高 0.23cm、0.26cm、0.27cm、0.18cm、0.20cm、0.18cm、0.16cm。覆膜的平均茎粗为 1.22mm，不覆膜的为 1.01mm，覆膜的比不覆膜的平均茎粗高出 0.21mm。说明覆膜种植马铃薯，有助于马铃薯植株的生长。

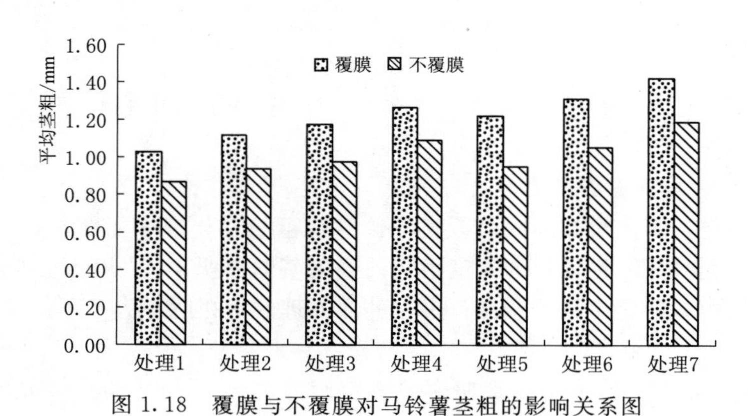


图 1.18 覆膜与不覆膜对马铃薯茎粗的影响关系图

### 1.3.3 不同灌水处理马铃薯干物质的变化规律

1. *灌溉定额对马铃薯干物质累积的影响*

灌水次数一定，灌溉定额不同时覆膜马铃薯干物质含量的变化规律如图 1.19 所示。可以看出，所有处理的整体变化规律相似，在块茎形成期，干物质量增长的速度先缓慢，而后增长速度变快；到块茎增长期，干物质量持续快速增长；到淀粉积累期，干物质量增长速度呈缓慢趋势。进行补灌处理的干物质量均大于不补灌处理的，且差异明显。这与高聚林[13]，杨进荣等[14]研究结论，即马铃薯个体干物质积累呈“S”形曲线变化，苗期干物质积累速度较慢，块茎增长期后干物质积累呈直线增长，淀粉积累期后又有所下降的规律相似。因为马铃薯在苗期，干物质量主要分配在茎叶中；块茎形成期时，干物质主要分配在茎叶和块茎中；在块茎增长期时，干物质主要向块茎输送，茎叶次之；在成熟期时，干物质逐渐停止对茎叶的输送，持续向块茎分配，最后逐渐停止。

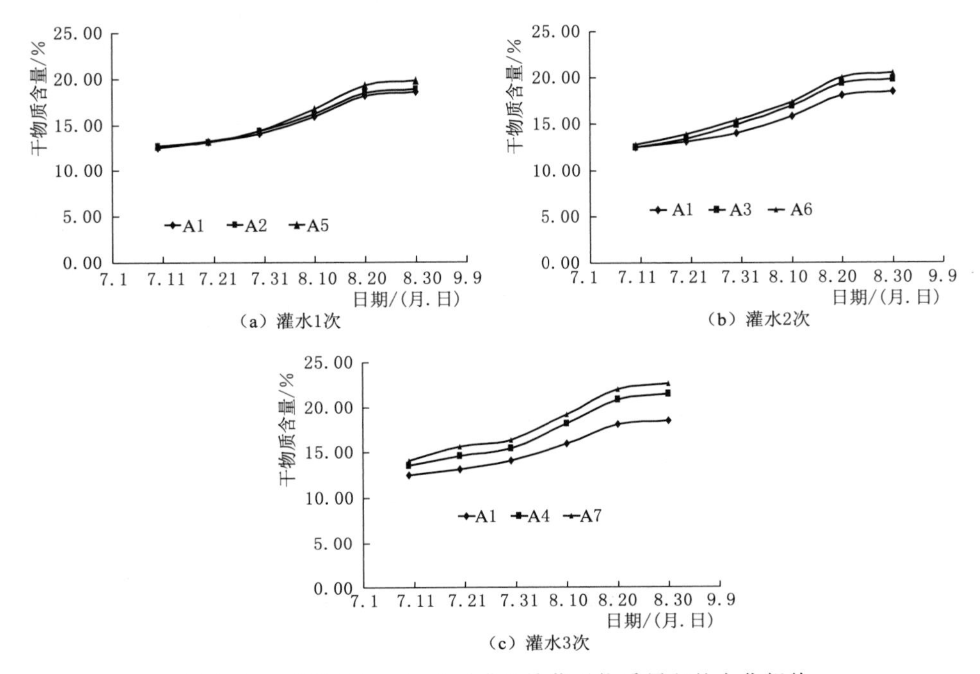


图 1.19 灌溉定额不同时覆膜马铃薯干物质累积的变化规律

图 1.19（a）表示在马铃薯全生育期内灌水次数为 1 次，灌溉定额分别为 $0m^3/hm^2$、$105m^3/hm^2$、$210m^3/hm^2$时的干物质量变化规律。可以看出，灌水次数为 1 次时，干物质量的积累与灌溉定额成正比，灌溉定额越大，干物质量积累越多，即 A5>A2>A1；与 A1 相比，A5、A2 的平均干物质增长率分别为 4.02%、1.59%。

图 1.19（b）表示在马铃薯全生育期内灌水次数为 2 次，灌溉定额不同的条件下干物质量变化规律。可以看出，在灌水次数为 2 次的情况下，干物质量随灌溉定额的增加而增大，即 A6>A3>A1。与 A1 相比，A6、A3 的平均干物质增长率分别为 8.38%、5.15%。与相同灌溉定额下灌 1 次水的干物质量相比，灌 2 次水时干物质量的增长率明显增大。

图 1.19（c）表示在马铃薯全生育期内灌水次数为 3 次，灌溉定额不同的条件下干物质量变化规律。可以看出，马铃薯干物质变化规律与图 1.19（a）和（b）相似，干物质量与灌溉定额成正比，灌溉定额越大，干物质量越大，即 A7>A4>A1，且各个处理的干物质量增长率明显大于灌 1 次水和灌 2 次水的。与 A1 相比，A7、A4 的平均干物质增长率分别为 18.98%、12.86%。原因是在马铃薯的生长发育过程中，矿质元素通过参加同

化物的合成、转运和分配，对马铃薯的生长发育产生影响，而水分加速了矿质元素的合成、转运和分配，因此灌溉水量越多，干物质越多。

2. 灌水次数对马铃薯干物质累积的影响

灌溉定额一定，灌水次数不同时覆膜马铃薯干物质量的变化规律如图 1.20 所示。可以看出，所有处理的马铃薯干物质量变化规律与图 1.19 相似，在块茎形成期，干物质量增长的速度先慢后快；到块茎增长期，干物质量持续快速增长；到淀粉积累期，干物质量增长速度开始减缓。进行补灌处理的干物质量均大于不补灌的处理，且差异明显。

图 1.20（a）表示在马铃薯全生育期内灌溉定额为 $105m^3/hm^2$，灌水次数分别为 1 次、2 次、3 次的干物质量变化规律。可以看出，当灌溉定额为 $105m^3/hm^2$ 时，干物质量的积累与灌溉次数成正比，灌溉次数越大，干物质量累计越多，即 A4＞A3＞A2＞A1；与 A1 相比，A4、A3、A2 的平均干物质量增长率分别为 12.86％、5.15％、1.59％。

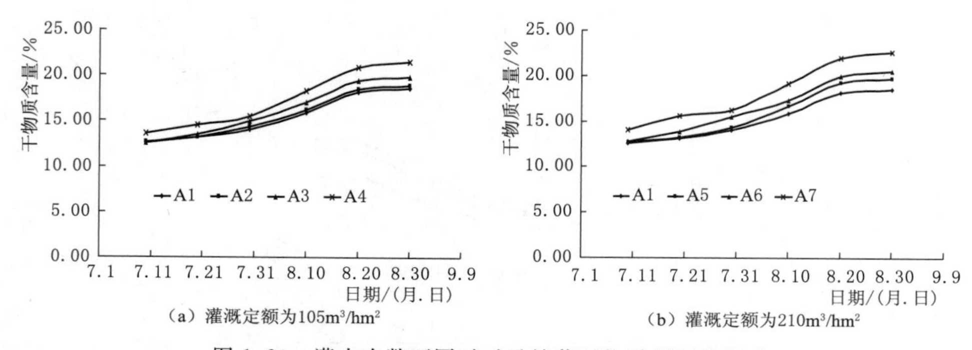

（a）灌溉定额为$105m^3/hm^2$　　（b）灌溉定额为$210m^3/hm^2$

图 1.20　灌水次数不同时对马铃薯干物质累积的影响

图 1.20（b）表示在马铃薯全生育期内灌溉定额为 $210m^3/hm^2$，灌水次数分别为 1 次、2 次、3 次的干物质量变化规律。可以看出，当灌溉定额为 $210m^3/hm^2$ 时，与图 1.20（a）相似干物质量随灌溉次数增多而增高，即 A7＞A6＞A5＞A1；与 A1 相比，A7、A6、A5 的平均干物质量增长率分别为 18.98％、8.38％、4.02％。灌溉定额为 $210m^3/hm^2$ 的各处理干物质量增长率明显大于灌溉定额为 $105m^3/hm^2$ 的。

3. 覆膜与不覆膜对马铃薯干物质含量的影响

覆膜与不覆膜在不同灌水处理马铃薯干物质含量的影响变化规律如图 1.21 所示。可以看出，覆膜与不覆膜的干物质量变化规律相似，在灌水次数一定时，灌溉定额越大，干物质量累积越多；在灌溉定额一定时，灌水次数越多，干物质量累积越多；进行补灌处理的干物质量大于不补灌处理的，且差异明显；覆膜的平均干物质量大于不覆膜的，与不覆膜相比，覆膜处理 7、处理 6、处理 5、处理 4、处理 3、处理 2、处理 1 的平均干物质量分别高出 0.73％、0.58％、0.55％、0.91％、0.67％、0.59％、1.01％。

### 1.3.4　不同灌水处理马铃薯叶面积的变化规律

1. 灌溉定额对马铃薯叶面积的影响

灌水次数一定，灌溉定额不同时覆膜马铃薯叶面积的变化规律如图 1.22 所示。可以看出，所有处理的整体变化规律相似，在块茎形成期，叶面积增长的速度先缓慢，然后增长速度变快；到块茎增长期，叶面积持续快速增长；到淀粉积累期，叶面积增长速度缓慢，最后衰减。进行补灌处理的叶面积均大于不补灌的处理，且差异明显。

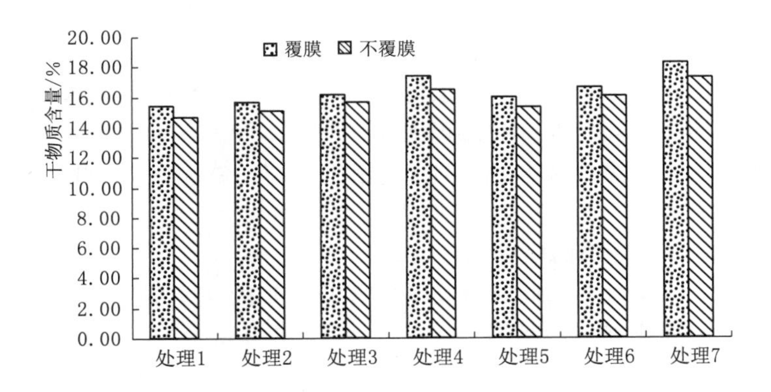


图 1.21 覆膜与不覆膜对马铃薯干物质含量的影响变化规律

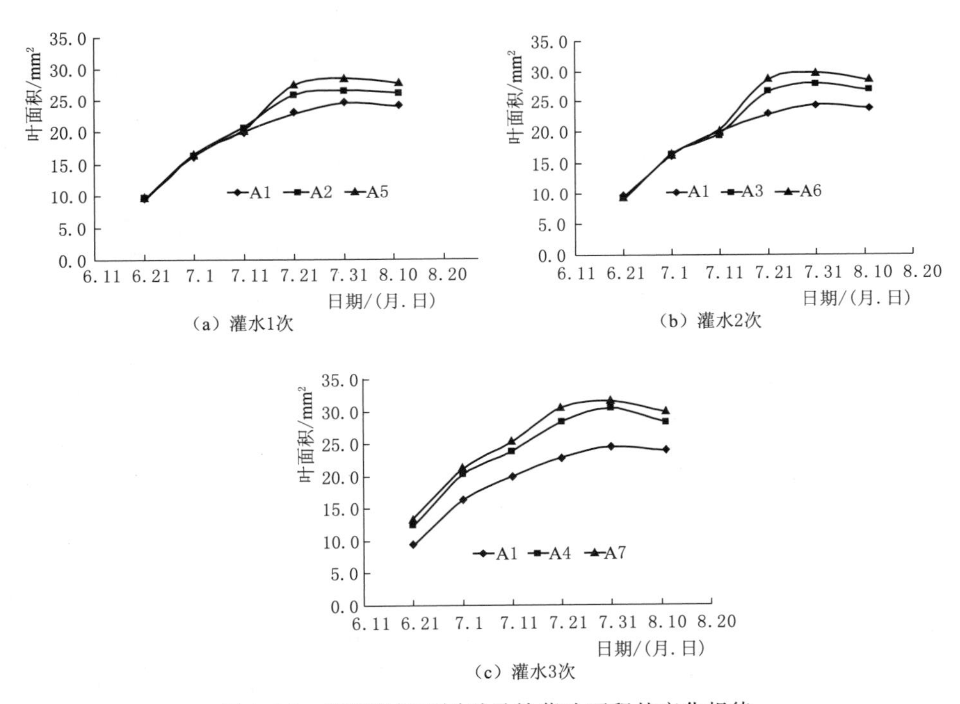


图 1.22 灌溉定额不同时马铃薯叶面积的变化规律

图 1.22 (a) 表示在马铃薯全生育期内灌水次数为 1 次，灌溉定额分别为 $0m^3/hm^2$、$105m^3/hm^2$、$210m^3/hm^2$的叶面积变化规律。可以看出，在灌水次数为 1 次的条件下，叶面积的增长与灌溉定额成正比，灌溉定额越大，叶面积增长越快，即 A5＞A2＞A1；与 A1 相比，A5、A2 的平均叶面积增长率分别为 11.47％、7.28％。

图 1.22 (b) 表示在马铃薯全生育期内灌水次数为 2 次，灌溉定额不同的处理叶面积

变化规律。可以看出，在灌水次数为2次的条件下，叶面积的增长也随灌溉定额的增加而增大，即A6>A3>A1。与A1相比，A6、A3的平均叶面积增长率分别为13.70%、8.22%。与相同灌溉定额下灌水1次的叶面积相比，灌2次水时叶面积的增长率明显增大。

图1.22（c）表示在马铃薯全生育期内灌水次数为3次，灌溉定额不同的处理叶面积变化规律。可以看出，马铃薯叶面积的变化规律与灌1次水和灌2次水的相似，叶面积与灌溉定额成正比，灌溉定额越大，叶面积越大，即A7>A4>A1，且各个处理的叶面积增长率明显大于灌1次水和灌2次水的。与A1相比，A7、A4的平均叶面积增长率分别为29.97%、22.69%。

*2. 灌水次数对马铃薯叶面积的影响*

灌溉定额一定，灌水次数不同时覆膜马铃薯叶面积的变化规律如图1.23所示。可以看出，马铃薯叶面积变化规律与图1.22相似，在块茎形成期，叶面积增长的速度先慢后快；到块茎增长期，叶面积持续快速增长；到淀粉积累期，叶面积逐步衰减。进行补灌处理的叶面积均大于不补灌处理的，且差异明显。

图1.23（a）表示在马铃薯全生育期内灌溉定额为105$m^3/hm^2$，灌水次数分别为1次、2次、3次时的叶面积变化规律。可以看出，灌溉定额为105$m^3/hm^2$时，叶面积的增长与灌溉次数成正比，灌溉次数越大，叶面积增长越快，即A4>A3>A2>A1；与A1相比较，A4、A3、A2的平均叶面积增长率分别为22.68%、8.22%、7.28%。

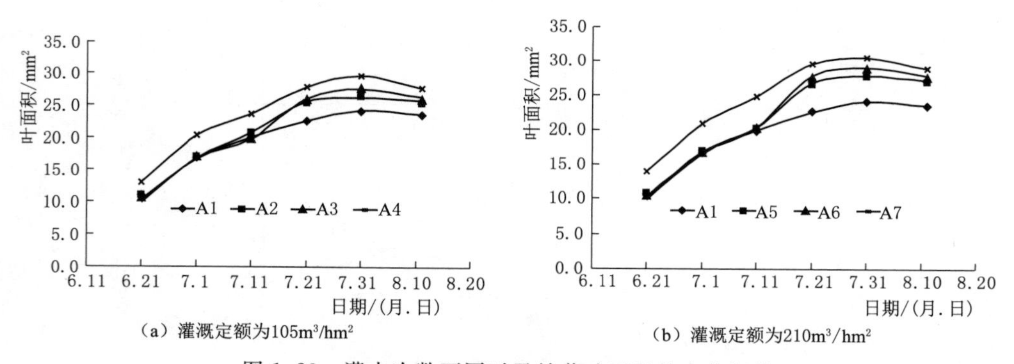


图1.23 灌水次数不同时马铃薯叶面积的变化规律

图1.23（b）表示在马铃薯全生育期内灌溉定额为210$m^3/hm^2$，灌水次数分别为1次、2次、3次的叶面积变化规律。可以看出，灌溉定额为210$m^3/hm^2$时，叶面积随灌溉次数增大而增大，即A7>A6>A5>A1；A7、A6、A5与A1的平均叶面积之差分别为29.97%、13.70%、11.47%。在灌溉定额为210$m^3/hm^2$的处理，各个处理间叶面积增长率明显大于灌溉定额为105$m^3/hm^2$的处理。原因是马铃薯的叶片中的叶绿体吸收阳光，把根吸收来的营养和水分，以及叶片本身在空气中吸收的二氧化碳，制造成富有能量的有机物质（糖、淀粉及蛋白质、脂肪等），水分越多，越有效地促进了这些有机物质的贮藏和叶面积的生长。

*3. 覆膜与不覆膜对马铃薯叶面积的影响*

覆膜与不覆膜的不同灌水处理对马铃薯叶面积影响的变化规律如图1.24所示。可以看出，覆膜与不覆膜的叶面积变化规律相似，在灌水次数一定时，灌溉定额越大，叶面积增长越快；在灌溉定额一定时，灌水次数越多，叶面积增长越快；进行补灌处理的叶面积都大于不补灌的处理，且差异明显；覆膜的各个处理的平均叶面积均大于不覆膜的。与不覆膜的叶面积相比较，覆膜的处理7、处理6、处理5、处理4、处理3、处理2、处理1的叶面积分别大 2.9$mm^2$、3.0$mm^2$、2.4$mm^2$、3.3$mm^2$、3.5$mm^2$、3.2$mm^2$、3.9$mm^2$。

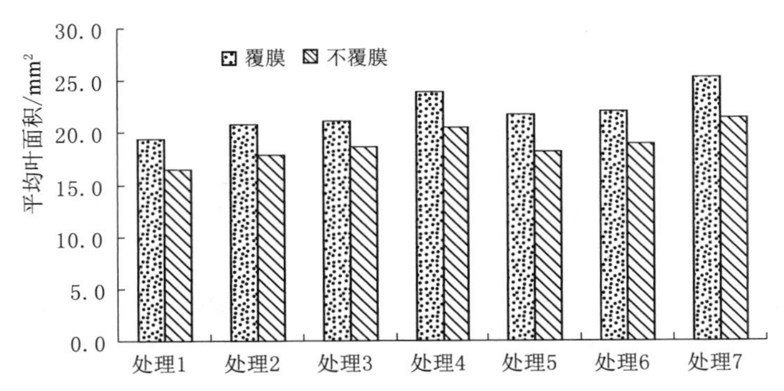


图 1.24　覆膜与不覆膜的不同灌水处理对马铃薯叶面积影响的变化规律

## 1.3.5　不同灌水处理马铃薯叶绿素含量的变化规律

1. 不同灌水处理覆膜马铃薯叶绿素含量的变化规律

不同灌水处理覆膜马铃薯叶绿素含量随时间变化规律如图 1.25 所示。可以看出，叶绿素含量在马铃薯全生育期内呈先增后减的规律，在块茎形成期和块茎增长期内增大，到马铃薯淀粉积累期又逐步减小，且各个处理变化规律相似。原因是到马铃薯淀粉积累期，马铃薯地上部分生长开始进入衰减阶段，养分主要供于地下块茎的生长，叶片逐渐衰老，光合作用逐步减弱，导致马铃薯的叶绿素含量逐步减小。马铃薯的叶绿素含量的高峰期在块茎增长期为 A7 的 1451.60mg/g。

由图 1.25 可看出，当灌水次数相同，灌溉定额不同时，灌溉定额越小，叶绿素含量越小；灌溉定额越大，叶绿素含量越大。即 A7＞A4＞A1，A6＞A3＞A1，A5＞A2＞A1。在 6 月 26 日，A7 的叶绿素含量明显大于 A4 的，差值为 105.45mg/g。其他处理之间差异不明显，且都比 A7 和 A4 的小。原因是叶绿素含量与土壤含水量有密切联系，在播前只对 A7 和 A4 进行了补灌，且 A7 的灌水量大于 A4 的。在 7 月 31 日，A7、A6、A4 和 A3 的叶绿素含量明显大于其他处理的。A7、A4 与 A1 的叶绿素之差分别为 31.82%、25.71%，A6、A3 与 A1 的叶绿素之差分

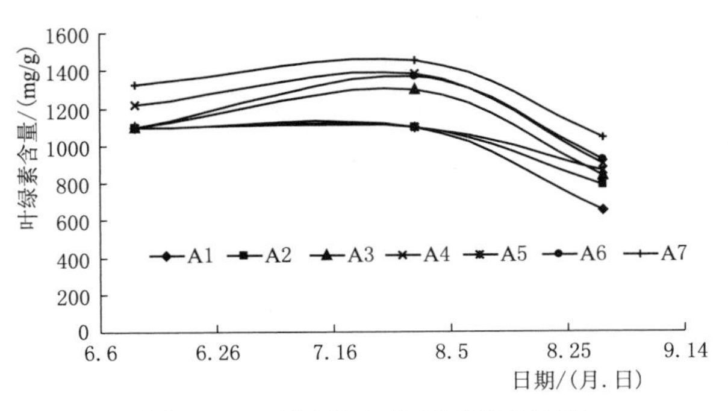


图 1.25　不同灌水处理覆膜马铃薯叶绿素含量随时间变化规律

别为 24.28%、17.94%。原因是 A7、A6、A4 和 A3 在 7 月 15 日时进行灌水，且 A7 的灌水量大于 A4 的，A6 的灌水量大于 A3 的。到 9 月 1 日，叶绿素含量明显减小，而且各处理间的差异较小。原因是在马铃薯淀粉积累期，植株水分胁迫，光合作用减弱，所以叶绿素含量也降低。

由图 1.25 可看出，当灌溉定额相同，灌水次数不同时，灌水次数越少，叶绿素含量越小；灌水次数越多，叶绿素含量越大。即 A7＞A6＞A5＞A1，A4＞A3＞A2＞A1。在 6 月 26 日，A7 的叶绿素含量明显大于 A6 和 A5，A4 的叶绿素含量明显大于 A3 和 A2 的。原因是 A7 和 A4 进行了播前灌溉，土壤水分较其他处理充盈。在 7 月 31 日，A7、A6 与 A1 的叶绿素含量之差分别为 31.82%、24.28%，A4、A3 与 A1 的叶绿素之差分别为 25.71%、17.94%。9 月 1 日的叶绿素含量却没有较大差异，原因是在马铃薯的淀粉积累期，植株水分胁迫，土壤水分衰减，所以叶绿素含量也降低。

*2. 覆膜与不覆膜对马铃薯叶绿素含量的影响*

覆膜与不覆膜马铃薯叶绿素含量变化规律如图 1.26 所示。可以看出，覆膜与不覆膜的马铃薯叶绿素含量具有相似的变化规律，即当灌溉定额一定时，灌水次数越多，叶绿素含量越大；当灌水次数一定时，灌水定额越大，叶绿素含量越大；补灌处理的叶绿素含量大于不补灌的处理；覆膜的叶绿素含量大于不覆膜的。与不覆膜马铃薯的叶绿素含量相比较，覆膜的处理 7、处理 6、处理 5、处理 4、处理 3、处理 2、处理 1 的平均叶绿素含量分别高出 138.04mg、96.86mg/g、58.67mg/g、107.42mg/g、100.38mg/g、62.00mg/g、55.34mg/g。

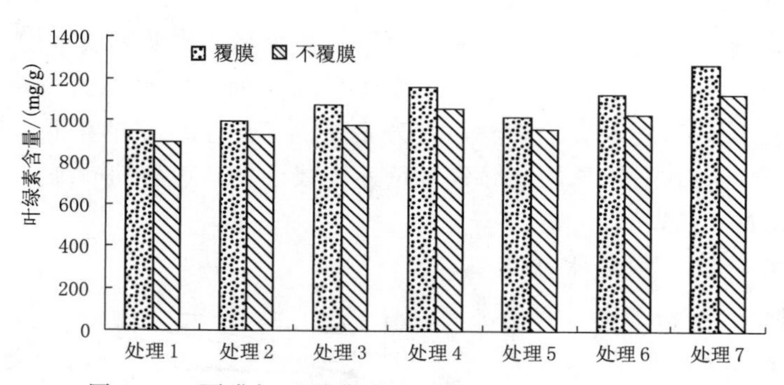


图 1.26　覆膜与不覆膜对马铃薯叶绿素含量变化规律

### 1.3.6　灌溉定额与马铃薯生长指标的方差分析

表 1.14 表示覆膜马铃薯灌溉定额与生育期各项生长指标的方差分析。由表 1.14 可看出，马铃薯全生育期的平均株高、茎粗、干物质、叶绿素的 $F_{比值}$ 大于 $F_{临}$（$a$＝0.05）＝18.51，说明平均株高、茎粗、干物质、叶绿素与灌溉定额呈显著相关。而马铃薯全生育期的平均叶面积的 $F_{比值}$ 小于 $F_{临}$（$a$＝0.05）＝18.51，说明平均叶面积与灌溉定额呈不显著相关。由于在表 1.10 产量的方差分析表明灌水次数与产量无显著影响，因此在本节内容不再做各项生长指标与灌水次数的方差分析。土壤水分与马铃薯的各项生长指标密切相关，对马铃薯进行补灌，增加灌水量，提高马铃薯土壤水分，将有助于提高马铃薯的平均

株高、茎粗、干物质、叶绿素含量。

**表 1.14　覆膜马铃薯灌溉定额与生育期生长指标的方差分析表**

| 处理 | 平均株高/cm | 茎粗/mm | 平均叶面积/$mm^2$ | 干物质/% | 叶绿素/（mg/g） |
|---|---|---|---|---|---|
| A1 | 27.54 | 1.03 | 19.47 | 15.38 | 950.2 |
| A2 | 30.85 | 1.12 | 20.88 | 15.62 | 993.54 |
| A3 | 32.31 | 1.18 | 21.07 | 16.17 | 1076.01 |
| A4 | 34.19 | 1.26 | 23.88 | 17.35 | 1167.83 |
| A5 | 32.21 | 1.22 | 21.7 | 15.99 | 1020.2 |
| A6 | 33.5 | 1.31 | 22.13 | 16.66 | 1129.32 |
| A7 | 38 | 1.42 | 25.3 | 18.29 | 1271.13 |
| $F_{比值}$ | 20.32 | 25.65 | 15.25 | 32.46 | 28.52 |
| 显著性 | 显著 | 显著 | 不显著 | 显著 | 显著 |

注　表中 $F_{比值}$大于 $F_{临}$（$a=0.01$）$=98.49$，表示差异极显著；$F_{比值}$大于 $F_{临}$（$a=0.05$）$=18.51$，表示差异显著；若 $F_{比值}$小于 $F_{临}$（$a=0.05$），表示差异不显著。

### 1.3.7　不同灌水处理马铃薯光合性能的变化规律

1. 马铃薯蒸腾速率的变化规律

蒸腾速率是植物最重要的水分特征之一。蒸腾是植物体内水分以气体状态向外散失的过程，蒸腾作用的强弱是反映植物水分代谢能力强弱的一个重要指标。图 1.27 表示不同灌水处理覆膜马铃薯蒸腾速率变化规律，由图可看出，蒸腾速率在整个生育期内呈先增后减的趋势，从块茎形成期到块茎增长期内逐步增大，在块茎增长期出现了峰值，最大值为 9.75mmol/($m^2$/s)，到马铃薯淀粉积累期蒸腾速率又逐步减小，各处理间呈现了相似的变化规律。

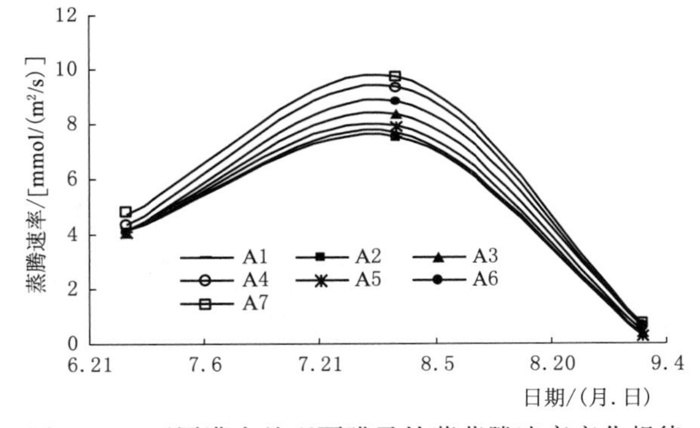


图 1.27　不同灌水处理覆膜马铃薯蒸腾速率变化规律

从图 1.27 可看出，当灌溉定额为 105$m^3$/$hm^2$，灌水次数不同时，蒸腾速率呈 A4>A3>A2>A1 的规律；当灌溉定额为 210$m^3$/$hm^2$，灌水次数不同时，蒸腾速率呈 A7>A6>A5>A1 的规律。在 6 月 26 日，A7 的蒸腾速率明显大于 A6 和 A5，A4 的蒸腾速率明显大于 A3 和 A2 的。原因是蒸腾是植物失水过程，能促进水分在植物体内的传导和从土壤中吸收矿物质随水上运，而水分越充足，蒸腾作用越强。在播前只对 A7 和 A4 进行了补灌，且 A7 的灌水量大于 A4 的。在 7 月 31 日，A7、A6 与 A1 的蒸腾速率之差分别为 26.95%、14.84%，A4、A3 与 A1 的蒸腾速率之差分别为 22.14%、8.85%。原因是 A7、A6、A4 和 A3 在 7 月 15 日时进行灌水，A7 和 A4 进行第二次补灌，A6 和 A3 进行第一次补灌。9 月 1 日的蒸腾速率却没有较大差异，原因是在马铃薯的淀粉积累期，土壤水分减小，植株叶绿素衰减，蒸腾速率减弱。说明当灌溉定额一定，灌水次数不同时，灌水次数越小，蒸腾速率越小；灌水次数越多，蒸腾速率越大。

由图1.27可看出，当灌水次数为1次时，蒸腾速率A5＞A2；当灌水次数为2次时，蒸腾速率A6＞A3；当灌水次数为3次时，蒸腾速率A7＞A4。在6月26日，A7的蒸腾速率明显大于A4的。其他处理之间差异不明显，且都比处理7和处理4的小。在7月31日，A7、A6、A4和A3的蒸腾速率明显大于其他处理的。A7、A4与A1的蒸腾速率之差分别为26.95%、22.14%，A6、A3与A1的蒸腾速率之差分别为14.84%、8.85%。原因是A7、A6、A4和A3在7月15日时进行灌水，且A7的灌水量大于A4的，A6的灌水量大于A3的。到9月1日，蒸腾速率明显减小，而且各处理间的差异较小。原因是在马铃薯淀粉积累期，植株受到水分胁迫，光合作用减弱，蒸腾速率减弱。说明当灌水次数一定，灌溉定额不同时，灌溉定额越小，蒸腾速率越小；灌溉定额越大，蒸腾速率越大。

不同灌水处理覆膜与不覆膜马铃薯蒸腾速率变化规律如图1.28所示。从图中看出，覆膜与不覆膜的马铃薯蒸腾速率在整个生育期内变化规律相似，当灌溉定额一定时，灌水次数越多，蒸腾速率越大；当灌水次数一定时，灌水定额越大，蒸腾速率越大，且不覆膜的蒸腾速率低于覆膜的蒸腾速率。原因是水分亏缺会导致叶片气孔关闭，减小蒸腾速率和光合速率。与不覆膜相比较，覆膜马铃薯的蒸腾速率处理7、处理6、处理4、处理3、处理2和处理1分别高出0.909mmol/($m^2$/s)、0.968mmol/($m^2$/s)、0.994mmol/($m^2$/s)、1.006mmol/($m^2$/s)、0.800mmol/($m^2$/s)、0.877mmol/($m^2$/s)、0.904mmol/($m^2$/s)。

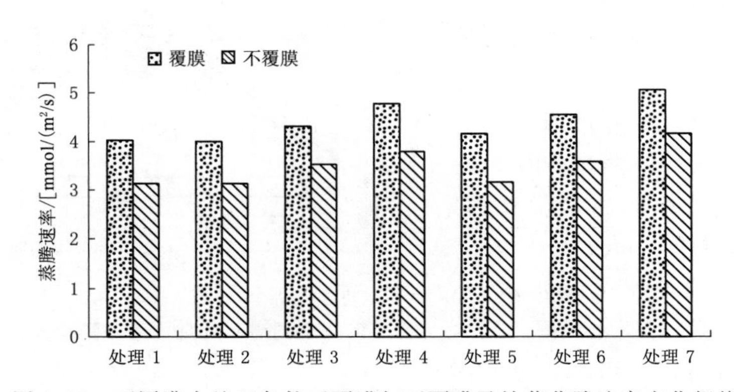


图1.28　不同灌水处理条件下覆膜与不覆膜马铃薯蒸腾速率变化规律

2. 马铃薯气孔导度的变化规律

气孔导度表示的是气孔张开的程度，影响光合作用，呼吸作用及蒸腾作用。气孔对干旱胁迫的反应是非常敏感的，作为水分和二氧化碳进入叶片的通道，对光合作用具有重要的调节作用。图1.29表示不同灌水处理覆膜马铃薯气孔导度变化规律，可以看出，气孔导度在整个生育期内呈先增后减的趋势，在块茎形成期和增长期内增大，到马铃薯淀粉积累期又减小，且各个处理之间具有明显的一致性，并且与蒸腾速率有显著的一致性。覆膜条件下马铃薯的气孔导度高峰期在块茎增长期的A7为483mmol/($m^2$/s)。

从图 1.29 可看出，当灌溉定额为 $105m^3/hm^2$，灌水次数不同时，气孔导度呈 A4＞A3＞A2＞A1 的规律；当灌溉定额为 $210m^3/hm^2$，灌水次数不同时，气孔导度呈 A7＞A6＞A5＞A1 的规律。在 6 月 26 日，A7 的气孔导度明显大于 A6 和 A5，A4 的气孔导度明显大于 A3 和 A2 的。原因是气孔导度是衡量植株和大气间水分、能量及二氧化碳平衡和循环的重要指标，与植株水分密切相关，水分越充足，气孔打开的越充分，在播前只对 A7 和 A4 进行了补灌，且 A7 的灌水量大于 A4 的。在 7 月 31 日，A7、A6 与 A1 的气孔导度之差分别为 26.97%、14.33%，A4、A3 与 A1 的气孔导度之差分别为 20.53%、5.34%。原因是 A7、A6、A4 和 A3 在 7 月 15 日时进行灌水，A7 和 A4 进行第二次补灌，A6 和 A3 进行第一次补灌。9 月 1 日的气孔导度却没有较大差异，原因是在马铃薯的淀粉积累期，植株水分减少，气孔导度减弱。说明当灌溉定额一定，灌水次数不同时，灌水次数越小，气孔导度越小；灌水次数越多，气孔导度越大。

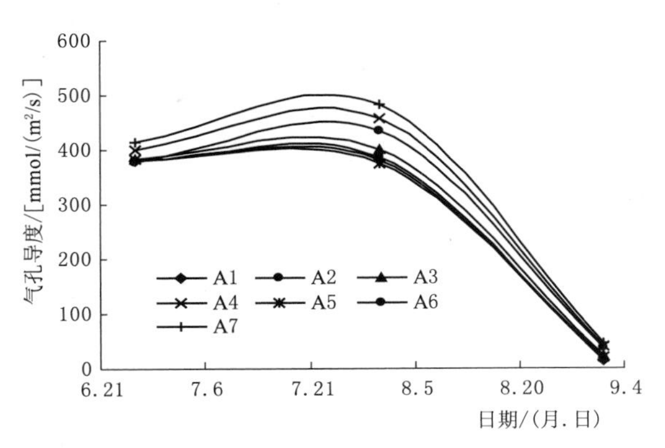


图 1.29 不同灌水处理覆膜马铃薯气孔导度变化规律

由图 1.29 可看出，当灌水次数为 1 次时，气孔导度 A5＞A2；当灌水次数为 2 次时，气孔导度 A6＞A3；当灌水次数为 3 次时，气孔导度 A7＞A4。在 6 月 26 日，A7 的气孔导度明显大于 A4 的。其他处理之间差异不明显，且都比 A7 和 A4 的小。在 7 月 31 日，A7、A6、A4 和 A3 的气孔导度明显大于其他处理的。A7、A4 与 A1 的气孔导度之差分别为 26.97%、20.53%，A6、A3 与 A1 的气孔导度之差分别为 14.33%、5.34%。原因是 A7、A6、A4 和 A3 在 7 月 15 日时进行灌水，且 A7 的灌水量大于 A4 的，A6 的灌水量大于 A3 的。到 9 月 1 日，气孔导度明显减小，而且各处理间的差异较小。说明当灌水次数一定，灌溉定额不同时，灌溉定额越小，气孔导度越小；灌溉定额越大，气孔导度越大。

不同灌水处理覆膜与不覆膜马铃薯气孔导度变化规律如图 1.30 所示，从图中看出，覆膜与不覆膜的马铃薯气孔导度在整个生育期内变化规律相似，当灌溉定额一定时，灌水次数越多，气孔导度越大；当灌水次数一定时，灌水定额越大，气孔导度越大，且不覆膜的气孔导度低于覆膜的气孔导度。原因是覆膜马铃薯的土壤含水量高于不覆膜的，光合作用强，促进水分运输，气孔导度大。与不覆膜相比较，覆膜马铃薯的气孔导度处理 7、处理 6、处理 4、处理 3、处理 2 和处理 1 分别高出 $118.60mmol/(m^2/s)$、$120.59mmol/(m^2/s)$、$114.93mmol/(m^2/s)$、$127.23mmol/(m^2/s)$、$113.91mmol/(m^2/s)$、$117.87mmol/(m^2/s)$、$116.45mmol/(m^2/s)$。

3. 马铃薯光合速率的变化规律

光合作用是马铃薯产量与品质形成的重要生理基础，对水分胁迫的反应较为敏感，这是植物对干旱适应的一种反应。光合作用是植物中最为重要的生命活动，植物中 90% 以上的物质是有光合作用积累的，是农作物产量形成的基础。图 1.31 表示不同灌水处理覆膜马铃薯光合速率变化规律，由图 1.23 可以看出，光合速率在整个生育期内呈先增后减的趋势，在块茎形成期和增长期内增大，到马铃薯淀粉积累期又减小，且各个处理之间具有明显的一致性。覆膜条件下马铃薯的光合速率最大值是在块茎增长期，以 A7 为例，光合速率峰值为 8.12$\mu$mol/($m^2$/s)。

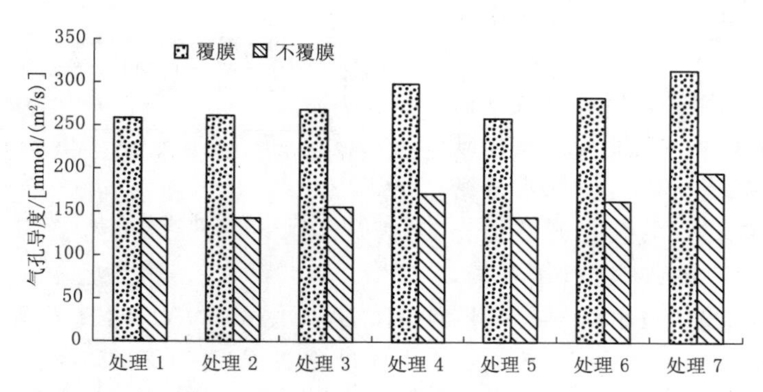


图 1.30　不同灌水处理覆膜与不覆膜马铃薯气孔导度变化规律

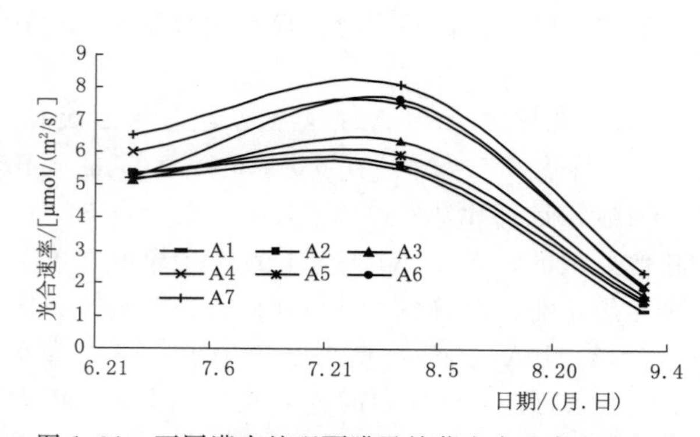


图 1.31　不同灌水处理覆膜马铃薯光合速率变化规律

从图 1.31 可看出，当灌溉定额为 105$m^3$/$hm^2$，灌水次数不同时，光合速率呈 A4＞A3＞A2＞A1 的规律；当灌溉定额为 210$m^3$/$hm^2$，灌水次数不同时，光合速率呈 A7＞A6＞A5＞A1 的规律。在 6 月 26 日，A7 的光合速率明显大于 A6 和 A5，A4 的光合速率明显大于 A3 和 A2 的。原因是水分是马铃薯进行光合作用和制造有机营养的主要原料之一，在其他条件同等情况下，水分越充足，光合作用越强，光合速率越大，在播前只对 A7 和 A4 进行了补灌，且 A7 的灌水量大于 A4 的。在 7 月 31 日，A7、A6 与 A1 的光合速率之差分别为 48.18%、40.15%，A4、A3 与 A1 的光合速率之差分别为 37.59%、16.42%。原因是 A7、A6、A4 和 A3 在 7 月 15 日时进行灌水，A7 和 A4 进行第二次补灌，A6 和 A3 进行第一次补灌。9 月 1 日的光合速率却没有较大差异，原因是在马铃薯的淀粉积累期，植株水分减少，光合作用减弱，光合速率减小。说明当灌溉定额一定，灌水次数不同时，灌水次数越小，光合速率越小；灌水次数越多，光合速率越大。

由图 1.31 可看出，当灌水次数为 1 次时，光合速率 A5＞A2；当灌水次数为 2 次时，光合速率 A6＞A3；当灌水次数为 3 次时，光合速率 A7＞A4。在 6 月 26 日，A7 的光合速率明显大于 A4 的。其他处理之间差异不明显，且都比 A7 和 A4 的小。在 7 月 31 日，A7、A6、A4 和 A3 的光合速率明显大于其他处理的。A7、A4 与 A1 的光合速率之差分别为48.18%、37.59%，A6、A3与A1的光合速率之差分别为40.15%、16.42%。原因是A7、A6、A4和A3在7月15日时进行灌水，且A7的灌水量大于A4的，A6的灌水量大于A3的。到9月1日，光合速率明显减小，而且各处理间的差异较小。说明当灌水次数一定，灌溉定额不同时，灌溉定额越小，光合速率越小；灌溉定额越大，光合速率越大。

不同灌水处理覆膜与不覆膜马铃薯光合速率变化规律如图1.32所示，从图中看出，覆膜与不覆膜的马铃薯光合速率在整个生育期内变化规律相似，当灌溉定额一定时，灌水次数越多，光合速率越大；当灌水次数一定时，灌水定额越大，光合速率越大，且不覆膜的光合速率低于覆膜的光合速率。原因是覆膜马铃薯的土壤含水量高于不覆膜的，光合作用强，光合速率大。与不覆膜相比较，覆膜马铃薯的光合速率处理7、处理6、处理4、处理3、处理2和处理1分别高出3.068μmol/($m^2$/s)、2.775μmol/($m^2$/s)、2.497μmol/($m^2$/s)、2.817μmol/($m^2$/s)、2.442μmol/($m^2$/s)、2.450μmol/($m^2$/s)、2.203μmol/($m^2$/s)。

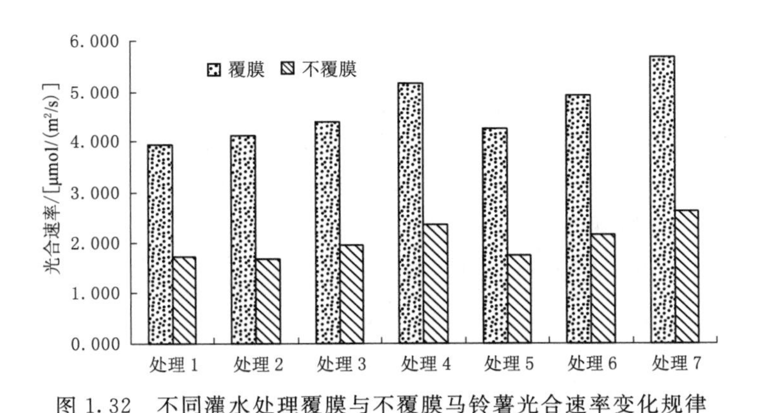


图1.32 不同灌水处理覆膜与不覆膜马铃薯光合速率变化规律

### 1.3.8 马铃薯灌溉定额与光合性能指标的方差分析

表1.15表示覆膜马铃薯灌溉定额与生育期光合性能指标的方差分析。由表1.15可以看出，马铃薯全生育期的蒸腾速率、气孔导度、光合速率的$F_{比}$大于$F_{临}(a=0.05)=18.51$，说明蒸腾速率、光合速率与灌溉定额呈显著相关。由于第3章对于产量的方差分析表明灌水次数与产量无显著影响，因此在本节内容不再做各项生长指标与灌水次数的方差分析。表明水分与马铃薯的各项光合性能指标密切相关，提高马铃薯土壤水分，对其进行补灌，将有助于马铃薯蒸腾速率、气孔导度、光合速率的提高。

**表1.15 覆膜马铃薯灌溉定额与生育期光合性能指标的方差分析表**

| 处理 | 蒸腾速率/[mmol/($m^2$/s)] | 气孔导度/[mmol/($m^2$/s)] | 光合速率/[μmol/($m^2$/s)] |
|---|---|---|---|
| A1 | 4.03 | 258.34 | 3.93 |
| A2 | 3.99 | 261.26 | 4.13 |
| A3 | 4.31 | 269.15 | 4.39 |

续表

| 处理 | 蒸腾速率/[mmol/(m²/s)] | 气孔导度/[mmol/(m²/s)] | 光合速率/[μmol/(m²/s)] |
|---|---|---|---|
| A4 | 4.78 | 299.07 | 5.17 |
| A5 | 4.14 | 259.08 | 4.25 |
| A6 | 4.54 | 282.77 | 4.92 |
| A7 | 5.06 | 314.32 | 5.68 |
| $F_{比}$ | 36.26 | 26.31 | 28.84 |
| 显著性 | 显著 | 不显著 | 显著 |

**注** 表中 $F_{比}$ 大于 $F_{临}(a=0.01)=98.49$，表示差异极显著；$F_{比}$ 大于 $F_{临}(a=0.05)=18.51$，表示差异显著；若 $F_{比}$ 小于 $F_{临}(a=0.05)$，表示差异不显著。

## 1.4 不同灌水处理对马铃薯品质性状的影响

### 1.4.1 不同灌水处理对马铃薯品质性状的影响

1. 不同灌水处理对马铃薯淀粉含量的影响

淀粉是马铃薯块茎的贮藏物质，含量十分丰富，约占块茎鲜重8%～34%。淀粉含量是反映马铃薯块茎品质的一个重要指标，覆膜与不覆膜马铃薯在不同灌水处理的淀粉含量如图1.33所示。不同灌水处理马铃薯覆膜与不覆膜淀粉含量最大值均为A6，分别为16.21%、14.72%；最小值均为A1，分别为12.62%、10.85%；覆膜马铃薯的平均淀粉含量为14.13%，不覆膜马铃薯的平均淀粉含量为13.25%，覆膜的马铃薯平均淀粉含量比不覆膜的高出0.87%。

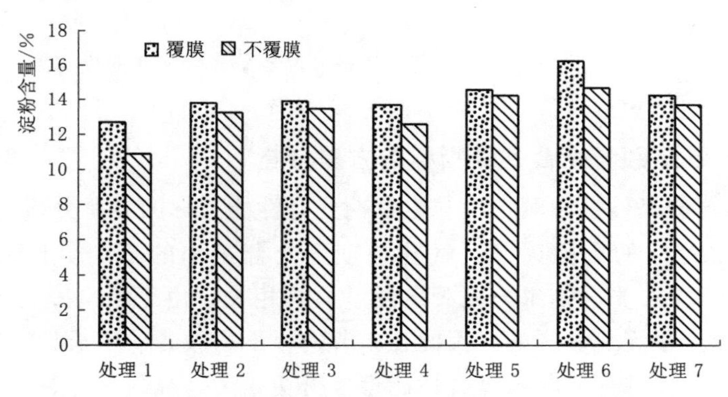


图1.33 覆膜与不覆膜马铃薯在不同灌水处理的淀粉含量

由图1.33可看出，当灌溉定额一定，灌水次数不同时，覆膜和不覆膜马铃薯的淀粉含量均呈A6>A5>A7>A1，A3>A2>A4>A1的变化规律。原因是淀粉与植株的生长因素有关，在植株生长最敏感的时期补水有助于增加淀粉含量，A6与A3在块茎形成期和块茎增长期补水，灌溉水量大于在同一时期灌水的A7和A4；说明在相同灌溉定额下，马铃薯的淀粉含量呈灌2次水>灌1次水>灌3次水>不灌水的规律，补灌处理的淀粉含量大于不补灌处理的；说明灌溉定额一定时，灌2次水的马铃薯淀粉含量最高；在块茎增长期灌水有利于马铃薯淀粉含量的积累。

由图1.33可看出，在灌水次数一定、灌溉定额不同的条件下，覆膜和不覆膜马铃薯淀粉含量均呈A7＞A4＞A1，A6＞A3＞A1，A5＞A2＞A1的变化规律。原因是A7、A6和A5的灌溉水量分别大于A4、A3和A2的。说明灌溉定额越大，马铃薯淀粉含量越高。灌水定额太小则会明显延缓淀粉的积累，导致最终马铃薯淀粉含量较低。

由图1.33可看出，覆膜与不覆膜的淀粉含量在灌水次数和灌溉定额呈现相似的变化规律，即灌溉定额一定，灌水次数不同时，灌2次水的马铃薯淀粉含量最高；灌水次数一定，灌溉定额不同时，灌溉定额越大，马铃薯淀粉含量越高。覆膜的淀粉含量明显大于不覆膜的淀粉含量。与不覆膜的淀粉含量相比较，覆膜的处理1、处理2、处理3、处理4、处理5、处理6、处理7的淀粉含量分别高出：1.77%、0.57%、0.41%、1.04%、0.34%、1.49%、0.51%。说明覆膜有利于马铃薯淀粉含量的积累。

2. 不同灌水处理对还原糖含量的影响

覆膜与不覆膜马铃薯在不同灌水处理的还原糖含量变化规律如图1.34所示。不同灌水处理马铃薯覆膜与不覆膜还原糖含量最大值均为A6，分别为0.92%、0.84%；最小值均为A1，分别为0.42%、0.17%；覆膜马铃薯的平均还原糖含量为0.63%，不覆膜马铃薯的平均还原糖含量为0.40%，覆膜的马铃薯平均还原糖含量比不覆膜的高出0.23%。

由图1.34可看出，当灌溉定额一定、灌水次数不同时，覆膜和不覆膜马铃薯的还原糖含量均呈A6＞A5＞A7＞A1，A3＞A2＞A4＞A1的规律；说明在灌溉定额相同的条件下，马铃薯的还原糖含量呈灌2次水＞灌1次水＞灌3次水＞不灌水的规律；与A1相比，A7、A6、A5、A4、A3、A2之差分别为0.26%、0.50%、0.46%、0.03%、0.12%、0.10%。说明灌溉定额一定时，灌2次水的马铃薯还原糖含量最高，灌1次水的次之，灌3次水的最少；在块茎增长期灌水马铃薯还原糖含量的积累效果最好。

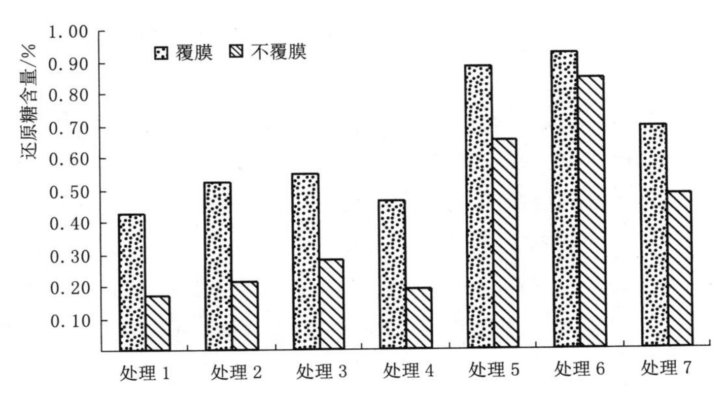


图1.34 覆膜与不覆膜马铃薯在不同灌水处理的还原糖含量变化规律

由图1.34可看出，在灌水次数一定、灌溉定额不同时，覆膜和不覆膜马铃薯还原糖含量均呈A7＞A4＞A1，A6＞A3＞A1，A5＞A2＞A1的变化规律。补灌处理的还原糖含量明显大于不补灌处理的。A7 与 A4，A6 与 A3，A5 与 A2 的还原糖含量分别高出 0.23%、0.37%、0.36%。说明灌溉定额越大越有利于马铃薯还原糖含量的积累。说明在灌水次数一定，灌溉定额不同时，灌溉定额越大，马铃薯还原糖含量越高。

由图 1.34 可看出，覆膜与不覆膜的还原糖含量在灌水次数和灌溉定额下都保持一致性，灌溉定额一定、灌水次数不同时，灌 2 次水的马铃薯还原糖含量最高；灌水次数一定，灌溉定额不同时，灌溉定额越大，马铃薯的还原糖含量越高。覆膜的还原糖含量明显各大于不覆膜的还原糖含量。与不覆膜的还原糖含量相比较，覆膜的处理 1、处理 2、处理 3、处理 4、处理 5、处理 6、处理 7 的还原糖含量分别高出 0.25%、0.31%、0.27%、0.27%、0.23%、0.08%、0.21%。说明覆膜种植有利于马铃薯还原糖含量的积累，在生产实践中更适宜推行覆膜种植。

3. 不同灌水处理对干物质含量的影响

覆膜与不覆膜马铃薯在不同灌水处理的干物质含量如图 1.35 所示。由图中看出，不同灌水处理马铃薯覆膜与不覆膜干物质含量最大值均为处理 6，分别为 23.51%、20.18%；最小值均为处理 1，分别为 19.26%、17.74%；覆膜马铃薯的平均干物质含量为 20.74%，不覆膜马铃薯的平均干物质含量为 18.66%，覆膜的马铃薯平均干物质含量比不覆膜的高出 2.09%。

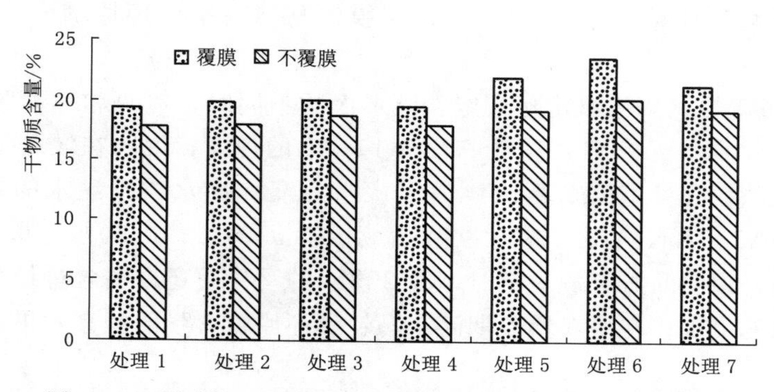


图 1.35　覆膜与不覆膜马铃薯在不同灌水处理的干物质含量

由图 1.35 可以看出，当灌溉定额一定、灌水次数不同时，覆膜和不覆膜马铃薯的干物质含量规律与淀粉、还原糖含量变化规律相似，均呈 A6＞A5＞A7＞A1，A3＞A2＞A4＞A1 的规律；说明在灌溉定额相同的条件下，马铃薯的干物质含量呈灌 2 次水＞灌 1 次水＞灌 3 次水＞不灌水的规律；与 A1 相比，A7、A6、A5、A4、A3、A2 之差分别为 1.99%、4.25%、2.60%、0.20%、0.77%、0.59%。说明灌溉定额一定时，灌 2 次水的马铃薯干物质含量最高，灌 1 次水的次之，灌 3 次水的最少；在块茎增长期灌水马铃薯干物质含量的积累效果最好。Fabeiro C F 等[15]认为在块茎增长期，马铃薯块茎对水分亏缺反应最为敏感。这与 Fabeiro C F 等的试验结果一致。

由图 1.35 可以看出，在灌水次数一定、灌溉定额不同时，覆膜和不覆膜马铃薯干物质含量均呈 A7＞A4＞A1，A6＞A3＞A1，A5＞A2＞A1 的变化规律。补灌处理的干物质含量明显大于不补灌处理的。A7 与 A4、A6 与 A3、A5 与 A2 相比，干物质含量分别高出1.79%，3.48%，2.01%。说明灌溉定额有利于马铃薯干物质含量的积累。说明在灌水次数一定，灌溉定额不同时，灌溉定额越大，马铃薯干物质含量越高。

由图1.35可看出，覆膜与不覆膜的干物质含量在灌水次数和灌溉定额下都保持一致性，灌溉定额一定，灌水次数不同时，灌2次水的马铃薯干物质含量最高；灌水次数一定，灌溉定额不同时，灌溉定额越大，马铃薯的干物质含量越高。覆膜的干物质含量明显各大于不覆膜的干物质含量。与不覆膜的干物质含量相比较，覆膜的处理1、处理2、处理3、处理4、处理5、处理6、处理7的干物质含量分别高出1.52%、1.96%、1.33%、1.63%、2.70%、3.33%、2.16%。说明覆膜种植有利于马铃薯块茎干物质含量的积累，适合宁夏中部干旱区大面积推广。

4. 马铃薯块茎品质与灌溉定额的方差分析

表1.16表示覆膜马铃薯块茎品质与灌溉定额的方差分析。由表可看出，马铃薯的淀粉、还原糖、干物质含量的$F_{比}$均大于$F_{临}(a=0.05)=18.51$，说明淀粉、还原糖、干物质含量与灌溉定额呈显著相关。由于在1.3节中产量的方差分析表明灌水次数与产量无显著影响，因此在本节内容不再做各项生长指标与灌水次数的方差分析。灌溉定额与马铃薯的块茎品质密切相关，增加马铃薯的灌水量，将有助于马铃薯淀粉、还原糖、干物质含量的提高。

**表1.16　　覆膜马铃薯块茎品质与灌溉定额的方差分析**　　%

| 处理 | 淀粉 | 还原糖含量 | 干物质含量 | 处理 | 淀粉 | 还原糖含量 | 干物质含量 |
|---|---|---|---|---|---|---|---|
| A1 | 12.62 | 0.42 | 19.26 | A6 | 16.21 | 0.92 | 23.51 |
| A2 | 13.76 | 0.52 | 19.85 | A7 | 14.19 | 0.69 | 21.25 |
| A3 | 13.88 | 0.55 | 20.03 | $F_{比}$ | 22.18 | 20.37 | 26.54 |
| A4 | 13.62 | 0.46 | 19.46 | 显著性 | 显著* | 显著* | 显著* |
| A5 | 14.61 | 0.88 | 21.86 | | | | |

注　表中$F_{比}$大于$F_{临}$（$a=0.01$）=98.49，表示差异极显著；$F_{比}$大于$F_{临}$（$a=0.05$）=18.51，表示差异显著；若$F_{比}$小于$F_{临}$（$a=0.05$），表示差异不显著。

5. 马铃薯块茎品质与产量的相关关系

表1.17表示覆膜马铃薯块茎品质与产量的相关关系。由表1.16可看出，覆膜马铃薯全生育期淀粉含量（$y$）与产量（$x$）呈明显的直线关系，$y=248.07x-1670.5$，$R=0.8974$，高于$R_{0.05}=0.7079$，达极显著水平。说明马铃薯的淀粉含量与产量呈极显著正相关。马铃薯全生育期还原糖含量（$y$）与产量（$x$）呈明显的直线关系，$y=1265.4x+1031.3$，$R=0.7698$，高于$R_{0.05}=0.7079$，达极显著水平。说明马铃薯的还原糖含量与产量呈极显著正相关。马铃薯全生育期干物质含量（$y$）与产量（$x$）呈明显的直线关系，$y=166.1x-1611.9$，$R=0.7891$，高于$R_{0.01}=0.7079$，达极显著水平。说明马铃薯的干物质含量与产量呈极显著正相关。表明土壤水分与淀粉、还原糖含量、干物质含量和产量关系密切，淀粉、还原糖、干物质含量越高，产量越高，淀粉、还原糖含量、干物质含量可以作为衡量产量的一项指标。

表 1.17　　覆膜马铃薯品质与产量的相关关系

| 处　理 | 淀粉/% | 还原糖含量/% | 干物质含量/% | 产量/(kg/hm²) |
|---|---|---|---|---|
| A1 | 12.62 | 0.42 | 19.26 | 20340 |
| A2 | 13.76 | 0.52 | 19.85 | 26676 |
| A3 | 13.88 | 0.55 | 20.03 | 27676 |
| A4 | 13.62 | 0.46 | 19.46 | 25342 |
| A5 | 14.61 | 0.88 | 21.86 | 30044 |
| A6 | 16.21 | 0.92 | 23.51 | 33678 |
| A7 | 14.19 | 0.69 | 21.25 | 29344 |

### 1.4.2　不同灌水处理对马铃薯产量的影响

不同灌水处理覆膜和不覆膜的马铃薯的增产效果见表 1.18 和表 1.19。不同灌水处理，马铃薯的经济产量差异较大，随着灌水量的增加，马铃薯的产量都表现为增产趋势，但增产的幅度存在较大的差异。由表中看出，马铃薯产量最高的为 A6，产量为 33678kg/hm²，比 A1 产量提高 66%；覆膜处理平均产量 27586kg/hm²，不覆膜处理平均产量 21912kg/hm²，覆膜产量比不覆膜产量提高 26%。

表 1.18　　覆膜马铃薯不同补灌时期的增产效果

| 处理 | 单株结薯数量/个 | 单株薯重/kg | 大薯 | | 中薯 | | 小薯 | | 商品薯率/% | 产量/(kg/hm²) | 增产率/% |
|---|---|---|---|---|---|---|---|---|---|---|---|
| | | | 重量/kg | 比例/% | 重量/kg | 比例/% | 重量/kg | 比例/% | | | |
| A1 | 3.33 | 0.61 | 0.32 | 52.46 | 0.21 | 34.43 | 0.08 | 13.11 | 52.46 | 20340 | |
| A2 | 3.89 | 0.80 | 0.47 | 58.75 | 0.20 | 25.00 | 0.13 | 16.25 | 58.75 | 26676 | 31% |
| A3 | 3.56 | 0.83 | 0.51 | 61.45 | 0.23 | 27.71 | 0.09 | 10.84 | 61.45 | 27676 | 36% |
| A4 | 3.56 | 0.76 | 0.43 | 56.58 | 0.22 | 28.95 | 0.11 | 14.47 | 56.58 | 25342 | 25% |
| A5 | 4.56 | 0.90 | 0.60 | 66.59 | 0.23 | 25.31 | 0.07 | 8.10 | 66.59 | 30044 | 48% |
| A6 | 3.56 | 1.01 | 0.68 | 67.33 | 0.20 | 19.80 | 0.13 | 12.87 | 67.33 | 33678 | 66% |
| A7 | 3.22 | 0.88 | 0.58 | 65.91 | 0.18 | 20.45 | 0.12 | 13.64 | 65.91 | 29344 | 44% |
| 平均 | | | | | | | | | 61.29 | 27586 | 42% |

表 1.19　　不覆膜马铃薯不同补灌时期的增产效果

| 处理 | 单株结薯数量/个 | 单株薯重/kg | 大薯 | | 中薯 | | 小薯 | | 商品薯率/% | 产量/(kg/hm²) | 增产率/% |
|---|---|---|---|---|---|---|---|---|---|---|---|
| | | | 重量/kg | 比例/% | 重量/kg | 比例/% | 重量/kg | 比例/% | | | |
| B1 | 3.00 | 0.48 | 0.24 | 50.00 | 0.18 | 37.50 | 0.06 | 12.50 | 50.00 | 16006 | |
| B2 | 3.67 | 0.67 | 0.38 | 56.72 | 0.20 | 29.85 | 0.09 | 13.43 | 56.72 | 22341 | 40% |
| B3 | 3.89 | 0.69 | 0.40 | 57.97 | 0.19 | 27.54 | 0.10 | 14.49 | 57.97 | 23008 | 44% |
| B4 | 3.56 | 0.61 | 0.34 | 55.74 | 0.19 | 31.15 | 0.08 | 13.11 | 55.74 | 20340 | 27% |
| B5 | 3.11 | 0.71 | 0.43 | 60.56 | 0.19 | 26.76 | 0.09 | 12.68 | 60.56 | 23675 | 48% |

续表

| 处理 | 单株结薯数量/个 | 单株薯重/kg | 大薯 | | 中薯 | | 小薯 | | 商品薯率/% | 产量/(kg/hm²) | 增产率/% |
|---|---|---|---|---|---|---|---|---|---|---|---|
| | | | 重量/kg | 比例/% | 重量/kg | 比例/% | 重量/kg | 比例/% | | | |
| B6 | 3.33 | 0.74 | 0.46 | 62.16 | 0.20 | 27.03 | 0.08 | 10.81 | 62.16 | 24675 | 54% |
| B7 | 3.00 | 0.70 | 0.42 | 60.00 | 0.18 | 25.71 | 0.10 | 14.29 | 60.00 | 23342 | 46% |
| 平均 | | | | | | | | | 57.59 | 21912 | 43% |

1. *灌溉定额对马铃薯产量的影响*

不同灌水处理覆膜马铃薯的产量见表1.18，可以看出，在灌水次数一定，灌溉定额不同时，灌溉定额为210$m^3/hm^2$的产量高于灌溉定额为105$m^3/hm^2$；补灌处理的产量高于不补灌处理。即覆膜马铃薯的产量呈A7>A4>A1，A6>A3>A1，A5>A2>A1的变化规律。当灌水次数为3时，与A1相比较，A7、A4产量的增长率分别为44%、25%；当灌水次数为2次时，与A1相比较，A6、A3产量的增长率分别为66%、36%；当灌水次数为1次时，与A1相比较，A5、A2产量的增长率分别为48%、31%。说明在试验条件下，水分与产量在一定的范围内成正比，当灌水次数一定，灌溉定额不同时，灌溉定额越大，产量越大。

2. *灌水次数对马铃薯产量的影响*

由表1.18可以看出，当灌溉定额一定，灌水次数不同时，覆膜马铃薯的产量均呈灌2次水>灌1次水>灌3次水，补灌的产量大于不补灌的产量。即当灌溉定额为105$m^3/hm^2$时，覆膜马铃薯的产量呈A3>A2>A4>A1的变化规律；当灌溉定额为210$m^3/hm^2$时，覆膜马铃薯的产量呈A6>A5>A7>A1的变化规律。与不补灌的A1相比，A3、A2、A4的产量的增长率分别为36%、31%、25%；A6、A5、A7的产量的增长率分别为66%、48%、44%。原因是在块茎形成初期后，灌溉有利于块茎膨大[16]。说明当灌溉定额一定，灌水次数不同时，灌2次水的产量最好，其次是灌1次水，最后是灌3次水；在块茎形成期和块茎增长期补水效果最好，产量最高，这与杜建民等[17]的结论一致。

3. *覆膜与不覆膜对马铃薯产量的影响*

不同灌水处理覆膜与不覆膜马铃薯产量的变化规律如图1.36和表1.19所示，可以看出，覆膜与不覆膜的产量在灌水次数和灌溉定额下都保持一致、灌溉定额一定，灌水次数不同时，灌2次水的马铃薯产量最高；灌水次数一定、灌溉定额不同时，灌溉定额越大，马铃薯产量越高；膜下滴灌马铃薯单株结薯数、单株薯重和大薯重量均明显高于不覆膜。与不覆膜产量相比较，覆膜A7、A6、A5、A4、A3、A2、A1的块茎产量分别高6002$kg/hm^2$、9003$kg/hm^2$、6369$kg/hm^2$、5002$kg/hm^2$、4668$kg/hm^2$、4335$kg/hm^2$、4335$kg/hm^2$。覆膜与不覆膜的马铃薯平均产量分别为27586$kg/hm^2$、21912$kg/hm^2$，覆膜的平均产量比不覆膜的高出5673$kg/hm^2$。原因是产量与水分在一定范围内成正比，土壤保持湿润时间越长，马铃薯受水分胁迫时间也越短，产量越高。而对于只靠天然降雨不补灌的马铃薯，产量则非常低。说明土壤水分状况是马铃薯产量形成的基础，灌溉是马铃薯高产、稳产的重要条件；覆膜种植有利于块茎对水分的吸收，有利于块茎的膨大，提高马铃薯的产量，适合在宁夏中部干旱区大面积推广。

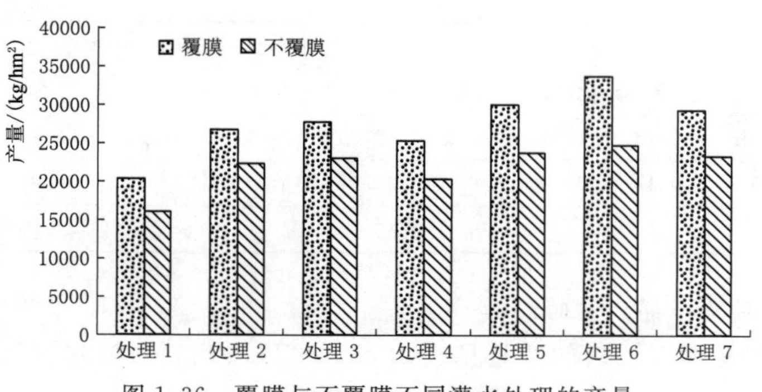


图1.36　覆膜与不覆膜不同灌水处理的产量

4. 不同灌水处理与马铃薯产量的关系

不同灌水处理马铃薯产量的关系见表1.20。由表可看出，覆膜马铃薯产量极显著地高于不覆膜马铃薯产量（$P<0.01$）。不同灌水处理间马铃薯产量有极显著差异（$P<0.01$），覆膜马铃薯的A6的产量极显著地高于其他各组，A1的产量极显著地低于其他各组；A5的产量极显著地高于A2、A4，显著地高于A3；A7的产量极显著地高于A4，显著地高于A2；A3显著地高于A4；其他各组之间差异不显著。不覆膜处理1极显著地低于其他各组；A5、A6极显著地高于A4；A3、A7显著地高于A4；其他各组之间差异不显著。说明在覆膜与不覆膜不同灌水处理，A6的产量均极显著高于其他各个处理，增产效果最好。

表1.20　不同灌水处理对马铃薯产量的影响

| 处理 | 覆　膜 | 不覆膜 | 处理 | 覆　膜 | 不覆膜 |
|---|---|---|---|---|---|
| 1 | $1320.48 \pm 158.97^{Ef}$ | $1132.54 \pm 96.01^{Cc}$ | 5 | $2002.92 \pm 187.69^{Bb}$ | $1578.33 \pm 153.49^{Aa}$ |
| 2 | $1778.40 \pm 164.89^{CDde}$ | $1489.41 \pm 140.20^{ABab}$ | 6 | $2245.23 \pm 191.67^{Aa}$ | $1645.02 \pm 172.32^{Aa}$ |
| 3 | $1845.05 \pm 176.27^{BCDcd}$ | $1533.87 \pm 139.61^{ABa}$ | 7 | $1956.24 \pm 157.24^{BCbc}$ | $1556.10 \pm 138.06^{ABa}$ |
| 4 | $1689.48 \pm 192.72^{De}$ | $1356.03 \pm 108.90^{Bb}$ | | | |

注　表中同行上角标大写字母不同表示差异极显著（$P<0.01$），小写字母不同表示差异显著（$P<0.05$），下同。

### 1.4.3　不同灌水处理对马铃薯商品薯率的影响

1. 灌溉定额对马铃薯商品薯率的影响

不同灌水处理覆膜马铃薯的商品薯率见表1.18，可以看出，在灌水次数一定，灌溉定额不同时，灌溉定额为210$m^3/hm^2$的商品薯率高于灌溉定额为105$m^3/hm^2$的；补灌处理的商品薯率高于不补灌处理的。即覆膜马铃薯的商品薯率呈A7＞A4＞A1，A6＞A3＞A1，A5＞A2＞A1的变化规律。当灌水次数为3时，与A1相比较，A7、A4商品薯率的增长率分别为26%、8%；当灌水次数为2次时，与A1相比较，A6、A3商品薯率的增长率分别为28%、17%；当灌水次数为1次时，与A1相比较，A5、A2商品薯率的增长率分别为27%、12%。说明在试验条件下，当灌水次数一定，灌溉定额不同时，灌溉定额越大，商品薯率越大。

2. 灌水次数对马铃薯商品薯率的影响

由表1.18可以看出，当灌溉定额一定，灌水次数不同时，覆膜马铃薯的商品薯率均呈灌2次水＞灌1次水＞灌3次水，补灌的商品薯率大于不补灌的商品薯率。即当灌溉定额为105$m^3/hm^2$时，覆膜马铃薯的商品薯率呈A3＞A2＞A4＞A1的变化规律；当灌溉定额为210$m^3/hm^2$时，覆膜马铃薯的商品薯率呈A6＞A5＞A7＞A1的变化规律。与不补灌的A1处理相比，A3、A2、A4的商品薯率的增长率分别为17%、12%、8%；A6、A5、A7的商品薯率的增长率分别为28%、27%、26%。原因是灌溉有助于马铃薯块茎的膨大，提高商品薯率。说明当灌溉定额一定，灌水次数不同时，灌2次水的商品薯率最好，其次是灌1次水，最后是灌3次水。

3. 覆膜与不覆膜对马铃薯商品薯率的影响

不同灌水处理不覆膜马铃薯的商品薯率变化规律如图1.37和表1.19所示，可以看出，覆膜与不覆膜的商品薯率在灌水次数和灌溉定额下都保持一致性，灌溉定额一定，灌水次数不同时，灌2次水的马铃薯商品薯率最高；灌水次数一定，灌溉定额不同时，灌溉定额越大，马铃薯的商品薯率越高。与不覆膜的商品薯率相比较，覆膜的处理7、处理6、处理5、处理4、处理3、处理2、处理1的商品薯率分别高5.91%、5.16%、6.03%、0.84%、3.47%、2.03%、2.46%。覆膜与不覆膜的马铃薯的平均商品薯率分别为61%、58%，覆膜的平均商品薯率比不覆膜的高出3%。对于不补灌的马铃薯，商品薯率则非常低。说明覆膜种植有利于块茎对水分的吸收，有利于块茎的膨大，提高马铃薯的商品薯率。

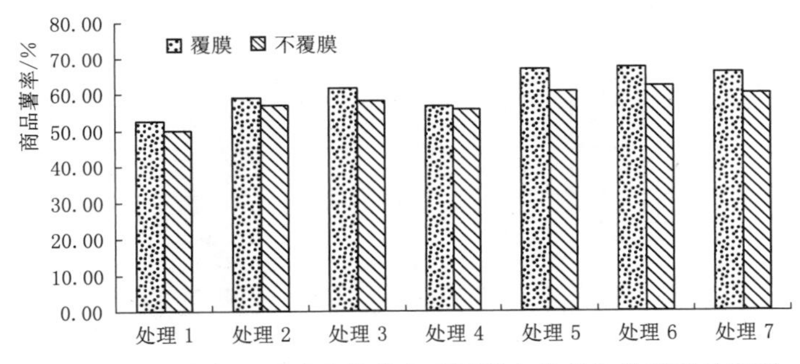


图1.37　覆膜与不覆膜马铃薯在不同灌水处理条件的商品薯率

## 1.5　不同灌水处理马铃薯的经济效益分析

### 1.5.1　不同灌水处理马铃薯的经济效益分析

不同灌水处理覆膜和不覆膜马铃薯成本及经济效益分析见表1.21。由表中看出，不同灌水处理覆膜与不覆膜马铃薯的经济效益差异明显，覆膜马铃薯A6的经济效益最好为37820元/$hm^2$；不覆膜马铃薯B1的经济效益最低为19258元/$hm^2$；覆膜马铃薯的平均经济效益为30351元/$hm^2$，不覆膜的为24268元/$hm^2$，覆膜的平均经济效益比不覆膜的高 25%。

1. 灌溉定额对马铃薯经济效益的影响

由表 1.21 可看出，在灌水次数一定，灌溉定额不同时，灌溉定额为 $210m^3/hm^2$ 的经济效益高于灌溉定额为 $105m^3/hm^2$ 的；补灌处理的经济效益高于不补灌处理的。即覆膜马铃薯的经济效益呈 A7＞A4＞A1，A6＞A3＞A1，A5＞A2＞A1 的变化规律。当灌水次数为 3 时，与 A1 相比较，A7、A4 经济效益的增长率分别为 33%、14%；当灌水次数为 2 次时，与 A1 相比较，A6、A3 经济效益的增长率分别为 61%、30%；当灌水次数为 1 次时，与 A1 相比较，A6、A3 经济效益的增长率分别为 42%、25%。说明在试验条件下，当灌水次数一定，灌溉定额不同时，灌溉定额越大，经济效益越大。

表 1.21　不同灌水处理马铃薯的成本及经济效益分析

| 种植方式 | 处理 | 灌溉定额/($m^3$/$hm^2$) | 灌水次数 | 分项成本/(元/$hm^2$) | | | | | | 总成本/(元/$hm^2$) | 产量/(kg/$hm^2$) | 产值/(元/$hm^2$) | 经济效益/(元/$hm^2$) |
|---|---|---|---|---|---|---|---|---|---|---|---|---|---|
| | | | | | | 耗材 | | | 水价/(元/$hm^2$) | | | | |
| | | | | 铺膜播种锄草 | 人工灌水 | 地膜 | 滴灌管 | 种子化肥 | | | | | |
| 覆膜 | 1 | 0 | 0 | 1800 | 0 | 1260 | | 1950 | 0 | 5010 | 20340 | 28477 | 23467 |
| | 2 | 105 | 1 | 1800 | 375 | 1260 | 1800 | 1950 | 735 | 7920 | 26676 | 37346 | 29426 |
| | 3 | 105 | 2 | 1800 | 750 | 1260 | 1800 | 1950 | 735 | 8295 | 27676 | 38747 | 30452 |
| | 4 | 105 | 3 | 1800 | 1125 | 1260 | 1800 | 1950 | 735 | 8670 | 25342 | 35479 | 26809 |
| | 5 | 210 | 1 | 1800 | 525 | 1260 | 1800 | 1950 | 1470 | 8805 | 30044 | 42061 | 33256 |
| | 6 | 210 | 2 | 1800 | 1050 | 1260 | 1800 | 1950 | 1470 | 9330 | 33678 | 47150 | 37820 |
| | 7 | 210 | 3 | 1800 | 1575 | 1260 | 1800 | 1950 | 1470 | 9855 | 29344 | 41081 | 31226 |
| | 平均 | | | | | | | | | 8269 | 27586 | 38620 | 30351 |
| 不覆膜 | 1 | 0 | 0 | 1200 | 0 | 0 | 0 | 1950 | 0 | 3150 | 16006 | 22408 | 19258 |
| | 2 | 105 | 1 | 1200 | 375 | 0 | 1800 | 1950 | 735 | 6060 | 22341 | 31278 | 25218 |
| | 3 | 105 | 2 | 1200 | 750 | 0 | 1800 | 1950 | 735 | 6435 | 23008 | 32211 | 25776 |
| | 4 | 105 | 3 | 1200 | 1125 | 0 | 1800 | 1950 | 735 | 6810 | 20340 | 28477 | 21667 |
| | 5 | 210 | 1 | 1200 | 525 | 0 | 1800 | 1950 | 1470 | 6945 | 23675 | 33145 | 26200 |
| | 6 | 210 | 2 | 1200 | 1050 | 0 | 1800 | 1950 | 1470 | 7470 | 24675 | 34545 | 27075 |
| | 7 | 210 | 3 | 1200 | 1575 | 0 | 1800 | 1950 | 1470 | 7995 | 23342 | 32678 | 24683 |
| | 平均 | | | | | | | | | 6409 | 21912 | 30677 | 24268 |

2. 灌水次数对马铃薯经济效益的影响

由表 1.21 可看出，当灌溉定额一定，灌水次数不同时，覆膜马铃薯的经济效益均呈灌 2 次水＞灌 1 次水＞灌 3 次水，补灌的经济效益大于不补灌的经济效益。即当灌溉定额为 $105m^3/hm^2$ 时，覆膜马铃薯的经济效益呈 A3＞A2＞A4＞A1 的变化规律；当灌溉定额为 $210m^3/hm^2$ 时，覆膜马铃薯的经济效益呈 A6＞A5＞A7＞A1 的变化规律。与不补灌的 A1 处理相比，A3、A2、A4 的经济效益的增长率分别为 30%、25%、14%；A6、A5、

A7 的经济效益的增长率分别为 61%、42%、33%。说明当灌溉定额一定，灌水次数不同时，灌 2 次水的经济效益最好，其次是灌 1 次水，最后是灌 3 次水。

3. 覆膜与不覆膜对马铃薯经济效益的影响

不同灌水处理不覆膜马铃薯的经济效益变化规律如图 1.38 和表 1.21 所示，可以看出，覆膜与不覆膜的经济效益在灌水次数和灌溉定额下都保持一致性，灌溉定额一定，灌水次数不同时，灌 2 次水的马铃薯经济效益最高；灌水次数一定，灌溉定额不同时，灌溉定额越大，马铃薯的经济效益越高。与不覆膜的经济效益相比较，覆膜处理 7、处理 6、处理 5、处理 4、处理 3、处理 2、处理 1 的经济效益分别高 6543kg/hm$^2$、10744kg/hm$^2$、7056kg/hm$^2$、5142kg/hm$^2$、4676kg/hm$^2$、4209kg/hm$^2$、4209kg/hm$^2$。而对于不补灌的马铃薯，经济效益则非常低。说明覆膜种植有利于提高马铃薯的经济效益。

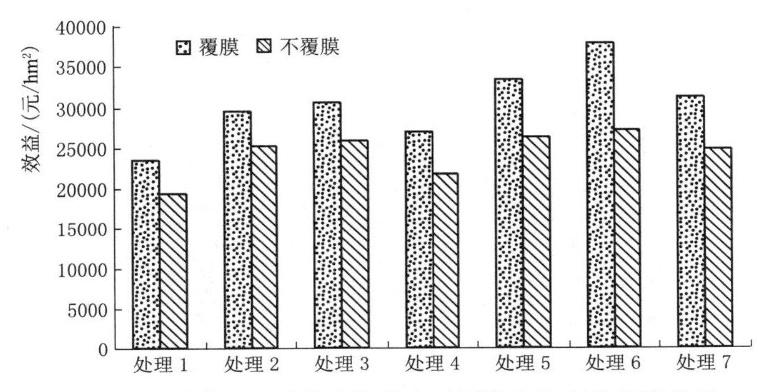


图 1.38 覆膜与不覆膜马铃薯在不同灌水处理的经济效益

### 1.5.2 马铃薯灌溉制度的确定

根据马铃薯膜下滴灌试验研究，制定适宜宁夏中部干旱区马铃薯的灌溉制度，对于解决贫困地区的生态农业问题、水资源可持续发展、农民增收，促进国民经济发展具有重大的现实意义。

（1）覆膜马铃薯保墒效果，试验表明，不同灌水处理马铃薯平均土壤含水量最高的为 A6，含水量 15.19%，土壤含水量最低的为 B1，含水量 9.44%；覆膜的平均含水量为 13.69%，不覆膜的为 10.70%，覆膜的平均含水量比不覆膜的大 2.99%。

（2）试验表明，马铃薯膜下滴灌水分利用效率最大的是 A6 为 14.64kg/m$^3$，B1 的水分利用效率最小为 7.3kg/m$^3$；覆膜马铃薯与不覆膜的平均水分利用效率分别为 12.63kg/m$^3$、9.26kg/m$^3$，覆膜的平均水分利用效率比不覆膜的高出 36%。

（3）试验表明，马铃薯产量最高的为 A6，产量为 33678kg/hm$^2$，增产率也最大，为 66%；覆膜处理平均产量 27586kg/hm$^2$，每公顷增产 42%。A6 的产量均极显著高于其他各个处理，增产效果最好。覆膜与不覆膜的马铃薯的平均产量分别为 27586kg/hm$^2$、21912kg/hm$^2$，覆膜的平均产量比不覆膜的提高 26%。

（4）试验表明，不同灌水处理覆膜与不覆膜马铃薯的经济效益差异明显，A6 的经济效益最好，为 37820 元/hm$^2$；B1 的经济效益最低，为 19258 元/hm$^2$；覆膜马铃薯的平均经济效益为30351元/$hm^2$，不覆膜的为24268元/$hm^2$，覆膜的平均经济效益比不覆膜的高25%。

根据当地自然条件，综合以上马铃薯试验研究成果，以马铃薯生长、品质性状良好，节水、增产、经济效益显著为目标，选取A6作为马铃薯膜下滴灌的灌溉制度，全生育期马铃薯灌水2次，灌溉定额210$m^3$/$hm^2$，在马铃薯的块茎形成期和块茎增长期进行补灌。适宜在宁夏中部干旱区马铃薯种植中推广使用。

# 第2章　宁夏同心县马铃薯膜下补灌灌溉制度试验研究

## 2.1　试验设计

试验设计覆膜（A）与不覆膜（B）对照，每种试验有7个处理，每个处理有3次重复，共21个小区。小区的长为6m，宽为5m，总长为42m，总宽为15m，株距为0.5m，行距为0.6m。小区面积达30m$^2$，保护行设立在其周边。从田间的一眼水窖里抽水，以小区为一个支管单元，在支管单元入口安装水表、压力表与闸阀，而且在垄上安装旁壁式滴灌带，安装滴头间距为50cm，滴头流量为2.1L/h，额定的工作压力为0.1MPa。滴灌系统的干管直径为32mm，支管直径为20mm，毛管直径为16mm。

马铃薯在2011年5月2日播种，在10日覆膜，地膜覆黑膜，在播种前要给每个小区施入相同量的肥料。播前灌时间是5月3日，于9月15日收获马铃薯，马铃薯的整个的生育期为119天。试验中要是遇到降雨，各处理的灌水次数需要依次向后延。考虑到试验区土质的差异性，布置采用了随机排列的试验方式，覆膜和不覆膜的试验方案需保持一致。

1. 试验A（覆膜）

（1）处理A1。灌溉定额：0（对照组）。

（2）处理A2。灌溉定额：10m$^3$/亩；灌水次数：1次（现蕾期）。

（3）处理A3。灌溉定额：10m$^3$/亩；灌水次数：2次（现蕾期，开花期）。

（4）处理A4。灌溉定额：10m$^3$/亩；灌水次数：3次（苗期，现蕾期，开花期）。

（5）处理A5。灌溉定额：20m$^3$/亩；灌水次数：1次（现蕾期）。

（6）处理A6。灌溉定额：20m$^3$/亩；灌水次数：2次（现蕾期，开花期）。

（7）处理A7。灌溉定额：20m$^3$/亩；灌水次数：3次（苗期，现蕾期，开花期）。

每个处理重复3次，共21个小区，覆膜试验小区布置示意图见表2.1。

**表2.1　覆膜试验小区布置示意图**

| | | | | | | |
|---|---|---|---|---|---|---|
| A7 | A6 | A4 | A1 | A5 | A4 | A3 |
| A5 | A2 | A3 | A4 | A2 | A6 | A1 |
| A3 | A7 | A1 | A5 | A6 | A2 | A7 |

2. 试验B（不覆膜）

（1）处理B1。灌溉定额：0（对照组）。

（2）处理 B2。灌溉定额：10m³/亩；灌水次数：1 次（现蕾期）。

（3）处理 B3。灌溉定额：10m³/亩；灌水次数：2 次（现蕾期，开花期）。

（4）处理 B4。灌溉定额：10m³/亩；灌水次数：3 次（苗期，现蕾期，开花期）。

（5）处理 B5。灌溉定额：20m³/亩；灌水次数：1 次（现蕾期）。

（6）处理 B6。灌溉定额：20m³/亩；灌水次数：2 次（现蕾期，开花期）。

（7）处理 B7。灌溉定额：20m³/亩；灌水次数：3 次（苗期，现蕾期，开花期）。

每个处理重复 3 次，共 21 个小区，不覆膜试验小区布置示意图见表 2.2。

**表 2.2　不覆膜试验小区布置示意图**

| | | | | | | |
|---|---|---|---|---|---|---|
| B7 | B6 | B4 | B1 | B3 | B2 | B3 |
| B5 | B2 | B5 | B4 | B2 | B6 | B1 |
| B3 | B7 | B1 | B7 | B6 | B4 | B7 |

## 2.2　不同灌水处理马铃薯耗水量的变化规律

### 2.2.1　不同灌水处理马铃薯田间土壤水分的变化规律

表 2.3 和表 2.4 表示马铃薯整个生育期 0～100cm 土层的平均土壤含水率情况。由表中数据得出，马铃薯的生育期受蒸腾、灌水、降雨与蒸发等的综合作用，各处理土壤水分含水率呈波动性变化的规律。在灌水或降雨后，各个处理的土壤含水率都会升高，灌水量、降水量与土壤含水率呈正相关关系。由于块茎形成期降水量集中且降水量大，处理 3、处理 7 在灌水后的土壤含水率明显升高。随后各处理的土壤含水率渐渐降低，在块茎增长期，灌水对各处理土壤含水率变化影响显著。其中覆膜土壤灌水率为 300m³/hm² 的土壤含水率比灌水 150m³/hm² 和不灌水的土壤含水率分别高 0.94% 与 0.63%；覆膜土壤平均含水率比不覆膜的要高 0.37%。表明覆膜后可以使土壤的含水率提高。

**表 2.3　覆膜马铃薯生育期 0～100cm 的平均土壤含水率**　%

| 处理 | 5月12日 | 5月23日 | 6月3日 | 6月13日 | 6月23日 | 7月3日 | 7月13日 | 7月23日 | 8月3日 | 8月13日 | 8月23日 | 9月3日 |
|---|---|---|---|---|---|---|---|---|---|---|---|---|
| A1 | 14.60 | 12.16 | 10.60 | 11.33 | 10.41 | 15.12 | 7.60 | 8.65 | 9.96 | 6.30 | 10.79 | 12.10 |
| A2 | 14.83 | 14.70 | 10.71 | 10.28 | 11.05 | 12.99 | 8.55 | 8.16 | 6.10 | 5.89 | 11.53 | 10.68 |
| A3 | 14.41 | 11.22 | 11.36 | 10.78 | 13.61 | 12.32 | 6.96 | 7.55 | 7.59 | 5.52 | 10.48 | 9.99 |
| A4 | 15.44 | 13.04 | 13.84 | 10.85 | 8.86 | 13.33 | 8.94 | 8.64 | 8.57 | 6.23 | 11.35 | 11.10 |
| A5 | 13.09 | 14.25 | 12.12 | 11.02 | 13.51 | 13.49 | 10.81 | 11.60 | 9.80 | 6.51 | 10.73 | 10.90 |
| A6 | 16.38 | 13.13 | 13.51 | 11.57 | 12.61 | 12.65 | 9.41 | 7.28 | 7.96 | 5.95 | 12.25 | 13.81 |
| A7 | 16.07 | 16.34 | 12.73 | 10.43 | 11.95 | 13.70 | 9.30 | 8.81 | 6.72 | 5.86 | 11.40 | 13.90 |

**表 2.4　不覆膜马铃薯生育期 0～100cm 的平均土壤含水率**　%

| 处理 | 5月12日 | 5月23日 | 6月3日 | 6月13日 | 6月23日 | 7月3日 | 7月13日 | 7月23日 | 8月3日 | 8月13日 | 8月23日 | 9月3日 |
|---|---|---|---|---|---|---|---|---|---|---|---|---|
| B1 | 15.43 | 13.48 | 9.00 | 8.51 | 11.39 | 12.98 | 9.14 | 16.16 | 9.03 | 5.55 | 8.24 | 13.51 |
| B2 | 14.25 | 13.74 | 10.71 | 8.57 | 7.83 | 11.81 | 9.65 | 13.49 | 8.65 | 5.59 | 8.73 | 13.95 |

续表

| 处理 | 5月12日 | 5月23日 | 6月3日 | 6月13日 | 6月23日 | 7月3日 | 7月13日 | 7月23日 | 8月3日 | 8月13日 | 8月23日 | 9月3日 |
|---|---|---|---|---|---|---|---|---|---|---|---|---|
| B3 | 13.64 | 12.95 | 10.21 | 11.09 | 10.39 | 14.30 | 7.64 | 9.80 | 8.08 | 5.96 | 10.06 | 13.46 |
| B4 | 15.73 | 13.32 | 9.62 | 10.18 | 9.21 | 8.53 | 8.28 | 16.17 | 7.73 | 5.81 | 8.91 | 11.53 |
| B5 | 14.27 | 14.53 | 10.07 | 9.62 | 12.29 | 14.46 | 9.31 | 8.41 | 7.40 | 5.03 | 9.71 | 11.40 |
| B6 | 14.80 | 13.58 | 9.58 | 6.42 | 6.40 | 12.17 | 8.99 | 11.61 | 8.55 | 6.12 | 8.92 | 10.17 |
| B7 | 13.74 | 14.21 | 9.73 | 6.59 | 6.13 | 12.72 | 8.65 | 11.03 | 8.65 | 5.80 | 9.65 | 10.21 |

图2.1为不同灌水处理下覆膜和不覆膜的马铃薯土壤含水率随着时间变化的规律图。由图中可以看出，覆膜马铃薯所有处理的土壤含水率基本均大于不覆膜马铃薯的土壤含水率，而且随时间的变化，覆膜与不覆膜马铃薯土壤含水率的变化趋势基本呈正相关关系，各个处理都是在降雨与灌水后土壤含水率呈明显的升高，然后又呈逐渐降低趋势，其中8月13日土壤含水率都最低。覆膜土壤灌水量多的平均含水量最大，未覆膜土壤灌水量适中的土壤平均含水率高。

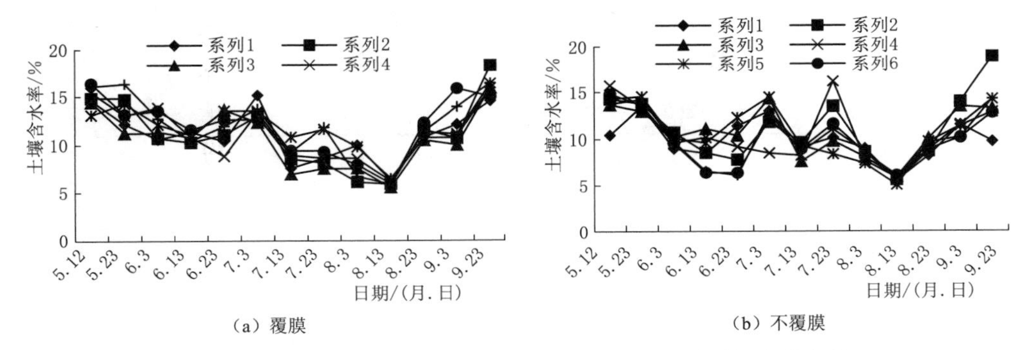


图2.1　覆膜和不覆膜不同灌水处理土壤含水量随时间变化规律

## 2.2.2　不同灌水处理马铃薯的耗水规律

作物需水量的计算常常采用3种计算方法，第一种是估算作物腾发量；第二种为水量平衡法，用以计算作物的实际耗水量；第三种是采用彭曼-蒙特斯公式，计算参照作物腾发量。本试验采用了前两种方法来计算马铃薯植株的耗水量，期望用来探究马铃薯的耗水量变化规律，从而为制定最适宜宁夏中部干旱地区的马铃薯灌溉制度提供理论上的依据。

1. 作物实际需水量计算

作物实际需水量根据水量平衡方程计算：

$$ET=P+K-(W_t-W_0)+M+WT \tag{2.1}$$

式中　$ET$——$t$时段内的耗水量，mm；

$P$——$t$时段内的降水量，mm；

$K$——$t$时段内的地下水补给量，mm，考虑到试验地的地下水埋深比较深，因此忽略不计地下水补给量$K$；

$W_t$、$W_0$——任一时间$t$时与时段初的土壤计划湿润层内储水量，mm；

$M$——$t$ 时段内的灌水量，mm；

$WT$——因为计划湿润层的增加而增加的水量，mm。

2. 估算作物腾发量

本书用自由水面的蒸发量（$ET$）来反映蒸发的潜力，通过试验建立由实际的腾发量和自由水面蒸发量之间的关系，进而依据自由水面的蒸发量估算作物实际的腾发量。

**2.2.2.1　不同灌水处理马铃薯耗水量的变化规律**

表2.5和表2.6列出了覆膜与不覆膜马铃薯整个生育期的耗水量，从表2.7和表2.8可以看出不同的灌水处理对马铃薯生育阶段耗水模数与耗水量造成的影响。由表中可知，整个生育期马铃薯会随着植株生长发育，耗水量在全生育期表现为先增加后减小的态势。植株苗期时，植株生长不需要太多的水分，耗水主要维持植株茎叶的生长，以蒸发为主。由于块茎形成期地上部分变成地下部分生长，在生殖生长与营养生长并进的阶段，植株蒸腾成为田间耗水量的主要因素，这个阶段对水分敏感而且耗水量与耗水模数也变大。块茎增长期时耗水量开始慢慢变小。淀粉积累期时植株下部的叶片渐渐衰老，植株的蒸腾强度也逐渐减弱，马铃薯会逐渐停止生长，在此时植株对水分需求不太高，耗水量也慢慢降低。覆膜与不覆膜马铃薯灌水量多的耗水量多。其中处理7耗水量均最大分别为206.09mm和216.91mm，覆膜土壤耗水量比不覆膜土壤耗水量低9.49mm。

表2.5　覆膜马铃薯生育期不同阶段耗水量　单位：mm

| 处理 | 苗期 | 现蕾期 | 花期 | 成熟期 | 合计 |
|---|---|---|---|---|---|
| A1 | 18.0607 | 52.6823 | 62.1300 | 35.2515 | 168.1200 |
| A2 | 19.2588 | 55.3125 | 67.7081 | 38.3855 | 180.6600 |
| A3 | 18.3977 | 59.2800 | 67.2503 | 41.0046 | 185.9300 |
| A4 | 24.2929 | 58.5307 | 63.5000 | 40.5972 | 186.9200 |
| A5 | 18.5200 | 52.5419 | 78.4604 | 40.8676 | 190.3900 |
| A6 | 19.5022 | 65.2737 | 69.0177 | 44.4331 | 198.2300 |
| A7 | 30.2724 | 64.8659 | 67.7729 | 43.1777 | 206.0900 |

表2.6　不覆膜马铃薯生育期不同阶段耗水量　单位：mm

| 处理 | 苗期 | 现蕾期 | 花期 | 成熟期 | 合计 |
|---|---|---|---|---|---|
| B1 | 21.4771 | 55.9100 | 64.3100 | 39.0200 | 180.7204 |
| B2 | 20.3165 | 56.3300 | 70.0342 | 40.8623 | 187.5381 |
| B3 | 19.3868 | 59.4600 | 69.4610 | 45.7174 | 194.0299 |
| B4 | 25.5915 | 58.6900 | 66.9432 | 44.9832 | 196.2078 |
| B5 | 19.3524 | 53.4800 | 80.7460 | 44.1399 | 197.7162 |
| B6 | 22.8437 | 69.9000 | 72.9770 | 47.0500 | 212.7718 |
| B7 | 31.6857 | 69.4700 | 70.0332 | 45.7300 | 216.9141 |

表 2.7 覆膜马铃薯不同灌水处理各生育阶段耗水量和耗水模系数

| 处理 | 苗期 | | 块茎形成期 | | 块茎增长期 | | 成熟期 | | 全生育期 |
|---|---|---|---|---|---|---|---|---|---|
| | 耗水量/mm | 模系数/% | 耗水量/mm | 模系数/% | 耗水量/mm | 模系数/% | 耗水量/mm | 模系数/% | 耗水量/mm |
| A1 | 18.06 | 10.7 | 52.68 | 31.3 | 62.13 | 37.0 | 35.25 | 21.0 | 168.12 |
| A2 | 19.26 | 10.7 | 55.31 | 30.6 | 67.71 | 37.5 | 38.39 | 21.2 | 180.66 |
| A3 | 18.40 | 9.9 | 59.28 | 31.9 | 67.25 | 36.2 | 41.00 | 22.1 | 185.93 |
| A4 | 24.29 | 13.0 | 58.53 | 31.3 | 63.50 | 34.0 | 40.60 | 21.7 | 186.92 |
| A5 | 18.52 | 9.7 | 52.54 | 27.6 | 78.46 | 41.2 | 40.87 | 21.5 | 190.39 |
| A6 | 19.50 | 9.8 | 65.27 | 32.9 | 69.02 | 34.8 | 44.43 | 22.4 | 198.23 |
| A7 | 30.27 | 14.7 | 64.87 | 31.5 | 67.77 | 32.9 | 43.18 | 21.0 | 206.09 |
| 平均 | 21.71 | 11.30 | 59.30 | 30.97 | 68.95 | 36.09 | 41.41 | 21.64 | 191.37 |

表 2.8 不覆膜马铃薯不同灌水处理各生育阶段耗水量和耗水模系数

| 处理 | 苗期 | | 块茎形成期 | | 块茎增长期 | | 成熟期 | | 全生育期 |
|---|---|---|---|---|---|---|---|---|---|
| | 耗水量/mm | 模系数/% | 耗水量/mm | 模系数/% | 耗水量/mm | 模系数/% | 耗水量/mm | 模系数/% | 耗水量/mm |
| B1 | 21.48 | 11.9 | 55.91 | 30.9 | 64.31 | 35.6 | 39.02 | 21.6 | 180.72 |
| B2 | 20.32 | 10.8 | 56.33 | 30.0 | 70.03 | 37.3 | 40.86 | 21.8 | 187.54 |
| B3 | 19.39 | 10.0 | 59.46 | 30.6 | 69.46 | 35.8 | 45.72 | 23.6 | 194.03 |
| B4 | 25.59 | 13.0 | 58.69 | 29.9 | 66.94 | 34.1 | 44.98 | 22.9 | 196.21 |
| B5 | 19.35 | 9.8 | 53.48 | 27.0 | 80.75 | 40.8 | 44.14 | 22.3 | 197.72 |
| B6 | 22.84 | 10.7 | 69.90 | 32.9 | 72.98 | 34.3 | 47.05 | 22.1 | 212.77 |
| B7 | 31.69 | 14.6 | 69.47 | 32.0 | 70.03 | 32.3 | 45.73 | 21.1 | 216.91 |
| 平均 | 23.77 | 11.8 | 61.22 | 30.5 | 71.70 | 35.7 | 44.75 | 22.3 | 200.86 |

图 2.2 表示在不同灌水处理下覆膜与不覆膜马铃薯耗水量之间的联系。由图可知，耗水量和灌溉定额呈正相关关系。在灌溉次数不变，灌溉定额不同的前提下，植株的耗水量与灌溉定额呈正相关关系。且不补灌处理的耗水量比补灌处理的要小。灌水次数为 1 次，马铃薯植株的灌溉定额分别是 $0m^3/hm^2$、$150m^3/hm^2$、$300m^3/hm^2$时，耗水量的变化规律是：处理 1＜处理 2＜处理 5。灌水次数是 2 次时，耗水量的变化规律是：处理 1＜处理 3＜处理 6。灌水次数是 3 次时，耗水量的变化规律是：处理 1＜处理 4＜处理 7。

如图 2.2 所示，在灌溉定额不变，灌水次数不同的情况下，植株耗水量变化规律是：灌 3 次水＞灌 2 次水＞灌 1 次水。且补灌处理相比不补灌处理的耗水量要大。在灌溉定额为 $150m^3/hm^2$ 的情况下处理 4＞处理 3＞处理 2＞处理 1。当灌溉定额为 $300m^3/hm^2$，处理 7＞处理 6＞处理 5＞处理 1。

由图 2.2 可得，覆膜和不覆膜的耗水量变化规律基本一致，都是在灌水次数不变的情况下，灌溉定额与耗水量呈正相关关系，在灌溉定额不变时，耗水量与灌溉次数呈正相关关系。而且有个共同点即为补灌处理的相比不补灌处理的耗水量要大，而且有明显的差异。不覆膜的处理耗水量均要大于覆膜的。原因是覆膜可以抑制土壤水分蒸发，从而减小了土壤水分损耗，使得水分充分地被利用于植株块茎的生长。综上所述，覆膜有明显的节水效果。

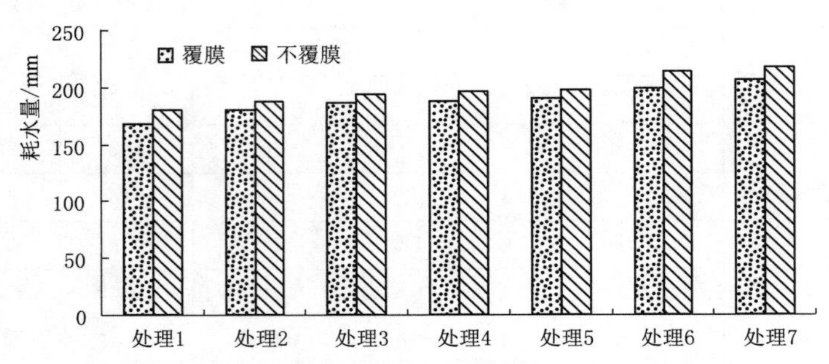


图 2.2　不同灌水处理下覆膜与不覆膜马铃薯耗水量之间的关系

**2.2.2.2　不同灌水处理与马铃薯产量的关系**

由图 2.3 可知不同水分处理对覆膜与不覆膜马铃薯产量的影响。由图可知，在灌溉定额相同而灌水次数不同的情况下，产量与灌水次数有正相关关系。在灌溉定额是 $150m^3/hm^2$ 的情况下，A1＜A2＜A3＜A4；在灌溉定额是 $300m^3/hm^2$ 情况下，A1＜A5＜A6＜A7。在灌水次数相同而灌溉定额不同的情况下，产量呈现出的规律为：灌溉定额越大产量越高。即表明在灌水次数 1 次的情况下，A1＜A2＜A5；灌水次数为 2 次时，A1＜A3＜A6；灌水次数为 3 次时，A1＜A4＜A7。A7 的最高产量可以达到 $16.44t/hm^2$，较 A1、A2、A3、A4、A5、A6、A7 的增产率分别是 13.673%、19.124%、20.554%、15.818%、22.252%、32.172%。不覆膜处理 B 中的产量最高为 B7，可达到 $9.1t/hm^2$，与覆膜处理相比，不覆膜产量小，而且不覆膜处理时，灌水次数、灌溉定额对产量的影响没有覆膜处理时显著。

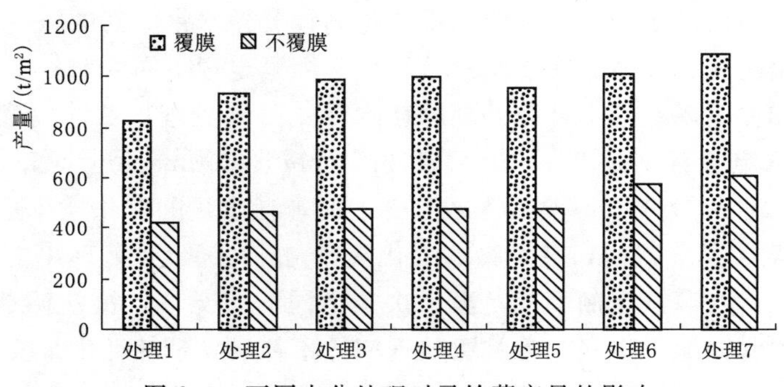


图 2.3　不同水分处理对马铃薯产量的影响

经方差分析可知，覆膜与灌水量会对马铃薯产量的影响达到极显著的水平，灌水次数会对马铃薯产量的影响达到显著的水平。在灌溉定额相同，灌水次数不同和在灌水次数相同，灌溉定额不同的情况时，覆膜马铃薯的产量总是高于不覆膜的。说明覆膜有利于增加产量。

### 2.2.3 不同灌水处理马铃薯的水分利用效率

水分利用效率（$WUE$）是单位面积作物的单位水分消耗所得到的经济产量，它从本质上表征了作物耗水量和干物质生产的关系，被作为评价作物生长适宜程度的重要生理指标，其计算式为

$$WUE = Y/ET \tag{2.2}$$

式中 $Y$——作物经济产量，$kg/hm^2$；

$ET$——作物耗水量，mm。

表 2.9 与表 2.10 分别表示覆膜与不覆膜马铃薯生育期内的产量、耗水量与水分利用效率。从表中可知，马铃薯植株水分利用效率最大的是 B6，达到 6.66kg/mm，A1 为 4.93kg/mm，是水分利用效率最低的处理。覆膜马铃薯的平均水分利用效率达到 5.23kg/mm，不覆膜马铃薯的平均水分利用效率为 6.22kg/mm。

**表 2.9 覆膜马铃薯生育期耗水量、产量及水分利用效率**

| 处理 | 耗水量/mm | 产量/($kg/hm^2$) | 水分利用效率/(kg/mm) |
|---|---|---|---|
| A1 | 168.12 | 12437.7 | 4.93 |
| A2 | 180.66 | 14138.3 | 5.22 |
| A3 | 185.93 | 14816.3 | 5.31 |
| A4 | 186.92 | 14994.1 | 5.35 |
| A5 | 190.39 | 14405 | 5.04 |
| A6 | 198.23 | 15205.3 | 5.11 |
| A7 | 206.09 | 16439.1 | 5.32 |
| 平均值 | 191.37 | 14633.7 | 5.23 |

**表 2.10 不覆膜马铃薯生育期耗水量、产量及水分利用效率**

| 处理 | 耗水量/mm | 产量/($kg/hm^2$) | 水分利用效率/(kg/mm) |
|---|---|---|---|
| B1 | 180.72 | 6380.01 | 5.17 |
| B2 | 187.54 | 6971.025 | 6.26 |
| B3 | 194.03 | 7130.22 | 6.34 |
| B4 | 196.21 | 7246.98 | 6.03 |
| B5 | 197.72 | 7167.345 | 6.55 |
| B6 | 212.77 | 8747.505 | 6.66 |
| B7 | 216.91 | 9103.185 | 6.51 |
| 平均 | 200.86 | 7535.181429 | 6.22 |

覆膜与不覆膜在不同灌水处理时马铃薯植株水分利用效率如图 2.4 所示。由图中可知，在灌水次数不变而灌溉定额不同的情况下，马铃薯的灌溉定额与马铃薯植株的水分利

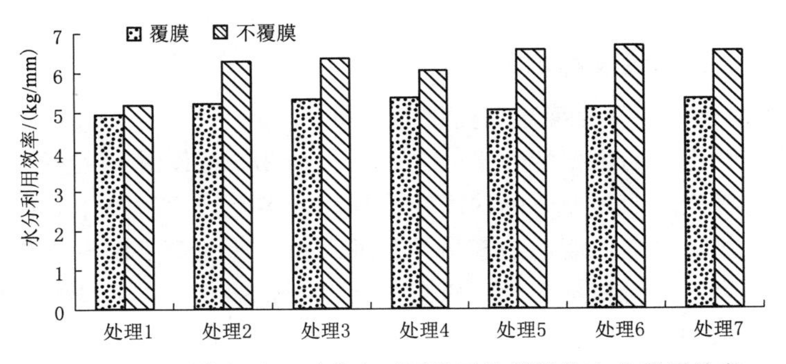


图 2.4 不同灌水处理覆膜和不覆膜马铃薯植株水分利用效率

用率无明显相关关系，但补灌处理相比不补灌处理的水分利用效率明显大。在覆膜试验情况下，当灌1次水时，水分利用效率的变化规律为A2＞A5＞A1；当灌水次数为2次时，水分利用效率的变化规律为A3＞A6＞A1；当灌水次数为3次时，水分利用效率的变化规律为4＞A7＞A1。

在覆膜时，灌溉定额不变而灌水次数不同的情况下，水分利用效率基本变化规律为：灌1次水＜灌2次水＜灌3次水。说明少量多次的灌溉有利于马铃薯对水分的吸收利用。即当灌溉定额为150m³/hm²时，水分利用效率规律为A1＜A2＜A3＜A4。在灌溉定额是300m³/hm²的情况下，水分利用效率的规律为A1＜A5＜A6＜A7。

从图2.4可以看到，覆膜和不覆膜的处理的水分利用效率变化规律基本相似，在灌溉定额不变的条件下，灌水次数基本与水分利用效率呈正相关关系。而且进行了补灌处理的相比不补灌的处理，植株的水分利用效率要大很多。

### 2.2.4　马铃薯灌溉定额、灌水次数与产量的关系

由表2.11可知，马铃薯灌溉定额、灌溉次数与产量呈显著性差异，灌溉定额$F$值大于$F_{临}$，表明灌溉定额与产量呈显著相关关系；灌水次数$F$值大于$F_{临}$，说明灌水次数对产量有显著影响。综合分析得出灌溉定额和灌溉次数越大，产量越高。试验表明，A7处理对产量提升最大，产量为16439.09kg/hm²，即灌溉定额为300m³/hm²，灌水次数为3次；A1处理与其他处理相比，马铃薯产量最少，产量为12437.69kg/hm²，其灌溉定额为0m³/hm²，灌水次数为3次。从整体得出A7处理对提升马铃薯产量的作用最大。

表2.11　马铃薯灌溉定额、灌水次数与产量的方差分析

| 方差来源 | 平方和 | 自由度$f$ | $F$值 | $F_{临}$ | | |
|---|---|---|---|---|---|---|
| | | | | $a=0.05$ | $a=0.01$ | $P_{值}$ |
| 灌溉定额A | 58121.19 | 2 | 1716.40 | 5.14 | 10.92 | 0.0001 |
| 灌水次数B | 3808.30 | 6 | 588.47 | 5.14 | 10.92 | 0.0001 |
| 误差 | 3099.24 | 8 | | | | |

## 2.3　不同灌水处理马铃薯生长量的变化规律

### 2.3.1　不同灌水处理马铃薯株高的变化规律

#### 2.3.1.1　不同灌水条件下马铃薯株高变化的规律

株高是反映作物生长的主要特征指标之一。由图2.5可以看到在灌水次数一样的情况下，不同的灌溉定额处理的马铃薯的株高变化规律，各个处理的整体变化趋势为在马铃薯苗期时，株高增长比较缓慢，而后随着马铃薯进入到块茎的形成期与块茎膨大期时，其株高开始迅速增长，到了淀粉积累期时，株高开始慢慢衰减变小。由马铃薯整个生育期的平均株高可以得出A7的平均植株高度比A4大6.09%，比不灌水的A1大约14.6%。在不同灌溉定额条件下，A7处理的株高始终最高，其次是A4与A1。这说明充足的水分供应

可以促进作物的生长与发育。依据马铃薯株高的衰减可以看出，不灌水处理 A1 的株高衰减比较慢，造成这种状况的主要原因可能是由于其整个生育期处于亏水的状态，因此马铃薯进入各个生育期的时间比其他两个处理要慢，所以 A1 衰减速度缓慢。

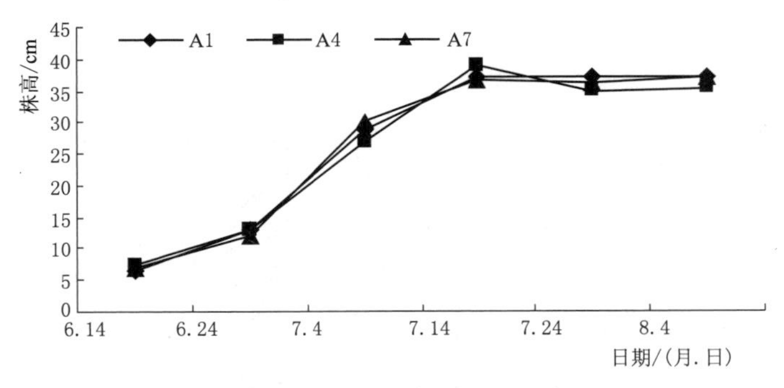


图 2.5　不同灌溉定额处理下对马铃薯株高的影响

图 2.6 表示是在同一灌溉定额（150m$^3$/hm$^2$）的条件下不同的灌水次数将对马铃薯株高造成的影响，其变化的趋势和不同灌水量处理下的变化趋势基本相同，共同的变化趋势为在整个生育期的过程中先增加，待增加到最高值的时候逐渐趋于稳定，到了成熟期时养分开始转入地下的块茎增长，株高随之变小。在整个马铃薯植株的生育期中，马铃薯的平均株高和灌水次数有正相关的关系。在灌溉定额相同而灌水次数不同的情况下，株高呈灌水 1 次＜灌水 2 次＜灌水 3 次的变化规律。由图可知，A4 的株高在全生育期比 A2 与 A3 高，且 A4 比 A1、A2、A3 的平均高度分别增加 6.69％、6.72％、8.03％。这充分地说明灌溉定额相同时，灌水次数与马铃薯株高呈正相关的关系，马铃薯植株在少量多次的膜下滴管灌溉方式下，灌溉的效果最好。

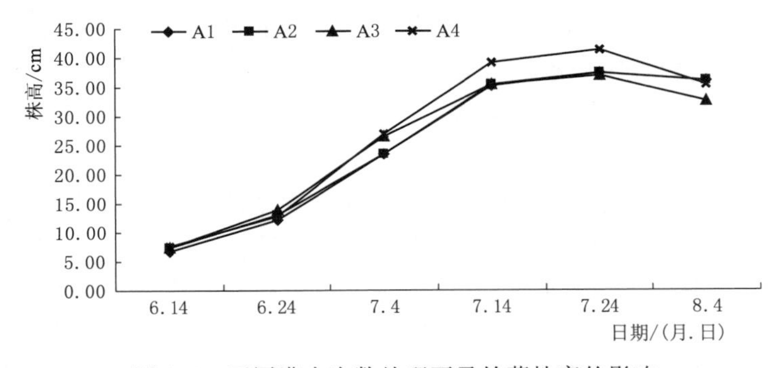


图 2.6　不同灌水次数处理下马铃薯株高的影响

### 2.3.1.2　覆膜与不覆膜对马铃薯株高的影响

从图 2.7 可知，覆膜与不覆膜的株高变化规律相似，当灌水次数相同时，灌溉定额越大，植株越高；当灌溉定额相同时，灌水次数越多时，植株越高。试验中经过补灌处理的株高较不补灌处理的植株要大很多；覆膜的各个处理的株高比不覆膜要大，与不覆膜的株高相比较，覆膜的处理 1、处理 2、处理 3、处理 4、处理 5、处理 6、处理 7 的株高分别高6.8cm、6.8cm、7.95cm、7.79cm、7.26cm、7.87cm、10.2cm。覆膜的马铃薯植株平均株高为26.63cm而不覆膜的平均株高为18.94cm，试验充分说明了覆膜种植的马铃薯比不覆膜的具有更好的保水作用，更加有利于马铃薯植株的生长发育，这种种植方式适合在宁夏中部地区大力推广。

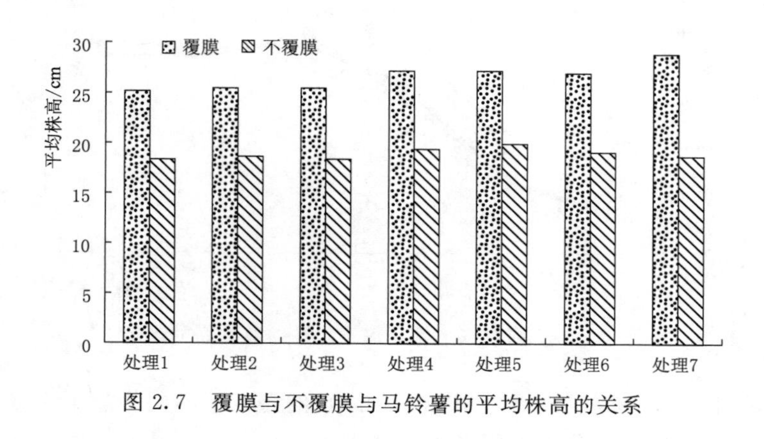


图2.7　覆膜与不覆膜与马铃薯的平均株高的关系

### 2.3.2　不同灌水处理马铃薯茎粗的变化规律

#### 2.3.2.1　灌溉定额对马铃薯茎粗的影响

不同的水分处理给马铃薯茎粗造成的影响如图2.8所示，由图中可以看出在灌水次数（苗期，块茎形成期，块茎增长期）相同的情况下，3种不同的灌溉定额处理马铃薯茎粗的变化过程。由图2.8及上文中的株高规律综合可知，茎粗与株高的变化趋势基本相同，即在整个生育期呈现先增加而后逐渐衰减。但马铃薯植株茎粗的衰减幅度比株高要小很多。在灌水次数一样而灌溉定额不同的情况下，茎粗呈现A1＜A4＜A7的变化规律。说明灌水次数相同的情况下，灌溉定额与作物的茎粗呈正相关关系。按平均茎粗计算可知A7、A4与A1的平均植株茎粗相比要分别大13.6％、6.5％。

#### 2.3.2.2　灌水次数对马铃薯茎粗的影响

由图2.9（a）可以看出在同一灌溉定额（$150m^3/hm^2$）下，不同的灌水次数对马铃薯的茎粗的影响变化规律。在灌溉定额相同而灌水次数不同的情况下，茎粗呈现灌1次水＜灌2次水＜灌3次水的变化规律。即在当灌溉定额是$150m^3/hm^2$的试验条件下，处理A1＜处理A2＜处理A3＜处理A4。这主要是因为高频多次灌溉可以更好地使作物的根区保持湿润的状态，植株水分可以得到充足的供应，从而能促进植株根部的生理生长。比较其平均茎粗，可以看到A4、A3、A2与A1的植株平均茎粗相比分别要大1.95％，2.6％与6.5％。这充分地说明了在灌溉定额相同的条件下，少量多次（苗期，块茎形成期，块茎增长期3次）的补灌方式补水效果最好，非常有利于马铃薯茎的生长。

图2.9（b）表示了灌溉定额为$300m^3/hm^2$不变时，灌水次数的变化对覆膜的马铃薯茎粗的影响。由图2.9（b）可知在灌溉定额（$300m^3/hm^2$）下茎粗随着灌水次数的增大而增大，呈现灌3次水＞灌2次水＞灌1次水的规律。而且相比灌溉定额（$150m^3/hm^2$）

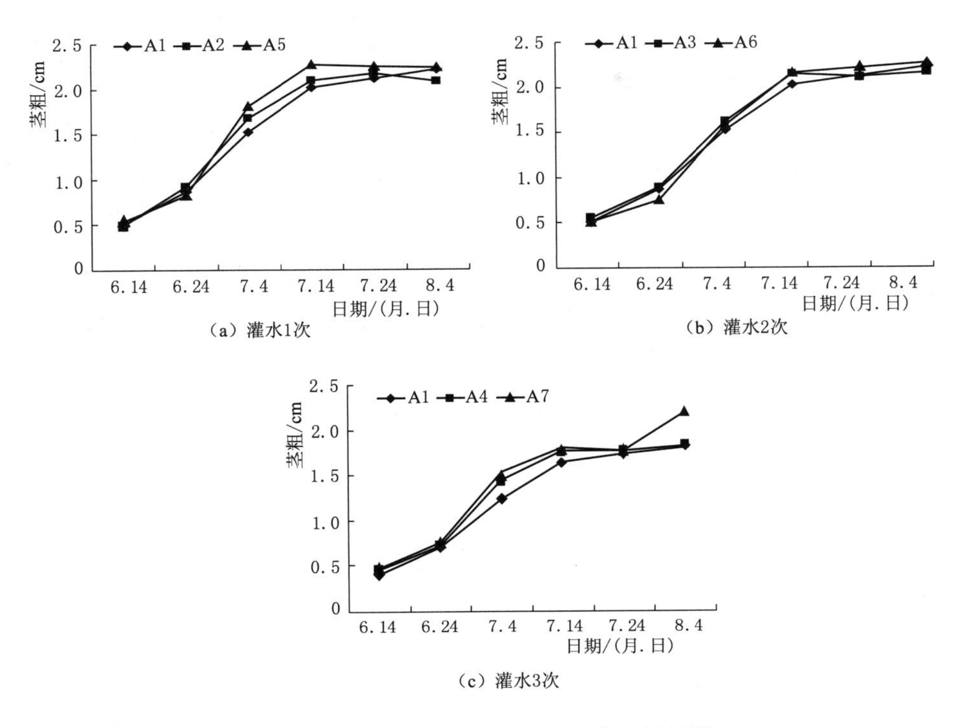


图 2.8 不同灌溉定额处理下马铃薯茎粗的影响

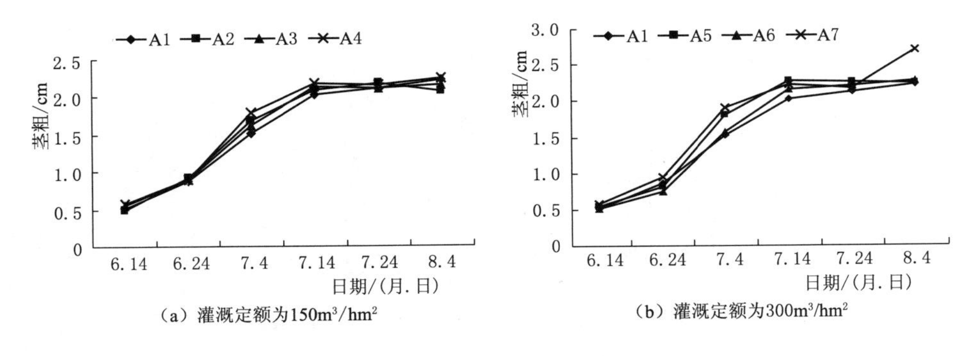


图 2.9 不同灌水次数对马铃薯茎粗的影响

时，其茎粗增长不太明显，例如：灌水处理比不灌水处理 A1 茎粗都有较大增长，而 A5 比 A2 大 0.08cm，A7 比 A4 大 0.11cm，A6 比 A3 小 0.002cm，说明灌水在一定程度内有利于茎粗的增长，当灌水量达到一定程度时，灌水量对茎粗的影响不大。

#### 2.3.2.3 覆膜与不覆膜对马铃薯株高与茎粗的影响

不同的种植培育方式会对马铃薯植株的生长量指标有显著的影响。表 2.12 是覆膜与不覆膜两种栽培方式对马铃薯平均株高与平均茎粗影响，从表 2.12 中可以看出在灌溉定额不同而灌水次数相同的条件下，覆膜马铃薯植株的平均株高与茎粗总是比露地的要高。

即株高呈 A1、A4、A7 分别对应大于 B1、B4、B7 的规律，茎粗也呈现 A1、A4、A7 分别对应大于 B1、B4、B7 的规律。处理 A7 为在各个处理中平均株高与平均茎粗最大的处理，而 B1 是最小的处理，这充分说明了在试验条件下，较高的灌溉频率与较大的灌溉定额都会利于马铃薯植株的生长发育。试验数据表明在灌水条件相同的情况下，覆膜种植的马铃薯的地上部分比不覆膜种植的长势更好。试验数据说明覆膜马铃薯的株高比不覆膜的高而且覆膜马铃薯的茎粗也比不覆膜的粗，分析其原因可知覆膜有很好的保水特性，更有利于马铃薯植株的生长（图 2.10）。

表 2.12　　不同种植模式对马铃薯生长量的影响

| 覆膜种植 | | | 不覆膜种植 | | |
|---|---|---|---|---|---|
| 处理 | 平均株高/cm | 平均茎粗/cm | 处理 | 平均株高/cm | 平均茎粗/cm |
| A1 | 25.18 | 1.54 | B1 | 18.35 | 1.47 |
| A2 | 25.48 | 1.57 | B2 | 18.66 | 1.46 |
| A3 | 25.49 | 1.58 | B3 | 18.40 | 1.47 |
| A4 | 27.20 | 1.64 | B4 | 19.41 | 1.49 |
| A5 | 27.21 | 1.65 | B5 | 19.94 | 1.49 |
| A6 | 26.98 | 1.58 | B6 | 19.10 | 1.48 |
| A7 | 28.86 | 1.75 | B7 | 18.69 | 1.49 |
| 平均值 | 26.629 | 1.616 | 平均值 | 18.936 | 1.479 |

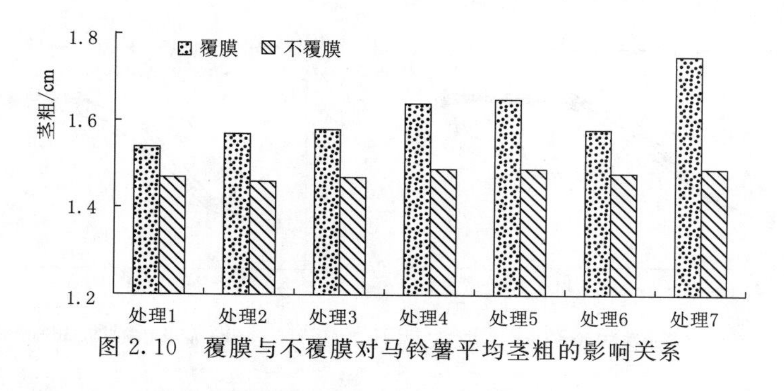

图 2.10　覆膜与不覆膜对马铃薯平均茎粗的影响关系

## 2.3.3　不同灌水处理马铃薯光合性能的变化规律

### 2.3.3.1　马铃薯蒸腾速率的变化规律

蒸腾速率是植物最重要的水分特征之一。蒸腾实际上就是植物体内的水分以气体的状态向外部散失的生理过程，植株蒸腾作用的强弱是反映植株水分代谢强弱的重要指标之一。由图 2.11 可知，马铃薯植株的蒸腾速率在整个生育期内呈现先增加后减小的趋势。马铃薯植株块茎形成期时其蒸腾速率最大，在块茎膨大期时蒸腾速率逐步减小，到马铃薯植株成熟期时蒸腾速率的减小更明显。如，在块茎的形成期 7 月 8 日时测得处理 6 的蒸腾速率是 10.79mmol/($m^2$/s)，为处理 6 测得数据的最大值；在马铃薯植株的整个生育期内蒸腾速率呈现：成熟期＜苗期＜块茎增长期＜块茎形成期的变化规律。这主要是因为马铃薯植株从苗期开始一直到块茎形成期马铃薯植株主要进行的是地上部分的营养生长，到块茎形成期地上部分生长的最旺盛，叶面积最大，蒸腾速率达到最大值，从马铃薯块茎增长期开始，马铃薯的营养生长主要以地下部分为主，马铃薯植株逐渐枯萎，叶面积逐渐减小，蒸腾速率逐步减弱。

由图2.11可知，在灌溉定额相同而灌水次数不同的情况下，灌水的次数越多，蒸腾速率就会越大。相反，当灌水的次数越小时，蒸腾速率就会变得越小。如，马铃薯植株的光合速率呈现处理1（灌1次水）<处理2（灌2次水）<处理3（灌3次水）<处理4（灌1次水）<处理5（灌2次水）<处理6（灌3次水）的变化规律。这说明当灌水量一定时，各个时期土壤的含水量随着灌水次数的增多而增大。马铃薯植株受到水分胁迫的时间就会越短，植株生长就会变得的越旺盛，叶面积就会越大，大的叶面积导致蒸腾速率变得更大，反之亦然。

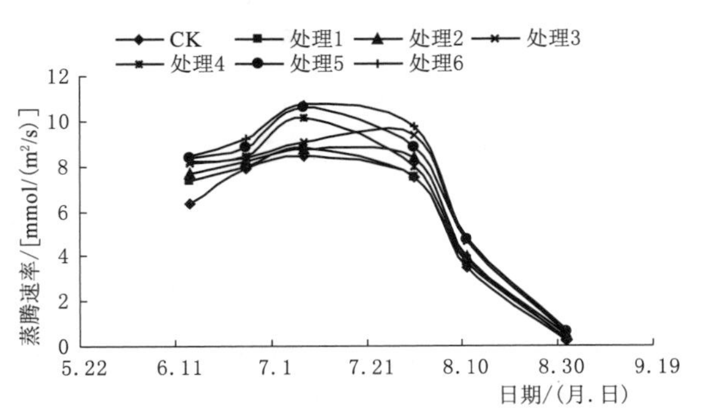


图2.11 不同灌水处理下覆膜马铃薯蒸腾速率随时间变化过程

由图2.11可知，在灌溉次数相同而灌溉定额不同时，灌溉定额与蒸腾速率呈正相关的关系，比如，在7月8日测得处理6的马铃薯植株的蒸腾速率明显要大于处理3的，差值是1.71mmol/($m^2$/s)。这主要是因为在同一个生育时期时，蒸腾速率和土壤的含水量有着紧密的联系。灌溉定额越大导致土壤含水量越大，土壤含水量越大使得植株生长得越旺盛，叶面积也变得越大，从而蒸腾速率也就变得越大。

#### 2.3.3.2 马铃薯气孔导度的变化规律

气孔对干旱的胁迫反应很敏感，气孔作为水分与二氧化碳进入叶片的主要通道，对马铃薯植株的光合作用具有重要的调节作用。

由图2.12可知，气孔导度在马铃薯的完整生育期内呈现先增加后减小的变化趋势，气孔导度在块茎形成期最大，经块茎膨大期开始减小，最后到了成熟期变得最小。形成这种现象主要是因为马铃薯植株在苗期和块茎形成期主要进行地上部分的营养生长，到了块茎形成期，地上部分生长的最旺盛，叶面积也最大，气孔导度达到了最大值，是914.96mmol/($m^2$/s)。在7月8日以后，气孔导度开始明显减小，这主要是由于马铃薯逐渐进入块茎增长期与成熟期，马铃薯开始转为以地下块茎生长为主的阶段，植株茎叶开始逐渐枯萎。同时，由于进入成熟期不再灌溉，土壤含水量逐渐变小，植株受到水分胁迫的程度变得越来越严重，叶水势也随之降低，气孔导度明显降低。

由图2.12可知，在灌溉定额相同而灌水次数不同的情况下，灌水次数与气孔导度呈正相关关系。这主要因为在灌水量一定的条件下，当灌水次数越多时，各个时期的土壤含水量相对比较大，马铃薯植株不会受长时间水分胁迫，气孔导度也就不会变小。

由图2.12还可以看出，在灌溉次数相同而灌溉定额不同的情况下，马铃薯植株的灌

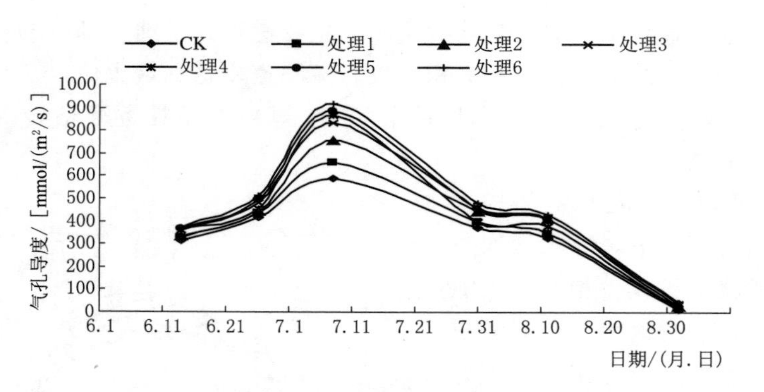


图 2.12　马铃薯生育期气孔导度随时间变化规律

溉定额与气孔导度呈正相关关系。这主要是因为灌水量越大，土壤的含水量也就越大，含水量大植株长得越旺盛，叶面积也大，导致气孔导度也越大。比如：7 月 8 日测得的处理 6 与处理 3 的差异可达到 84.07mmol/($m^2$/s)。

由图 2.13 可以看出不同灌水处理下，当灌溉定额不变而灌溉次数不同时马铃薯气孔导度的变化规律，从图中可以看出，补灌的处理，其气孔导度要大于不补灌的，在灌溉定额不变而灌水次数不同的情况下，灌水次数与气孔导度基本呈正相关的关系，在灌水次数不变而灌水定额不同的情况下，灌水定额与气孔也基本呈现正相关的关系。与不灌水的处理 1 相比较，覆膜的马铃薯处理 2、处理 3、处理 4、处理 5、处理 6 和处理 7 的气孔导度对应分别高出了 23.1mmol/($m^2$/s)、54.9mmol/($m^2$/s)、87.7mmol/($m^2$/s)、47.6mmol/($m^2$/s)、95.5mmol/($m^2$/s)、119.9mmol/($m^2$/s)。

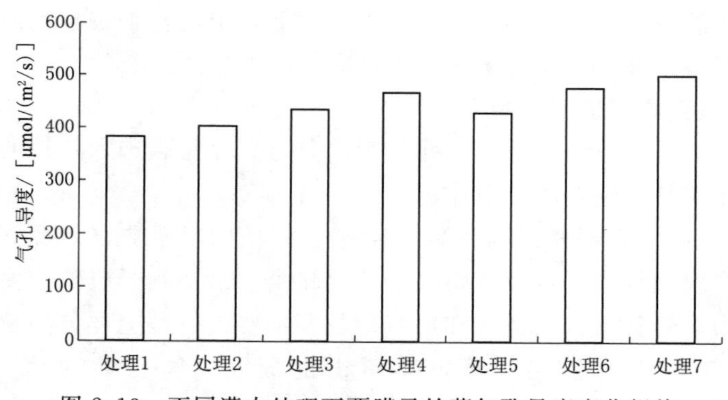


图 2.13　不同灌水处理下覆膜马铃薯气孔导度变化规律

#### 2.3.3.3　马铃薯光合速率的变化规律

光合作用被认为是马铃薯产量和品质形成的重要的生理基础，它对水分胁迫的反应非常敏感，这属于植物对干旱适应的一种生理反应。图 2.14 表示了不同的灌水处理对覆膜马铃薯光合速率变化的影响，由图 2.14 可知，马铃薯植株的光合速率在完整的生育期内呈现先增加后减小的变化趋势，在块茎形成期内增大，到了马铃薯的淀粉积累期又逐渐变小，且在各个处理之间具有明显的一致性。覆膜条件下的马铃薯的光合速率的最大值是在块茎增长期，比如 A6，光合速率的峰值达到了 9.65μmol/($m^2$/s)。马铃薯从块茎增长期开始减小，到马铃薯成熟期明显减小。这主要是因为马铃薯植株从苗期到块茎形成期主要都是进行地上部分的生长发育，到块茎形成期时，马铃薯植株地上部分生长的最旺盛，叶面积最大，光合速率达到最大值。而在马铃薯块茎增长期开始，马铃薯的营养生长以地下部分为主，植株开始逐渐枯萎，叶面积渐渐减小，光合速率渐渐减弱。

由图可知，在灌溉定额相同而灌水次数不同的情况下，灌水次数与马铃薯光合速率呈正相关的关系，即光合速率呈处理 1（灌 1 次水）＜处理 2（灌 2 次水）＜处理 3（灌 3 次水），处理 4（灌 1 次水）＜处理 5（灌 2 次水）＜处理 6（灌 3 次水）的变化规律。这主要是因为在灌水量一定时，灌水次数越多，马铃薯植株各个时期的土壤含水量就越大，植株受水分胁迫的时间就会越短，马铃薯植株生长得越旺盛，叶面积也就越大，植株的光合速率就越大；相反，灌水次数越少时，马铃薯植株受水分胁迫的时间就越长，叶面积越小，以致植株的光合速率越小。由图可知，当灌溉次数相同而灌溉定额不同时，灌溉定额越大，光合速率也会越大。即马铃薯植株的光合速率呈现处理 3＜处理 6，处理 2＜处理 5，处理 1＜处理 4。这主要是因为灌水量不同造成的，植株的灌水量越大，土壤的含水量也会越大，植株生长得会越旺盛，叶面积越大，使得光合速率越大。

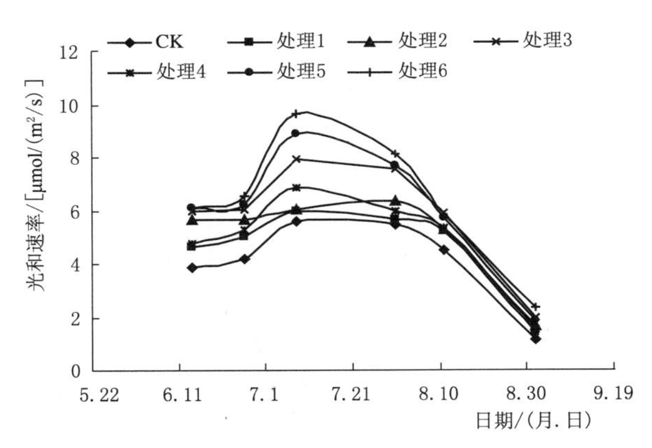

图 2.14 马铃薯生育期光合速率随时间变化规律

### 2.3.4 马铃薯灌溉定额与光合性能指标的方差分析

表 2.13 表示覆膜马铃薯灌溉定额和生育期光合性能指标的方差分析。由表得出，马铃薯生育期的光合速率与灌溉定额有显著正相关的关系，表明水分与马铃薯的速率指标密切相关，提高马铃薯土壤水分，对其进行补灌，将有助于马铃薯光合速率的提高。由试验得出，当灌溉定额为三次时，A7 处理与其他同等灌溉次数相比有助于提高光合性能指标；当灌溉定额为 2 次，A3 处理和 A6 处理光合性能差异不显著；当灌溉次数为一次，A5 处理优于其他同等灌溉次数处理。从整体上得出，A7 处理对光合性能的影响最大，有利于马铃薯光合性能的增加。

**表 2.13 覆膜马铃薯灌溉定额与生育期光合性能指标的方差分析**

| 处理 | 蒸腾速率/[mmol/($m^2$/s)] | 气孔导度[mmol/($m^2$/s)] | 光合速率[μmol/($m^2$/s)] |
|---|---|---|---|
| A1 | 7.09 | 381.26 | 4.98 |
| A2 | 7.24 | 404.32 | 5.57 |
| A3 | 7.73 | 436.19 | 6.26 |

续表

| 处理 | 蒸腾速率/[mmol/(m²/s)] | 气孔导度[mmol/(m²/s)] | 光合速率[μmol/(m²/s)] |
|---|---|---|---|
| A4 | 8.34 | 468.97 | 7.13 |
| A5 | 7.74 | 428.81 | 5.9 |
| A6 | 8.43 | 476.77 | 7.27 |
| A7 | 8.89 | 501.18 | 7.83 |
| *F* | 0.29 | 0.37 | 3.55 |
| 显著性 | 不显著 | 不显著 | 显著 |

**注**　采用新复极差法进行方差分析。显著性由 5%（上）和 1%（下）点 *F* 值表查出。

## 2.4　不同灌水条件下马铃薯品质的影响

### 2.4.1　不同灌水条件下马铃薯品质指标变化规律

#### 2.4.1.1　不同灌水条件下淀粉含量变化的规律

淀粉作为马铃薯块茎的贮藏物质，含量特别丰富，约占到块茎鲜重的 8%～34%。由图 2.15 可以看出覆膜与不覆膜马铃薯在不同灌水处理下的淀粉含量。不同灌水处理马铃薯覆膜淀粉含量的最大值为处理 7，为 17.84%；处理 1 最小为 15.27%；不覆膜马铃薯淀粉含量处理 4 最高为 17.54%，处理 5 最小为 15.59%。覆膜比不覆膜平均马铃薯淀粉含量高 0.38%。

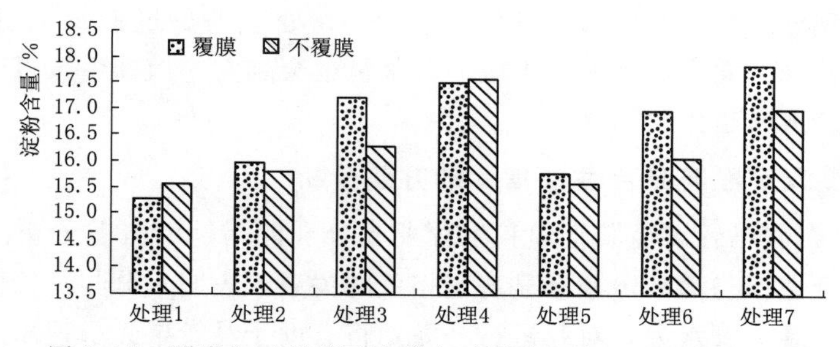


图 2.15　覆膜和不覆膜马铃薯在不同灌水处理下的淀粉含量

由图 2.15 可知，覆膜与不覆膜马铃薯的淀粉含量受灌水次数与灌溉定额的影响不同，在灌溉定额不变而灌水次数不同的情况下，覆膜与不覆膜马铃薯的淀粉平均含量都呈现 A7＞A6＞A5＞A1，A4＞A3＞A2＞A1 的变化规律。这主要因为淀粉与植株的生长因素有关系，在植株的生长最敏感的时期如果补水会有助于淀粉含量的增加。以上表明灌 3 次水的马铃薯块茎淀粉含量最高；当灌水次数不变而灌溉定额不同时，马铃薯灌溉定额与马铃薯的淀粉含量基本上呈正相关的关系。覆膜的淀粉含量明显的大于不覆膜的。与不覆膜的淀粉含量相比较，覆膜的处理 2、处理 3、处理 5、处理 6、处理 7 的淀粉含量分别高出 0.16%、0.91%、0.18%、0.91%、0.85%。综上所述覆膜的种植方式更利于马铃薯淀粉含量的积累与提高。

表 2.14 不同水分处理对马铃薯淀粉含量的影响

| 覆膜种植 | | 不覆膜种植 | |
|---|---|---|---|
| 处理 | 淀粉含量/% | 处理 | 淀粉含量/% |
| A1 | 15.27367±0.44 | B1 | 15.57±1 |
| A2 | 15.96394±0.54 | B2 | 15.80±1.48 |
| A3 | 17.21082±1.67 | B3 | 16.30±0.13 |
| A4 | 17.51215±2.44 | B4 | 17.57±2.25 |
| A5 | 15.78363±0.19 | B5 | 15.60±0.16 |
| A6 | 16.97189±2.96 | B6 | 16.06±0.9 |
| A7 | 17.84076±3.74 | B7 | 16.99±0.6 |

注 表中值为平均值±标准误差。

由表 2.14 可知：覆膜会有良好的保水性，可以积累更多的淀粉含量，相较覆膜，不覆膜马铃薯的淀粉含量累计比较缓慢，覆膜和不覆膜的各个处理之间的淀粉含量差异差别比较大，其中相差最大的是处理 6，处理 A6 比处理 B6 高了 0.9%。

#### 2.4.1.2 不同灌水条件下还原糖变化的规律

图 2.16 表示覆膜与不覆膜的马铃薯在不同灌水处理下的还原糖含量变化规律。覆膜马铃薯的平均还原糖含量是 0.132%，不覆膜的马铃薯平均还原糖含量是 0.23%，覆膜的马铃薯平均还原糖含量比不覆膜的低 0.1%。不同灌水处理马铃薯覆膜与不覆膜还原糖含量最大值均为 A4，分别是 0.203%、0.358%。

由图 2.16 可以看出，当灌溉定额不变而灌水次数不相同时，覆膜马铃薯还原糖含量呈 A1<A2<A3<A4，A1<A5<A6<A7 的规律；不覆膜马铃薯还原糖含量呈 A1<A5<A6<A7，A1<A2<A3<A4 的规律；说明灌溉定额相同时，马铃薯的还原糖含量与灌水次数呈正相关的关系。

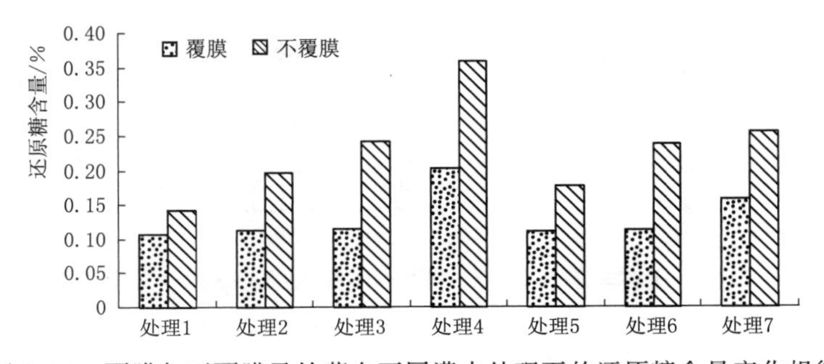


图 2.16 覆膜与不覆膜马铃薯在不同灌水处理下的还原糖含量变化规律

由图 2.16 所示，在灌水次数不变而灌溉定额不同的情况下，覆膜与不覆膜的马铃薯还原糖含量均基本呈处理 7<处理 4、处理 6<处理 3、处理 5<处理 2 的变化规律。灌水定额多的还原糖含量小于灌水定额少的还原糖含量。A4 与 A7、A3 与 A6、A2 与 A5 的还原糖含量相比分别高出 0.045%、0.0035%、0.0018%。这表明在灌水次数不变的情况下，灌溉定额偏大不利于马铃薯块茎还原糖含量的积累。过大的灌溉定额会对马铃薯块茎

还原糖含量产生负效应。所以，覆膜马铃薯还原糖含量比露地处理要低，覆膜不利于糖分的积累，少量多次灌溉能够提高马铃薯还原糖的含量（表 2.15）。

**表 2.15　　不同水分处理对马铃薯还原糖含量的影响**

| 覆　膜　种　植 | | 不　覆　膜　种　植 | |
|---|---|---|---|
| 处理 | 还原糖含量/% | 处理 | 还原糖含量/% |
| A1 | 0.11±0.04 | B1 | 0.142823±0.0028 |
| A2 | 0.112494±0.03 | B2 | 0.198031±0.0891 |
| A3 | 0.11602±0.03 | B3 | 0.242143±0.0374 |
| A4 | 0.2039±0.07 | B4 | 0.358457±0.0127 |
| A5 | 0.11062±0.03 | B5 | 0.176819±0.0658 |
| A6 | 0.11253±0.04 | B6 | 0.23895±0.1116 |
| A7 | 0.158174±0.07 | B7 | 0.256193±0.067 |

**注**　表中值为平均值±标准误差。

### 2.4.1.3　不同灌水条件下干物质变化的规律

图 2.17 表示覆膜和不覆膜的马铃薯在不同灌水处理下的干物质含量。由图可知，不同灌水处理马铃薯覆膜与不覆膜干物质含量最大值均为处理 7，分别是 23.99%、20.86%；覆膜状态下，马铃薯干物质处理 A5 含量最小是 17.69%，不覆膜马铃薯干物质量 B1 含量最小是 18.66%；覆膜的马铃薯平均干物质含量是 20.69%，不覆膜的马铃薯平均干物质含量是 19.88%，覆膜马铃薯的平均干物质含量比不覆膜的要高出 0.81%。

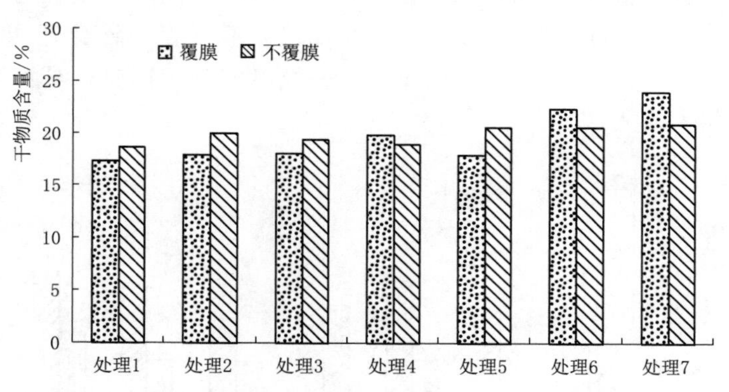


图 2.17　覆膜与不覆膜马铃薯在不同灌水处理下的干物质含量

由图 2.17 可知，在灌溉定额不变而灌水次数不同的情况下，覆膜马铃薯灌水 3 次的干物质平均含量最高为 21.9%，比灌水 2 次的平均干物质含量高 8.35%，比灌水 1 次的平均高 21.9%；未覆膜状态干物质含量无明显差异。试验表明在灌溉定额不变的条件下，覆膜马铃薯灌 3 次水时，马铃薯平均干物质含量最高，灌 2 次水的次之，不覆膜状态下，马铃薯干物质含量与灌水次数呈负相关的关系。覆膜马铃薯比不覆膜马铃薯的干物质平均含量高 0.13%。

由图 2.17 可知，在灌水次数不变的情况下，而灌溉定额不同时，覆膜和不覆膜马铃薯的干物质含量均呈现A1＜A4＜A7，A3＜A1＜A6，的变化规律。A7比A4，A6比A3的干物质含量分别对应高出了3.5%，4.16%。以上表明了灌溉定额多的有利于马铃薯干物质含量的积累。说明了在灌水次数不变而灌溉定额不同的情况下，灌溉定额与马铃薯干物质含量基本呈正相关的关系（表2.16）。

**表2.16　不同水分处理对马铃薯干物质含量的影响**

| 覆膜种植 | | 不覆膜种植 | |
|---|---|---|---|
| 处理 | 干物质含量/% | 处理 | 干物质含量/% |
| A1 | 17.328±0.312a | B1 | 18.663±1.43a |
| A2 | 17.963±0.864ab | B2 | 20.054±0.23ab |
| A3 | 18.139±0.079abc | B3 | 19.447±1.57ab |
| A4 | 19.827±2.351abc | B4 | 18.934±1.68ab |
| A5 | 17.959±0.308bc | B5 | 20.572±0.56ab |
| A6 | 22.307±2.85c | B6 | 20.625±1.66ab |
| A7 | 23.997±1.773c | B7 | 20.865±0.7b |

**注**　表中值为平均值±标准误差。同一列中字母如果相同则代表差异不显著，小写字母代表显著性差异（$P<0.05$，Duncan），表中以大写字母代表显著差异极显著水平（$P<0.01$，Duncan）。

从图2.17得出覆膜与不覆膜的干物质含量有一定差异，灌溉定额相同而灌水次数不同时，灌3次水的马铃薯平均干物质含量最大；灌水次数相同而灌溉定额不同时，灌溉定额与马铃薯的干物质含量有一定正相关的关系。覆膜干物质的含量与不覆膜干物质的含量相比较，覆膜的处理1、处理4、处理6、处理7的干物质含量分别高出2.06%、0.89%、1.68%、3.13%。说明马铃薯覆膜种植更利于马铃薯块茎干物质的积累，适于在宁夏中部地区大面积推广。

#### 2.4.1.4　马铃薯块茎品质与灌溉定额的方差分析

由表2.17中可以看出，不同灌水处理的马铃薯淀粉、还原糖、干物质含量有差异。其中淀粉与还原糖含量在灌水为0～300$m^3/hm^2$、灌水次数在1～3之间差异不显著（$P>0.05$）。马铃薯灌水300$m^3/hm^2$、灌水3次的处理干物质的含量最高为23.997%，比平均含量高出3.35%；灌水300$m^3/hm^2$、灌水1次的处理干物质含量最低为17.959%，差异显著（$P<0.01$）。以上表明，灌溉定额在0～300$m^3/hm^2$与灌水次数在1～3之间对马铃薯的块茎品质有一定的影响。

**表2.17　覆膜马铃薯块茎品质与灌溉定额的方差分析表**

| 处理 | 淀粉/% | 还原糖/% | 干物质/% | 处理 | 淀粉/% | 还原糖/% | 干物质/% |
|---|---|---|---|---|---|---|---|
| A1 | 15.273 | 0.107 | 17.328 | A5 | 15.783 | 0.111 | 17.959 |
| A2 | 15.963 | 0.112 | 17.963 | A6 | 16.971 | 0.112 | 22.307 |
| A3 | 17.211 | 0.116 | 18.139 | A7 | 17.841 | 0.158 | 23.997 |
| A4 | 17.512 | 0.203 | 19.827 | *F* | 1.120 | 1.734 | 3.182 |
| 显著性 | 不显著 | 不显著 | 显著 | | | | |

**注**　表中$P<0.05$为差异显著，$P<0.01$为差异极显著，$P>0.05$为差异不显著。

#### 2.4.1.5　马铃薯块茎品质与产量的相关关系

表2.18表示覆膜马铃薯块茎品质与产量的相关关系。由表中得出，覆膜马铃薯全生育期淀粉含量（$y$）与产量（$x$）呈明显的线性相关关系，$y=1107.5x-3808.1$，$R^2=0.7876$，马铃薯全生育期还原糖含量（$y$）与产量（$x$）没有呈明显线性相关关系，$y=16030x+12523$，$R^2=0.2292$，马铃薯全生育期干物质含量（$y$）与产量（$x$）没有呈明显线性相关关系，$y=215.05x+10194$，$R^2=0.1511$。说明马铃薯的淀粉含量与产量的相关性最大，马铃薯的还原糖含量与产量的相关性最小。综上所述，淀粉与马铃薯产量有密切关系，还原糖、干物质含量与马铃薯的产量有一定的关系。

表2.18　覆膜马铃薯品质与产量的相关关系

| 处理A | 淀粉/% | 还原糖含量/% | 干物质含量/% | 产量/(kg/hm²) |
|---|---|---|---|---|
| 1 | 15.27367 | 0.107802 | 17.328 | 12437.69 |
| 2 | 15.96394 | 0.112494 | 17.963 | 14138.28 |
| 3 | 17.21082 | 0.11602 | 18.139 | 14816.3 |
| 4 | 17.51215 | 0.2039 | 19.827 | 14994.14 |
| 5 | 15.78363 | 0.110623 | 17.959 | 14405.04 |
| 6 | 16.97189 | 0.112535 | 22.307 | 15205.32 |
| 7 | 17.84076 | 0.158174 | 23.997 | 16439.09 |

### 2.4.2　不同灌水条件下马铃薯产量变化的规律

#### 2.4.2.1　灌溉定额对马铃薯产量的影响

表2.19可以表明不同灌水处理覆膜马铃薯的产量变化规律；表2.20表示在灌水次数不变而灌溉定额不同的情况下，灌溉定额为300m³/hm²的产量明显高于灌溉定额为150m³/hm²的产量，还可以看出补灌处理的产量要高于不补灌处理的。即覆膜马铃薯的产量呈A1<A4<A7，A1<A3<A6，A1<A2<A5的变化规律。在灌水3次的条件下，A7、A4的产量与A1相比分别增长了32.17%、20.55%；在灌水2次的情况下，A6、A3的产量与A1相比较分别增长了22.25%、19.12%；在灌水1次的情况下，A5、A2的产量与A1相比增长率分别是15.82%、13.67%。试验说明植株水分和产量在一定的范围内有正相关的关系，在灌水次数不变，灌溉定额不同的情况下，灌溉定额与产量成正比。

表2.19　覆膜马铃薯不同补灌时期的增产效果

| 处理 | 单株结薯数量/个 | 单株薯重/kg | 大薯 | | 中薯 | | 小薯 | | 商品薯率/% | 产量/(kg/亩) | 增产率/% |
|---|---|---|---|---|---|---|---|---|---|---|---|
| | | | 重量/kg | 比例/% | 重量/kg | 比例/% | 重量/kg | 比例/% | | | |
| A1 | 2.75 | 0.373 | 0.288 | 77.21 | 0.070 | 18.77 | 0.015 | 4.02 | 77.21 | 829.179 | |
| A2 | 2.87 | 0.424 | 0.331 | 78.07 | 0.075 | 17.69 | 0.018 | 4.25 | 78.07 | 942.552 | 13.673 |
| A3 | 3.70 | 0.444 | 0.347 | 78.17 | 0.078 | 17.55 | 0.019 | 4.28 | 78.17 | 987.753 | 19.124 |
| A4 | 3.47 | 0.450 | 0.352 | 78.21 | 0.080 | 17.72 | 0.018 | 4.08 | 78.21 | 999.609 | 20.554 |

续表

| 处理 | 单株结薯数量/个 | 单株薯重/kg | 大薯 | | 中薯 | | 小薯 | | 商品薯率/% | 产量/(kg/亩) | 增产率/% |
|---|---|---|---|---|---|---|---|---|---|---|---|
| | | | 重量/kg | 比例/% | 重量/kg | 比例/% | 重量/kg | 比例/% | | | |
| A5 | 3.37 | 0.432 | 0.336 | 77.78 | 0.077 | 17.82 | 0.019 | 4.40 | 77.78 | 960.336 | 15.818 |
| A6 | 4.07 | 0.456 | 0.356 | 78.07 | 0.080 | 17.54 | 0.020 | 4.39 | 78.07 | 1013.688 | 22.252 |
| A7 | 3.77 | 0.493 | 0.391 | 79.38 | 0.070 | 14.27 | 0.031 | 6.36 | 79.38 | 1095.939 | 32.172 |
| 平均 | 3.42 | 0.44 | 0.34 | 78.12 | 0.076 | 17.33 | 0.02 | 4.54 | 78.13 | 975.58 | 20.59 |

表 2.20　不覆膜马铃薯不同补灌时期的增产效果

| 处理 | 单株结薯数量/个 | 单株薯重/kg | 大薯 | | 中薯 | | 小薯 | | 商品薯率/% | 产量/(kg/亩) | 增产率/% |
|---|---|---|---|---|---|---|---|---|---|---|---|
| | | | 重量/kg | 比例/% | 重量/kg | 比例/% | 重量/kg | 比例/% | | | |
| B1 | 2.75 | 2.60 | 0.08 | 42.51 | 0.07 | 35.02 | 0.04 | 22.47 | 42.51 | 425.33 | |
| B2 | 2.87 | 2.60 | 0.09 | 44.02 | 0.07 | 33.49 | 0.05 | 22.49 | 44.02 | 464.74 | 9.26 |
| B3 | 3.70 | 2.70 | 0.10 | 46.81 | 0.07 | 33.13 | 0.04 | 20.06 | 46.81 | 475.35 | 11.76 |
| B4 | 3.47 | 2.60 | 0.13 | 61.66 | 0.06 | 26.84 | 0.03 | 11.50 | 61.66 | 483.13 | 13.59 |
| B5 | 3.37 | 2.53 | 0.12 | 56.28 | 0.06 | 28.84 | 0.03 | 14.88 | 56.28 | 477.82 | 12.34 |
| B6 | 4.07 | 3.33 | 0.15 | 57.31 | 0.08 | 28.59 | 0.04 | 14.10 | 57.31 | 583.17 | 37.11 |
| B7 | 3.77 | 3.37 | 0.17 | 63.13 | 0.07 | 27.23 | 0.03 | 9.65 | 63.13 | 606.88 | 42.68 |
| 平均 | 2.82 | 0.23 | 0.12 | 53.10 | 0.07 | 30.45 | 0.04 | 16.45 | 53.10 | 502.35 | 21.12 |

#### 2.4.2.2　灌水次数对马铃薯产量的影响

由表 2.21 可知，在灌溉定额不变而灌水次数不同的情况下，当灌溉定额为 $150m^3/hm^2$时，覆膜马铃薯的产量呈灌水 1 次<灌水 2 次<灌水 3 次的变化规律，补灌的产量大于不补灌的产量。即覆膜马铃薯的产量呈 A1<A2<A3<A4 的变化规律。在灌溉定额为 $300m^3/hm^2$的情况下，覆膜马铃薯的产量呈 A1<A5<A6<A7 的变化规律。A2、A3、A4 的产量与不补灌的 A1 相比，分别增长了 13.67%、19.12%、20.55%；A5、A6、A7 的产量分别增长了 15.81%、22.25%、32.17%。这主要是因为在块茎形成初期以后，灌溉更有利于块茎膨大。说明在灌溉定额为 $150m^3/hm^2$时，灌水 3 次的产量为最好，其次是灌水 2 次，最后是灌水 1 次；马铃薯在块茎形成期与块茎增长期的补水效果最好，产量最高，这和杜建民等的结论基本一致。

#### 2.4.2.3　覆膜与不覆膜对马铃薯产量的影响

不同灌水处理条件下，覆膜与不覆膜的马铃薯的增产效果见图 2.18。不同灌水处理，马铃薯的经济产量差异较大，灌水量的增加会使马铃薯产量都表现出增产的效果，但增产效果显著情况差别很明显。由图中可看出，A7 为覆膜马铃薯产量最高的处理，产量达 $16439.09kg/hm^2$，相比覆膜不灌水的处理 A1，马铃薯产量提高了 32.17%。

如图 2.18 所示，不同灌水处理覆膜和不覆膜马铃薯产量的变化规律基本呈正相关的关系。当灌溉定额不变而灌水次数不同时，灌 3 次水的马铃薯植株产量最高；在灌水次数不变而灌溉定额不同的情况下，灌溉定额与马铃薯的产量呈正相关关系；覆膜滴灌的马铃薯单株结薯数、大薯重量与单株薯重都明显要高于不覆膜的。覆膜的 A1、A2、A3、A4、A5、A6、A7 的块茎产量和不覆膜的产量相比分别高了 6057.675kg/hm²、7167.255kg/hm²、7686.075kg/hm²、7747.155kg/hm²、7237.695kg/hm²、6457.815kg/hm²、7335.9kg/hm²，覆膜和不覆膜的马铃薯平均产量分别达到了 14633.69kg/hm²、7535.18kg/hm²。覆膜的马铃薯平均产量相比不覆膜的高出了 7098.51kg/hm²，覆膜产量比不覆膜产量提高了 94%。这主要是因为产量和水分在一定范围内呈正比，如果土壤保持湿润的时间越长，马铃薯受到水分胁迫的时间也就越短，产量越高。对于只依赖天然降雨而不补灌的马铃薯来说，缺水会导致它的产量很低。这充分地说明了土壤水分是马铃薯产量形成的关键因素，灌溉是提高土壤水分，保证稳定高产的必要措施；覆膜种植马铃薯非常有利于植株对水分的吸收，有利于块茎的膨大，从而提高马铃薯的产量，这种种植方式非常适合在宁夏中部干旱地区大面积的推广。

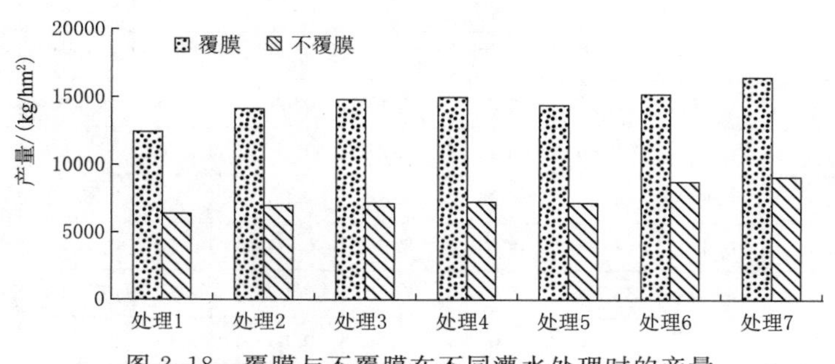


图 2.18　覆膜与不覆膜在不同灌水处理时的产量

#### 2.4.2.4　不同灌水处理与马铃薯产量的关系

表 2.21 表示灌水量不同与马铃薯产量的关系。由表得出，覆膜马铃薯产量明显高于露地马铃薯产量，且存在显著性差异（$P<0.01$）。覆膜马铃薯间处理间呈现显著性差异，马铃薯 A7 产量极显著高于其他各处理，产量为 16439kg/hm²，A1 产量明显低于其他处理；不覆膜处理 1 极显著低于其他处理，产量为 6380.01kg/hm²，处理 7 明显高于其他处理，且差异性极显著，处理 2、3、4、5 之间差异性不显著。综合分析覆膜与不覆膜不同灌水处理，A7 的产量极显著高于其他各个处理，增产效果最好。

**表 2.21**　　不同灌水处理对马铃薯产量的影响

| 处理 | 覆　膜 | 露　地 | 处理 | 覆　膜 | 露　地 |
|---|---|---|---|---|---|
| 1 | 829.18±11.7G | 425.23±52.30D | 5 | 960.34±60.0E | 477.82±69.33C |
| 2 | 942.56±14.7F | 464.74±58.25C | 6 | 1013.69±05.8B | 583.17±63.45B |
| 3 | 987.75±11.6D | 475.39±51.90C | 7 | 1095.94±23.2A | 606.88±51.44A |
| 4 | 999.61±30.0C | 483.13±63.53C | | | |

注　表中同行字母不同表示差异极显著（$P<0.01$）。

### 2.4.3　不同灌水处理条件下马铃薯商品薯率的变化规律

#### 2.4.3.1　不同灌溉定额条件下马铃薯商品薯率的变化规律

由表 2.21 可以看出不同灌水处理覆膜马铃薯的商品薯率，可以看出，在灌水次数不变而灌溉定额不同的情况下，补灌处理的商品薯率相比不补灌处理的要高。即覆膜的马铃薯的商品薯率呈 A1<A4<A7，A1<A3<A6，A1<A2<A5 的变化规律。当灌水次数是 3 次时，与 A1 相比较，A7、A4 商品薯率的增长率分别为 26%、8%；当灌水次数为 2 次时，与 B1 相比较，B6、B3 商品薯率分别增长了 2.17%、0.99%；当灌水次数是 1 次时，与 A1 比较，A5、A2 商品薯率分别对应增长了 0.57%、0.85%。说明在不覆膜条件下，当灌水次数不变而灌溉定额不同时，马铃薯植株的灌溉定额越大，其商品薯率就越高。

**2.4.3.2　不同灌水次数条件下马铃薯商品薯率的变化规律**

由表 2.20 可知，在灌溉定额不变而灌水次数不同的情况下，试验说明覆膜的马铃薯的商品薯率均呈灌 3 次水>灌 2 次水>灌 1 次水的变化规律，补灌的商品薯率比不补灌的商品薯率要大。即在灌溉定额是 $150m^3/hm^2$ 的情况下，覆膜马铃薯的商品薯率呈 A4>A3>A2>A1 的变化规律；在灌溉定额是 $300m^3/hm^2$ 时，覆膜的马铃薯的商品薯率呈 A7>A6>A5>A1 的变化规律。A2、A3、A4 的商品薯率与不补灌的 A1 处理相比，对应分别增长了 0.854%、0.958%、0.994%；A5、A6、A7 的商品薯率与不补灌的 A1 处理相比分别增长了 0.56%、0.86%、2.17%。这主要是因为灌溉有利于马铃薯的块茎膨大，提高了商品薯率。试验研究说明，当在灌溉定额不变而灌水次数不同的情况下，灌 3 次水的商品薯率为最好，其次为灌 2 次水，最后是灌 1 次水。

**2.4.3.3　覆膜与不覆膜条件下马铃薯商品薯率的变化规律**

由表 2.20 与表 2.21 可知不同灌水处理的覆膜和不覆膜马铃薯的商品薯率的变化规律不同，试验中覆膜和不覆膜的马铃薯商品薯率的变化规律在灌水次数和灌溉定额下都保持一致性，当在灌溉定额不变而灌水次数不同的情况下，灌 3 次水的马铃薯商品薯率最高；当在灌水次数不变而灌溉定额不同的情况下，灌溉定额与马铃薯的商品薯率呈正相关的关系。覆膜处理 7、处理 6、处理 5、处理 4、处理 3、处理 2、处理 1 与不覆膜的商品薯率相比，其商品薯率分别对应高了 16.25%、20.76%、21.49%、16.55%、31.35%、34.05%、34.70%（图 2.19）。覆膜和不覆膜马铃薯的平均商品薯率分别是 78.13%、53.1%，相比不覆膜的商品薯率，覆膜的平均商品薯率要比其高 25.02%。试验表明不补灌的马铃薯的商品薯率则非常低，说明了覆膜种植更有利于块茎对水分的吸收与块茎的膨大，从而得以提高马铃薯的商品薯率。

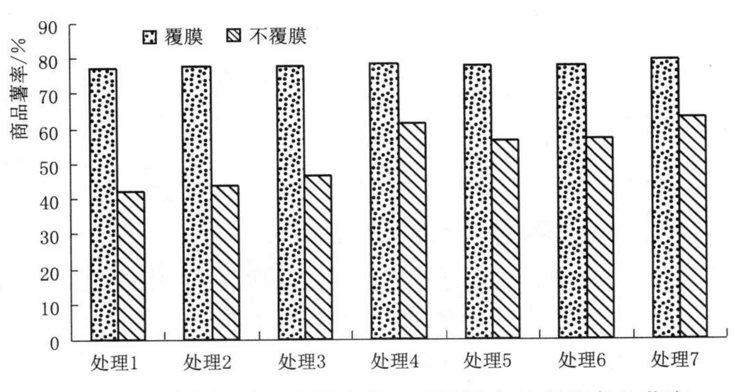


图 2.19　覆膜与不覆膜马铃薯在不同灌水处理的商品薯率

## 2.5 不同灌水处理马铃薯的经济效益的影响及灌溉制度确定

### 2.5.1 不同灌水处理马铃薯的经济效益分析

表2.22表示了不同灌水处理下的覆膜和不覆膜马铃薯成本与经济效益的分析。由表中可以看出，不同灌水处理的覆膜和不覆膜马铃薯的经济效益差异非常明显，覆膜马铃薯A7的经济效益最好，达到了12529.72元/$hm^2$；不覆膜的马铃薯B5的经济效益最低，是2459.28元/$hm^2$；覆膜马铃薯的平均经济效益是11812.8元/$hm^2$，不覆膜的马铃薯的平均经济效益是3734.96元/$hm^2$，覆膜的平均经济效益是不覆膜的2.16倍。

表2.22　不同灌水处理马铃薯的成本与经济效益分析

| 种植方式 | 处理 | 灌溉定额/($m^3$/$hm^2$) | 灌水次数 | 分项成本/(元/$hm^2$) | | | | | | 总成本/(元/$hm^2$) | 产量/(kg/$hm^2$) | 产值/(元/$hm^2$) | 经济效益/(元/$hm^2$) |
|---|---|---|---|---|---|---|---|---|---|---|---|---|---|
| | | | | | | 耗材 | | | | | | | |
| | | | | 铺膜播种锄草 | 人工灌水 | 地膜 | 滴灌管 | 种子化肥 | 水价/(元/$hm^2$) | | | | |
| 覆膜 | A1 | 0 | 0 | 1800 | 0 | 1260 | | 1950 | 0 | 5010 | 12438 | 17413 | 12403 |
| | A2 | 150 | 1 | 1800 | 375 | 1260 | 1800 | 1950 | 1050 | 8235 | 14138 | 19794 | 11559 |
| | A3 | 150 | 2 | 1800 | 750 | 1260 | 1800 | 1950 | 1050 | 8610 | 14816 | 20743 | 12133 |
| | A4 | 150 | 3 | 1800 | 1125 | 1260 | 1800 | 1950 | 1050 | 8985 | 14994 | 20992 | 12007 |
| | A5 | 300 | 1 | 1800 | 525 | 1260 | 1800 | 1950 | 2100 | 9435 | 14405 | 20167 | 10732 |
| | A6 | 300 | 2 | 1800 | 1050 | 1260 | 1800 | 1950 | 2100 | 9960 | 15205 | 21287 | 11327 |
| | A7 | 300 | 3 | 1800 | 1575 | 1260 | 1800 | 1950 | 2100 | 10485 | 16439 | 23015 | 12530 |
| | 平均值 | | | | | | | | | 8674 | 14634 | 20487 | 11813 |
| 不覆膜 | B1 | 0 | 0 | 1200 | 0 | 0 | 0 | 1950 | 0 | 3150 | 6380 | 8932 | 5782 |
| | B2 | 150 | 1 | 1200 | 375 | 0 | 1800 | 1950 | 1050 | 6375 | 6971 | 9759 | 3384 |
| | B3 | 150 | 2 | 1200 | 750 | 0 | 1800 | 1950 | 1050 | 6750 | 7130 | 9982 | 3232 |
| | B4 | 150 | 3 | 1200 | 1125 | 0 | 1800 | 1950 | 1050 | 7125 | 7247 | 10146 | 3021 |
| | B5 | 300 | 1 | 1200 | 525 | 0 | 1800 | 1950 | 2100 | 7575 | 7167 | 10034 | 2459 |
| | B6 | 300 | 2 | 1200 | 1050 | 0 | 1800 | 1950 | 2100 | 8100 | 8748 | 12247 | 4147 |
| | B7 | 300 | 3 | 1200 | 1575 | 0 | 1800 | 1950 | 2100 | 8625 | 9103 | 12744 | 4119 |
| | 平均值 | | | | | | | | | 6814 | 7535 | 10549 | 3735 |

#### 2.5.1.1 灌溉定额对马铃薯经济效益的影响

由表2.22可知，当在灌水次数不变而灌溉定额不同的情况下，如在灌溉定额为300$m^3$/$hm^2$时，A7的经济效益最大，覆膜马铃薯的经济效益呈A7>A4的变化规律。当灌水次数为3时，A7与A1相比，经济效益的增长率为18.2%；但并不一定灌溉定额越大，经济效益就越大，如在灌溉次数不变时，A6的经济效益小于A3。

#### 2.5.1.2 灌水次数对马铃薯经济效益的影响

由表2.22可知，当在灌溉定额不变而灌水次数不同的情况下，覆膜马铃薯的经济效益都呈灌2次水>灌1次水的规律。当灌溉定额是150$m^3/hm^2$时，试验表明覆膜的马铃薯的经济效益呈现A3>A4>A2的变化规律；当灌溉定额为300$m^3/hm^2$时，覆膜的马铃薯的经济效益呈A7>A6>A5的变化规律。与A2处理相比，A3、A4的经济效益的增长率分别是4.9%、3.8%；A6、A7与A5相比，经济效益的增长率对应分别是6%、17%。试验说明当在灌溉定额为300$m^3/hm^2$，而灌水次数不同的情况时，灌3次水的经济效益最好，其次为灌2次水，最后是灌1次水。

#### 2.5.1.3 覆膜与不覆膜对马铃薯经济效益的影响

如图2.20和表2.22表示不同灌水条件下，马铃薯覆膜与不覆膜的经济效益变化规律，从图2.20与表2.22可知，覆膜和不覆膜的经济效益在灌水次数与灌溉定额下基本保持其一致性，当在灌溉定额不变而灌水次数不同的情况下，灌3次水的马铃薯经济效益最高；在灌水次数不变而灌溉定额不同的情况下，马铃薯的经济效益与灌溉定额没有很明显的相关关系。灌溉定额高时，成本也高，试验说明不是灌溉定额越大，马铃薯植株的经济效益就越大。如A6<A3。覆膜处理1、处理2、处理3、处理4、处理5、处理6、处理7与不覆膜的对应处理的经济效益相比较，经济效益分别高6620.75元/$hm^2$、8174.16元/$hm^2$、8900.51元/$hm^2$、8986.02元/$hm^2$、8272.77元/$hm^2$、7180.94元/$hm^2$、8410.26元/$hm^2$。试验说明覆膜种植非常有利于马铃薯经济效益的提高。

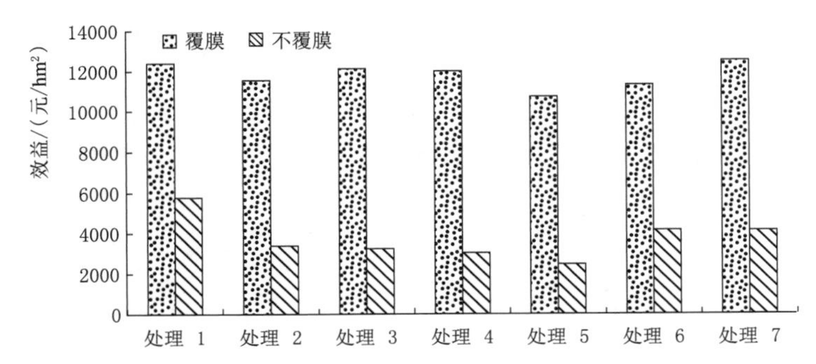


图2.20 覆膜与不覆膜马铃薯在不同灌水处理的经济效益

### 2.5.2 马铃薯灌溉制度的确定

综上研究结果制定了宁夏中部干旱区适宜的马铃薯滴灌灌溉制度，对于解决宁夏中部干旱地区的农业、农民增收、水资源可持续发展难题，以及促进国民经济科学发展具有重要的现实意义。

(1) 试验表明，不同灌水条件下，马铃薯的平均土壤含水量最高为A7，含水量达12.05%。土壤含水量最低的处理为B1，含水量是9.94%；此外，覆膜的平均含水量为11.40%，不覆膜的为10.50%，相比较覆膜的平均含水量要比不覆膜的大0.9%。

(2) 试验表明，马铃薯膜下滴灌水分利用效率最大的为A4，A7次之，分别为5.35kg/mm，5.32kg/mm。B1的水分利用效率最小，为5.17kg/mm；覆膜的和不覆膜的马铃薯平均水分利用效率分别为 5.23kg/mm、6.22kg/mm。

（3）经马铃薯试验表明产量最高的是 A7，为 16439.09kg/$hm^2$，增产率也很大，达到 32.17％；覆膜处理的平均产量为 14633.69kg/$hm^2$，相比 A1 平均每公顷增产 17.66％。A7 的产量显著的比其他各处理要高，增产效果也最好。覆膜和不覆膜的马铃薯平均产量分别是 14633.69kg/$hm^2$、7535.18kg/$hm^2$，覆膜的平均产量比不覆膜的要高 94.2％。

（4）试验表明，不同的灌水处理覆膜和不覆膜的马铃薯，其经济效益差异会明显，A7 的经济效益最好，为 12529.72 元/$hm^2$；B5 的经济效益最低，为 2459.28 元/$hm^2$；覆膜马铃薯的平均经济效益为 11812.88 元/$hm^2$，不覆膜的为 3734.96 元/$hm^2$，覆膜的平均经济效益是不覆膜的 2.16 倍。

根据宁夏中部干旱区的自然环境实际情况，综合参考以上马铃薯试验的研究成果，以马铃薯生长量优、品质良好、经济效益显著为目标，选取覆膜处理的 A7 处理的灌溉制度作为马铃薯膜下滴灌的灌溉制度，马铃薯在全生育期灌水 3 次，灌溉定额为 300$m^3$/$hm^2$，灌溉时期选择在马铃薯的块茎形成期与块茎增长期。试验说明这种灌溉制度适合在宁夏中部地区的马铃薯种植中推广和使用。

# 第3章　干旱区马铃薯膜下滴灌条件下水肥耦合效应研究

## 3.1　研究内容和试验方案

本试验为盆栽试验，采用膜下滴灌的5因素5水平（1/2实施）二次回归正交旋转组合试验设计。采用移动式管道进行滴灌，在每个处理盆上安装一条旁壁式滴灌管，根据流量大小控制各管道的灌溉时间。马铃薯膜下滴灌水肥耦合盆栽试验包括灌水时期（$X_1$）、灌水定额（$X_2$）、施氮量（$X_3$）、施磷量（$X_4$）和施钾量（$X_5$）5个因素。盆栽共36个处理，设3个重复。详见试验设计表3.1～表3.3。

**表3.1**　　**马铃薯盆栽试验因素上下水平表**

| 因素水平 | $X_1$ | $X_2$/($m^3$/亩) | $X_3$/(kg/亩) | $X_4$/(kg/亩) | $X_5$/(kg/亩) |
|---|---|---|---|---|---|
| $X_{2j}$ | | 100 | 25 | 15 | 25 |
| $X_{1j}$ | | 20 | 5 | 3 | 5 |
| $X_{0j}$ | | 60 | 15 | 9 | 15 |
| $\Delta_j$ | | 20 | 5 | 3 | 5 |

**表3.2**　　**灌水时期因素水平表**

| 设计水平 | $X_1$ | 苗期/% | 现蕾期/% | 块茎形成期/% | 块茎膨大期/% | 合计/% |
|---|---|---|---|---|---|---|
| −2 | 1 | 50 | 25 | 25 | 0 | 100 |
| −1 | 2 | 25 | 50 | 25 | 0 | 100 |
| 0 | 3 | 25 | 25 | 25 | 25 | 100 |
| 1 | 4 | 25 | 25 | 50 | 0 | 100 |
| 2 | 5 | 0 | 50 | 25 | 25 | 100 |

**表3.3**　　**试　验　处　理**

| 处理 | $X_1$ | $X_2$ | $X_3$ | $X_4$ | $X_5$ |
|---|---|---|---|---|---|
| | 灌水时期 | 灌水量/($m^3$/亩) | 纯氮量/(kg/亩) | 纯磷量 $P_2O_5$/(kg/亩) | 纯钾量 $K_2O$/(kg/亩) |
| 1 | 1（4） | 1（80） | 1（20） | 1（12） | 1（20） |
| 2 | 1（4） | 1（80） | 1（20） | −1（6） | −1（10） |
| 3 | 1（4） | 1（80） | −1（10） | 1（12） | −1（10） |

续表

| 处理 | $X_1$ | $X_2$ | $X_3$ | $X_4$ | $X_5$ |
|---|---|---|---|---|---|
| | 灌水时期 | 灌水量/($m^3$/亩) | 纯氮量/(kg/亩) | 纯磷量 $P_2O_5$/(kg/亩) | 纯钾量 $K_2O$/(kg/亩) |
| 4 | 1 (4) | 1 (80) | −1 (10) | −1 (6) | 1 (20) |
| 5 | 1 (4) | −1 (40) | 1 (20) | 1 (12) | −1 (10) |
| 6 | 1 (4) | −1 (40) | 1 (20) | −1 (6) | 1 (20) |
| 7 | 1 (4) | −1 (40) | −1 (10) | 1 (12) | 1 (20) |
| 8 | 1 (4) | −1 (40) | −1 (10) | −1 (6) | −1 (10) |
| 9 | −1 (2) | 1 (80) | 1 (20) | 1 (12) | −1 (10) |
| 10 | −1 (2) | 1 (80) | 1 (20) | −1 (6) | 1 (20) |
| 11 | −1 (2) | 1 (80) | −1 (10) | 1 (12) | 1 (20) |
| 12 | −1 (2) | 1 (80) | −1 (10) | −1 (6) | −1 (10) |
| 13 | −1 (2) | −1 (40) | 1 (20) | 1 (12) | 1 (20) |
| 14 | −1 (2) | −1 (40) | 1 (20) | −1 (6) | −1 (10) |
| 15 | −1 (2) | −1 (40) | −1 (10) | 1 (12) | −1 (10) |
| 16 | −1 (2) | −1 (40) | −1 (10) | −1 (6) | 1 (20) |
| 17 | −2 (1) | 0 (60) | 0 (15) | 0 (9) | 0 (15) |
| 18 | 2 (5) | 0 (60) | 0 (15) | 0 (9) | 0 (15) |
| 19 | 0 (3) | −2 (20) | 0 (15) | 0 (9) | 0 (15) |
| 20 | 0 (3) | 2 (100) | 0 (15) | 0 (9) | 0 (15) |
| 21 | 0 (3) | 0 (60) | −2 (5) | 0 (9) | 0 (15) |
| 22 | 0 (3) | 0 (60) | 2 (25) | 0 (9) | 0 (15) |
| 23 | 0 (3) | 0 (60) | 0 (15) | −2 (3) | 0 (15) |
| 24 | 0 (3) | 0 (60) | 0 (15) | 2 (15) | 0 (15) |
| 25 | 0 (3) | 0 (60) | 0 (15) | 0 (9) | −2 (5) |
| 26 | 0 (3) | 0 (60) | 0 (15) | 0 (9) | 2 (25) |
| 27 | 0 (3) | 0 (60) | 0 (15) | 0 (9) | 0 (15) |
| 28 | 0 (3) | 0 (60) | 0 (15) | 0 (9) | 0 (15) |
| 29 | 0 (3) | 0 (60) | 0 (15) | 0 (9) | 0 (15) |
| 30 | 0 (3) | 0 (60) | 0 (15) | 0 (9) | 0 (15) |
| 31 | 0 (3) | 0 (60) | 0 (15) | 0 (9) | 0 (15) |
| 32 | 0 (3) | 0 (60) | 0 (15) | 0 (9) | 0 (15) |
| 33 | 0 (3) | 0 (60) | 0 (15) | 0 (9) | 0 (15) |
| 34 | 0 (3) | 0 (60) | 0 (15) | 0 (9) | 0 (15) |
| 35 | 0 (3) | 0 (60) | 0 (15) | 0 (9) | 0 (15) |
| 36 | 0 (3) | 0 (60) | 0 (15) | 0 (9) | 0 (15) |

## 3.2 不同水肥处理条件下对马铃薯生长发育的影响

### 3.2.1 不同水肥处理对马铃薯株高的影响

#### 3.2.1.1 不同水肥处理条件下马铃薯株高回归模型的建立与检验

株高作为植株体的生长指标之一，其在一定程度上能够衡量植株体生长发育和营养状况。通过对株高分析，从而来判定在不同气候、土壤等生长发育条件下，植株体所产生的反应。表 3.4 中数据为马铃薯块茎膨大期（8 月 28 日）的株高。采用五元二次正交旋转组合设计分析程序，对马铃薯株高数据（表 3.4）进行二次回归拟合，剔除不显著项后得到回归方程如下：

$$Y=48.41+0.98X_1+0.94X_2+1.94X_3+3.13X_4-0.46X_5-3.71X_1^2-2.44X_2^2-1.59X_3^2+0.54X_5^2-0.27X_1X_2-0.62X_1X_4+0.51X_2X_5+0.62X_3X_5 \quad (3.1)$$

表 3.4　不同水肥处理条件下马铃薯株高

| 处理 | 株高/cm | 处理 | 株高/cm | 处理 | 株高/cm | 处理 | 株高/cm |
|---|---|---|---|---|---|---|---|
| 1 | 48.47 | 10 | 39.16 | 19 | 35.32 | 28 | 46.00 |
| 2 | 39.98 | 11 | 43.26 | 20 | 41.35 | 29 | 50.11 |
| 3 | 42.99 | 12 | 36.97 | 21 | 37.51 | 30 | 49.01 |
| 4 | 36.69 | 13 | 46.00 | 22 | 46.00 | 31 | 48.19 |
| 5 | 45.73 | 14 | 38.61 | 23 | 42.44 | 32 | 49.01 |
| 6 | 39.16 | 15 | 42.44 | 24 | 52.85 | 33 | 46.00 |
| 7 | 40.53 | 16 | 32.58 | 25 | 50.93 | 34 | 50.11 |
| 8 | 39.70 | 17 | 29.03 | 26 | 49.56 | 35 | 49.01 |
| 9 | 47.65 | 18 | 37.51 | 27 | 49.01 | 36 | 48.19 |

回归方程方差分析表明，模型的 $F_{回}=39.27>F_{0.01}(12,23)=3.07$，因此回归关系达到了极显著水平，模型相关系数 $R=0.96$，且失拟性不显著，此模型可以比较好的反映马铃薯的生长变化情况，故可进一步作相关分析。

回归模型中各系数的 $F_1=9.80$，$F_2=8.91$，$F_3=38.31$，$F_4=99.51$，$F_5=2.12$，$F_{11}=186.67$，$F_{22}=80.94.42$，$F_{33}=34.15$，$F_{55}=3.90$，$F_{14}=2.58$，$F_{25}=1.79$，$F_{35}=2.58$[$F_{0.01}(1,23)=7.88$,$F_{0.05}(1,23)=4.28$,$F_{0.1}(1,23)=2.95$,$F_{0.25}(1,23)=1.40$]；其中一次项 $X_1$、$X_2$、$X_3$、$X_4$ 和二次项 $X_1^2$、$X_2^2$、$X_3^2$ 达到 0.01 的极显著水平，$X_5^2$ 达到 0.1 的显著水平，$X_5$、$X_{14}$、$X_{25}$、$X_{35}$ 达到 0.25 的显著水平，表明在本试验条件下，各因素对马铃薯的株高的生长有着重要的作用。磷肥与钾肥、灌水量和施钾量、灌水时期和施钾量等交互作用对马铃薯株高生长有一定的影响。

#### 3.2.1.2 主效应分析

回归模型本身已经过无量纲形编码代换，其偏回归系数已经标准化，故可以直接从其绝对值的大小来判断各因素对目标函数的相对重要性。偏回归系数的不显著项剔除后，由回归模型一次项系数大小可得各因素对马铃薯株高影响顺序：施磷量（$X_4$）＞施氮量（$X_3$）＞灌水时期（$X_1$）＞灌水量（$X_2$）＞施钾量（$X_5$）。由此可知，施磷量对马铃薯株高影响最大。由回归系数大小可得，各因子的交互项对马铃薯产量的影响顺序为 $X_{35}$、$X_{14}>X_{25}$。

#### 3.2.1.3　单因子对马铃薯株高的影响

采用降维法进行单因子效应和耦合效应分析，将其他因子固定在中间水平（编码值为 0），便可得出各因子与产量关系模型。其偏回归的数学子模型为

灌水时期：　$Y=48.41+0.98X_1-3.71X_1^2$　(3.2)

灌水量：　$Y=48.41+0.94X_2-2.44X_2^2$　(3.3)

施氮量：　$Y=48.41+1.94X_3-1.59X_3^2$　(3.4)

施磷量：　$Y=48.41+3.13X_4$　(3.5)

施钾量：　$Y=48.41-0.46X_5+0.54X_5^2$　(3.6)

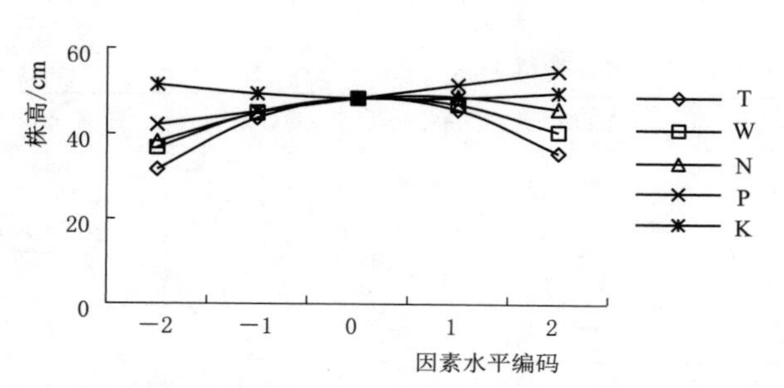

图 3.1　单因子对马铃薯株高的影响

图 3.1 为单因子对马铃薯株高的影响。由图 3.1 分析知，随着灌水时期的改变，其对株高的影响呈现先增加，达到峰值时再减小，在中间水平的灌水时期理论株高值最大。灌水量、施氮量对马铃薯株高的影响趋势相同，随着灌水量和施氮量的增加呈先增加，当增加到最大值时，理论株高开始缓慢下降。施磷量对马铃薯理论株高的影响为正相关线性关系，其斜率较小，随着施磷量的增加马铃薯的理论株高呈现缓慢增长，增长幅度不大。在各因素低于中间水平时（编码值 0），施钾量对株高的正效应比较大；灌水量对马铃薯株高影响的正效应与施氮量几乎相等；不同灌水时期对马铃薯的正效应最小。当各因素超过中间水平时，灌水量的负效应超过施氮量。单因素分析中施钾量比其他单因素影响大，这是因为马铃薯是喜钾作物，钾肥有助于马铃薯的植株的生长、块茎增大和淀粉积累。

#### 3.2.1.4　两因素对马铃薯株高的耦合效应

本试验设计采用多因素，单一因素并不能对其影响进行全面的解释。对因子间的交互作用进行分析才能更好揭示事物本身内在联系。在本试验中，一共有 10 个交互项因素，比较显著的交互项有 $X_1X_4$、$X_2X_5$、$X_3X_5$。对方程（3.1）进行降维法处理后可以得到如下子模型：

$$Y=48.41+0.98X_1+3.13X_4-3.71X_1^2-0.62X_1X_4 \tag{3.7}$$

$$Y=48.41+0.94X_2-0.46X_5-2.44X_2^2+0.54X_5^2+0.51X_2X_5 \tag{3.8}$$

$$Y=48.41+1.94X_3-0.46X_5-1.59X_3^2+0.54X_5^2+0.62X_3X_5 \tag{3.9}$$

*1. 灌水时期和施磷量对马铃薯的株高影响*

图 3.2 为灌水时期与施磷量对马铃薯株高的影响，由图 3.2 分析可知，当灌水时期处于不同时段时，马铃薯株高随着施磷量的增加而增加的趋势。无论施磷量处于什么水平，

马铃薯株高随着灌水时期的变化呈现增加后降低的趋势。当灌水时期处于中水平以下时，马铃薯株高随着施磷量增加其增长量逐渐减小，当灌水时期处于中水平以上时，马铃薯株高随着施磷量的增加其降低量逐渐增加。当灌水时期处于中水平和施磷量处于最高水平时，马铃薯株高最大，最大值为 54.67cm；两因素同时处于最低水平时最小，最小值为 22.87cm，两者之差为 31.8cm。综上所述，施磷量的提高有利于增加马铃薯植株的株高生长；不同的灌水时期选择对马铃薯株高的增长影响显著。因此，在合理的范围内，控制各生育期的灌水量和施磷量可以增加马铃薯株高。

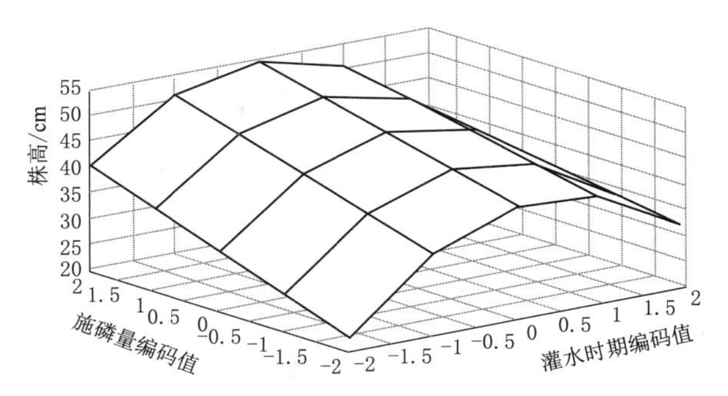

图 3.2　灌水时期与施磷量对马铃薯株高的影响

2. 灌水量和施钾量对马铃薯株高的影响

图 3.3 为灌水量与施钾量对马铃薯株高的影响，由图 3.3 中分析得，施钾量处于相同水平，马铃薯株高随着灌水量的增加呈现先增加后降低的变化趋势。当灌水量处于中水平以下时，马铃薯株高随着施钾量的增加而降低；当灌水量处于中高水平以上时，马铃薯株高随着施钾量的增加而增加。当施钾量处于低水平和灌水量处于中间水平时，马铃薯株高最大，最大值为 51.49cm。马铃薯株高的最大值和最小值之差为 15.66cm。由此可以看出，过多的灌水量和过多的施肥量对马铃薯的生长产生拮抗作用。过多的灌水量会使土壤通气性变差，影响植株根系的正常呼吸，甚至引起植株体死亡。本试验中，低水平的施钾量的马铃薯株高反而最大，这可能是由于土壤中所含的钾元素以满足植株体的正常生长，超出的养分残留在土壤中，对植株生长不利。

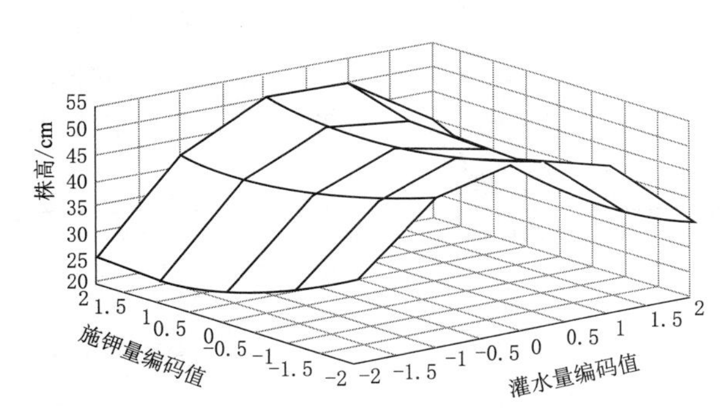

图 3.3　灌水量与施钾量对马铃薯株高的影响

3. 施氮量和施钾量的对马铃薯株高的影响

由表 3.5 分析可知，当施氮量处于中低水平以下时，马铃薯的株高随着施钾量的增加而减少；当施氮量处于中高水平以上时，马铃薯的株高随着施钾量的增加而增加。无论施钾量处于任何水平，马铃薯株高随着施氮量的增加，呈现先增加后减少的变化趋势。施氮量从低水平增加到中间水平时，株高增加量幅度大于施氮量从中间水平增加至高水平降低幅度。这表明在试验范围内，适量的施氮量的增加对马铃薯株高的影响较大。但施氮量处于中间水平和施钾量处于低水平时，马铃薯株高最大为 51.49cm，高水平的施钾量和低水平的施氮量因素组合最小值为 39.93cm。分析可知，低钾和中氮的配合对马铃薯株高增长最有利。

表 3.5　　施氮量与施钾量对马铃薯株高的影响

| 施钾量编码值 | | 施氮量编码值 | | | | | 统计参数 | | |
|---|---|---|---|---|---|---|---|---|---|
| | | −2 | −1 | 0 | 1 | 2 | $\overline{X}$ | $S$ | $CV$ |
| −2 | | 43.73 | 49.2 | 51.49 | 50.6 | 46.53 | 48.31 | 3.17 | 6.57% |
| −1 | | 40.41 | 46.5 | 49.41 | 49.14 | 45.69 | 46.23 | 3.63 | 7.86% |
| 0 | | 38.17 | 44.88 | 48.41 | 48.76 | 45.93 | 45.23 | 4.27 | 9.45% |
| 1 | | 37.01 | 44.34 | 48.49 | 49.46 | 47.25 | 45.31 | 5.02 | 11.09% |
| 2 | | 36.93 | 44.88 | 49.65 | 51.24 | 49.65 | 46.47 | 5.84 | 12.57% |
| 统计参数 | $\overline{X}$ | 39.25 | 45.96 | 49.49 | 49.84 | 47.01 | | | |
| | $S$ | 2.87 | 1.98 | 1.24 | 1.04 | 1.59 | | | |
| | $CV$ | 7.32% | 4.32% | 2.52% | 2.09% | 3.39% | | | |

### 3.2.2　不同水肥处理对马铃薯茎粗的影响

#### 3.2.2.1　不同水肥处理条件下马铃薯茎粗回归模型的建立与检验

由表 3.6 的数据通过回归可得，不同水肥配合与马铃薯茎粗的二次多项式回归方程，剔除不显著项后得到回归方程如下

$$Y=1.43+0.03X_1+0.028X_2+0.06X_3+0.092X_4-0.013X_5-0.110X_1^2-0.072X_2^2-0.047X_3^2+0.016X_5^2-0.018X_1X_4+0.015X_2X_5+0.018X_3X_5 \tag{3.10}$$

表 3.6　　不同水肥处理条件下马铃薯茎粗

| 处　理 | 茎粗/cm | 处　理 | 茎粗/cm | 处　理 | 茎粗/cm |
|---|---|---|---|---|---|
| 1 | 1.43 | 13 | 1.36 | 25 | 1.50 |
| 2 | 1.18 | 14 | 1.14 | 26 | 1.46 |
| 3 | 1.27 | 15 | 1.25 | 27 | 1.45 |
| 4 | 1.08 | 16 | 0.96 | 28 | 1.36 |
| 5 | 1.35 | 17 | 0.86 | 29 | 1.48 |
| 6 | 1.16 | 18 | 1.11 | 30 | 1.45 |
| 7 | 1.20 | 19 | 1.04 | 31 | 1.42 |
| 8 | 1.17 | 20 | 1.22 | 32 | 1.45 |
| 9 | 1.41 | 21 | 1.11 | 33 | 1.36 |
| 10 | 1.16 | 22 | 1.36 | 34 | 1.48 |
| 11 | 1.28 | 23 | 1.25 | 35 | 1.45 |
| 12 | 1.09 | 24 | 1.56 | 36 | 1.42 |

经过对回归方程的方差分析可知，回归方程的 $F_{回}=39.27>F_{0.01}=3.07$，回归方程达到极显著，失拟性检验不显著。方程的相关系数 $R=0.98$，回归方程能够较好地表达各因素与马铃薯茎粗的关系。

回归模型中各系数的 $F_1=9.80$，$F_2=8.91$，$F_3=38.31$，$F_4=99.51$，$F_5=2.12$，$F_{11}=186.67$，$F_{22}=80.94$，$F_{33}=34.15$，$F_{55}=3.90$，$F_{14}=2.58$，$F_{25}=1.79$，$F_{35}=$

2.58（$F_{0.01}(1, 23)=7.88$，$F_{0.05}(1, 23)=4.28$，$F_{0.25}(1, 23)=1.40$）；其中一次项 $X_1$、$X_2$、$X_3$、$X_4$ 和二次项 $X_1^2$、$X_2^2$、$X_3^2$ 达到 0.01 的极显著水平，在交互项中 $X_{14}$、$X_{25}$、$X_{35}$达到 0.25 的显著水平，表明在本试验条件下，各因素对马铃薯茎粗的生长有着重要的作用。

#### 3.2.2.2 主效应分析

由于采用无量纲线性编码代换，回归系数已标准化。回归系数直接反映因子对马铃薯茎粗的影响。可根据其大小判断试验因素对茎粗的影响，其值越大，作用越突出，其正负号表示因素的作用方向。由回归模型一次项系数大小可得各因素对马铃薯茎粗影响顺序：施磷量（$X_4$）＞施氮量（$X_3$）＞灌水时期（$X_1$）＞灌水量（$X_2$）＞施钾量（$X_5$）。由此可知，施磷量对马铃薯茎粗影响最大。各因子的交互项对马铃薯产量的影响顺序为 $X_{35}$、$X_{14}>X_{25}$。氮和钾、灌水时期和施磷量的交互作用对茎粗的影响最大，灌水量与施钾量交互作用影响最小。

#### 3.2.2.3 单因子对马铃薯茎粗的影响

对回归方程进行降维处理，得到单一因子对马铃薯茎粗的影响方程如下：

灌水时期：$$Y=1.43+0.03X_1-0.110X_1^2 \tag{3.11}$$

灌水量：$$Y=1.43+0.028X_2-0.072X_2^2 \tag{3.12}$$

施氮量：$$Y=1.43+0.06X_3-0.047X_3^2 \tag{3.13}$$

施磷量：$$Y=1.43+0.092X_4 \tag{3.14}$$

施钾量：$$Y=1.43-0.013X_5+0.016X_5^2 \tag{3.15}$$

由图 3.4 分析可知，不同的灌水时期、施氮量、灌水量对马铃薯茎粗影响相似，总体趋势均为：随着 3 个因素的改变，其对株高的影响呈现先增加，达到峰值时再减小，在中间水平的理论株高值最大，符合报酬递减规律。试验中施氮量和灌水量增加中水平以上时，对马铃薯茎粗影响将从正效应变为负效应。施磷量对马铃薯理论茎粗的影响为正相关线性关系，其斜率较小，随着施磷量的增加马铃薯的理论株高呈现缓慢增长，增长幅度不大。在各因素低于中间水平时（编码值 0）水平时，施钾量对茎粗的正效应比较大；灌水量对马铃薯茎粗影响的正效应与施氮量几乎相等；不同灌水时期对马铃薯的茎粗正效应最小。

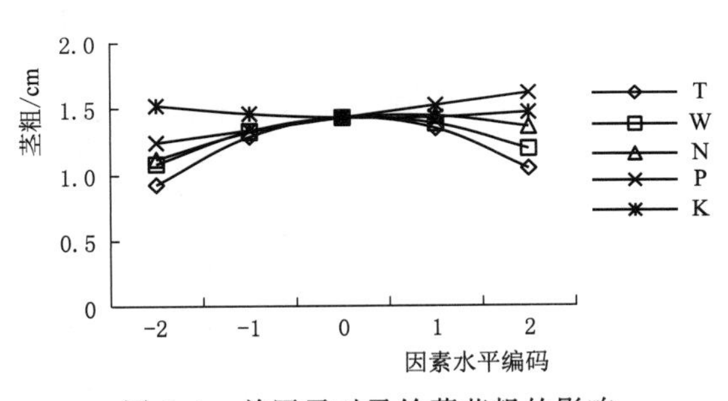

图 3.4 单因子对马铃薯茎粗的影响

#### 3.2.2.4 两因素对马铃薯茎粗的耦合效应

由于本试验采用多因素的试验设计，单一因素并不能对其影响进行全面的解释。对因子间的交互作用进行分析才能更好地揭示事物本身的内在联系。在本试验中，一共有 10 个交互项因素，比较显著的交互项有 $X_1X_4$、$X_2X_5$、$X_3X_5$。对茎粗的回归方程进行降维法处理后可以得到如下子模型：

$$Y=1.43+0.03X_1-0.110X_1^2+0.092X_4-0.018X_1X_4 \tag{3.16}$$

$$Y=1.43+0.028X_2-0.072X_2^2-0.013X_5+0.016X_5^2+0.015X_2X_5 \quad (3.17)$$

$$Y=1.43+0.06X_3-0.047X_3^2-0.013X_5+0.016X_5^2+0.018X_3X_5 \quad (3.18)$$

1. 灌水时期与施磷量对马铃薯茎粗的影响

由图 3.5 分析可知，当灌水时期处于不同时段时，马铃薯茎粗随着施磷量的增加而增加。无论施磷量处于什么水平，马铃薯茎粗随着灌水时期的变化呈现先增加后降低。当灌水时期处于中水平以下时，马铃薯茎粗随着施磷量增加其增长量逐渐减小，当灌水时期处于中水平以上时，马铃薯株高随着施磷量的增加其降低幅度逐渐增加。当灌水时期处于中水平和施磷量处于最高水平时，马铃薯茎粗最大，最大值为 1.614cm；两因素同时处于最低水平时最小，最小值为 0.674cm，两者之差为 0.94cm。综上所述，施磷量的提高有利于增加马铃薯植株的茎粗生长；不同的灌水时期选择对马铃薯茎粗的增长影响显著。因此，在合理的范围内，控制各生育期的灌水量和施磷量可以增加马铃薯茎粗。

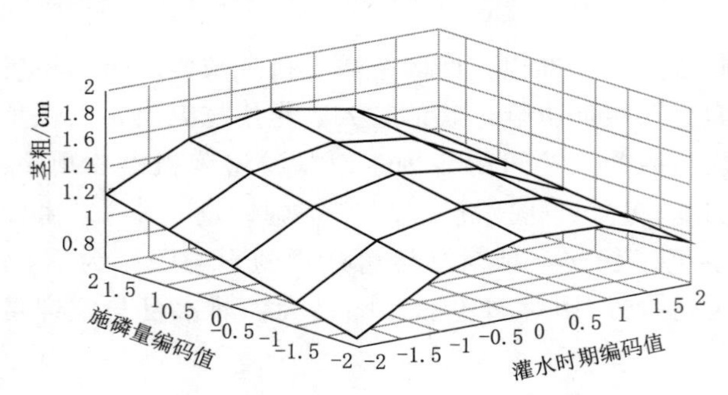


图 3.5 灌水时期与施磷量对马铃薯茎粗的影响

2. 灌水量与施钾量对马铃薯茎粗的影响

由表 3.7 分析得，无论施钾量处于什么水平，马铃薯茎粗随着灌水量的增加呈现先增加后降低的变化趋势。当灌水量处于中低水平时，马铃薯茎粗随着施钾量的增加而减少；当灌水量处于中高水平时，马铃薯茎粗随着施钾量的增加而增加。当施钾量处于低水平和灌水量处于中间水平时，马铃薯茎粗最大，最大值为 1.52cm。马铃薯茎粗的最大值和最小值之差为 0.46cm。由此可以看出，过多的灌水量和过多的施肥量对马铃薯的生长产生拮抗作用。过多的灌水量会使土壤通气性变差，影响植株根系的正常呼吸，甚至引起植株体死亡。本试验中，低水平的施钾量的马铃薯茎粗反而最大，这可能是由于土壤中所含的钾元素以满足植株体的正常生长，超出植株体吸收量会产生土壤富营养化，发生烧苗。

表 3.7 灌水量与施钾量对马铃薯茎粗的影响

| 施钾量编码值 | | 灌水量编码值 | | | | | 统计参数 | | |
|---|---|---|---|---|---|---|---|---|---|
| | | −2 | −1 | 0 | 1 | 2 | $\overline{X}$ | $S$ | $CV$ |
| −2 | | 1.236 | 1.45 | 1.52 | 1.446 | 1.228 | 1.38 | 0.13 | 9.79% |
| −1 | | 1.145 | 1.374 | 1.459 | 1.4 | 1.197 | 1.32 | 0.14 | 10.36% |
| 0 | | 1.086 | 1.33 | 1.43 | 1.386 | 1.198 | 1.29 | 0.14 | 11.03% |
| 1 | | 1.059 | 1.318 | 1.433 | 1.404 | 1.231 | 1.29 | 0.15 | 11.71% |
| 2 | | 1.064 | 1.338 | 1.468 | 1.454 | 1.296 | 1.32 | 0.16 | 12.31% |
| 统计参数 | $\overline{X}$ | 1.118 | 1.362 | 1.462 | 1.418 | 1.23 | | | |
| | $S$ | 0.07 | 0.05 | 0.04 | 0.03 | 0.04 | | | |
| | $CV$ | 6.64% | 3.92% | 2.48% | 2.12% | 3.27% | | | |

3. 施氮量与施钾量对马铃薯茎粗的影响

施氮量与施钾量的回归方程中的交互项为正，这表明两因素的相互协作可以促进马铃薯茎粗的增长。由表3.8中分析得，无论施钾量处于什么水平，马铃薯茎粗随着施氮量的增加呈现先增加后降低的变化趋势。这符合报酬递减的规律，试验中任一因素增加到一定程度时，对马铃薯将从增加作用变为减少作用。当施氮量处于中低水平时，马铃薯茎粗随着施钾量的增加而减少；当施氮量处于中高水平时，马铃薯茎粗随着施钾量的增加而增加。当施钾量处于低水平和施氮量处于中间水平时，马铃薯茎粗最大，最大值为1.52cm。当施钾量处于低水平和施钾量处于高水平时，马铃薯茎粗最小值1.088，两者之差为0.432cm。分析表明，过多的灌水量和过多的施肥量对马铃薯的生长产生拮抗作用。过多的灌水量会使土壤通气性变差，影响植株根系的正常呼吸，甚至引起植株体死亡。本试验中，低水平的施钾量的马铃薯茎粗反而最大，这可能是由于土壤中所含的钾元素以满足植株体的正常生长，超出植株体吸收量的钾元素不能被吸收，反而对植株体产生伤害。

**表3.8** 施氮量与施钾量对马铃薯茎粗交互效应 单位：cm

| 施钾量编码值 | | 施氮量编码值 | | | | | 统计参数 | | |
|---|---|---|---|---|---|---|---|---|---|
| | | −2 | −1 | 0 | 1 | 2 | $\overline{X}$ | $S$ | $CV$ |
| −2 | | 1.284 | 1.449 | 1.52 | 1.497 | 1.38 | 1.43 | 0.1 | 6.72% |
| −1 | | 1.187 | 1.37 | 1.459 | 1.454 | 1.355 | 1.37 | 0.11 | 8.07% |
| 0 | | 1.122 | 1.323 | 1.43 | 1.443 | 1.362 | 1.34 | 0.13 | 9.68% |
| 1 | | 1.089 | 1.308 | 1.433 | 1.464 | 1.401 | 1.34 | 0.15 | 11.31% |
| 2 | | 1.088 | 1.325 | 1.468 | 1.517 | 1.472 | 1.37 | 0.18 | 12.77% |
| 统计参数 | $\overline{X}$ | 1.154 | 1.355 | 1.462 | 1.475 | 1.394 | | | |
| | $S$ | 0.08 | 0.06 | 0.04 | 0.03 | 0.05 | | | |
| | $CV$ | 7.20% | 4.24% | 2.48% | 2.10% | 3.38% | | | |

### 3.2.3 不同水肥处理对马铃薯叶绿素的影响

#### 3.2.3.1 不同水肥处理条件下马铃薯叶绿素回归模型的建立与检验

叶片作为植物进行光合和蒸腾作用的主要器官，其发育状况对作物的生长发育及产量具有很大的影响。叶绿素大小直接影响作物的受光，影响作物的生物量的累积，同时也是表征作物对光能吸收的一个重要的生物学指标。谢华等[18]研究结论认为作物叶绿素的含量与水、氮投入呈正相应关系。因此，分析水肥用量与马铃薯叶片叶绿素含量的影响有着十分重要的意义。选取块茎膨大期的叶绿素数据，进行回归可以得到，五因素与马铃薯叶绿素的二次多项式回归方程，剔除马铃薯的不显著项，得到如下简化方程：

$$Y=36.19+1.35X_1+7.38X_2+4.68X_3+1.36X_4-1.36X_1^2 -1.02X_3^2-1.33X_4^2-2.02X_1X_2+1.38X_2X_3 \tag{3.19}$$

经过对回归方程的方差分析可知，回归方程的 $F_{回}=240.64>F_{0.01}=3.18$，回归方程达到极显著，失拟性检验不显著。方程的相关系数 $R=0.95$，回归方程能够较好的表达各因素与马铃薯的叶绿素关系。

回归模型中各系数的 $F$ 值为，$F_1=12.06$，$F_2=361.18$，$F_3=145.20$，$F_4=12.20$，$F_{11}=16.32$，$F_{33}=9.22$，$F_{44}=15.60$，$F_{12}=17.97$，$F_{23}=8.4$[$F_{0.01}(9,26)=3.18$，$F_{0.01}(1,26)=7.72$，$F_{0.05}(1,26)=4.23$，$F_{0.25}(1,26)=1.38$]；各项均达到0.01的极显著水平。

回归系数中，二次项中仅有施氮量与灌水量、灌水时期和灌水量的叶绿素含量有显著影响。这主要是因为叶片是作物进行光合作用的主要器官，对氮素的需求量较其他组织大[19]。同时叶片含氮量和叶绿素含量之间的变化趋势相似[20]，所以氮元素的施入量对叶绿素含量影响，较其他因子显著。

#### 3.2.3.2　主效应分析

由于偏回归系数已经标准化，可以直接根据偏回归系数的大小来直接判断各因子对马铃薯叶片叶绿素的影响顺序。各因子对马铃薯叶绿素影响大小为：一次项中为灌水量>施氮量>施磷量>灌水时期，二次项中为灌水量>施氮量；交互项中为灌水与灌水时期最大，施氮量和灌水量最小。灌水量和灌水时期对叶绿素的交互影响为拮抗作用，灌水量与施氮量对叶绿素为正效应。

#### 3.2.3.3　单因子对马铃薯叶片叶绿素的影响

将回归方程降维可得到单因子对马铃薯叶绿素的影响方程

灌水时期：$$Y=36.19+1.35X_1-1.36X_1^2 \quad (3.20)$$

灌水量：$$Y=36.19+7.38X_2 \quad (3.21)$$

施氮量：$$Y=36.19+4.68X_3-1.02X_3^2 \quad (3.22)$$

施磷量：$$Y=36.19+1.36X_4-1.33X_4^2 \quad (3.23)$$

由图3.6分析知，灌水时期与施磷量对马铃薯叶片的叶绿素含量影响结果非常接近，有着相同的变化趋势，为先增大后减小，符合报酬递减规律。这可能是由于，磷肥对马铃薯的主要作用为促进根系生长和干物质的累积，对块茎的增长影响较大，而对马铃薯叶绿素含量的增加效果一般。在本试验范围内，灌水量对叶绿素含量的正效应影响最大，叶绿素含量随着灌水量的增加而增加；施氮量对叶片的叶绿素含量增加效果显著。

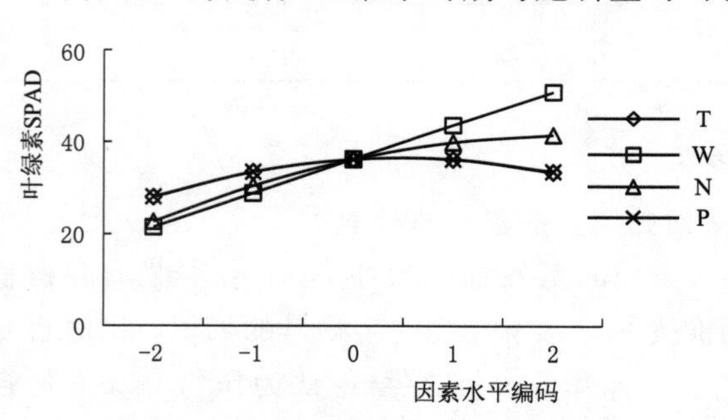


图3.6　单因子对马铃薯叶绿素含量的影响

#### 3.2.3.4　两因素对马铃薯叶绿素含量的耦合效应

对回归方程进行降维，可得到灌水时期和灌水量、灌水量和施氮量的交互效应对叶片叶绿素的影响方程

$$Y=36.19+1.35X_1+7.38X_2-1.36X_1^2-2.02X_1X_2 \quad (3.24)$$

$$Y=36.19+7.38X_2+4.68X_3-1.02X_3^2+1.37879X_2X_3 \quad (3.25)$$

因素交互作用对马铃薯叶绿素含量的影响分析如下。

1. 灌水量和灌水时期对马铃薯叶绿素含量的影响

由图 3.7 分析可知，当灌水量处于中低水平以下时，叶绿素含量随着灌水时期的变化增加；当灌水量处于中水平以上时，叶绿素含量随着灌水时期的变化呈现先增加后降低。灌水时期处于相同水平，叶绿素含量随着灌水量的增加而增加。在灌水时期处于低水平（编码值为－2）时，灌水量的变化对叶绿素含量的变化影响最大；在灌水时期处于高水平（编码值为 2）时，灌水量的变化对叶绿素的含量的变化影响最小。在灌水量处于低水平时，灌水时期的变化对马铃薯叶绿素的变化影响最大；在灌水量处于中高水平时，灌水变化对马铃薯的叶绿素变化影响较小。这可能是由于马铃薯对水分的需求已经达到了峰值，过多的水分对马铃薯的叶绿素影响变小。当灌水时期为中低水平和灌水量处于最高水平时，叶绿素含量最高为 52.28；灌水时期和灌水量均处于低水平时，叶绿素含量最低。

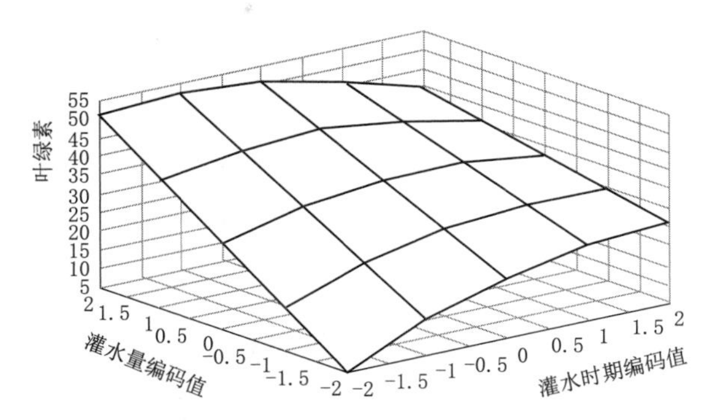

图 3.7 灌水量与灌水时期对马铃薯叶绿素的影响

综上所述，适当的灌水时期和灌水量能够提高马铃薯叶片的叶绿素，从而提高光合作用，加速干物质的积累。

2. 灌水量和施氮量对马铃薯叶绿素含量的影响

图 3.8 为灌水量与施氮量对马铃薯叶绿素的影响。由图 3.8 分析可知，水氮耦合效应对马铃薯叶绿素含量的影响总体变化规律为：灌水量处于相同水平时，叶绿素含量随着施氮量的增加而增加；施氮量处于相同水平时，叶绿素含量随着灌水量的增加而增加。水氮的耦合效应对叶绿素的增加为正效应，任一因子的投入量增加都会促使叶绿素含量的增加。这主要原因为叶绿素是作物叶片的重要色素，其含量高低能反映作物的氮素营养状况[21]，同时叶绿素是反应植物水分胁迫的重要生理指标之一，对水分亏缺较为敏感。因此，增加水氮供应能够使马铃薯叶片叶绿素含量增加。

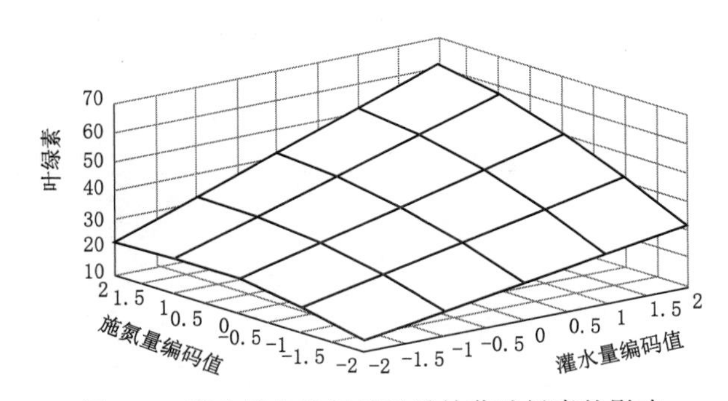

图 3.8 灌水量与施氮量对马铃薯叶绿素的影响

### 3.2.4 不同水肥处理对马铃薯生物量的影响

由表 3.9 分析可知，马铃薯干物质中各处理各部分干物质的大小为，块茎＞叶＞茎＞根，这主要是由于马铃薯植株在生育前期主要为地上部分生长，而到生育后期转为地下生长，从块茎形成到淀粉积累占据了马铃薯生育期的 80%左右，而且氮磷钾元素在生长发育过程中，促进组织的生长和干物质的积累，生育后期转移到块茎中。从表中可以看出，干物质总量最高的处理23比干物质总量最低的处理17提高了229.14g。各处理中干物质总量最高的为处理23，其块茎的干物质也是最高的。此时，马铃薯施磷量处于低水平，其他因子处于中间水平，说明在本试验条件下，土壤中的氮、磷钾肥已满足植株的生长，过多的肥料的施入并不能显著提高作物干物质的积累。对干物质总量中最低为处理17。处理22、处理24、处理26为高肥处理，其干物质总量并不是最高的，可见过高的施肥量对马铃薯植株的各部分生长产生副作用。灌水时期为编码值0时，灌水量为最高时，处理20在干物质总量和块茎的干物质量都仅次于处理23，说明灌水量对马铃薯植株体和产量的提高效果显著。总体来说，马铃薯的干物质在不同的水肥条件下，各处理间差异较为显著。

经过对马铃薯块茎进行多因素方差分析得，主效应中各因子都达到0.01极显著水平，表明各因子对马铃薯干物质的积累影响显著。交互效应中灌水量和施钾量、灌水时期和施氮量达到0.01的极显著水平，灌水时期和灌水量达到0.05的显著水平。从单因子灌水时期和灌水量来看，第5个灌水时期（编码值为2）和灌水量最高时马铃薯的块茎平均干物质最大分别为132.61g、145.27g，与灌水时期和灌水量其他水平下的干物质量差异显著。从单因子中的施肥量来看，施氮量和施磷量在中高水平时，马铃薯的干物质量最大，其他水平之间差异显著；施钾量最大时干物质量最大为119.14g，与施钾量最低时的干物质量相差91.17g。这主要是在马铃薯的全生育期对钾肥的需求量都比较大，钾肥能够促进光合作用和提高二氧化碳的同化率，从而促进马铃薯干物质的合成积累。

经过对马铃薯叶片干物质的多因素方差分析得，每个因素各水平之间对马铃薯叶片的干物质影响显著。除灌水量和施磷量达到0.05显著水平外，其他主效应和交互效应都达到0.01的极显著水平。从单一因子对叶片的干物质影响来看，灌水量、灌水时期、施钾量的叶片干物质均值随着各因子水平提高逐渐增加；施氮量和施磷量服从中水平时干物质含量最高，服从高水平时干物质含量最低的规律。

**表3.9** 不同水肥处理条件下马铃薯干物质含量 单位：g

| 处理 | 块茎 | 根 | 茎 | 叶 | 总量 | 名次 |
|---|---|---|---|---|---|---|
| 1 | 99.59 | 6.57 | 24.00 | 42.42 | 172.59 | 23 |
| 2 | 136.39 | 8.81 | 32.47 | 58.04 | 235.71 | 3 |
| 3 | 52.17 | 3.52 | 12.74 | 22.48 | 90.92 | 31 |
| 4 | 136.47 | 8.39 | 32.42 | 57.89 | 235.18 | 4 |
| 5 | 63.27 | 4.23 | 15.31 | 26.73 | 109.54 | 29 |
| 6 | 134.73 | 8.49 | 32.15 | 57.19 | 232.57 | 5 |
| 7 | 68.41 | 4.37 | 16.43 | 29.07 | 118.29 | 28 |
| 8 | 122.84 | 7.79 | 29.25 | 52.12 | 212.01 | 9 |
| 9 | 50.57 | 3.51 | 12.12 | 21.51 | 87.71 | 32 |
| 10 | 127.92 | 8.35 | 30.66 | 54.40 | 221.32 | 7 |
| 11 | 79.48 | 5.21 | 18.88 | 33.75 | 137.32 | 25 |
| 12 | 122.76 | 7.62 | 29.42 | 52.39 | 212.18 | 8 |

续表

| 处理 | 块茎 | 根 | 茎 | 叶 | 总量 | 名次 |
|---|---|---|---|---|---|---|
| 13 | 48.74 | 3.22 | 11.95 | 20.62 | 84.53 | 33 |
| 14 | 111.01 | 6.89 | 26.82 | 47.29 | 192.02 | 19 |
| 15 | 50.13 | 8.07 | 15.43 | 34.18 | 107.80 | 30 |
| 16 | 111.22 | 7.20 | 26.42 | 47.05 | 191.88 | 20 |
| 17 | 28.12 | 1.93 | 6.56 | 11.88 | 48.50 | 36 |
| 18 | 132.61 | 8.17 | 31.69 | 56.24 | 228.71 | 6 |
| 19 | 74.06 | 5.06 | 17.90 | 31.65 | 128.66 | 27 |
| 20 | 145.27 | 9.35 | 34.84 | 61.81 | 251.28 | 2 |
| 21 | 113.50 | 7.19 | 27.25 | 48.36 | 196.30 | 14 |
| 22 | 76.15 | 4.92 | 18.28 | 32.52 | 131.86 | 26 |
| 23 | 160.99 | 10.12 | 38.26 | 68.26 | 277.63 | 1 |
| 24 | 35.82 | 2.26 | 8.69 | 15.45 | 62.22 | 34 |
| 25 | 27.97 | 1.87 | 6.65 | 12.20 | 48.68 | 35 |
| 26 | 119.14 | 7.49 | 28.46 | 50.83 | 205.92 | 10 |
| 27 | 111.25 | 7.20 | 26.61 | 47.28 | 192.34 | 18 |
| 28 | 105.72 | 6.94 | 25.39 | 44.69 | 182.74 | 21 |
| 29 | 113.51 | 7.33 | 26.94 | 48.39 | 196.17 | 16 |
| 30 | 100.38 | 6.30 | 24.11 | 42.60 | 173.40 | 22 |
| 31 | 97.94 | 6.53 | 23.42 | 41.75 | 169.64 | 24 |
| 32 | 118.27 | 7.44 | 28.14 | 50.18 | 204.03 | 11 |
| 33 | 118.09 | 7.35 | 28.18 | 50.16 | 203.77 | 12 |
| 34 | 115.04 | 7.59 | 27.38 | 48.77 | 198.77 | 13 |
| 35 | 113.43 | 7.01 | 26.98 | 48.23 | 195.65 | 17 |
| 36 | 113.49 | 7.29 | 27.20 | 48.21 | 196.19 | 15 |

## 3.3 不同水肥处理条件下的土壤水分动态变化

### 3.3.1 不同灌水时期不同灌水量土壤水分动态变化

#### 3.3.1.1 灌水时期编码值为1和−1时不同灌水量的土壤水分动态

图3.9（a）为灌水时期编码值为1时（苗期、现蕾期、块茎形成期、块茎膨大期各灌溉定额的25%、25%、20%、30%）不同灌水量的土壤水分动态；图3.9（b）为灌水时期为−1时（苗期、现蕾期、块茎形成期、块茎膨大期各灌溉定额的25%、20%、25%、30%）不同灌水量的土壤水分动态。为更好地分析灌水时期不同灌水量的水分变化规律，提取试验中相同的灌水时期不同灌水量的全生育期土壤水分动态变化进行分析。

由图 3.9 分析可知，总体的变化趋势为含水率升高降低交替出现。从耗水速率来分析，由图可知，对照组的耗水速率是最大的，其次为灌水量 60mm，最小为灌水量 120mm。灌水量最高的耗水速率最小，这主要是由于每次灌溉都灌至土壤的田间持水量，在生育期内灌完各生育期的分配灌水量，在各生育期内的灌水量越大，灌水频率越高，因此导致灌水量最大的处理，其耗水速率最小。灌水量越小，灌水次数越少，耗水速率越大，灌水会造成含水率的明显上升。

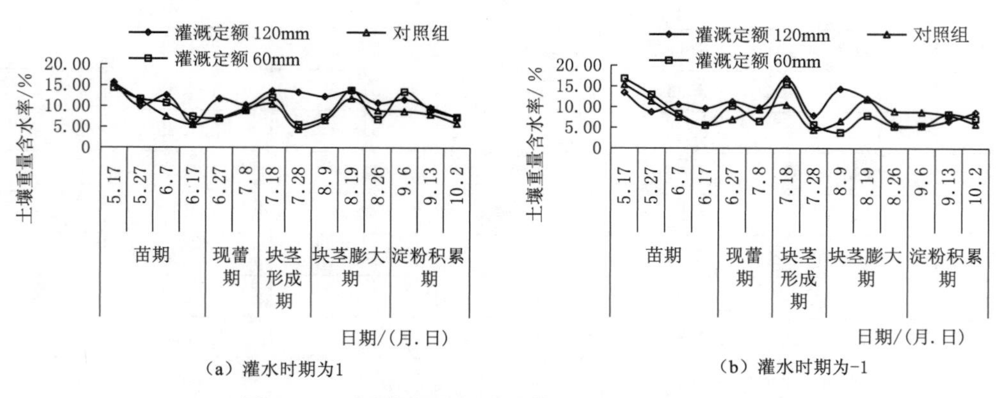


图 3.9　不同灌水时期不同灌水量的土壤水分动态

从生育期来看，各处理含水率在苗期前期（5 月 27 日前）变化缓慢，后期含水率变化较大。这主要是因为在马铃薯生育前期，植株较小，植株体叶面积较小，气温较低，植株的耗水量较小。块茎形成期和块茎膨大期的土壤水分变化较为激烈。这是因为本阶段处于夏季，温度较高，同时作物生长处于旺盛阶段，耗水量较大。由于灌水时期不同，所以图 3.9（b）的在块茎形成期～块茎膨大期的平均含水率高于图 3.9（a）。到马铃薯的淀粉积累期，土壤含水量逐渐降低。本阶段不再进行灌溉，因为马铃薯的淀粉积累期开始地上部分生长变缓，主要的养分从地上部分向地下部分转化。此时，过多的水分不利于块茎的储藏。

#### 3.3.1.2　全生育期灌水时期编码值为 0 时不同灌水量的土壤水分动态

由图 3.10 分析可知，耗水速率总体来看，其变化趋势同其他灌水时期处理相似。全生育期灌水量 30mm 处理的耗水速率大于对照，灌水 90mm 小于对照的耗水速率，灌水量最高的处理耗水速率较小。在本灌水时期各个处理的前 4 个生育期的灌水量相等，灌水量最大的处理土壤水分变化除其在块茎形成期和块茎膨大期外，变化较小。灌水量较少的对照和灌水量 30mm 的处理，因为其灌水间隔时间较长，灌水后土壤含水率的上升幅度越大，所以土壤水分变化剧烈。

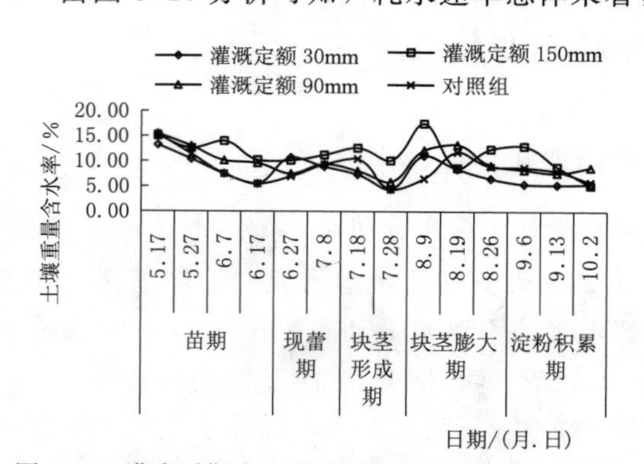


图 3.10　灌水时期为 0 时不同灌水量的土壤水分动态

### 3.3.2 不同水肥处理全生育期的水分利用效率变化

#### 3.3.2.1 不同水肥处理条件下 *WUE* 回归方程的建立与检验

根据全生育期的耗水量与马铃薯产量进行计算得到 *WUE*，通过 *WUE* 与各因子之间的回归关系建立五元二次多项式，剔除不显著项，可得

$$WUE=7.73+0.38X_1+0.52X_2+0.33X_3+0.33X_4+0.26X_5-0.28X_1^2+0.26X_3^2-0.22X_4^2 -0.23X_5^2+0.42X_1X_2+0.27X_1X_3+0.29X_1X_5+0.74X_2X_3-0.22X_4X_5 \quad (3.26)$$

对回归方程的回归系数进行方差分析，经检验 $F_{回}=6.78>F_{0.01}$（14，21）=3.07，回归方程显著，能够较好地反映各因子与 *WUE* 的关系。回归模型中各系数的 $F_1=8.29$，$F_2=15.49$，$F_3=6,22$，$F_4=6.42$，$F_5=3.83$，$F_{11}=6.02$，$F_{33}=5.11$，$F_{44}=3.81$，$F_{55}=4.12$，$F_{12}=6.64$，$F_{13}=2.75$，$F_{15}=3.17$，$F_{23}=21.21$，$F_{45}=1.82$[$F_{0.01}(1,21)=8.02$,$F_{0.05}(1,21)=4.32$,$F_{0.25}(1,21)=1.40$]。一次项系数中 $X_1$、$X_2$ 和交互项 $X_2X_3$ 达到 0.01 的显著水平，$X_3$、$X_4$、$X_1^2$、$X_3^2$、$X_1X_2$ 达到 0.05 显著水平，$X_5$、$X_4^2$、$X_5^2$、$X_1X_5$、$X_1X_3$、$X_4X_5$ 达到 0.25 显著水平。

#### 3.3.2.2 主效应分析

由于本试验为正交试验，已消除各因子的相关性影响，通过各因子的绝对值大小可以直接判定各因子对马铃薯的 *WUE* 影响大小。一次项中各因子对 *WUE* 的影响大小为灌水量＞灌水时期＞施磷量＞施氮量＞施钾量；交互项中灌水量和灌水时期对马铃薯 *WUE* 影响最大，而且对马铃薯 *WUE* 的影响为正效应；施磷量和施钾量对马铃薯 *WUE* 影响最小，对 *WUE* 产生拮抗作用。灌水对马铃薯的 *WUE* 影响最大，施肥次之，这与相关学者的研究一致[22]。

#### 3.3.2.3 单因子对马铃薯水分利用效率的影响

将回归方程降维后，可得到单因子对马铃薯的 *WUE* 的一元二次回归方程

灌水时期：$$WUE=7.73+0.38X_1-0.28X_1^2 \quad (3.27)$$

灌水量：$$WUE=7.73+0.52X_2 \quad (3.28)$$

施氮量：$$WUE=7.73+0.33X_3+0.26X_3^2 \quad (3.29)$$

施磷量：$$WUE=7.73+0.33X_4-0.22X_4^2 \quad (3.30)$$

施钾量：$$WUE=7.73+0.26X_5-0.23X_5^2 \quad (3.31)$$

由图 3.11 分析知，灌水时期、施钾量和施磷量对马铃薯 *WUE* 影响符合报酬递减的抛物线，即随着灌水时期的变化，施钾量和施磷量的增加，马铃薯的 *WUE* 呈现先升高后降低的变化趋势。灌水量为对马铃薯 *WUE* 呈等效递增线性关系，随着灌水量的增加马铃薯的 *WUE* 的逐渐增高。在中水平以下时，灌水量与施磷量、灌水时期、施钾量对马铃薯 *WUE* 影响差距不大；随着水肥的持续增加，当水肥施量超过中水平时，灌水量对马铃薯的 *WUE* 的影响大于其他因子。

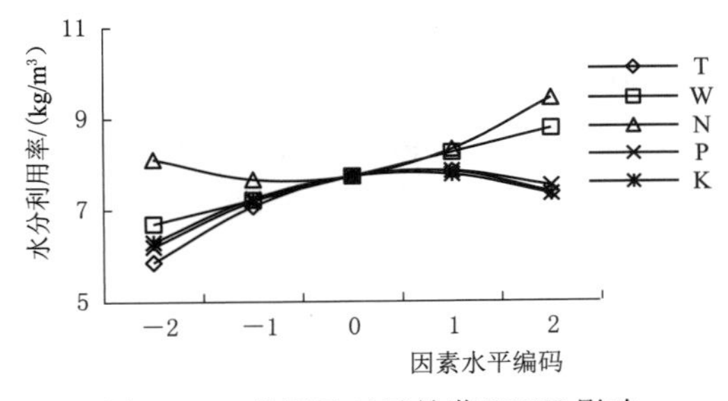

图 3.11 单因子对马铃薯 *WUE* 影响

#### 3.3.2.4　两因素对马铃薯 *WUE* 的耦合效应

对回归模型降维得到交互项的回归方程如下：

$$WUE=7.73+0.38X_1+0.52X_2-0.28X_1^2+0.42X_1X_2 \tag{3.32}$$

$$WUE=7.73+0.38X_1+0.33X_3-0.28X_1^2+0.26X_3^2+0.27X_1X_3 \tag{3.33}$$

$$WUE=7.73+0.38X_1+0.26X_5-0.28X_1^2-0.23X_5^2+0.29X_1X_5 \tag{3.34}$$

$$WUE=7.73+0.52X_2+0.33X_3+0.26X_3^2+0.74X_2X_3 \tag{3.35}$$

$$WUE=7.73+0.33X_4+0.26X_5-0.22X_4^2-0.23X_5^2-0.22X_4X_5 \tag{3.36}$$

1. 灌水时期和灌水量对马铃薯 *WUE* 的影响

由图 3.12 分析知，当灌水量处于低水平时，马铃薯的 *WUE* 随着灌水时期的变化逐渐降低；当灌水量处于中低水平时，马铃薯的 *WUE* 随着灌水时期的变化，先增加后降低，灌水时期处于中水平时达到最大值，最大值为 7.21kg/m³。当灌水时期处于中低水平时，马铃薯随着灌水量的增加逐渐减少；当灌水时期处于中水平以上时，马铃薯的 *WUE* 随着灌水量的增加逐渐增加。这表明不同的灌水时期与灌水量的合理配合，能够显著提高马铃薯的 *WUE*。从马铃薯的 *WUE* 增加幅度来看，当灌水量处于低水平时，灌水时期的变化对马铃薯的 *WUE* 的影响幅度较小，最高值和最低值差 1.84kg/m³；灌水量处于高水平时，灌水时期的变化对马铃薯的 *WUE* 影响幅度较大，最大值和最小值相差 4.88kg/m³。当灌水时期和灌水量同时处于最高水平时，马铃薯的 *WUE* 最高为 10.09kg/m³。经分析知，灌水时期和灌水量处于中水平以上时，对提高马铃薯 *WUE* 具有重要意义。

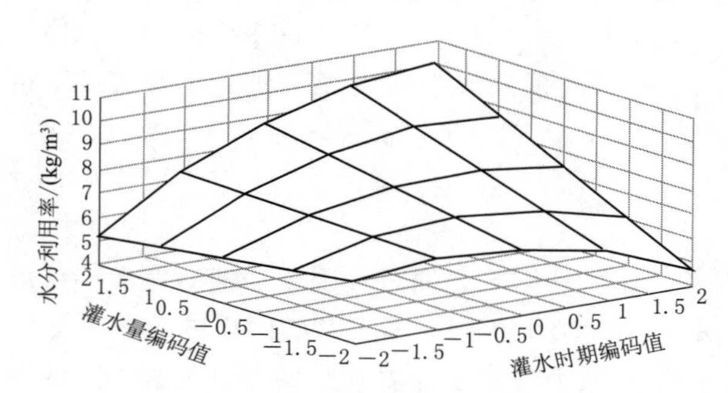


图 3.12　灌水时期和灌水量对马铃薯 *WUE* 影响

2. 灌水时期和施氮量对马铃薯 *WUE* 的影响

由图 3.13 分析知，当施氮量处于中低水平时，随着灌水时期的变化马铃薯的 *WUE* 呈现先增加后降低变化趋势；当施氮量处于中水平以上时，随着灌水时期的变化，马铃薯的 *WUE* 逐渐增加。当灌水时期处于中水平以下时，马铃薯的 *WUE* 随着施氮量的增加呈现先降低后增加；当灌水时期处于高水平时，马铃薯的 *WUE* 随着施氮量的增加而增加。综上所述，在本试验条件下，高水和灌水时期 2（苗期、现蕾期、块茎形成期和块茎膨大期，灌水定额分别占全生育灌溉定额的 20%、30%、25%、25%）时，马铃薯 *WUE* 达到最大值。因此，在马铃薯的灌水关键期加大灌水量能有效提高水分利

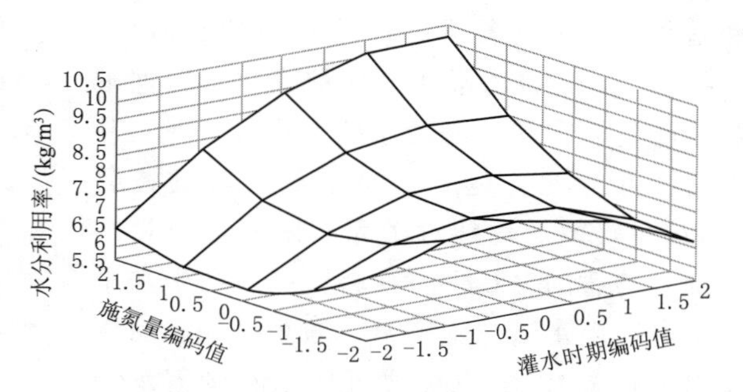


图 3.13　灌水时期和施氮量对马铃薯 *WUE* 影响

用率。

3. 灌水时期与施钾量对马铃薯 *WUE* 的影响

由表 3.10 中数据分析知，当灌水时期处于中低水平以下时，*WUE* 随着施钾量的增加，呈现先增加后降低的变化趋势；当灌水时期处于中水平以上时，*WUE* 随着施钾量的增加而增加。当施钾量处于中高水平以下时，*WUE* 随着灌水时期编码值的变化，先增加后降低；当施钾量处于高水平时，*WUE* 随着灌水时期的变化逐渐增加。由表 3.10 中的统计参数可知，当施钾量和灌水时期的编码值处于高水平时，*CV* 参数较大，这表明在高水平时，*WUE* 对两因素变化较为敏感。经分析，灌水时期和施钾量处于中高水平时，*WUE* 达到最大值。

**表 3.10　　灌水时期与施钾量对马铃薯 *WUE* 的影响**

| 施钾量编码值 | | 灌水时期编码值 | | | | | 统计参数 | | |
|---|---|---|---|---|---|---|---|---|---|
| | | −2 | −1 | 0 | 1 | 2 | $\overline{X}$ | *S* | *CV* |
| −2 | | 5.57 | 6.21 | 6.29 | 5.81 | 4.77 | 5.73 | 0.61 | 10.68% |
| −1 | | 5.94 | 6.87 | 7.24 | 7.05 | 6.3 | 6.68 | 0.54 | 8.13% |
| 0 | | 5.85 | 7.07 | 7.73 | 7.83 | 7.37 | 7.17 | 0.8 | 11.12% |
| 1 | | 5.3 | 6.81 | 7.76 | 8.15 | 7.98 | 7.2 | 1.18 | 16.41% |
| 2 | | 4.29 | 6.09 | 7.33 | 8.01 | 8.13 | 6.77 | 1.61 | 23.72% |
| 统计参数 | $\overline{X}$ | 5.39 | 6.61 | 7.27 | 7.37 | 6.91 | | | |
| | *S* | 0.66 | 0.43 | 0.6 | 0.97 | 1.4 | | | |
| | *CV* | 12.32% | 6.55% | 8.19% | 13.16% | 20.20% | | | |

4. 灌水量与施氮量对马铃薯 *WUE* 的影响

由表 3.11 中数据分析得，水氮耦合效应为正效应。当施氮量处于中低水平以下时，*WUE* 随着灌水量的增加，先增加后降低；当施氮量处于中水平以上时，*WUE* 随着灌水量的增加而增加。当灌水量处于中水平以下时，*WUE* 随着施氮量的增加而降低；当灌水量处于中高水平以上时，*WUE* 随着施氮量的增加而增加。由统计参数可得，各水平的变异系数中，最高和最低水平时，变异数最高；灌水量和施氮量处于最高水平时，*WUE* 达到最大值为 13.43kg/$m^3$。水氮的耦合效应对马铃薯 *WUE* 的增加和降低效应均显著，在试验条件下，高水和高氮的水肥配合对马铃薯 *WUE* 增加效应显著。

**表 3.11　　灌水量与施氮量对马铃薯 *WUE* 交互效应**　　单位：kg/$m^3$

| 施钾量编码值 | 灌水量编码值 | | | | | 统计参数 | | |
|---|---|---|---|---|---|---|---|---|
| | −2 | −1 | 0 | 1 | 2 | $\overline{X}$ | *S* | *CV* |
| −2 | 10.03 | 9.07 | 8.11 | 7.15 | 6.19 | 8.11 | 1.52 | 18.72% |
| −1 | 8.1 | 7.88 | 7.66 | 7.44 | 7.22 | 7.66 | 0.35 | 4.54% |
| 0 | 6.69 | 7.21 | 7.73 | 8.25 | 8.77 | 7.73 | 0.82 | 10.64% |
| 1 | 5.8 | 7.06 | 8.32 | 9.58 | 10.84 | 8.32 | 1.99 | 23.95% |
| 2 | 5.43 | 7.43 | 9.43 | 11.43 | 13.43 | 9.43 | 3.16 | 33.53% |

续表

| 施钾量编码值 | | 灌水量编码值 | | | | | 统计参数 | | |
|---|---|---|---|---|---|---|---|---|---|
| | | −2 | −1 | 0 | 1 | 2 | $\overline{X}$ | $S$ | $CV$ |
| 统计参数 | $\overline{X}$ | 7.21 | 7.73 | 8.25 | 8.77 | 9.29 | | | |
| | $S$ | 1.88 | 0.81 | 0.71 | 1.76 | 2.9 | | | |
| | $CV$ | 26.11% | 10.48% | 8.65% | 20.07% | 31.25% | | | |

5. *施磷量与施钾量对马铃薯 WUE 的影响*

由表3.12中数据分析可知，根据回归方程的系数，磷钾的交互影响为拮抗作用。无论施磷量处于什么水平，*WUE* 随着施钾量的增加，呈现先增加后降低。当施钾量处于低水平时，*WUE* 随着灌水量的增加而增加，当施钾量处于其他水平时，*WUE* 随着灌水量的增加而降低。由表中数据可得，平均数最大时各水平之间的差异最小。这主要是因为当施磷量和施钾量变高时，过多的肥料施入量对 *WUE* 的增加效应变小。当施磷量处于1水平和施钾量处于中间水平时，马铃薯的 *WUE* 最高为 7.84kg/m$^3$，最高和最低差距较大为 3.97kg/m$^3$。由以上分析知，中等水平的施磷量和施钾量时能使马铃薯 *WUE* 达到最大。

**表3.12　　施磷量与施钾量对马铃薯 *WUE* 交互效应**

| 施钾量编码值 | | 施磷量编码值 | | | | | 统计参数 | | |
|---|---|---|---|---|---|---|---|---|---|
| | | −2 | −1 | 0 | 1 | 2 | $\overline{X}$ | $S$ | $CV$ |
| −2 | | 3.87 | 5.3 | 6.29 | 6.84 | 6.95 | 5.85 | 1.29 | 21.97% |
| −1 | | 5.26 | 6.47 | 7.24 | 7.57 | 7.46 | 6.8 | 0.96 | 14.15% |
| 0 | | 6.19 | 7.18 | 7.73 | 7.84 | 7.51 | 7.29 | 0.66 | 9.12% |
| 1 | | 6.66 | 7.43 | 7.76 | 7.65 | 7.1 | 7.32 | 0.45 | 6.10% |
| 2 | | 6.67 | 7.22 | 7.33 | 7 | 6.23 | 6.89 | 0.45 | 6.49% |
| 统计参数 | $\overline{X}$ | 5.73 | 6.72 | 7.27 | 7.38 | 7.05 | | | |
| | $S$ | 1.19 | 0.87 | 0.6 | 0.43 | 0.52 | | | |
| | $CV$ | 20.72% | 12.98% | 8.19% | 5.89% | 7.32% | | | |

## 3.4　不同水肥处理条件下对马铃薯养分吸收的影响

### 3.4.1　不同水肥处理对马铃薯氮吸收量的影响

#### 3.4.1.1　不同水肥处理条件下马铃薯氮的吸收量回归方程的建立

根据测得的马铃薯植株的含氮量数据，通过回归得到五元二次回归方程，剔除不显著项，得到如下简化方程：

$$Y=1.70+0.15X_2+0.20X_3+0.08X_4+0.11X_5-0.06X_4^2-0.06X_5^2 +0.16X_2X_3+0.12X_2X_5+0.11X_3X_5 \tag{3.37}$$

回归方程 $F_{回}=6.78$，达到0.01的显著水平，模型能够较好地反应试验中各因子的相互关系。对模型中回归系数进行方差分析得，$F_2=11.22$、$F_3=19.2$、$F_{23}=8.46$、

$F_5=5.56$、$F_{25}=4.77$、$F_{35}=3.75$、$F_4=3.2$、$F_{44}=2.29$、$F_{55}=2.58$。[$F_{0.01}(9,26)=3.18$,$F_{0.01}(1,26)=7.72$,$F_{0.05}(1,26)=4.23$,$F_{0.1}(1,26)=2.91$,$F_{0.25}(1,26)=1.38$]。其中，$X_2$、$X_3$、$X_{23}$达到0.01极显著水平，$X_5$、$X_{25}$、$X_{35}$达到0.05水平，$X_4$达到0.1的显著水平，$X_4^2$、$X_5^2$达到0.25的显著水平。

#### 3.4.1.2　主效应分析

由回归方程中的一次项系数大小可知，各因子对马铃薯氮吸收量影响大小为：施氮量＞灌水量＞施磷量＞施钾量；交互效应皆为正效应，交互项中耦合效应水氮耦合效应最大，氮和钾的交互作用最小。从以上分析来看，灌水量和施氮量的交互效应能够显著增加马铃薯氮的吸收量。

#### 3.4.1.3　单因子对马铃薯氮吸收量的影响

通过降维，将其他因子置于0水平，可得到单因子效应方程

灌水量：$$Y=1.70+0.15X_2 \tag{3.38}$$

施氮量：$$Y=1.70+0.20X_3 \tag{3.39}$$

施磷量：$$Y=1.70+0.08X_4-0.06X_4^2 \tag{3.40}$$

施钾量：$$Y=1.70+0.11X_5-0.06X_5^2 \tag{3.41}$$

图3.14为单因子对马铃薯氮的吸收量的影响，由图3.14分析可知，在本试验的条件下，氮的吸收量随着灌水量和施氮量增加而增加；随着施磷量和施钾量的增加呈现先增加后减小的趋势。这可能是由于过多的施钾和施磷对植株体产生不利影响，反而限制了植株的生长。在中水平以下时，灌水量对氮的吸收量影响效应比其他因素大，而到中高水平和高水平时，施氮量对提高马铃薯氮吸收量显著大于其他因子。综上所述，对于提高马铃薯氮的吸收量来说应该提高灌水量和施氮量。

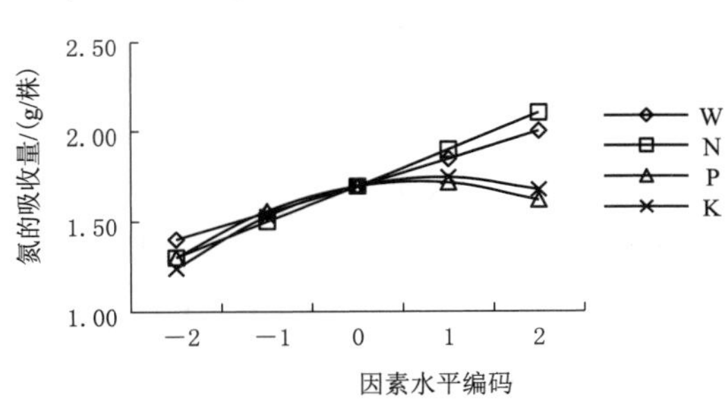


图3.14　单因子对马铃薯氮的吸收量的影响

#### 3.4.1.4　两因素对马铃薯氮吸收量的耦合效应

将回归方程降维，得到两因子交互作用对马铃薯的影响

$$Y=1.70+0.15X_2+0.20X_3+0.16X_2X_3 \tag{3.42}$$

$$Y=1.70+0.15X_2+0.11X_5-0.06X_5^2+0.12X_2X_5 \tag{3.43}$$

$$Y=1.70+0.20X_3+0.11X_5-0.06X_5^2+0.11X_3X_5 \tag{3.44}$$

*1. 灌水量和施氮量对马铃薯氮吸收量的影响*

图3.15为灌水量和施氮量对马铃薯氮的吸收量的影响。由图3.15中分析可知，当灌水量处于低水平时，马铃薯氮的吸收量随着施氮量的增加而减少；当灌水量处于中低水平以上时，马铃薯氮的吸收量随着施氮量的增加而增加。这可能是由于灌水量较低时，不利于作物植株的生长发育，导致吸氮量随之减少；当灌水量充足时，植株体生长旺盛，对氮肥的需求量增加。当施氮量处于中低水平以下时，氮的吸收量随着灌水量的增加而减少，

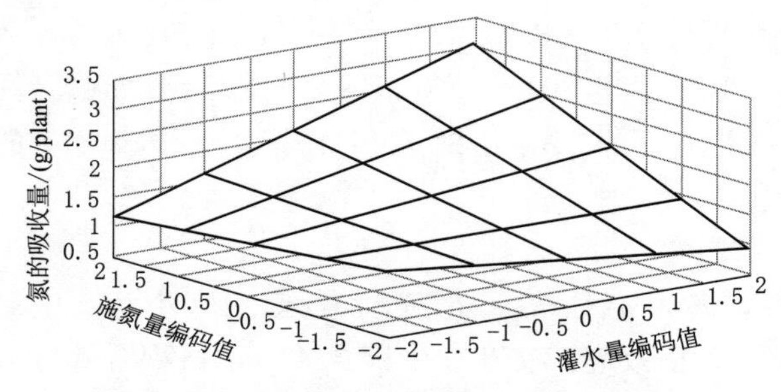


图3.15 灌水量和施氮量对马铃薯氮的吸收量的影响

这主要是因为施氮量较低时，灌水量的增加使干物质积累增加，而土壤中含氮量少，氮素吸收所占比例减少；当施氮量处于中水平以上时，氮的吸收量随着灌水量的增加而增加。当灌水量和施氮量都处于高水平时，马铃薯的氮吸收量最高为3.04g/株。低肥和高水的氮吸收量最小为0.96g/株。两者氮的吸收量之差为2.08g/株。综上所述高水和高施氮量能够增加马铃薯氮素的吸收。

2. 灌水量与施钾量对马铃薯氮的吸收量的影响

表3.13为灌水量与施钾量对马铃薯氮的吸收量的影响。由表3.13中数据分析知，当灌水量处于中水平以下时，马铃薯的氮吸收量随着施钾量的增加先增加后减少；当灌水量处于中高水平以上时，马铃薯的氮吸收量随着施钾量的增加而增加。当施钾量处于低水平时，马铃薯氮吸收量随着灌水量增加先增加后减少；当施钾量处于中低水平以上时，氮的吸收量随着灌水量增加而增加。这表明不同的灌水和施钾，当两因素中任一因素处于低水平时，另一因素增加对植株氮的吸收产生副作用；当两因素同时增加才能促使植株吸氮量增加。而且任一因素处于低水平和高水平时，氮的吸收量变化幅度均较大。综上所述，高灌水量和高施钾量配合可以提高氮的吸收量。

**表3.13 灌水量与施钾量对马铃薯氮的吸收量的影响**

| 施钾量编码值 | | 灌水量编码值 | | | | | 统计参数 | | |
|---|---|---|---|---|---|---|---|---|---|
| | | −2 | −1 | 0 | 1 | 2 | $\overline{X}$ | $S$ | $CV$ |
| −2 | | 1.42 | 1.33 | 1.24 | 1.15 | 1.06 | 1.24 | 0.14 | 11.48% |
| −1 | | 1.47 | 1.5 | 1.53 | 1.56 | 1.59 | 1.53 | 0.05 | 3.10% |
| 0 | | 1.4 | 1.55 | 1.7 | 1.85 | 2 | 1.7 | 0.24 | 13.95% |
| 1 | | 1.21 | 1.48 | 1.75 | 2.02 | 2.29 | 1.75 | 0.43 | 24.39% |
| 2 | | 0.9 | 1.29 | 1.68 | 2.07 | 2.46 | 1.68 | 0.62 | 36.71% |
| 统计参数 | $\overline{X}$ | 1.28 | 1.43 | 1.58 | 1.73 | 1.88 | | | |
| | $S$ | 0.23 | 0.11 | 0.21 | 0.38 | 0.56 | | | |
| | $CV$ | 18.30% | 7.93% | 13.10% | 22.00% | 30.04% | | | |

3. 施氮量与施钾量对马铃薯氮的吸收量的影响

表3.14为施氮量与施钾量对马铃薯氮的吸收量的影响，由表3.14中数据分析知，当施氮量处于中低水平以下时，马铃薯的氮吸收量随着施钾量的增加先增加后降低；当施氮量处于中水平以上时，马铃薯的氮吸收量随着施钾量的增加而增加。当施钾量处于低水平时，马铃薯氮吸收量随着施氮量增加先增加后减少；当施钾量处于中低水平以上时，氮吸收量随着施氮量增加而增加。当施氮量处于高水平时，施钾量的增加对氮的吸收量影响最

大。综上所述，高施氮量和高施钾量配合可以提高氮的吸收。

表 3.14　　施氮量与施钾量对马铃薯氮的吸收量的影响

| 施钾量编码值 | | 施氮量编码值 | | | | | 统计参数 | | |
|---|---|---|---|---|---|---|---|---|---|
| | | −2 | −1 | 0 | 1 | 2 | $\overline{X}$ | $S$ | $CV$ |
| −2 | | 1.28 | 1.26 | 1.24 | 1.22 | 1.2 | 1.24 | 0.03 | 2.55% |
| −1 | | 1.35 | 1.44 | 1.53 | 1.62 | 1.71 | 1.53 | 0.14 | 9.30% |
| 0 | | 1.3 | 1.5 | 1.7 | 1.9 | 2.1 | 1.7 | 0.32 | 18.60% |
| 1 | | 1.13 | 1.44 | 1.75 | 2.06 | 2.37 | 1.75 | 0.49 | 28.01% |
| 2 | | 0.84 | 1.26 | 1.68 | 2.1 | 2.52 | 1.68 | 0.66 | 39.53% |
| 统计参数 | $\overline{X}$ | 1.18 | 1.38 | 1.58 | 1.78 | 1.98 | | | |
| | $S$ | 0.21 | 0.11 | 0.21 | 0.37 | 0.53 | | | |
| | $CV$ | 17.54% | 8.13% | 13.10% | 20.53% | 26.96% | | | |

## 3.4.2　不同水肥处理对马铃薯磷吸收量的影响

### 3.4.2.1　不同水肥处理条件下马铃薯磷的吸收量回归方程的建立与检验

根据测得的植株体的磷含量，经过编码值回归，剔除不显著项，可得到如下回归方程：

$$Y=0.33+0.06X_2+0.08X_4+0.02X_5-0.01X_2^2-0.02X_4^2-0.02X_5^2+0.02X_2X_3+0.02X_2X_4 \quad (3.45)$$

回归方程经检验得到，$F_{回}=12.64$，回归方程达到 0.01 显著水平。对方程的回归方程系数进行方差分析得到，$F_2=27.42$、$F_4=52.36$、$F_{55}=5.25$、$F_5=4.04$、$F_{44}=4.01$、$F_{23}=3.66$、$F_{22}=2.36$、$F_{24}=2.00$[$F_{0.01}(8,27)=3.26$，$F_{0.01}(1,27)=7.68$，$F_{0.05}(1,27)=4.21$，$F_{0.1}(1,27)=2.90$，$F_{0.25}(1,27)=1.38$]。其中 $X_2$、$X_4$ 达到 0.01 显著水平，$X_5^2$ 达到 0.05 显著水平，$X_5$、$X_4^2$、$X_{23}$ 达到 0.1 显著水平，$X_2^2$、$X_{24}$ 达到 0.25 显著水平。

### 3.4.2.2　主效应分析

回归方程的系数已标准化，可以直接根据绝对值大小直接判断各因子的影响大小，各因子影响顺序为施磷量＞灌水量＞施钾量；其他因子的影响大小相差不大。交互效应中施磷量和灌水量的协同作用，能够增加马铃薯植株的磷素积累。

### 3.4.2.3　单因子对马铃薯磷吸收量的影响

将回归方程降维后，可得到单因子对马铃薯磷吸收量的影响方程

灌水量：$$Y=0.33+0.06X_2-0.01X_2^2 \quad (3.46)$$

施磷量：$$Y=0.33+0.08X_4-0.02X_4^2 \quad (3.47)$$

施钾量：$$Y=0.33+0.02X_5-0.02X_5^2 \quad (3.48)$$

由图 3.16 分析知，灌水量、施磷量、施钾量三因素对马铃薯磷的吸收量为开口向下的抛物线，符合报酬递减规律。在三因素处于中水平以下时，施钾量对马铃薯磷的吸收量影响大于其他两因子；当各因素处于中水平以上时，水和磷的影响效应大小大致相等，大

于施钾量对磷吸收量的影响。

#### 3.4.2.4　两因素对马铃薯磷吸收量的耦合效应

通过降维法，得交互作用对马铃薯钾吸收量的影响：

$$Y=0.33+0.06X_2-0.01X_2^2+0.02X_2X_3 \tag{3.49}$$

$$Y=0.33+0.06X_2+0.08X_4-0.01X_2^2-0.02X_4^2+0.02X_2X_4 \tag{3.50}$$

*1. 灌水量和施氮量对马铃薯磷的吸收量的影响*

由图 3.17 分析知，当灌水量处于中低水平以下时，马铃薯的磷吸收量随着施氮量的增加而减小；当灌水量处于中水平以上时，马铃薯的磷吸收量随着施氮量的增加而增加。当施氮量处于低水平时，随着灌水量的增加马铃薯磷的吸收量先增加后降低；当施氮量处于中低水平以上时，随着灌水量的增加，马铃薯磷的吸收量也随之增加。从变化幅度来看，当施磷量处于某一固定水平，灌水量增加对马铃薯的磷吸收量的增长幅度高于施磷量对马铃薯的磷吸收量的影响。施氮量和灌水量最大时，马铃薯的磷吸收量为 0.49g/株。因此，高水高施氮量能够提高马铃薯的磷的吸收量。

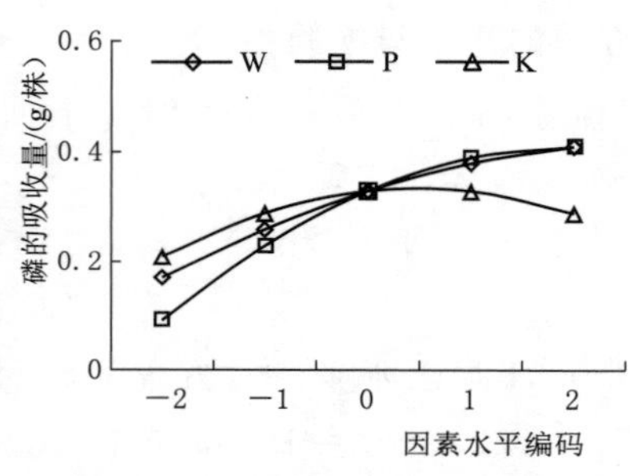


图 3.16　单因子对马铃薯磷的吸收量的影响

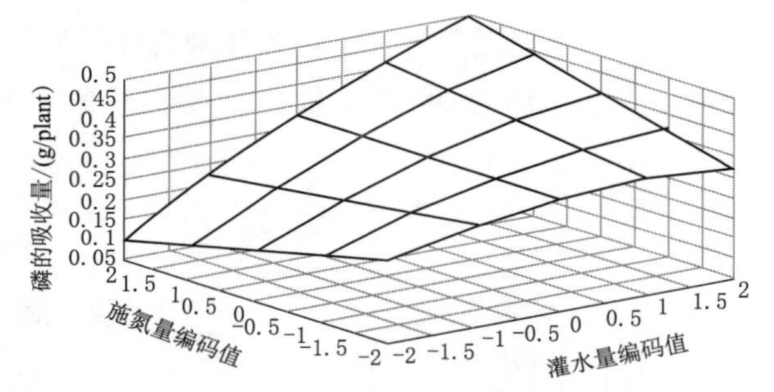


图 3.17　灌水量和施氮量对马铃薯磷的吸收量的影响

*2. 灌水量和施磷量对马铃薯磷的吸收量的影响*

如图 3.18 所示，其总体变化趋势为，灌水量处于中低水平以下时，磷的吸收量随着施磷量的增加先增加后减小；灌水量处于中水平以上时，磷的吸收量随着施磷量的增加而增加。施磷量处于中低水平以下时，磷的吸收量随着灌水量的增加先增加后减小；施磷量处于中水平以上时，磷的吸收量随着灌水量的增加而增加。当灌水量和施磷量处于最高和最低水平时，磷的吸收量处于最大值和最小值，两者相差 0.56g/株。从交互作用来看，水磷比水氮的交互作用强。高灌水量和高施磷量能显著提高马铃薯的磷素的吸收。

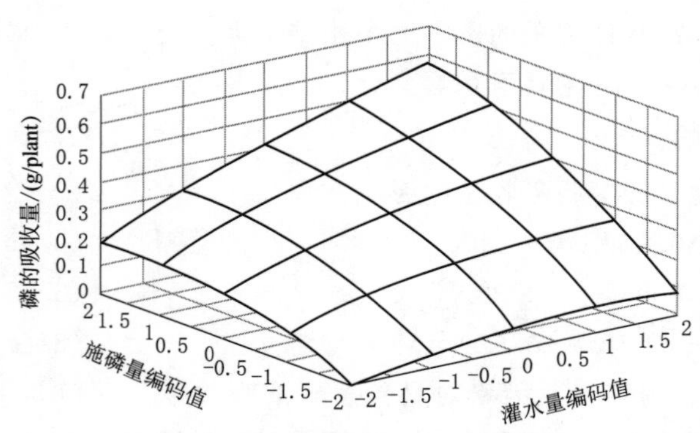


图 3.18　灌水量和施磷量交互效应对马铃薯磷的吸收量的影响

### 3.4.3 不同水肥处理对马铃薯钾吸收量的影响

#### 3.4.3.1 不同水肥处理条件下马铃薯钾的吸收量回归方程的建立与检验

根据测定的马铃薯钾的吸收量，建立回归方程，已剔除不显著项，简化方程如下：

$$Y=42.12+3.20X_2+1.32X_3+1.74X_5-0.75X_4^2-1.46X_5^2+2.11X_2X_3+1.33X_2X_4+1.31X_2X_5 \tag{3.51}$$

经检验，回归方程 $F_{回}=5.53$，达到 0.01 显著水平，模型能够较好地反映各因子对马铃薯钾吸收量的影响。经检验，方程的偏回归系数 $F_2=18.97$、$F_5=5.61$、$F_{55}=5.26$、$F_{23}=5.49$、$F_3$、$F_{25}=2.13$、$F_{44}=1.38$、$F_{24}=2.18$[$F_{0.01}(8,27)=3.26$、$F_{0.01}(1,27)=7.68$、$F_{0.05}(1,27)=4.21$、$F_{0.1}(1,27)=2.90$、$F_{0.25}(1,27)=1.38$]。回归系数中 $X_2$ 达到 0.01 显著水平，$X_5$、$X_5^2$、$X_{23}$ 达到 0.05 显著水平，$X_3$ 达到 0.1 显著水平 $X_{25}$、$X_4^2$、$X_{24}$ 达到 0.25 显著水平。

#### 3.4.3.2 主效应分析

回归方程的回归系数已标准化，根据回归系数的绝对值大小可直接判断各因子对马铃薯钾吸收量的影响，影响顺序为：灌水量＞施钾量＞施氮量，交互效应中水氮耦合效应最大，灌水量和施磷量、施钾量两因子耦合效应次之。

#### 3.4.3.3 单因子对马铃薯钾吸收量的影响

将回归方程降维可得，各因子对马铃薯钾的吸收量影响方程如下：

灌水量：
$$Y=42.12+3.20X_2 \tag{3.52}$$

施氮量：
$$Y=42.12+1.32X_3 \tag{3.53}$$

施磷量：
$$Y=42.12-0.75X_4^2 \tag{3.54}$$

施钾量：
$$Y=42.12+1.74X_5-1.46X_5^2 \tag{3.55}$$

由图 3.19 分析，灌水量和施氮量对马铃薯的影响为线性正相关关系，施磷量和施钾量对马铃薯钾的吸收量为开口向下的抛物线，符合报酬递减规律。在中水平以下时，各单因子对马铃薯钾的吸收影响较小；随着各因子水平的提高，各因子对马铃薯钾的吸收量影响变大。

#### 3.4.3.4 两因素对马铃薯钾吸收量的耦合效应

通过降维法，得到两两交互作用对马铃薯钾吸收量的影响如下：

$$Y=42.12+3.20X_2+1.32X_3+2.11X_2X_3 \tag{3.56}$$

$$Y=42.12+3.20X_2-0.75X_4^2+1.33X_2X_4 \tag{3.57}$$

$$Y=42.12+3.20X_2+1.74X_5-1.46X_5^2+1.31X_2X_5 \tag{3.58}$$

*1. 灌水量和施氮量对马铃薯钾吸收量的影响*

由图 3.20 分析知，当灌水量处于中低水平以下时，钾的吸收量随着施氮量的增加而减小；当灌水量处于中水平以上时，钾的吸收量随着施氮量的增加而增加。当施氮量处于中低水平以下时，钾的吸收量随着灌水量的增加而减小；当施氮量处于中水平以上时，钾的吸收量随着灌水量的增加而增加。两者间交互作用相似，中低水平以下时两者间有着拮抗作用，当两因子达到一个协同作用点时，钾吸收量开始增加。马铃薯钾吸收量最高值为两水平达到最高水平时，为 59.6g/株。综合看来，在一定范围内，同时适量提高水、氮用量有利于钾吸收量增大。

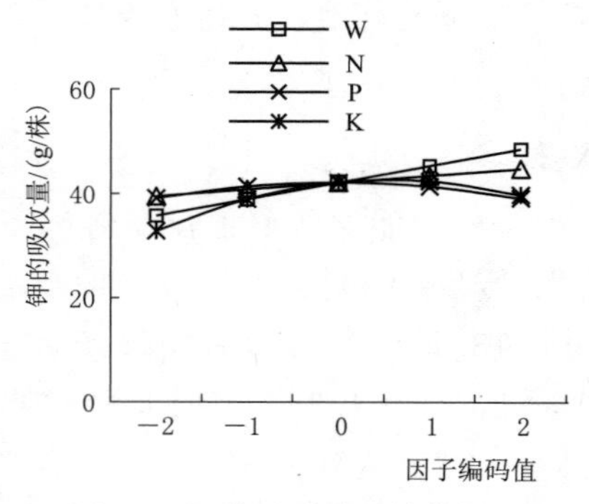

图 3.19　单因子对马铃薯钾的吸收量的影响

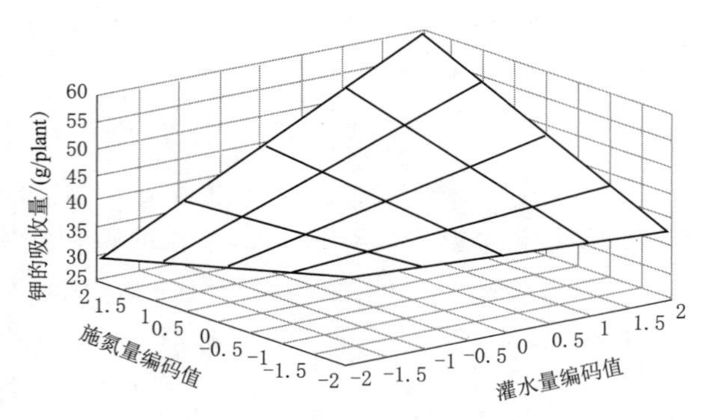

图 3.20　灌水量和施氮量对马铃薯钾的吸收量的影响

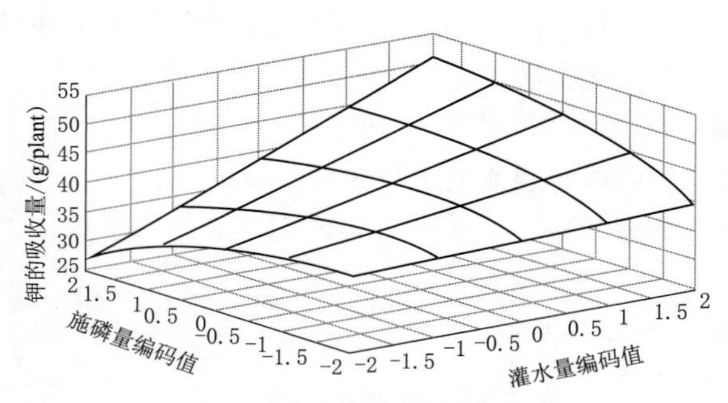

图 3.21　灌水量和施磷量对马铃薯钾的吸收量的影响

*2. 灌水量和施磷量对马铃薯钾吸收量的影响*

由图 3.21 分析知，当灌水量处于中低水平以下时，钾的吸收量随着施磷量的增加而减小；当灌水量处于中水平以上时，钾的吸收量随着施磷量的增加而增加。施磷量处于相同的水平时，钾的吸收量随着灌水量的增加而增加。当任一因素处于高水平时，另一因素随着水平的提高，钾的吸收量的变化幅度最大。钾的吸收量最高为 50.84g/株，两因素此时都处于高水平。从上文的最高钾吸收量来看，灌水量与施氮量的效应比灌水量和施磷量效应大。

*3. 灌水量和施钾量对马铃薯钾吸收量的影响*

由图 3.22 分析知，灌水量处于相同水平时，钾的吸收量随着施钾量的增加呈现先增加后降低的变化趋势。施钾量处于相同水平时，钾的吸收量随着灌水量的增加而增加。当灌水量和施钾量处于中上水平时，马铃薯钾的吸收量最大为 51.42g/株。灌水量处于低水平和施钾量处于高水平时，马铃薯的钾吸收量最小为 281.2g/株。在试验条件下，高灌水量和中高施钾量

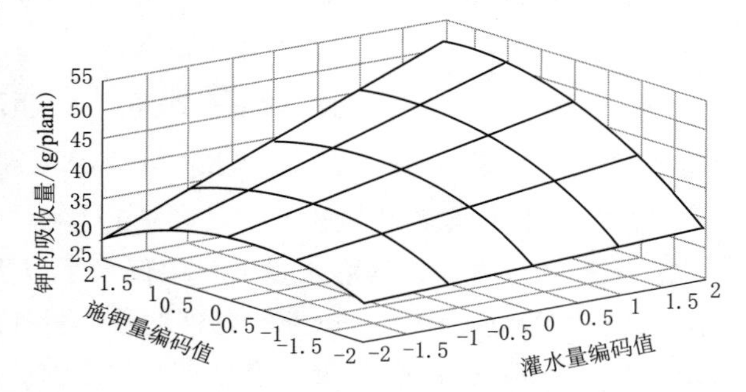

图 3.22　灌水量和施钾量对马铃薯钾的吸收量的影响

能够有效提高作物钾的吸收量。

## 3.5 不同水肥处理条件下对马铃薯产量和品质的影响

### 3.5.1 不同水肥配合对马铃薯产量的影响

#### 3.5.1.1 不同水肥条件下产量回归模型的建立与检验

由产量数据，进行二次多项式逐步回归分析，建立产量与灌水时期、灌水量、氮磷钾肥之间的回归模型，模型已剔除不显著项。

$$Y=14.92-0.22X_1+0.33X_2+1.18X_3+1.29X_4+1.50X_5+0.21X_1^2-0.47X_2^2+0.63X_5^2 +0.43X_1X_4-0.51X_2X_3-0.64X_2X_4-0.60X_2X_5-0.92X_3X_5+1.60X_4X_5 \quad (3.59)$$

经检验，回归方程 $F_{回}=4.30$，达到 0.01 显著水平，模型的决定系数 $R^2=0.89$，故模型能较好地反映试验各因子与产量之间的关系。对方程的偏回归系数分析检验，$F_3=8.85$、$F_4=10.6$、$F_5=14.40$、$F_{45}=10.89$、$F_{55}=3.35$、$F_{35}=3.58$、$F_1=1.42$、$F_2=1.53$、$F_{14}=1.55$、$F_{11}=1.43$、$F_{23}=1.75$、$F_{24}=1.74$、$F_{25}=1.52$[$F_{0.01}(14,21)=3.07$、$F_{0.01}(1,21)=8.01$、$F_{0.05}(1,21)=4.32$、$F_{0.1}(1,21)=2.96$、$F_{0.25}(1,21)=1.40$]。$X_3$、$X_4$、$X_5$、$X_{45}$达到 0.01 极显著水平、$X_5^2$、$X_{35}$达到 0.1 显著水平，$X_1$、$X_2$、$X_{14}$、$X_{11}$、$X_{23}$、$X_{24}$、$X_{25}$达到 0.25 显著水平。

#### 3.5.1.2 主效应分析

回归模型本身已经过无量纲形编码代换，其偏回归系数已经标准化，故可以直接从其绝对值的大小来判断各因素对目标函数的相对重要性。偏回归系数的不显著项剔除后，由回归模型一次项系数大小可得各因素对产量影响顺序：施钾量＞施磷量＞施氮＞灌水量＞灌水时期。由此可知，施钾量对马铃薯产量影响最大。从二次项系数大小分析知各因素对产量影响顺序：施钾量＞灌水量＞灌水时期。由回归系数和通径系数大小可得，各因子的交互项对马铃薯产量的影响顺序为 $X_4X_5>X_3X_5>X_2X_4>X_2X_5>X_2X_3$。磷和钾的交互作用对产量的影响最大，灌水量与施氮量交互作用影响最小。

#### 3.5.1.3 单因子对马铃薯产量的影响

采用降维法进行单因子效应和交互效应分析，将其他因子固定在 0 水平，便可得出各因子与产量关系模型。其偏回归的数学子模型为

灌水时期：$$Y=14.923-0.222X_1+0.211X_1^2 \quad (3.60)$$

灌水量：$$Y=14.923+0.333X_2-0.470X_2^2 \quad (3.61)$$

施氮量：$$Y=14.923+1.176X_3 \quad (3.62)$$

施磷量：$$Y=14.923+1.287X_4 \quad (3.63)$$

施钾量：$$Y=14.923+1.501X_5+0.628X_5^2 \quad (3.64)$$

图 3.23 为单因子对马铃薯产量的影响，经分析，灌水时期和施钾量对产量的影响为开口向上的抛物线，在低水平时，灌水时期对产量的正效应比施钾量大，随着灌水时期的改变，其对产量的影响呈现先增加后减小，之后再缓慢增长的趋势；施钾量对马铃薯产量的影响为，随着施钾量的增加，马铃薯的产量也在增长，其增长幅度相对较大。这是因为

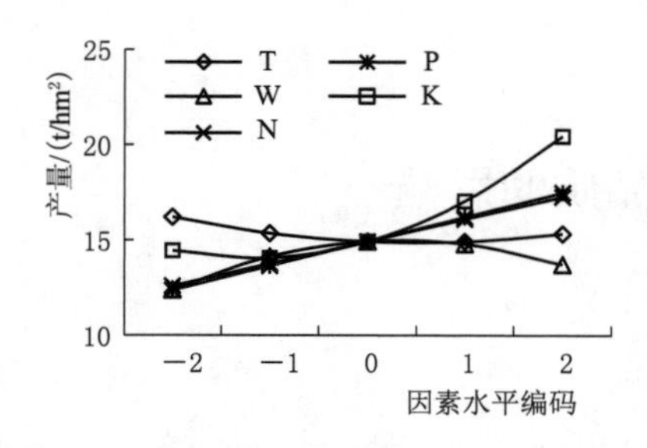


图 3.23 单因子对马铃薯产量的影响

马铃薯是喜钾作物，钾肥有助于马铃薯的植株的生长、块茎增大和淀粉积累。灌水量对马铃薯产量的影响为开口向下的抛物线，在灌水较少时，灌水对马铃薯呈正效应，随着灌水量（超过$900m^3/hm^2$）的逐渐增加产量呈现缓慢的下降趋势。由此可知，灌水量的多少对产量影响较大。施氮量与施磷量对产量影响为正效应，斜率较小，对产量的增加影响不大。

#### 3.5.1.4 两因素对马铃薯产量的耦合效应

$$Y=14.923-0.222X_1+1.287X_4+0.211X_1^2+0.431X_1X_4 \tag{3.65}$$

$$Y=14.923+0.333X_2+1.176X_3-0.470X_2^2-0.514X_2X_3 \tag{3.66}$$

$$Y=14.923+0.333X_2+1.287X_4-0.470X_2^2-0.639X_2X_4 \tag{3.67}$$

$$Y=14.923+0.333X_2+1.501X_5-0.470X_2^2+0.628X_5^2-0.597X_2X_5 \tag{3.68}$$

$$Y=14.923+1.287X_4+1.501X_5+0.628X_5^2+1.598X_4X_5 \tag{3.69}$$

$$Y=14.923+1.176X_3+1.501X_5+0.628X_5^2-0.917X_3X_5 \tag{3.70}$$

1. 灌水时期与施磷量对马铃薯产量的影响

由图 3.24 分析知，灌水时期处于同一时期时，产量随着施磷量的增加而增加。当施磷量控制在低水平时，马铃薯产量随着灌水时期的变化逐渐减小，而当施磷量超过中间水平时，随着灌水时期的变化产量逐渐增加。施磷量处于低水平（$45kg/hm^2$）与灌水时期处于2水平时，产量最低为$11.025t/hm^2$；施磷量处于高水平与灌水时期2水平的组合所得到的产量最高达到$19.621t/hm^2$。当施磷量低于中间水平时，随着灌水时期编码值的变化，产量逐渐减少；在灌水时期保持在某一水平时，施磷量的增加促进作物产量的增加。由此可知，磷肥的过量和不足都会阻碍马铃薯的生长发育，说明合理施用磷肥和采用不同灌水时期对马铃薯产量的增产作用明显。

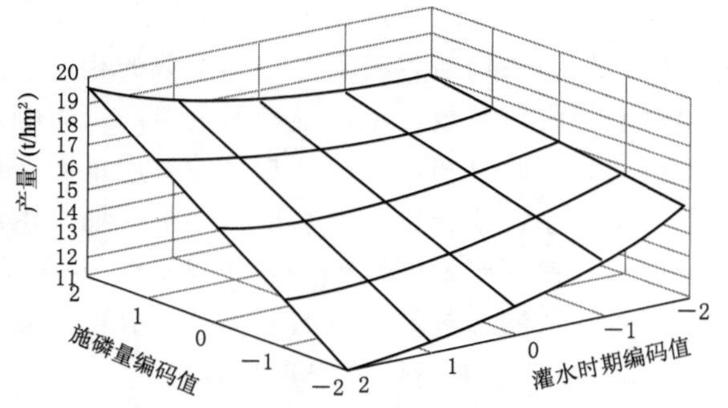


图 3.24 灌水时期与施磷量对马铃薯产量的影响

2. 灌水量与施氮量、施磷量对马铃薯产量的影响

由表 3.15 和表 3.16 分析可知：灌水量处于相同水平时，随着施氮量（施磷量）的增加，马铃薯产量随之增加，灌水量与施氮量（施磷量）成正交互作用；施氮量（施磷量）的增加对产量的增幅效应显著，在灌水量处于低水平时，施氮量（施磷量）处于高水平和低水平的产量的极差为$8.816t/hm^2$（$10.26t/hm^2$）。施氮量（施磷量）处于相同水平时，随着灌水量的增加，产量呈现先增加后减少变化趋势；表明施氮量（施磷量）与灌水量存在最佳配施值，过多和过少的灌水量都不利于马铃薯产量的增加。最高马铃薯产量的组合

是施氮量为 2 水平（375kg/hm²）和灌水量为－1 水平（600m³/hm²），最高产量为 17.5t/hm²；灌水量和施磷量的最佳水肥配合为高施磷量和中低灌水量，最高产量为 17.972t/hm²。

**表 3.15　　灌水量与施氮量对马铃薯产量的影响**

| 施氮量编码值 | | 灌水量编码值 | | | | | 统计参数 | | |
|---|---|---|---|---|---|---|---|---|---|
| | | −2 | −1 | 0 | 1 | 2 | $\overline{X}$ | $S$ | $CV$ |
| −2 | | 7.969 | 10.74 | 12.571 | 13.462 | 13.413 | 11.631 | 2.325 | 19.99% |
| −1 | | 10.173 | 12.43 | 13.747 | 14.124 | 13.561 | 12.807 | 1.602 | 12.51% |
| 0 | | 12.377 | 14.12 | 14.923 | 14.786 | 13.709 | 13.983 | 1.025 | 7.33% |
| 1 | | 14.581 | 15.81 | 16.099 | 15.448 | 13.857 | 15.159 | 0.925 | 6.10% |
| 2 | | 16.785 | 17.5 | 17.275 | 16.11 | 14.005 | 16.335 | 1.407 | 8.62% |
| 统计参数 | $\overline{X}$ | 12.377 | 14.12 | 14.923 | 14.786 | 13.709 | | | |
| | $S$ | 3.48 | 2.67 | 1.86 | 1.05 | 0.23 | | | |
| | $CV$ | 28.16% | 18.92% | 12.46% | 7.08% | 1.71% | | | |

**表 3.16　　灌水量与施磷量对马铃薯产量的影响**

| 施磷量编码值 | | 灌水量编码值 | | | | | 统计参数 | | |
|---|---|---|---|---|---|---|---|---|---|
| | | −2 | −1 | 0 | 1 | 2 | $\overline{X}$ | $S$ | $CV$ |
| −2 | | 7.247 | 10.268 | 12.349 | 13.49 | 13.691 | 11.409 | 2.695 | 23.62% |
| −1 | | 9.812 | 12.194 | 13.636 | 14.138 | 13.7 | 12.696 | 1.771 | 13.95% |
| 0 | | 12.377 | 14.12 | 14.923 | 14.786 | 13.709 | 13.983 | 1.025 | 7.33% |
| 1 | | 14.942 | 16.046 | 16.21 | 15.434 | 13.718 | 15.27 | 1.004 | 6.57% |
| 2 | | 17.507 | 17.972 | 17.497 | 16.082 | 13.727 | 16.557 | 1.734 | 10.47% |
| 统计参数 | $\overline{X}$ | 12.377 | 14.12 | 14.923 | 14.786 | 13.709 | | | |
| | $S$ | 4.06 | 3.05 | 2.03 | 1.02 | 0.01 | | | |
| | $CV$ | 32.77% | 21.57% | 13.64% | 6.93% | 0.10% | | | |

3. *灌水量与施钾量对马铃薯产量的影响*

由图 3.25 分析可知，当施钾量处于低水平时，产量随着灌水量的增加而增加；当施钾量处于中高水平时，产量随着灌水量的增加呈现先增加后降低的变化趋势。灌水量处于相同水平时，马铃薯产量随着施钾量的增加而增加。灌水量和施钾量的交互作用，灌水量为－1 水平（600m³/hm²）和施钾量为 2 水平时（375kg/hm²），产量的达到最大值 20.766t/hm²。产量最大，灌水量处于低水平，这可能由于马铃薯灌水量已能够满足马铃薯生理生长的需要，过多的水分会抑制生物量累积，甚至导致作物遭

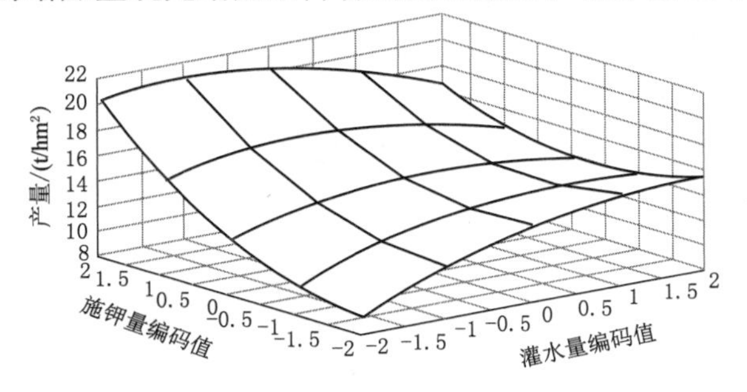

图 3.25　灌水量与施钾量对马铃薯产量的影响

受病害。说明合理地控制灌溉定额和施肥对产量影响较大，当其中一方投入较低时，控制另一方投入，均能较大幅度提高产量。

4. 施氮量与施钾量对马铃薯产量的影响

由图3.26分析可知，总体趋势为：当施氮量处于1水平以下时（300kg/hm²以下），马铃薯的产量随着施钾量的增加而增加，而施氮量处于最高水平时，随着施钾量增加而减少；当施钾量处于1水平以下时（300kg/hm²以下），产量变化的趋势随着施氮量的增加而增加，而施钾量处于最高水平时，产量随着施氮量增加而减少。从氮肥和钾肥正效应来说，偏回归系数大小也可以得出钾肥对产量的正效应偏大，钾肥对产量的增幅效应比氮肥强，随着钾肥的增加，各组合的产量中极差为13.34t/hm²。当施氮量处于低水平时和施钾量处于高水平时，两者组合下的马铃薯产量处于的最高值21.753t/hm²。当施氮量和施钾量都处于最低水平时，产量最低。

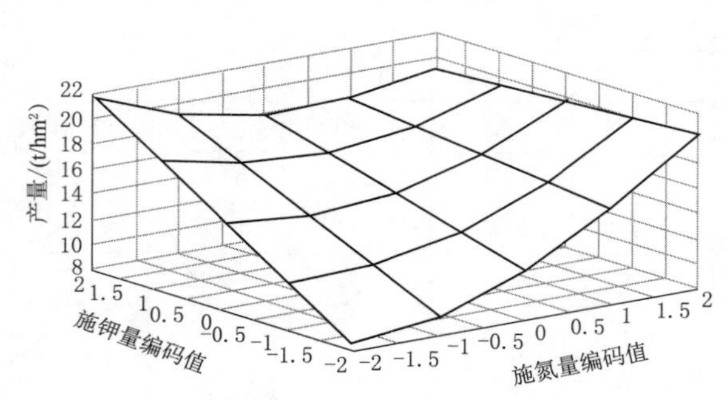


图3.26　施氮量与施钾量对马铃薯产量的影响

综上所述，在中高水平以内，氮肥和钾肥间表现出正交互作用。随着氮肥和钾肥用量增加，马铃薯产量增加明显。当氮、钾施量增加到中高水平时（375kg/hm²），产量随之降低。

5. 施磷量与施钾量对马铃薯产量的影响

由表3.17分析可知，磷钾两因素对产量的影响较大，各水平下所得到理论产量间的差异较大，产量的极差为18.788t/hm²。施磷量处于较低水平（－1水平以下）时，产量随着施钾量的增加而降低，当施磷量高于－1水平时，产量随着施钾量的增加而增加。施钾量对产量影响趋势同施磷量。施钾量或施磷量处于较低水平时，单一肥料的增加对产量产生负效应，而钾肥和磷肥的同时增加，马铃薯产量增长较快，增产效果显著。这可能由于土壤中所含的磷、钾含量不能够满足马铃薯的生长，加大施入量对马铃薯产量起促进作用。当施磷量和施钾量同处于2水平时，马铃薯的产量达到最大值29.403t/hm²。由以上所述，施磷量与施钾量的交互效应与其他因子交互作用相比对产量的影响较大。

**表3.17　　施磷量与施钾量对马铃薯产量的影响**

| 施磷量编码值 | 施钾量编码值 | | | | | 统计参数 | | |
|---|---|---|---|---|---|---|---|---|
| | －2 | －1 | 0 | 1 | 2 | $\overline{X}$ | $S$ | $CV$ |
| －2 | 18.251 | 14.458 | 11.921 | 10.64 | 10.615 | 13.177 | 3.239 | 24.58% |
| －1 | 16.556 | 14.361 | 13.422 | 13.739 | 15.312 | 14.678 | 1.274 | 8.68% |
| 0 | 14.861 | 14.264 | 14.923 | 16.838 | 20.009 | 16.179 | 2.350 | 14.52% |
| 1 | 13.166 | 14.167 | 16.424 | 19.937 | 24.706 | 17.680 | 4.710 | 26.64% |

续表

| 施磷量编码值 | | 施钾量编码值 | | | | | 统计参数 | | |
|---|---|---|---|---|---|---|---|---|---|
| | | −2 | −1 | 0 | 1 | 2 | $\overline{X}$ | $S$ | $CV$ |
| 2 | | 11.471 | 14.07 | 17.925 | 23.036 | 29.403 | 19.181 | 7.185 | 37.46% |
| 统计参数 | $\overline{X}$ | 14.861 | 14.264 | 14.923 | 16.838 | 20.009 | | | |
| | $S$ | 2.680 | 0.153 | 2.373 | 4.900 | 7.427 | | | |
| | $CV$ | 18.03% | 1.08% | 15.90% | 29.10% | 37.12% | | | |

#### 3.5.1.5 模拟寻优

经过寻优得到，在以产量为目标函数时，最高产量为 33.785t/hm$^2$ 时各处理的组合为：补水时期灌水量分别为苗期灌溉定额的 25%，现蕾期为灌溉定额 25%；初花期为灌溉定额的 50%；灌溉定额为 822m$^3$/hm$^2$；施氮量、施磷量、施钾量分别为 73.5kg/hm$^2$、224.4kg/hm$^2$、223.8kg/hm$^2$。

### 3.5.2 不同水肥处理对马铃薯品质的影响

#### 3.5.2.1 不同水肥处理对马铃薯淀粉含量的影响

马铃薯块茎品质的高低是评价马铃薯生产效果的关键经济指标，其中淀粉作为评价马铃薯块茎品质的重要指标之一。表 3.18 中数据为测得各处理的淀粉含量，经过方差分析主效应中灌水时期、灌水量、施氮量、施钾量达到 0.05 的显著水平，说明水肥因素对马铃薯的淀粉含量具有显著影响。从其 $F$ 值的大小可以判断各因素对淀粉含量的影响大小，施钾量>灌水时期>施氮量>灌水量。施钾量对淀粉含量影响最大，这主要是因为钾素充足时，能够加强马铃薯的代谢过程，增强植株的光合强度，延迟叶片衰老进程，促进植株体内淀粉、蛋白质等的合成，从而促进叶片的碳水化合物向块茎运输，提高马铃薯产量和品质的作用。从单因子各水平的变化可以得到，淀粉含量为灌水时期在 2 水平时，马铃薯的淀粉含量最大；随着灌水量和施氮量的增加先增加后降低；随着施钾量增加先增加后降低，在中高水平时最大，平均淀粉含量为 19.07%。交互效应中灌水时期和灌水量、灌水量和施氮量、灌水量和施磷量、施磷量和施钾量达到 0.05 显著水平，施磷量和施钾量交互作用最强。各处理中淀粉含量最大为处理 7，为 23.67%。综上所述，本试验中，灌水时期为中高水平、施氮量和灌水量中低水平、施磷量和施钾量处于中高水平时，能够提高淀粉的积累。

**表 3.18　　不同水肥处理对马铃薯淀粉含量的影响**

| 处理 | 淀粉含量/% | 处理 | 淀粉含量/% | 处理 | 淀粉含量/% | 处理 | 淀粉含量/% |
|---|---|---|---|---|---|---|---|
| 1 | 21.21 | 7 | 23.67 | 13 | 18.73 | 19 | 13.21 |
| 2 | 11.45 | 8 | 18.85 | 14 | 17.54 | 20 | 18.31 |
| 3 | 12.60 | 9 | 16.69 | 15 | 16.43 | 21 | 13.95 |
| 4 | 11.23 | 10 | 18.18 | 16 | 18.23 | 22 | 20.11 |
| 5 | 11.62 | 11 | 22.31 | 17 | 18.84 | 23 | 15.31 |
| 6 | 18.96 | 12 | 17.15 | 18 | 19.47 | 24 | 14.83 |

续表

| 处理 | 淀粉含量/% | 处理 | 淀粉含量/% | 处理 | 淀粉含量/% | 处理 | 淀粉含量/% |
|---|---|---|---|---|---|---|---|
| 25 | 13.12 | 28 | 12.35 | 31 | 14.71 | 34 | 13.91 |
| 26 | 16.77 | 29 | 11.95 | 32 | 11.93 | 35 | 13.61 |
| 27 | 15.66 | 30 | 16.45 | 33 | 12.88 | 36 | 13.25 |

#### 3.5.2.2　不同水肥处理对马铃薯还原糖含量的影响

马铃薯的还原糖含量是影响马铃薯全粉加工产品品质的重要因素之一。还原糖在高油温下与 $\alpha$ -氨基酸产生 Maillard 反应，容易使产品色泽变黑，味变苦，所以低含量的还原糖能提高马铃薯品质。由表 3.19 中数据进行方差分析得到，各因素对马铃薯还原糖均达到 0.01 水平。由方差分析 $F$ 值大小来判断各因子对马铃薯的影响大小，结果为：灌水时期＞施磷量＞施氮量＞灌水量＞施钾量。从单因子各水平边际均值分析，灌水时期为低水平时，还原糖含量最高，总体呈现先降低后增加的变化趋势。这主要是由于不同时期灌水，影响了植株体代谢和转化，导致了还原糖积累的差异。还原糖含量随着灌水量增加而降低；随着氮磷钾肥的增加而增加，当增加到中高水平时，还原糖含量了开始降低。交互效应中灌水量和灌水时期、灌水时期和施钾量、灌水量和施磷、钾量、施氮磷量和施磷钾量都达到 0.05 显著水平。二阶交互效应中灌水量和灌水时期交互作用最强。从表中数据可知，中水平的还原糖各因子取中等水平时，还原糖含量为 0.34%～0.39%，符合加工型马铃薯还原糖 0.4%要求。

表 3.19　不同水肥处理对马铃薯还原糖含量的影响

| 处理 | 还原糖含量/% | 处理 | 还原糖含量/% | 处理 | 还原糖含量/% | 处理 | 还原糖含量/% |
|---|---|---|---|---|---|---|---|
| 1 | 0.70 | 10 | 0.28 | 19 | 0.52 | 28 | 0.39 |
| 2 | 0.45 | 11 | 0.46 | 20 | 0.34 | 29 | 0.35 |
| 3 | 0.53 | 12 | 0.30 | 21 | 0.30 | 30 | 0.36 |
| 4 | 0.42 | 13 | 0.60 | 22 | 0.21 | 31 | 0.34 |
| 5 | 0.45 | 14 | 0.57 | 23 | 0.47 | 32 | 0.35 |
| 6 | 0.35 | 15 | 0.47 | 24 | 0.30 | 33 | 0.34 |
| 7 | 0.43 | 16 | 0.37 | 25 | 0.46 | 34 | 0.37 |
| 8 | 0.38 | 17 | 0.68 | 26 | 0.31 | 35 | 0.38 |
| 9 | 0.48 | 18 | 0.37 | 27 | 0.38 | 36 | 0.35 |

# 第4章　宁夏干旱区马铃薯膜下滴灌水肥耦合试验研究

## 4.1　研究内容和试验方案

### 4.1.1　研究内容

本试验研究材料选用“冀张薯8号”的马铃薯品种，应用膜下滴灌栽培管理技术，采用二次旋转回归正交组合设计，进行盆栽试验。研究内容包括：水肥耦合对马铃薯生长量、产量、品质和水分利用效率、养分吸收等的影响，主要目标是探索宁夏干旱区马铃薯的种植制度，同时对制定该地区马铃薯的水肥管理制度和促进马铃薯稳产、高产技术的发展打下坚实的理论基础，推动旱地农业的可持续发展。

具体研究内容如下：

(1) 马铃薯的耗水规律。通过记录试验所在地的气象资料和每次的灌水量，观测马铃薯在各生育期的土壤含水率，分析不同处理下马铃薯在各生育期的需水量及耗水量，结合各生育期马铃薯生长量、光合性能等观测值及收获后的产量测定结果，研究适宜该地区的马铃薯的种植制度。

(2) 马铃薯的生长发育和养分吸收规律。通过测定马铃薯整个生育期的株高、茎粗、叶面积三个指标来分析马铃薯的生长发育，同时在不同生育期对马铃薯植株进行采样，然后在室内对样品进行测定，通过软件对所测数据进行处理，最后通过数据分析研究水肥耦合对养分吸收规律的影响规律。

(3) 马铃薯的产量和品质。通过马铃薯成熟收获期考种（测定马铃薯单株产薯重和个数、单个薯块重、薯块直径和商品薯等指标）、总产量等指标，研究水肥耦合对马铃薯产量和品质的影响。

(4) 建立马铃薯的水肥耦合数学模型。通过分析不同水、肥处理对马铃薯产量、品质、生长量、耗水量等的影响规律以及利用二次回归正交旋转分析得出马铃薯水肥耦合规律，建立数学模型，并进行数值模拟，从水、肥两方面综合评价灌溉质量，并选出马铃薯滴灌技术要素最优组合。

### 4.1.2　试验设计

本试验采用四因素五水平（1/2实施）的二次回归正交旋转组合试验设计的盆栽试验，采用膜下滴灌来补水。试验中四个因素为补灌定额（$X_1$）、施氮量（$X_2$）、施磷量（$X_3$）、施钾量（$X_4$），五水平为－1.682、－1、0、1、1.682，试验共设置23个处理组，每个处理有 3 个重复，在每个处理盆上安装一条旁壁式滴灌管，需要灌水时根据管道流量大小及需水量来控制各管道的灌溉时间。详细试验设计见表 4.1、表 4.2。

**表 4.1 马铃薯盆栽试验因素上下水平表**

| 设计水平 | 试验因素 | | | |
|---|---|---|---|---|
| | $X_1$ | $X_2$ | $X_3$ | $X_4$ |
| | 补灌量 /($m^3$/亩) | 施氮量（尿素）/(kg/亩) | 施磷量（过磷酸钙）/(kg/亩) | 施钾量（硫酸钾）/(kg/亩) |
| −1.682 | 26.36 | 1.59 | 6.59 | 1.59 |
| −1 | 40 | 5 | 10 | 5 |
| 0 | 60 | 10 | 15 | 10 |
| 1 | 80 | 15 | 20 | 15 |
| 1.682 | 93.64 | 18.41 | 23.41 | 18.41 |

**表 4.2 试 验 处 理**

| 处理 | $X_1$ | $X_2$ | $X_3$ | $X_4$ | 处理 | $X_1$ | $X_2$ | $X_3$ | $X_4$ |
|---|---|---|---|---|---|---|---|---|---|
| 1 | 1 | 1 | 1 | 1 | 13 | 0 | 0 | −1.682 | 0 |
| 2 | 1 | 1 | −1 | −1 | 14 | 0 | 0 | 1.682 | 0 |
| 3 | 1 | −1 | 1 | −1 | 15 | 0 | 0 | 0 | −1.682 |
| 4 | 1 | −1 | −1 | 1 | 16 | 0 | 0 | 0 | 1.682 |
| 5 | −1 | 1 | 1 | −1 | 17 | 0 | 0 | 0 | 0 |
| 6 | −1 | 1 | −1 | 1 | 18 | 0 | 0 | 0 | 0 |
| 7 | −1 | −1 | 1 | 1 | 19 | 0 | 0 | 0 | 0 |
| 8 | −1 | −1 | −1 | −1 | 20 | 0 | 0 | 0 | 0 |
| 9 | −1.682 | 0 | 0 | 0 | 21 | 0 | 0 | 0 | 0 |
| 10 | 1.682 | 0 | 0 | 0 | 22 | 0 | 0 | 0 | 0 |
| 11 | 0 | −1.682 | 0 | 0 | 23 | 0 | 0 | 0 | 0 |
| 12 | 0 | 1.682 | 0 | 0 | 对照 | | | | |

## 4.2 水肥耦合对马铃薯生长发育的影响

### 4.2.1 水肥耦合对马铃薯株高的影响

马铃薯各生育期的株高数据具体见表 4.3。由表可知马铃薯株高生长最快的时期为现蕾期～初花期这一阶段，株高最高出现在盛花期处理 14 中，最高为 34.00cm。

马铃薯全生育期株高变化规律如图 4.1 所示，由表 4.3 可知，在苗期时处理 2 的株高最高（27.5cm），处理 7 最低（19cm）；现蕾期时处理 9 的株高最高（30cm），处理 19 最低（10cm）；初花期时处理 10 的株高最高（34cm），处理 21 的株高最低（19.67cm）；盛花期时处理 14 的株高（34cm），处理 21 的株高最低（21.67cm）。不同处理的株高在前四个生长时期均呈增长趋势，其中在初花期马铃薯的株高增长量最大，而进入成熟期后，株高有一定的减小。

**表 4.3　马铃薯生育期株高**　单位：cm

| 处理 | 苗期 | 现蕾期 | 初花期 | 盛花期 | 成熟期 | 处理 | 苗期 | 现蕾期 | 初花期 | 盛花期 | 成熟期 |
|---|---|---|---|---|---|---|---|---|---|---|---|
| 1 | 22.00 | 22.00 | 28.00 | 31.17 | 29.38 | 13 | 22.67 | 21.00 | 27.00 | 30.67 | 28.24 |
| 2 | 27.50 | 25.00 | 30.33 | 26.00 | 22.17 | 14 | 24.67 | 23.00 | 27.00 | 34.00 | 31.06 |
| 3 | 23.00 | 24.00 | 26.00 | 26.33 | 25.28 | 15 | 23.00 | 24.00 | 30.50 | 26.67 | 23.22 |
| 4 | 21.50 | 23.00 | 27.67 | 26.67 | 24.70 | 16 | 21.33 | 20.00 | 25.00 | 31.33 | 26.78 |
| 5 | 20.33 | 20.00 | 26.00 | 27.33 | 25.11 | 17 | 22.33 | 23.00 | 25.33 | 26.00 | 24.24 |
| 6 | 21.67 | 23.00 | 20.00 | 28.93 | 27.50 | 18 | 21.33 | 24.00 | 25.00 | 26.67 | 24.76 |
| 7 | 24.00 | 25.00 | 23.67 | 27.00 | 26.13 | 19 | 16.00 | 10.00 | 27.67 | 28.00 | 24.65 |
| 8 | 25.50 | 25.00 | 24.67 | 27.67 | 24.02 | 20 | 22.00 | 21.00 | 20.00 | 21.33 | 21.17 |
| 9 | 22.67 | 30.00 | 33.83 | 25.33 | 24.46 | 21 | 24.67 | 27.00 | 19.67 | 21.67 | 21.36 |
| 10 | 25.67 | 24.00 | 34.00 | 25.00 | 21.63 | 22 | 21.67 | 21.00 | 20.33 | 22.00 | 18.73 |
| 11 | 22.33 | 22.00 | 27.15 | 29.00 | 25.03 | 23 | 24.00 | 28.00 | 22.67 | 23.83 | 20.68 |
| 12 | 23.50 | 24.00 | 29.33 | 33.00 | 31.29 | 24 | 12.67 | 23.00 | 25.33 | 26.50 | 21.57 |

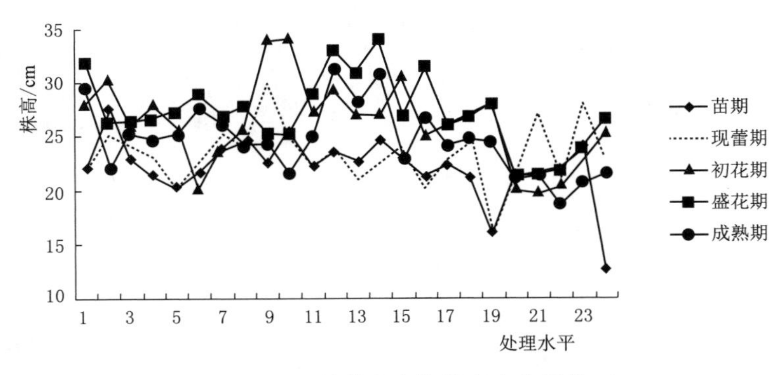


图 4.1　马铃薯生育期株高变化规律

### 4.2.2　水肥耦合对马铃薯茎粗的影响

由表 4.4 可知，马铃薯茎粗生长最快的时期为现蕾期到初花期这一阶段，处理 17 在现蕾期时的茎粗为所有茎粗的最大值（1.08cm）。

马铃薯全生育期茎粗变化规律如图 4.2 所示，由图可知，在苗期时处理 13 的茎粗最大（0.87cm），处理 23 的茎粗最小（0.53cm）；现蕾期时处理 17 的茎粗最大（1.08cm），处理 19 的茎粗最小（0.49cm）；初花期时处理 13 的茎粗最大（0.76cm），处理 16 茎粗最小（0.54cm）。而在盛花期和成熟期开始有一定程度上的降低，不同处理茎粗在五个生育时期中变化却较大。

表 4.4 马铃薯生育期茎粗 单位：cm

| 处理 | 苗期 | 现蕾期 | 初花期 | 盛花期 | 成熟期 | 处理 | 苗期 | 现蕾期 | 初花期 | 盛花期 | 成熟期 |
|---|---|---|---|---|---|---|---|---|---|---|---|
| 1 | 0.58 | 0.78 | 0.61 | 0.67 | 0.58 | 13 | 0.87 | 0.81 | 0.76 | 0.78 | 0.76 |
| 2 | 0.56 | 0.64 | 0.55 | 0.60 | 0.54 | 14 | 0.77 | 0.97 | 0.66 | 0.71 | 0.64 |
| 3 | 0.58 | 0.81 | 0.63 | 0.65 | 0.60 | 15 | 0.56 | 0.79 | 0.57 | 0.63 | 0.62 |
| 4 | 0.56 | 0.56 | 0.55 | 0.61 | 0.53 | 16 | 0.81 | 0.60 | 0.54 | 0.60 | 0.52 |
| 5 | 0.71 | 0.71 | 0.54 | 0.61 | 0.60 | 17 | 0.63 | 1.08 | 0.55 | 0.63 | 0.54 |
| 6 | 0.70 | 0.71 | 0.57 | 0.62 | 0.56 | 18 | 0.67 | 0.62 | 0.58 | 0.71 | 0.62 |
| 7 | 0.72 | 0.86 | 0.55 | 0.61 | 0.53 | 19 | 0.55 | 0.49 | 0.58 | 0.69 | 0.59 |
| 8 | 0.53 | 0.98 | 0.55 | 0.65 | 0.57 | 20 | 0.71 | 0.73 | 0.62 | 0.66 | 0.61 |
| 9 | 0.74 | 0.85 | 0.68 | 0.69 | 0.67 | 21 | 0.65 | 0.83 | 0.63 | 0.64 | 0.56 |
| 10 | 0.77 | 0.76 | 0.76 | 0.77 | 0.71 | 22 | 0.65 | 0.53 | 0.55 | 0.60 | 0.59 |
| 11 | 0.79 | 0.78 | 0.70 | 0.78 | 0.71 | 23 | 0.53 | 0.97 | 0.62 | 0.70 | 0.68 |
| 12 | 0.76 | 0.62 | 0.72 | 0.75 | 0.70 | | | | | | |

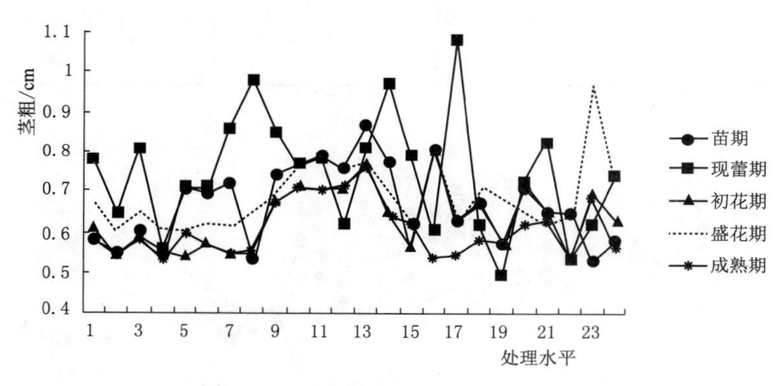


图 4.2 马铃薯生育期茎粗变化规律

### 4.2.3 水肥耦合对马铃薯叶面积的影响

由表 4.5 可知马铃薯叶面积生长最快的时期为初花期，叶面积最大发生在初花期的处理 3（170.04$mm^2$）。

马铃薯全生育期叶面积变化规律如图 4.3 所示。由图可知在苗期：处理 9 的叶面积最大（1.72$mm^2$），处理 18 的叶面积最小（0.7$mm^2$）；现蕾期时处理 14 的叶面积最大（114$mm^2$），处理 23 的叶面积最小（50.08$mm^2$）；初花期时处理 3 的叶面积最大（170.04$mm^2$），处理 9 的叶面积最小（54.99$mm^2$）；盛花期时处理 14 的叶面积最大（128.64$mm^2$），处理 18 的叶面积最小（62$mm^2$）。从全生育期来看，现蕾期到初花期的叶面积增长最快，到盛花期以及成熟期后叶面积降低较大。这主要是因为进入盛花期和成熟期后，马铃薯植株的营养生长基本停止，植株主要进入淀粉储藏期，养分与水分基本都输送给块茎。另外，在成熟期后期植株叶片中的叶绿素大部分转化成叶黄素，但是一小部分叶片还进行着光合作用。

**表 4.5　　马铃薯生育期叶面积**　　单位：$mm^2$

| 处理 | 苗期 | 现蕾期 | 初花期 | 盛花期 | 成熟期 | 处理 | 苗期 | 现蕾期 | 初花期 | 盛花期 | 成熟期 |
|---|---|---|---|---|---|---|---|---|---|---|---|
| 1 | 1.49 | 92.84 | 71.45 | 88.93 | 79.24 | 13 | 0.99 | 82.98 | 170.04 | 110.66 | 86.55 |
| 2 | 0.93 | 102.82 | 108.00 | 76.29 | 58.41 | 14 | 0.94 | 114.03 | 84.86 | 128.64 | 114.22 |
| 3 | 0.96 | 79.07 | 111.99 | 75.79 | 56.98 | 15 | 1.33 | 67.27 | 68.56 | 66.22 | 54.78 |
| 4 | 1.21 | 68.73 | 85.56 | 84.36 | 57.13 | 16 | 0.91 | 60.96 | 127.41 | 69.44 | 57.06 |
| 5 | 1.05 | 96.01 | 54.99 | 71.68 | 56.37 | 17 | 0.88 | 107.16 | 150.24 | 99.48 | 63.49 |
| 6 | 0.96 | 85.53 | 96.16 | 92.50 | 60.93 | 18 | 0.86 | 50.08 | 71.66 | 69.29 | 44.32 |
| 7 | 1.33 | 67.59 | 67.52 | 81.43 | 52.97 | 19 | 0.80 | 70.56 | 80.34 | 86.14 | 74.46 |
| 8 | 1.08 | 83.33 | 102.53 | 75.07 | 60.74 | 20 | 0.70 | 52.92 | 138.93 | 62.00 | 49.39 |
| 9 | 0.99 | 105.61 | 111.33 | 100.01 | 90.64 | 21 | 0.73 | 104.96 | 123.66 | 98.84 | 77.01 |
| 10 | 1.38 | 65.63 | 94.37 | 92.17 | 85.50 | 22 | 0.93 | 60.34 | 93.33 | 71.04 | 55.88 |
| 11 | 1.72 | 61.00 | 94.78 | 76.34 | 57.09 | 23 | 0.88 | 65.44 | 113.60 | 114.69 | 109.59 |
| 12 | 1.08 | 68.78 | 81.89 | 81.14 | 71.49 | | | | | | |

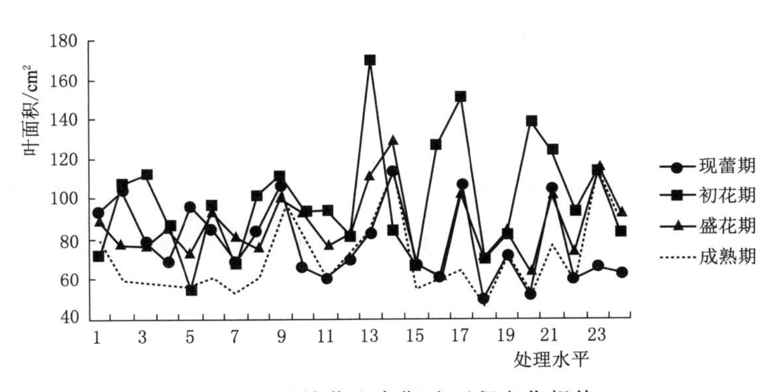


图 4.3　马铃薯生育期叶面积变化规律

### 4.2.4　分析最优数据组合

从分析株高、茎粗、叶面积的变化规律可以看出初花期是整个生长过程中最重要的时期，故以开花期时期为典型时期，用开花期数据建立模型，进行偏最小二乘回归分析。

**表 4.6　　试验要回归处理的数据**

| 处理 | 水/(L/株) | N/(g/株) | $P_2O_5$/(g/株) | K/(g/株) | 株高/cm | 茎粗/cm | 叶面积/$mm^2$ |
|---|---|---|---|---|---|---|---|
| 1 | 39.58 | 1.43 | 1.9 | 1.43 | 28.00 | 0.61 | 71.45 |
| 2 | 39.58 | 1.43 | 0.95 | 0.48 | 30.33 | 0.55 | 108.00 |
| 3 | 39.58 | 0.48 | 1.9 | 0.48 | 26.00 | 0.63 | 111.99 |
| 4 | 39.58 | 0.48 | 0.95 | 1.43 | 27.67 | 0.55 | 85.56 |

续表

| 处理 | 水/(L/株) | N/(g/株) | $P_2O_5$/(g/株) | K/(g/株) | 株高/cm | 茎粗/cm | 叶面积/$mm^2$ |
|---|---|---|---|---|---|---|---|
| 5 | 19.79 | 1.43 | 1.9 | 0.48 | 26.00 | 0.54 | 54.99 |
| 6 | 19.79 | 1.43 | 0.95 | 1.43 | 20.00 | 0.57 | 96.16 |
| 7 | 19.79 | 0.48 | 1.9 | 1.43 | 23.67 | 0.55 | 67.52 |
| 8 | 19.79 | 0.48 | 0.95 | 0.48 | 24.67 | 0.55 | 102.53 |
| 9 | 13.05 | 0.95 | 1.43 | 0.95 | 33.83 | 0.68 | 111.33 |
| 10 | 46.33 | 0.95 | 1.43 | 0.95 | 34.00 | 0.76 | 94.37 |
| 11 | 29.69 | 0.15 | 1.43 | 0.95 | 27.15 | 0.70 | 94.78 |
| 12 | 29.69 | 1.75 | 1.43 | 0.95 | 29.33 | 0.72 | 81.89 |
| 13 | 29.69 | 0.95 | 0.63 | 0.95 | 27.00 | 0.76 | 170.04 |
| 14 | 29.69 | 0.95 | 2.22 | 0.95 | 27.00 | 0.66 | 84.86 |
| 15 | 29.69 | 0.95 | 1.43 | 0.15 | 30.50 | 0.57 | 68.56 |
| 16 | 29.69 | 0.95 | 1.43 | 1.75 | 25.00 | 0.54 | 127.41 |
| 17 | 29.69 | 0.95 | 1.43 | 0.95 | 25.33 | 0.55 | 150.24 |
| 18 | 29.69 | 0.95 | 1.43 | 0.95 | 25.00 | 0.58 | 71.66 |
| 19 | 29.69 | 0.95 | 1.43 | 0.95 | 27.67 | 0.58 | 80.34 |
| 20 | 29.69 | 0.95 | 1.43 | 0.95 | 20.00 | 0.62 | 138.93 |
| 21 | 29.69 | 0.95 | 1.43 | 0.95 | 19.67 | 0.63 | 123.66 |
| 22 | 29.69 | 0.95 | 1.43 | 0.95 | 20.33 | 0.55 | 93.33 |
| 23 | 29.69 | 0.95 | 1.43 | 0.95 | 22.67 | 0.62 | 113.60 |

以株高、茎粗、叶面积为目标函数，灌水量、氮、磷、钾为四个因素，进行偏最小二乘回归，得到回归方程如下：

$$Y_1=37.23-0.62X_1-8.39X_2+5.61X_3-10.37X_4+0.01X_1^2+3.22X_2^2-0.81X_3^2+3.19X_4^2 +0.07X_1X_2-0.2X_1X_3+0.17X_1X_4+3.44X_2X_4+1.45X_3X_4 \quad (4.1)$$

$$Y_2=0.57+0.03X_2-0.02X_2+0.04X_4-0.01X_2^2+0.01X_4^2+0.02X_2X_4 \quad (4.2)$$

$$Y_3=19.27+4.55X_1+61.12X_2-40.88X_3+75.56X_4-0.08X_1^2-23.46X_2^2+5.92X_3^2 -23.20X_4^2-0.52X_1X_2+1.47X_1X_3-1.20X_1X_4-25.11X_2X_3 +30.32X_2X_4-10.57X_3X_4 \quad (4.3)$$

根据以上三式得到目标最优函数 $Y_1=27.53$cm，$Y_2=0.64$cm，$Y_3=162.68mm^2$，最优指标时各个因素组合为 $X_1=28.15$，$X_2=1.74$，$X_3=0.63$，$X_4=1.75$。

由此可以看出，当灌水定额为28.15L/株，氮肥、磷肥、钾肥分别为1.74g/株、0.63g/株、1.75g/株时，根据试验的布置方案中的密度（2021株/亩）设置，经过单位换算之后得到灌水定额为852.94$m^3/hm^2$，氮肥、磷肥、钾肥分别为52.72$kg/hm^2$、19.08$kg/hm^2$、51.51$kg/hm^2$马铃薯的生长量最优，其株高、茎粗、叶面积分别能达到27.53cm、0.64cm、162.68$mm^2$。

### 4.2.5 水肥耦合对马铃薯生物量的影响

由表 4.7 得到各处理的干物质重的大小排序是：块茎>叶>茎>根。主要原因是因为在生育前期马铃薯的生长主要为营养生长，而到生育后期转为生殖生长，且生殖生长几乎占据了马铃薯整个生育期的 80%左右。土壤中的养分与水分对马铃薯的生长发育有非常重要的作用，马铃薯从土壤中吸收的养分与水分在生育后期基本转移到块茎中去。

从表中可以看出，各处理中干物质总量最高的为处理 23，其块茎的干物质也是最高的。处理 23 的干物质总量比干物质总量最低的处理 22 提高了 259.81g。对于处理 1、处理 12、处理 14、处理 16 为高肥处理，其干物质总量并不是最高的，可见过高的施肥量对马铃薯植株的各部分生长产生副作用。灌水量最高时，处理 10 在干物质总量仅次于处理 23，说明灌水量对马铃薯植株体和产量的提高效果显著。总体来说，马铃薯的干物质在不同的水肥条件下，各处理间差异较为显著。

从单因子施肥量来看，施氮量和施磷量在中高水平时，马铃薯的干物质量最大，其他水平之间差异显著；干物质量为 153.03g 时施钾量最大，与施钾量最低时的干物质量相差 95g。主要原因为钾是组成叶绿素的主要元素，从而能够促进光合作用，促进马铃薯干物质的合成积累。

**表 4.7　　不同水肥处理条件下马铃薯干物质**　　单位：g

| 处理 | 块茎 | 根 | 茎 | 叶 | 总量 | 排名 |
|---|---|---|---|---|---|---|
| 1 | 115.2 | 3.76 | 9.52 | 20.31 | 148.79 | 14 |
| 2 | 60.93 | 0.60 | 3.43 | 4.65 | 69.61 | 20 |
| 3 | 176.7 | 5.25 | 12.12 | 24.91 | 218.97 | 5 |
| 4 | 61.04 | 5.15 | 21.59 | 34.63 | 122.41 | 16 |
| 5 | 31.63 | 0.40 | 2.50 | 5.66 | 40.19 | 22 |
| 6 | 88.25 | 7.75 | 39.58 | 58.93 | 194.50 | 8 |
| 7 | 166.47 | 7.45 | 19.52 | 33.69 | 227.13 | 4 |
| 8 | 188.85 | 5.15 | 20.31 | 32.73 | 247.04 | 3 |
| 9 | 141.94 | 3.92 | 21.12 | 32.04 | 199.02 | 6 |
| 10 | 200.85 | 8.12 | 17.44 | 27.79 | 254.21 | 2 |
| 11 | 109.46 | 3.91 | 21.34 | 29.34 | 164.04 | 10 |
| 12 | 72.4 | 4.04 | 20.92 | 36.56 | 133.92 | 15 |
| 13 | 112.13 | 5.83 | 20.01 | 30.13 | 168.11 | 9 |
| 14 | 122.46 | 1.45 | 10.58 | 17.65 | 152.13 | 13 |
| 15 | 51.61 | 1.95 | 13.50 | 17.97 | 85.03 | 19 |
| 16 | 141.94 | 0.49 | 2.45 | 8.16 | 153.03 | 12 |
| 17 | 55.48 | 3.69 | 17.93 | 23.06 | 100.16 | 18 |
| 18 | 138.86 | 1.91 | 5.96 | 12.11 | 158.84 | 11 |
| 19 | 106.38 | 1.62 | 3.87 | 7.41 | 119.28 | 17 |

续表

| 处理 | 块茎 | 根 | 茎 | 叶 | 总量 | 排名 |
|---|---|---|---|---|---|---|
| 20 | 24.52 | 0.58 | 6.06 | 7.45 | 38.61 | 23 |
| 21 | 28.19 | 2.19 | 7.12 | 17.63 | 55.13 | 21 |
| 22 | 19.08 | 0.48 | 2.75 | 6.62 | 28.92 | 24 |
| 23 | 259.04 | 2.22 | 8.95 | 18.53 | 288.73 | 1 |
| 对照 | 160.47 | 4.21 | 9.70 | 24.35 | 198.72 | 7 |

## 4.3　水肥耦合对马铃薯品质的影响

**表 4.8　　马铃薯室内盆栽试验实施方案及淀粉含量表**

| 处理 | $X_1$ | $X_2$ | $X_3$ | $X_4$ | 淀粉含量/% | 处理 | $X_1$ | $X_2$ | $X_3$ | $X_4$ | 淀粉含量/% |
|---|---|---|---|---|---|---|---|---|---|---|---|
| 1 | 1 | 1 | 1 | 1 | 17.64 | 13 | 0 | −2 | 0 | 0 | 15.33 |
| 2 | 1 | 1 | −1 | −1 | 15.33 | 14 | 0 | 2 | 0 | 0 | 17.86 |
| 3 | 1 | −1 | 1 | −1 | 16.31 | 15 | 0 | 0 | −2 | 0 | 17.99 |
| 4 | 1 | −1 | −1 | 1 | 14.78 | 16 | 0 | 0 | 2 | 0 | 18.12 |
| 5 | −1 | 1 | 1 | −1 | 15.98 | 17 | 0 | 0 | 0 | −2 | 17.52 |
| 6 | −1 | 1 | −1 | 1 | 15.56 | 18 | 0 | 0 | 0 | 2 | 15.88 |
| 7 | −1 | −1 | 1 | 1 | 15.77 | 19 | 0 | 0 | 0 | 0 | 18.45 |
| 8 | −1 | −1 | −1 | −1 | 15.34 | 20 | 0 | 0 | 0 | 0 | 18.02 |
| 9 | −1.682 | 0 | 0 | 0 | 13.87 | 21 | 0 | 0 | 0 | 0 | 17.68 |
| 10 | 1.682 | 0 | 0 | 0 | 14.76 | 22 | 0 | 0 | 0 | 0 | 17.36 |
| 11 | 0 | −1.682 | 0 | 0 | 14.08 | 23 | 0 | 0 | 0 | 0 | 17.77 |
| 12 | 0 | 1.682 | 0 | 0 | 16.92 | | | | | | |

### 4.3.1　马铃薯淀粉含量回归方程的建立

利用 DPS 软件运用表 4.3 数据建立的淀粉含量与补灌定额、氮肥、磷肥、钾肥之间的方程具体见式（4.4）：

$$Y=17.481+0.214X_1+0.519X_2+0.655X_3+0.074X_4-1.071X_1^2-0.652X_2^2 -0.266X_3^2+0.251X_4^2+0.182X_1X_2+0.374X_1X_3+0.096X_1X_4 \quad (4.4)$$

检验得到模型的显著性 $F=7.28$，检验达到极显著水平（$p=0.0013$），模型决定系数 $R^2=0.88$，故式（4.4）能较好地反映水肥耦合与马铃薯淀粉含量之间的关系。

### 4.3.2　主效应分析

把二次回归方程（4.1）偏回归系数标准化，通过无量纲编码替代，所以根据各系数绝对值的大小来衡量方程中各因素对目标函数的影响程度，得到水肥各因素对淀粉含量的影响次序是：$X_3>X_2>X_1>X_4$，可见施磷量对淀粉含量的影响程度是最大的，施钾量对淀粉含量的影响程度最小，灌水量与施氮量的影响程度居中。方程中 $X_1^2$、$X_2^2$ 和 $X_3^2$ 系数都是负数，说明灌水量、氮肥、施磷量对淀粉含量的影响呈开口向下的抛物线函数，表明过多或不足的灌水量、氮肥、施磷量对淀粉含量产生负效应。由交互项系数的绝对值大小判断水肥交互作用对淀粉含量影响次序依次是：$X_1X_3>X_1X_2>X_1X_4$，由此可见灌水量与施磷量的交互作用对淀粉含量影响程度是最大的。

### 4.3.3 各因素与马铃薯淀粉的关系

通过降维分析法进行单因素效应分析，得到水肥各因素与马铃薯淀粉含量之间的关系模型分别如下：

$X_1$ 灌水量： $Y=17.481+0.214X_1-1.071X_1^2$ (4.5)

$X_2$ 施氮量： $Y=17.481+0.519X_2-0.652X_2^2$ (4.6)

$X_3$ 施磷量： $Y=17.481+0.655X_3-0.266X_3^2$ (4.7)

$X_4$ 施钾量： $Y=17.481+0.074X_4+0.251X_4^2$ (4.8)

根据以上四个方程得到水肥各因素与马铃薯淀粉含量之间的函数关系图，如图 4.4 所示。从图中可以看出灌水量、氮肥、磷肥与马铃薯淀粉含量的关系函数图像均呈开口向下的抛物线，所以当灌水量、氮肥、磷肥处于低因素水平编码时，马铃薯淀粉含量随着这三个因素的增大而增加，在高因素水平编码时，马铃薯淀粉含量随着这三个因素的增大而减少，表明过多或过少的灌水量、施氮量和施磷量都不助于马铃薯淀粉含量的积累。利用 DPS 软件以马铃薯淀粉含量为目标函数对灌水量、施氮量、施磷量进行寻优，当灌水量、施氮量、施磷量分别为 930m³/hm²、180kg/hm²、240kg/hm² 时马铃薯淀粉含量达到最大。

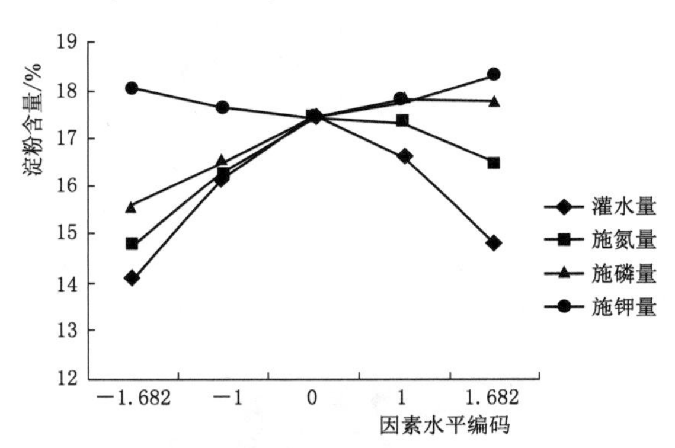


图 4.4 单因素对马铃薯淀粉含量的影响

### 4.3.4 交互作用对马铃薯淀粉含量的影响

#### 4.3.4.1 灌水量与施氮量的交互效应

由于马铃薯淀粉含量受到水肥、气候、环境和人类活动等很多因素的影响，把水、肥单独拿出来分析马铃薯淀粉含量就不太合理。对式（4.1）进行降维分析后得到的水和氮肥之间的关系见式（4.9）：

$$Y=17.481+0.214X_1+0.519X_2-1.071X_1^2-0.652X_2^2+0.182X_1X_2 \quad (4.9)$$

绘出补灌水量、氮肥与马铃薯淀粉含量之间的关系图如图 4.5 所示，由详细分析可知水量和氮肥施用量的交互作用对马铃薯淀粉含量的影响规律是：当补灌水量处于任意水平时，马铃薯淀粉含量都随着氮肥的增多表现出先升高然后又降低的规律；当氮肥处于任意水平时，马铃薯淀粉含量表现出先升高后又降低的规律。由此可以总结到，灌水量和施氮量分别与马铃薯淀粉含量之间存在着最值，又根据灌水量和施氮量的二次项系数均为负值可以知道，它们二者与马铃薯淀粉含量之间存在着最大值，利用求二次函数最值的知识，最后得到结论：灌水量为 930m³/hm²，施氮量为 180kg/hm²时得到马铃薯淀粉含量的最大值，这个最大值为 17.60%，同时当灌水量为 1404.6m³/hm²，施氮量为 23.85kg/hm²时得到马铃薯淀粉含量的最小值为 11.58%，淀粉含量的最高值与最低值之间相差 6.02%。

#### 4.3.4.2　灌水量与施磷量的交互效应

同样，用降维法得到的灌水量和磷肥施量与马铃薯淀粉含量之间的关系式见式(4.10)：

$$Y=17.481+0.214X_1+0.655X_3-1.071X_1^2-0.266X_3^2+0.374X_1X_3 \quad (4.10)$$

绘出灌水量、施磷量与马铃薯淀粉含量之间的关系图如图 4.6 所示，由详细分析可知灌水量和施磷量的交互作用对马铃薯淀粉含量的影响规律是：当灌水量、施磷量处于任意水平时，马铃薯淀粉含量都随着灌水量和施磷量的增多呈现出先升高后又降低的规律。由此可以总结到，补灌的水量和施磷量分别与马铃薯的淀粉含量之间存在着最值，又根据灌水量和施磷量的二次项系数均为负值可知，它们二者与马铃薯淀粉的含量之间存在着最大值，利用求二次函数最值的知识，最后得到结论：灌水量为 930m³/hm²，施磷量为 240kg/hm²时得到马铃薯淀粉含量的最大值 17.62%，同时当灌水量为 1404.6m³/hm²，施磷量为 98.85kg/hm²时得到马铃薯淀粉含量的最小值 11.90%，淀粉含量的最大值与最小值之间相差 5.72%。

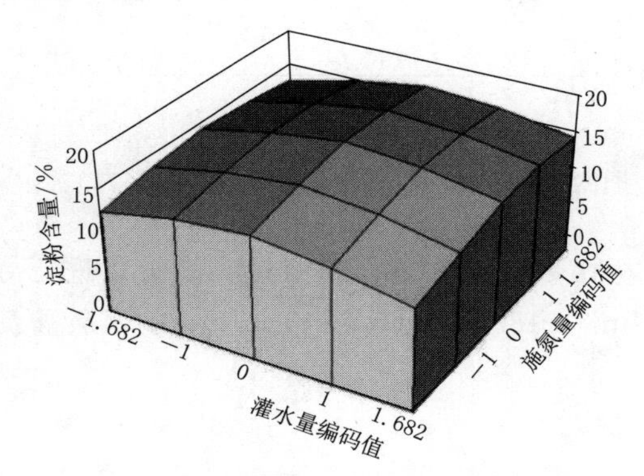


图 4.5　灌水量与施氮量的交互效应

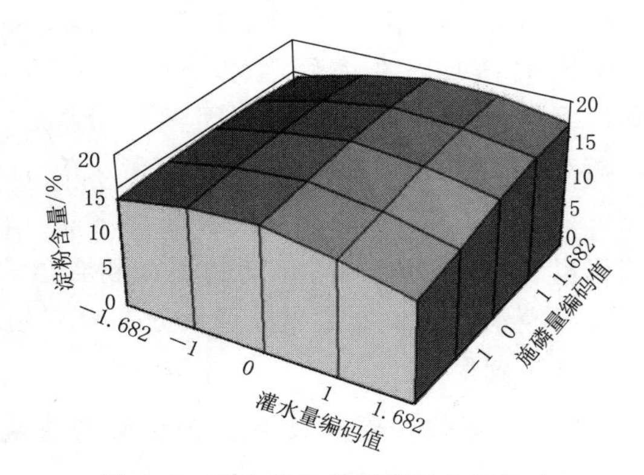


图 4.6　灌水量与施磷量的交互效应

#### 4.3.4.3　灌水量与施钾量的交互效应

运用类似的方法得到的灌水量和施钾量与马铃薯淀粉含量之间的关系见式(4.11)：

$$Y=17.481+0.214X_1+0.074X_4-1.071X_1^2+0.251X_4^2+0.096X_1X_4 \quad (4.11)$$

由详细分析图 4.7 可知，水量和施钾量的交互作用对马铃薯淀粉含量的影响规律是：不管灌水量处于哪个水平，马铃薯淀粉含量都随着同水平下施钾量的增多呈现出先降低后又升高的规律；不管施钾量处于哪个水平，马铃薯淀粉含量都随着同水平下灌水量的增多呈现出先升高后又降低的规律。当灌水量为 930m³/hm²、施钾量为

276.15kg/hm²时得到马铃薯淀粉含量的最大值18.34%，同时当补灌水量为395.4m³/hm²，磷肥施量为138.75kg/hm²时得到马铃薯淀粉含量的最小值14.11%，淀粉含量的最高值与最低值之间相差4.23%。

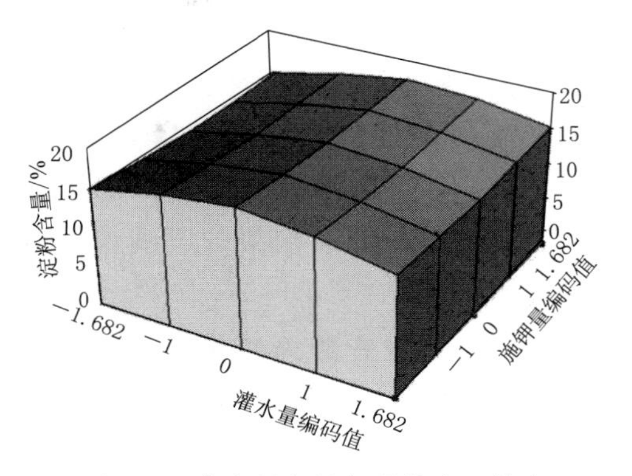

图 4.7 灌水量与施钾量的交互效应

根据得到的不同水肥交互作用下马铃薯淀粉含量值可以看出，在补灌水量与钾肥施用量的交互下得到的马铃薯淀粉含量最大，最大值为18.34%，在补灌水量与氮肥施用量交互作用下得到的马铃薯淀粉含量最小，最小值为11.58%。由得到的马铃薯淀粉含量最大值与最小值的差值可以得出：水肥的不同配施对马铃薯淀粉含量的影响结果不同，因此寻求科学合理的水肥配合对改善马铃薯品质以及节约资源、保护环境等很多方面都有着重要的意义。

### 4.3.5 水肥配合的最优方案

根据回归方程寻优得，在以马铃薯淀粉含量为目标函数时，最高淀粉含量可以达到17.60%，最高淀粉含量对应各处理的组合为：补灌定额为930m³/hm²，施氮量、施磷量、施钾量分别为180kg/hm²、240kg/hm²、276.15kg/hm²。

## 4.4 水肥耦合对马铃薯产量的影响

在马铃薯收获季节通过测产得到试验各处理的马铃薯产量，见表4.9。

表 4.9 各因素水平的马铃薯产量

| 处理 | 产量/(t/hm²) | 处理 | 产量/(t/hm²) | 处理 | 产量/(t/hm²) |
|---|---|---|---|---|---|
| 1 | 19.79 | 9 | 11.00 | 17 | 13.68 |
| 2 | 13.84 | 10 | 9.43 | 18 | 13.76 |
| 3 | 11.35 | 11 | 11.66 | 19 | 13.75 |
| 4 | 11.79 | 12 | 11.92 | 20 | 14.04 |
| 5 | 12.48 | 13 | 10.30 | 21 | 12.71 |
| 6 | 12.08 | 14 | 14.62 | 22 | 12.45 |
| 7 | 14.66 | 15 | 13.35 | 23 | 13.01 |
| 8 | 5.02 | 16 | 14.34 | 对照 | 14.69 |

### 4.4.1 产量回归方程的建立

运用表4.9中的马铃薯产量数据，运用DPS软件建立马铃薯产量与水、肥各因素之间的关系见式（4.12）：

$$Y=13.536+0.277X_1+0.921X_2+1.325X_3+1.354X_4-0.538X_1^2-0.113X_2^2-0.1X_3^2+0.859X_4^2+0.975X_1X_2-1.401X_1X_3-0.725X_1X_4 \quad (4.12)$$

根据软件分析后的结果，得到方程的决定系数 $R^2=0.731$，$P<0.01$，故此方程能较好地模拟水、肥各因素与马铃薯产量之间的关系。同以上各章节的分析方法，由方程的一次项系数绝对值大小判断得到水、肥各因素对马铃薯产量的作用次序是：施钾量（$X_4$）>施磷量（$X_3$）>施氮量（$X_2$）>补灌量（$X_1$），钾肥对马铃薯产量的影响作用最大，灌水量对马铃薯产量的影响作用最小，合理的增施钾肥能够明显地提高马铃薯的产量。

### 4.4.2　各因素与产量的关系

运用降维法分别得到补灌水量、氮肥施用量、磷肥施用量、钾肥施用量与马铃薯产量之间的关系方程如下所示：

补灌量：$$Y_1=13.536+0.279X_1-0.538X_1^2 \tag{4.13}$$

施氮量：$$Y_2=13.536+0.921X_2-0.113X_2^2 \tag{4.14}$$

施磷量：$$Y_3=13.536+1.325X_3-0.1X_3^2 \tag{4.15}$$

施钾量：$$Y_4=13.536+1.354X_4+0.859X_4^2 \tag{4.16}$$

#### 4.4.2.1　补灌水量与产量之间的关系

由图 4.8 分析得到，当补灌量超过 60m³/亩时，随补灌量的逐步增加产量呈缓慢下降趋势，其对马铃薯产量呈负效应。补灌量对作物具有增产作用，同时又对产量存在负效应，说明在以产量为目标函数的状态下，补灌量存在最佳值，找出这样一个最佳值是此试验的重要目的之一，也是发展现代经济型农业的重要手段之一。

#### 4.4.2.2　氮肥、磷肥施用量与产量之间的关系

图 4.9、图 4.10 所示分别为氮肥、磷肥施用量与马铃薯产量之间的关系。分析两图后得到：在试验范围内，施氮（磷）量对马铃薯产量的效应呈上升抛物线趋势，作用比较显著。由方程形式可以推断出，随着氮（磷）肥施加量的逐渐增加，产量会出现一个峰值，随后产量将呈缓慢下降趋势，其对马铃薯产量就会产生负效应。由图 4.9、图 4.10 还可以看出，试验设计的最大施氮（磷）量都不能满足马铃薯增产的需要，由于增施氮（磷）肥是马铃薯增产的十分有效的措施之一，所以在以后的试验设计中还应逐步加大氮（磷）肥的设计区间。

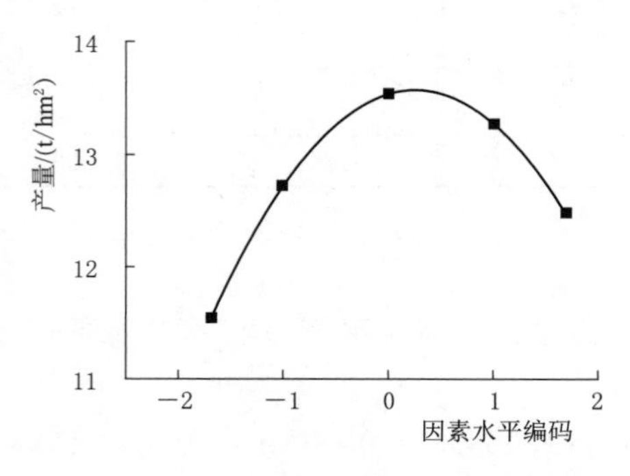


图 4.8　补灌量对马铃薯产量的影响

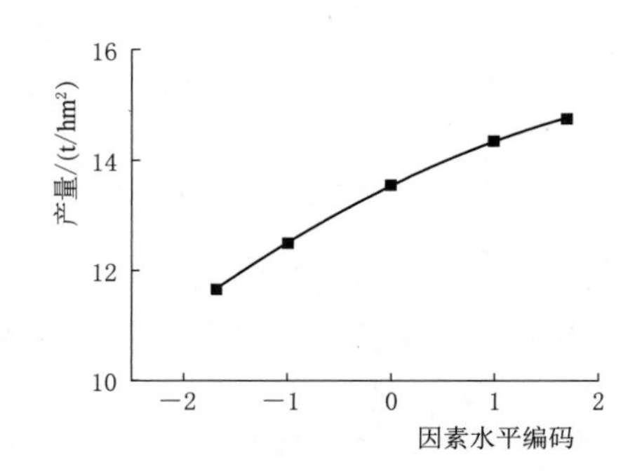


图 4.9　施氮量对马铃薯产量的影响

#### 4.4.2.3 钾肥施用量与产量之间的关系

分析钾肥施用量与马铃薯产量之间的关系，如图 4.11 所示，增施钾肥能够较大幅度地提高马铃薯的产量，由此得到马铃薯是喜钾植物，钾肥能够促进马铃薯植株的营养生长和生殖生长。由方程中的二次项系数的绝对值可以推断出，施钾量与产量的相关性大于其他因素与产量的相关性，表明施钾量为试验区马铃薯生产限制因素。

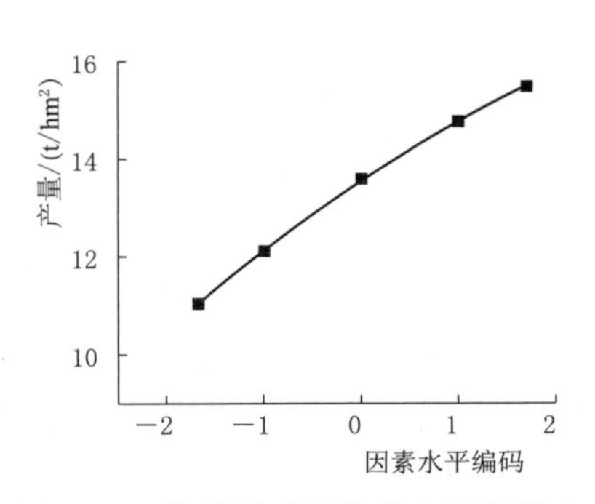


图 4.10 施磷量对马铃薯产量的影响

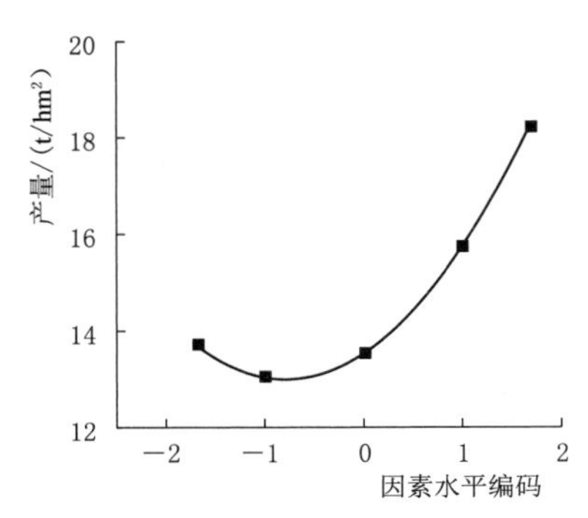


图 4.11 施钾量对马铃薯产量的影响

### 4.4.3 水肥交互项对产量的影响

#### 4.4.3.1 灌水量与施磷量的交互作用

$$Y_1=13.536+0.277X_1+1.325X_3-0.538X_1^2-0.1X_3^2-1.401X_1X_3 \tag{4.17}$$

表 4.10 灌水量与施磷量对马铃薯产量的交互效应

| 施磷量编码值 | 补灌量编码值 | | | | |
|---|---|---|---|---|---|
| | −1.682 | −1 | 0 | 1 | 1.682 |
| −1.682 | 5.356 | 8.136 | 11.307 | 13.403 | 14.215 |
| −1 | 7.867 | 9.995 | 12.211 | 13.351 | 13.511 |
| 0 | 11.548 | 12.721 | 13.536 | 13.275 | 12.480 |
| 1 | 15.229 | 15.447 | 14.861 | 13.199 | 11.448 |
| 1.682 | 17.740 | 17.306 | 15.765 | 13.147 | 10.745 |

本书研究内容依据当地农作物产量水平将马铃薯产量分为 3 个等级：$<12.0\text{t/hm}^2$ 为低产，$12.0\sim16.5\text{t/hm}^2$ 为中产，$\geqslant16.5\text{t/hm}^2$ 为高产。分析表 4.10 的数据得到，当磷肥施用量处于−1.682 和−1 的低肥编码区时，马铃薯产量随灌水量的增多而增大，产量最高达到 $14.215\text{t/hm}^2$。说明该区仍是“出路在肥”，肥为第一限制因素（多雨年更是如此）；当磷肥编码值增至 0、1 水平的高肥区时，水的增产作用渐趋明显，并且产量随补水量的增加开始进入中产范围；当磷肥施用量处于 1.682 编码时，马铃薯产量出现了高产，产量最高达到 $17.740\text{t/hm}^2$，根据肥料的实际投入值计算得到，此时的施磷量为 23.41kg，补灌水量为 $26.36\text{m}^3$。

#### 4.4.3.2 灌水量与施氮量的交互作用

$$Y_1=13.536+0.277X_1+0.921X_2-0.538X_1^2-0.113X_2^2+0.975X_1X_2 \tag{4.18}$$

为了更好地分析试验结果，先将施氮量固定在某一水平，对灌水量分析可知，除试验布置中最高施氮量水平外，马铃薯产量随灌水量的增多呈现先增加后减小的规律。当灌水量增加到较高水平时，过多的灌水会对马铃薯的生长起抑制作用，因此马铃薯产量表现出逐渐降低的趋势。当施氮量处于1.682编码水平时，马铃薯的产量随灌水量的增多而逐渐增大。当把施氮量固定在任意水平后，马铃薯产量在灌水量与施氮量的共同作用下表现出先增加后降低的规律，在此变化中间出现的产量最大值又随施氮量编码值的增大而依次推后。将灌水量固定在中低水平时，马铃薯的产量随施氮量的增加而持续减小，当灌水量处于较高水平时，产量随施氮量的增加而增大。此规律说明在灌水充足后，适当地增施氮肥有助于提高马铃薯的产量。

#### 4.4.3.3 灌水量与施钾量的交互作用

$$Y_1 = 13.536 + 0.277X_1 + 1.354X_4 - 0.538X_1^2 + 0.859X_4^2 - 0.725X_1X_4 \quad (4.19)$$

由图4.13知，当施钾量在低肥区水平时，马铃薯产量因灌水量的增多而增大；当施钾量在中高编码值时，马铃薯产量因灌水量的增多表现出先增加后减小的规律。当灌水量、施钾量分别在－1和1.682水平时，马铃薯产量达到最高，最高值为18.648t/hm²。

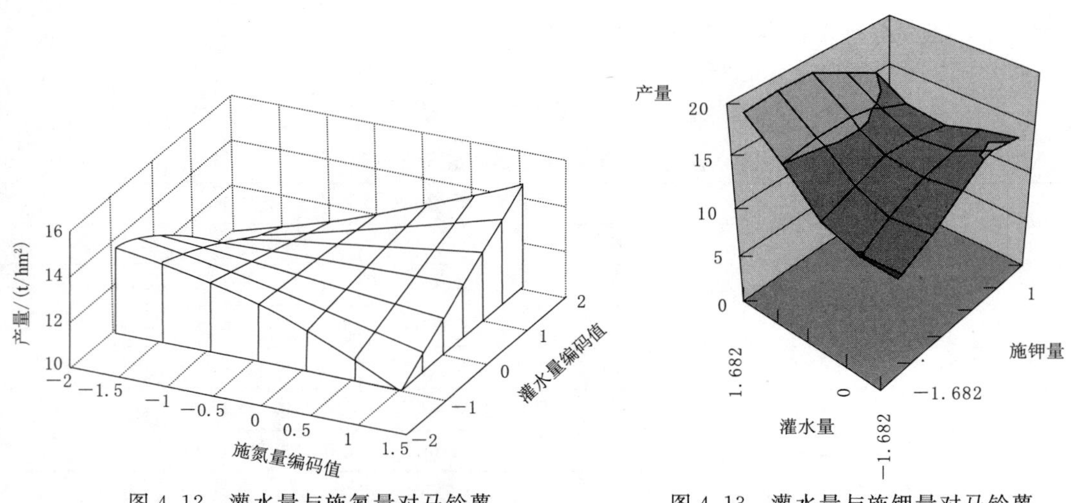


图4.12　灌水量与施氮量对马铃薯产量的交互效应

图4.13　灌水量与施钾量对马铃薯产量的交互效应

#### 4.4.3.4 水肥配合的最优方案

以产量为目标函数将式（4.12）进行寻优，得最优水肥耦合关系为：灌水量为739m³/hm²，施氮量、施磷量、施钾量分别为57.8kg/hm²、200.4kg/hm²、178.4kg/hm²。

### 4.4.4 水肥耦合对马铃薯产量、品质的协同效应

#### 4.4.4.1 产量、品质回归方程的建立

对试验最后测得的马铃薯产量和淀粉的数据进行偏最小二乘分析，建立品质、产量与灌水量（$X_1$）、施氮量（$X_2$）、施磷量（$X_3$）、施钾量（$X_4$）之间的回归方程如下：

$$Y_1=16.45+0.23x_1+0.42x_2+0.34x_3+0.19x_4 \quad (4.20)$$

$$Y_2=12.65+0.71x_1+1.29x_2+1.06x_3+0.60x_4 \quad (4.21)$$

回归方程的决定系数 $R^2=0.731$，经 $F$ 检验，$P<0.01$，表明回归方程的拟合程度较好，模型能较好地反映试验各因子与产量、品质之间的相关关系。根据方程中的一次项系数分析知，各因子中施氮量对产量和品质的影响程度最大。

**4.4.4.2 水肥配合的最优方案**

经过寻优得到，在以产量和淀粉含量为目标函数时，水肥配合的最优方案为：灌水量为 846m³/hm²，生育期施氮量、施磷量、施钾量分别为 84.2kg/hm²、232.18kg/hm²、239.97kg/hm²时，马铃薯的产量和淀粉含量均达到最高，分别为 12.65t/hm²、16.45%。

## 4.5 水肥耦合对土壤水分动态变化的影响

### 4.5.1 不同灌水量的土壤水分的时间动态变化

由图 4.14 分析知，总体的变化趋势为土壤含水率在每次灌水后升高随后又降低，升高降低交替出现。从耗水速率来分析，由图中直线的斜率可知，耗水速率规律为：－1 水平＞0 水平＞1 水平。灌水量最高的耗水速率最小，这主要是由于每次灌溉都灌至土壤的田间持水量。相反，灌水量越小的处理，其耗水速率就越大。

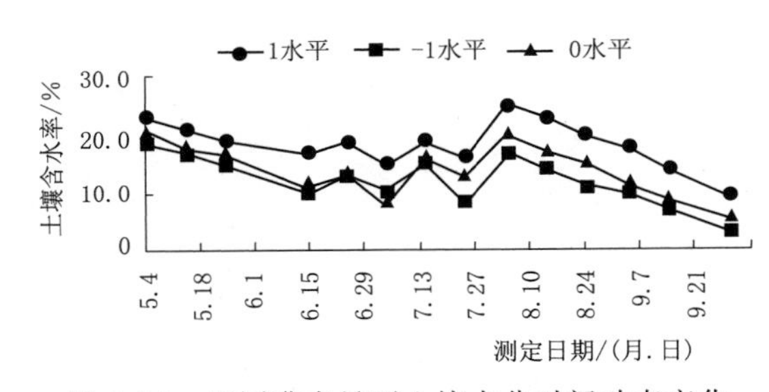


图 4.14 不同灌水量下土壤水分时间动态变化

从生育期来看，各处理含水率在苗期前期（6 月 15 日前）变化缓慢，后期含水率变化较大。这主要是因为在马铃薯生育前期，植株较小，植株体叶面积较小，叶片蒸腾速率小，植株的耗水量较小，加之气温较低，土壤蒸发量小。马铃薯块茎形成期（7 月 14—24 日）和块茎膨大期（8 月 4—24 日）的土壤水分变化幅度比较大。这是因为本阶段处于夏季，气温较高，气候炎热，叶面积较大，根系多，植株蒸腾速率较大，同时作物生长处于旺盛阶段，大量消耗土壤储水。由于灌水量不同，所以图中 1 水平的灌水量在块茎形成期-块茎膨大期的平均含水率最高，0 水平次之，－1 水平最低。马铃薯的淀粉积累期（9 月 4—30 日），土壤含水量开始慢慢减小。本生育期不再进行灌溉，因为从马铃薯的淀粉积累期开始地上部分生长变缓，主要的养分从地上部分向地下部分转化。此外，过多的水分不利于块茎的储藏。

### 4.5.2 不同灌水量的土壤水分空间动态变化

土壤含水率的变化参与调解土壤的通气性和土壤养分的运移，从而能够影响马铃薯的生长和发育。

试验中，马铃薯在苗期、现蕾期和开花期的灌水量占整个生育期灌水量的 25%、25%和 50%。分析图 4.15，各灌水处理下的土壤含水率均与土层深度成正比，也就是说越往盆底的土壤，其含水率就越大，相反越是接近表面的土壤含水率就越小。主要是因为在苗期，马铃薯植株根系还没有完全形成、尚不发达，根系大多数分布在靠近表面土壤的 0～10cm 的土层范围内，加上植株叶面积较小，植株蒸腾速率较低，植株的耗水量远远小于补水量，多余的土壤水分会因为重力作用的存在而下渗到靠近盆底更深的土壤中。由图 4.16、图 4.17 分析可知，各灌水处理的土壤含水率随着土层深度的增加表现出先增大后减小的规律。在现蕾期和开花期，马铃薯植株地上部分长势好，植株高，叶片大，根系发达（主要分布 10～20cm 范围内），加之气温升高，植株蒸腾速率和土壤蒸发量都明显增大，根系耗水量增大，所以根系分布范围内的土壤含水率明显小于上层土壤。

在马铃薯生育后期，地上部分生长开始减弱，叶片开始凋落，植株逐渐枯萎，此阶段由生殖生长过渡为营养生长，根系吸收的养分和水分主要用来块茎的增大以及淀粉的积累，由于过多的水分不利于淀粉的储藏，进入此阶段后不再进行灌水，提供营养生长的水分由根从土壤中吸收而来，所以测出的土层深度 10～20cm 范围的土壤含水率远远低于在土层深度 0～10cm 范围内的土壤含水率。从图 4.18 中可以看出，相同深度的土壤含水率与其灌水量的大小变化一致；盆中土壤含水率的变化速率随灌水量水平增大而逐渐减小。得到的这一结果与不同灌水量时土壤水分空间动态变化分析得出的结果相同。

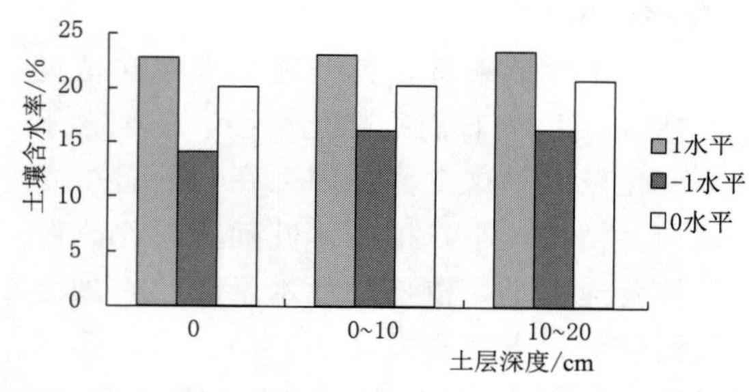


图 4.15　苗期不同灌水量土壤水分空间动态变化

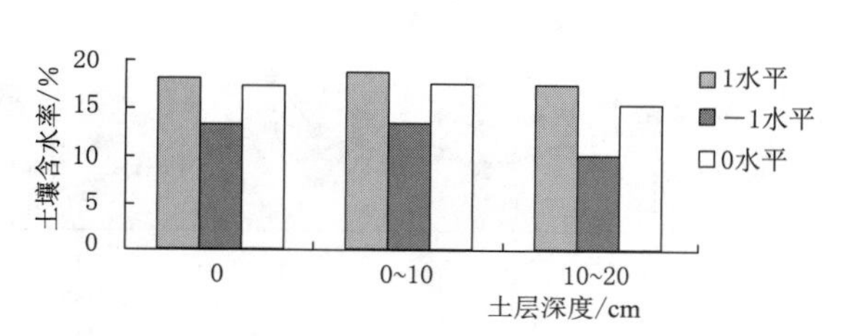


图 4.16　现蕾期不同灌水量土壤水分空间变化

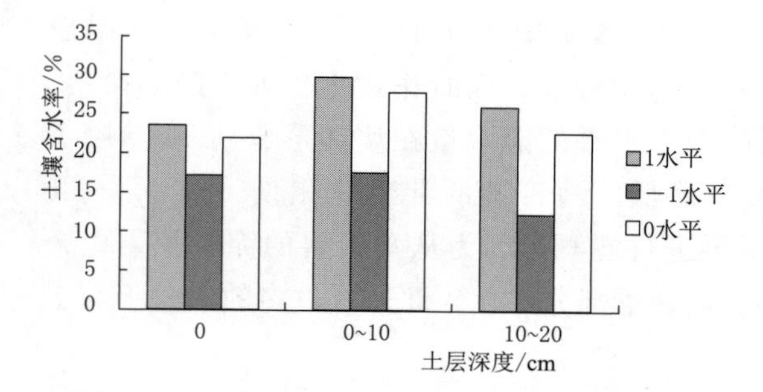


图 4.17　开花期不同灌水量土壤水分空间变化

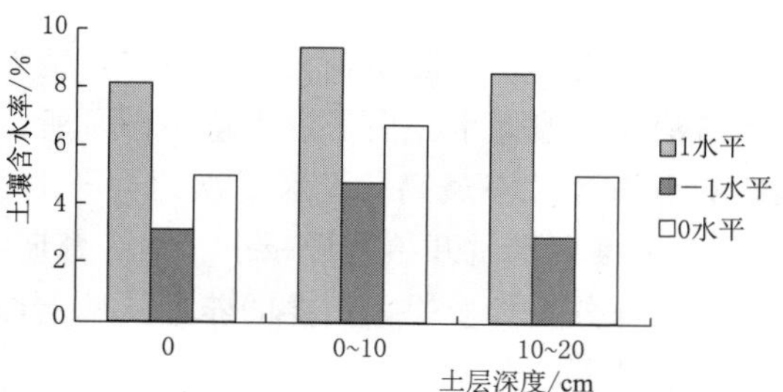


图 4.18　淀粉积累期不同灌水量土壤水分空间变化

### 4.5.3　马铃薯各生育阶段的耗水规律

根据水量平衡方程计算作物耗水量：

$$ET = P + K - (W_t - W_0) + M + WT \tag{4.22}$$

式中 $ET$——时段 $t$ 内的耗水量，mm；

$P$——时段 $t$ 内的降雨量，mm；

$K$——时段 $t$ 内的由地下水提供的水量，mm，由于试验田所在地下水埋得很深，故此处的 $K$ 值不参加计算；

$W_0$、$W_t$——初始阶段和某 $t$ 时段的土壤计划湿润层内的存水量，mm；

$M$——时段 $t$ 内的灌水量，mm；

$WT$——随土壤计划湿润层变化而变化的水量，mm。

由表4.11分析可知，马铃薯的耗水量比较大，耗水量随着生育期的变化而变化，总体上由苗期、现蕾期到开花期，耗水量不断增大。马铃薯不同阶段的耗水量、整个生育期的耗水量、耗水模系数均与灌水量有着密切联系。最后得到的马铃薯整个生育期内的耗水规律为：现蕾期＞开花期＞苗期。这一结论的主要原因：马铃薯在苗期时的气温还比较低，棵间蒸发和植株蒸腾作用都较小，植株耗水少，耗水模系数比较低，开花期是地上部分旺盛生长的阶段，植株的营养生长很旺盛，植株耗水就比较多，加上气温也逐渐升高，用来蒸腾和蒸发的水量也会增大。

**表4.11　不同灌水量下马铃薯各生育阶段的耗水量**

| 处理 | 苗期 | | 现蕾期 | | 开花期 | | 全生育期 |
|---|---|---|---|---|---|---|---|
| | 耗水量/mm | 模系数/% | 耗水量/mm | 模系数/% | 耗水量/mm | 模系数/% | 耗水量/mm |
| 1 | 20.1 | 18.0 | 32.63 | 29.3 | 58.72 | 52.7 | 111.45 |
| 2 | 19.6 | 21.4 | 24.66 | 26.9 | 47.38 | 51.7 | 91.64 |
| 3 | 25.1 | 23.1 | 34.37 | 31.6 | 49.29 | 45.3 | 108.76 |
| 4 | 17.1 | 22.6 | 25.85 | 34.2 | 32.72 | 43.2 | 75.67 |
| 5 | 23.9 | 20.8 | 39.05 | 34.0 | 51.83 | 45.2 | 114.78 |
| 6 | 21.8 | 17.1 | 40.45 | 31.7 | 65.30 | 51.2 | 127.55 |
| 7 | 24.3 | 21.4 | 34.87 | 30.7 | 54.33 | 47.9 | 113.5 |
| 8 | 18.9 | 19.6 | 33.93 | 35.2 | 43.65 | 45.2 | 96.48 |
| 9 | 14.9 | 16.9 | 30.47 | 34.6 | 42.62 | 48.4 | 87.99 |
| 10 | 21.1 | 16.0 | 42.72 | 32.4 | 67.84 | 51.5 | 131.66 |
| 11 | 23.6 | 16.9 | 45.87 | 32.8 | 70.37 | 50.3 | 139.84 |
| 12 | 24.6 | 18.1 | 45.44 | 33.5 | 65.69 | 48.4 | 135.73 |
| 13 | 16.3 | 14.5 | 36.94 | 32.8 | 59.48 | 52.8 | 112.72 |
| 14 | 22.1 | 20.3 | 36.27 | 33.4 | 50.32 | 46.3 | 108.69 |
| 15 | 18.4 | 20.4 | 28.43 | 31.6 | 43.25 | 48.0 | 90.08 |
| 16 | 16 | 17.4 | 30.45 | 33.1 | 45.54 | 49.5 | 91.99 |
| 17 | 23.3 | 17.4 | 44.28 | 33.1 | 66.31 | 49.5 | 133.89 |
| 18 | 20.3 | 18.6 | 38.32 | 35.1 | 50.47 | 46.3 | 109.09 |
| 19 | 18.2 | 20.4 | 26.34 | 29.5 | 44.60 | 50.0 | 89.14 |
| 20 | 21.1 | 20.3 | 30.46 | 29.4 | 52.16 | 50.3 | 103.72 |

续表

| 处理 | 苗　期 | | 现　蕾　期 | | 开　花　期 | | 全生育期耗水量/mm |
|---|---|---|---|---|---|---|---|
| | 耗水量/mm | 模系数/% | 耗水量/mm | 模系数/% | 耗水量/mm | 模系数/% | |
| 21 | 17.3 | 20.2 | 24.7 | 28.8 | 43.63 | 51.0 | 85.63 |
| 22 | 18.6 | 18.6 | 32.46 | 32.5 | 48.70 | 48.8 | 99.76 |
| 23 | 21.1 | 25.5 | 25.38 | 30.6 | 36.34 | 43.9 | 82.82 |
| 对照 | 15.73 | 17.4 | 30.59 | 33.9 | 43.85 | 48.6 | 90.17 |

## 4.6　水肥耦合对马铃薯养分吸收的影响

马铃薯收获后测得马铃薯块茎内的全氮、全磷、全钾的含量如表4.12所示。

表4.12　马铃薯块茎的氮、磷、钾含量

| 处理 | 全氮/(g/kg) | 全磷/(g/kg) | 全钾/(g/kg) | 处理 | 全氮/(g/kg) | 全磷/(g/kg) | 全钾/(g/kg) |
|---|---|---|---|---|---|---|---|
| 1 | 1.31 | 0.15 | 1.64 | 13 | 1.35 | 0.25 | 2.08 |
| 2 | 1.79 | 0.19 | 2.16 | 14 | 1.28 | 0.22 | 2.24 |
| 3 | 1.53 | 0.25 | 2.56 | 15 | 2.04 | 0.42 | 2.32 |
| 4 | 1.41 | 0.32 | 2.44 | 16 | 1.27 | 0.21 | 2.16 |
| 5 | 1.46 | 0.25 | 2.32 | 17 | 1.77 | 0.28 | 2.24 |
| 6 | 1.48 | 0.28 | 2.24 | 18 | 1.61 | 0.35 | 2.28 |
| 7 | 1.69 | 0.30 | 2.68 | 19 | 1.65 | 0.25 | 2.28 |
| 8 | 1.57 | 0.21 | 2.04 | 20 | 1.37 | 0.24 | 2.28 |
| 9 | 1.39 | 0.31 | 2.40 | 21 | 2.02 | 0.22 | 2.40 |
| 10 | 1.23 | 0.24 | 2.32 | 22 | 1.20 | 0.21 | 2.12 |
| 11 | 1.79 | 0.38 | 2.40 | 23 | 1.62 | 0.27 | 2.00 |
| 12 | 1.93 | 0.27 | 2.20 | 对照 | 1.15 | 0.19 | 1.84 |

### 4.6.1　水肥耦合对马铃薯氮吸收量的影响

#### 4.6.1.1　水肥耦合对马铃薯氮吸收量回归方程的建立

根据测得的马铃薯块茎的含氮量数据，通过回归得到四元二次回归方程，剔除不显著项，得到如下简化方程：

$$Y=1.527+0.073X_1-0.023X_2+0.107X_3+0.113X_4-0.017X_1^2-0.029X_2^2-0.014X_4^2+0.03X_1X_2+0.03X_1X_3 \tag{4.23}$$

#### 4.6.1.2　主效应分析

根据式(4.22)中的一次项系数绝对值大小判断得到各因子对马铃薯块茎氮吸收量的影响大小次序是：施钾量>施磷量>灌水量；一次项系数为负，说明过多的施用氮肥能够抑制马铃薯块茎对氮吸收量的影响，一次项系数为负，说明合理的增加灌水量和增施磷肥用量、钾肥用量能够促进马铃薯块茎对氮肥的吸收量。

#### 4.6.1.3 单因子对马铃薯氮吸收量的影响

同上应用降维法后得到的各因子效应方程分别如下：

灌水量：$$Y=1.527+0.073X_1-0.017X_1^2 \tag{4.24}$$

施氮量：$$Y=1.527-0.023X_2-0.029X_2^2 \tag{4.25}$$

施磷量：$$Y=1.527+0.107X_3 \tag{4.26}$$

施钾量：$$Y=1.527+0.113X_4-0.014X_4^2 \tag{4.27}$$

图 4.19 为单因子对马铃薯氮的吸收量的影响，由图 4.19 分析可知，在本试验的条件下，氮的吸收量随着施磷量和施钾量增加而增加。在中水平以下时，施钾量对氮的吸收量影响效应比其他因素大，但相差不大，而到中高水平和高水平时，施钾量对提高马铃薯氮吸收量显著大于其他因素，施磷量次之，施氮量最小，过多的氮肥抑制了马铃薯块茎对氮肥的吸收。综上所述，对于提高马铃薯块茎氮的吸收量来说应该提高施钾量和施磷量。

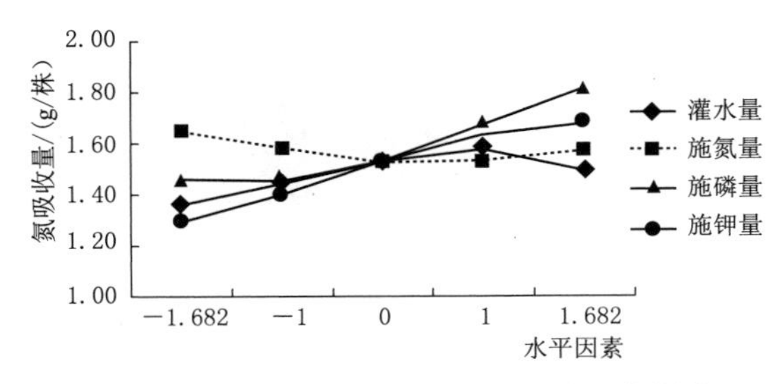


图 4.19 单因子对马铃薯氮的吸收量的影响

#### 4.6.1.4 两因素对马铃薯氮吸收量的影响

将回归方程通过降维分析法后得到两因子交互作用对马铃薯氮吸收量的影响，见式(4.27)、式(4.28)：

$$Y=1.53+0.07X_1-0.02X_2-0.02X_1^2-0.03X_2+0.03X_1X_2 \tag{4.28}$$

$$Y=1.53+0.07X_1+0.11X_3-0.02X_1^2+0.03X_1X_3 \tag{4.29}$$

1. 灌水量和施氮量对马铃薯氮吸收量的影响

根据图 4.20 中可知，当灌水量处于中低水平时，施用较少的氮肥能够促进马铃薯块茎对氮肥的吸收，但是过多的施用氮肥会抑制马铃薯块茎对氮肥的吸收；在较高水平的灌水量时，马铃薯块茎对氮肥的吸收量会随着施氮量的逐渐增加而增大。这可能是由于灌水量较低时，不利于作物植株的生长发育，导致吸氮量随之减少。当施氮量处于中低水平以下时，马铃薯块茎对氮肥的吸收量逐渐增加，但是变化趋势比较缓慢，当施氮量处于较高水平时，马铃薯块茎对氮肥的吸收会随着灌水量的逐渐增多而持续增大，而且变化趋势比较明显。当施氮量和灌水量都处于高水平时，马铃薯块茎对氮肥的最大吸收量为 1.61g/株。当灌水量处于最高水平、施氮量处于最低水平时，马铃薯块茎对氮肥的吸收量为 1.32g/株，与最大吸氮量相差 0.29g/株；当灌水量处于最低水平，施氮量处于最高水平时，马铃薯块茎对氮肥的吸收量为 1.13g/株，与最大吸氮量相差 0.48g/株。由此看来，只有合理地将水肥配合起来，才能促进马铃薯对氮量的吸收，任意增加其中一者的用量都不会增加马铃薯块茎对氮肥的吸收。

2. 灌水量与施磷量对马铃薯氮吸收量的影响

由图 4.21 知，当施磷量处于中低水平以下时，马铃薯块茎对氮的吸收量随着灌水量的增多表现出先增多后减少的规律，而且变化的幅度很小；当施磷量的水平增大到高水平时，马铃薯块茎对氮的吸收量逐渐增多，变化趋势较低水平的施磷量时的幅度有所增大。无论灌水量处于哪个水平，马铃薯块茎对氮的吸收量都随着施磷量的增加而逐渐增大。当灌水量和施磷量都处于最高水平时，马铃薯块茎对氮的吸收量为 1.94g/株，在最高水平的灌水量和最低水平的施磷量时，马铃薯块茎对氮的吸收量为 1.29g/株，这与水肥最高水平氮吸收量相差 0.65g/株，当灌水量处于最低水平，施磷量处于最高水平时，马铃薯块茎对氮的吸收量为 1.41g/株，这与水肥都处于最高水平的氮吸收量相差 0.53g/株。

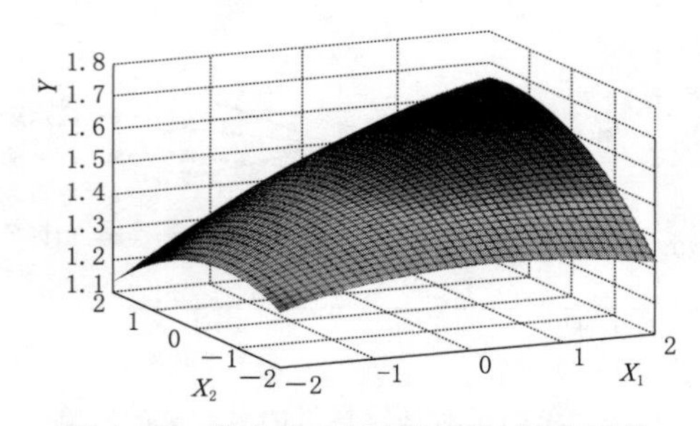


图 4.20 灌水量和施氮量对马铃薯氮的吸收量的影响

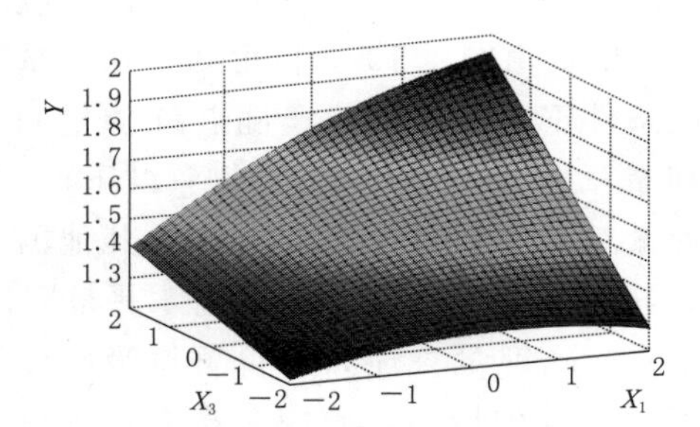


图 4.21 灌水量和施磷量对马铃薯氮的吸收量的影响

### 4.6.2 水肥耦合对马铃薯磷吸收量的影响

#### 4.6.2.1 水肥耦合对马铃薯磷吸收量回归方程的建立

根据测得的马铃薯块茎的含磷量数据，通过回归得到四元二次回归方程，剔除不显著项，得到如下简化方程：

$$Y=0.258-0.013X_1-0.025X_2-0.019X_4-0.014X_2^2-0.018X_3^2+0.016X_1X_2+0.014X_1X_3-0.016X_1X_4 \tag{4.30}$$

#### 4.6.2.2 主效应分析

经过降维分析处理之后，得到的各因子与马铃薯块茎磷吸收量之间的方程见式(4.31)～式(4.34)，根据方程中的一次项系数的绝对值大小可以判断出各因子对马铃薯块茎磷吸收量的影响大小顺序是：施氮量＞施钾量＞灌水量。

#### 4.6.2.3 单因子对马铃薯磷吸收量的影响

灌水量：
$$Y_1=0.258-0.013X_1 \tag{4.31}$$

施氮量：
$$Y_2=0.258-0.025X_2-0.014X_2^2 \tag{4.32}$$

施磷量：
$$Y_3=0.258-0.018X_3^2 \tag{4.33}$$

施钾量：
$$Y_4=0.258+0.019X_4 \tag{4.34}$$

由图 4.22 分析知，灌水量、施磷量、施氮量、施钾量四因素对马铃薯磷的吸收量为开口向下的抛物线，符合报酬递减规律。当各因素处于中低水平时，灌水量对马铃薯块茎磷吸收量的影响最大；处于中高水平以上时，施钾量对磷的吸收量影响效应最大。

#### 4.6.2.4 两因素对马铃薯磷吸收量的影响

$$Y=0.258-0.013X_1-0.025X_2-0.014X_2^2+0.016X_1X_2 \tag{4.35}$$

$$Y=0.258-0.013X_1-0.019X_4-0.016X_1X_4 \tag{4.36}$$

1. 灌水量和施氮量对马铃薯磷的吸收量的影响

由图 4.23 分析知，施氮量处于低水平时，马铃薯块茎对磷的吸收量随着灌水量水平的升高而逐渐减小；施氮量处于中高水平时，马铃薯块茎对磷的吸收量随着灌水量水平的升高而逐渐增大。无论灌水量处于哪个水平，随着施氮量水平的升高表现出先增多后减少的规律。从变化幅度来看，当施氮量处于某一固定水平，灌水量增加对马铃薯的磷吸收量的增长幅度高于施磷量对马铃薯的磷吸收量的影响。

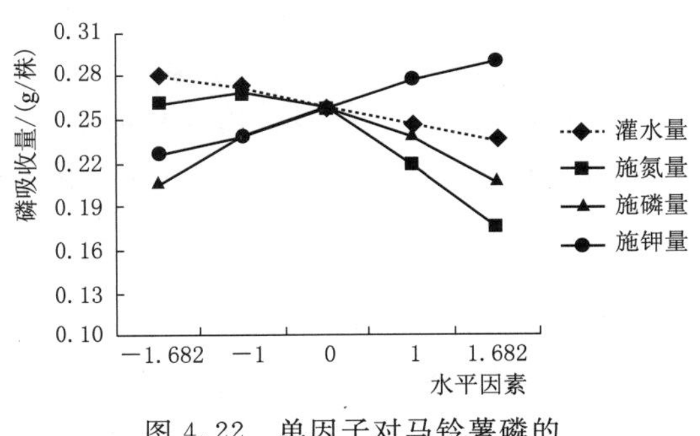


图 4.22 单因子对马铃薯磷的吸收量的影响

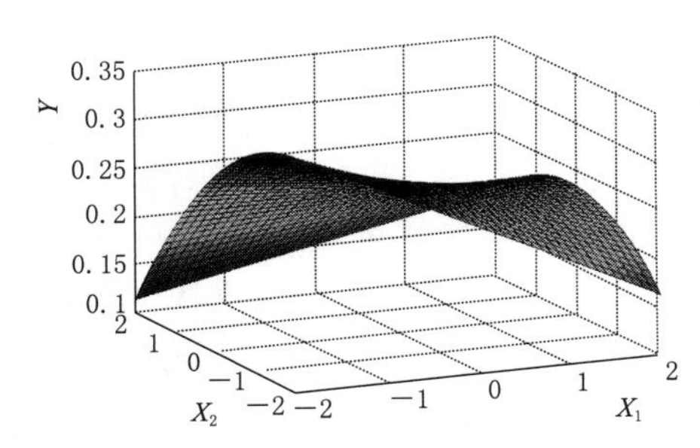


图 4.23 灌水量和施氮量对马铃薯磷的吸收量的影响

2. 灌水量和施钾量对马铃薯磷的吸收量的影响

如图 4.24 所示，灌水量处于中低水平时，施钾量水平的不断增大，马铃薯块茎对磷的吸收量就不断增多；相反当灌水量处于中高水平以上时，马铃薯块茎对磷的吸收量随着施钾量的增加而不断减小。同样，当施钾量处于中低水平以下时，马铃薯块茎对磷的吸收量随灌水量水平的增加而不断增多；施钾量处于中高水平以上时，马铃薯块茎对磷的吸收量随着灌水量的增加而减小。这表明不同的灌水量和施钾量，当两因素中任一因素处于低水平时，另一因素增加马铃薯对氮的吸收产生积极作用，当其中任一因素达到中高水平时，另一因素的增加将会抑制马铃薯块茎对氮的吸收。

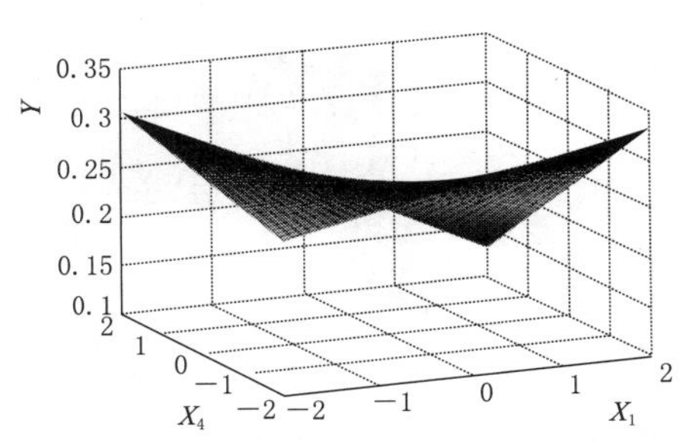


图 4.24 灌水量和施钾量对马铃薯磷的吸收量的影响

### 4.6.3 水肥耦合对马铃薯钾吸收量的影响

#### 4.6.3.1 水肥耦合对马铃薯钾的吸收量回归方程的建立与检验

根据测定的马铃薯钾的吸收量，建立回归方程，已剔除不显著项，简化方程如下：

$$Y=18.37+0.75X_1+0.35X_2+1.21X_3+0.56X_4-0.82X_1^2-0.48X_2^2-1.01X_3^2+0.29X_1X_2+0.28X_1X_3+0.28X_1X_4 \tag{4.37}$$

#### 4.6.3.2 主效应分析

根据方程中的一次项系数的绝对值可以得出各因子对马铃薯块茎钾吸收量的影响顺序

是：施磷量＞灌水量＞施钾量＞施氮量，交互效应中水氮耦合效应最大，灌水量和施磷量、施钾量两因子耦合效应次之。

#### 4.6.3.3　单因子对马铃薯钾吸收量的影响

灌水量：$$Y_1 = 18.37 + 0.75X_1 - 0.82X_2^2 \tag{4.38}$$

施氮量：$$Y_2 = 18.37 + 0.35X_2 - 0.48X_2^2 \tag{4.39}$$

施磷量：$$Y_3 = 18.37 + 1.21X_3 - 1.01X_3^2 \tag{4.40}$$

施钾量：$$Y_4 = 18.37 + 0.56X_4 \tag{4.41}$$

由图4.25分析，灌水量和施氮量对马铃薯的影响为线性正相关关系，施磷量和施钾量对马铃薯钾的吸收量为开口向下的抛物线，符合报酬递减规律。当各因子在中低水平时，施钾量对马铃薯块茎钾吸收量的影响最大，施磷量最小。当各因子在较高的水平时，施钾量对马铃薯块茎的影响仍然最大，施氮量、施磷量以及灌水量三因素对马铃薯块茎钾吸收量的影响比较接近，都在17.7g左右。

#### 4.6.3.4　两因子对马铃薯钾吸收量的影响

1. 灌水量与施氮量对马铃薯钾吸收量的影响

$$Y = 18.37 + 0.75X_1 + 0.35X_2 - 0.82X_1^2 - 0.48X_2^2 + 0.29X_1X_2 \tag{4.42}$$

由图4.26分析知，马铃薯块茎对钾的吸收量都随着施氮量的增加先增大后减小，随着灌水量水平的升高表现出先增多后减少的规律。两者间交互作用相似，中低水平以上时，两者间有着拮抗作用，当两因子达到一个协同作用点时，钾吸收量开始减小。马铃薯钾吸收量最高值为两水平达到中间水平时，为18.37g/株。

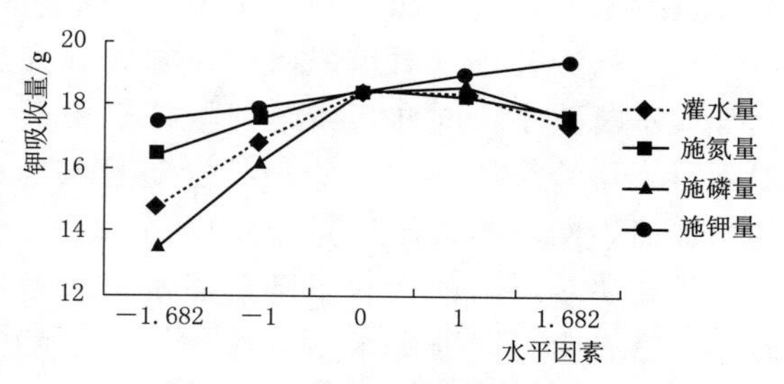


图4.25　单因子对马铃薯钾的吸收量的影响

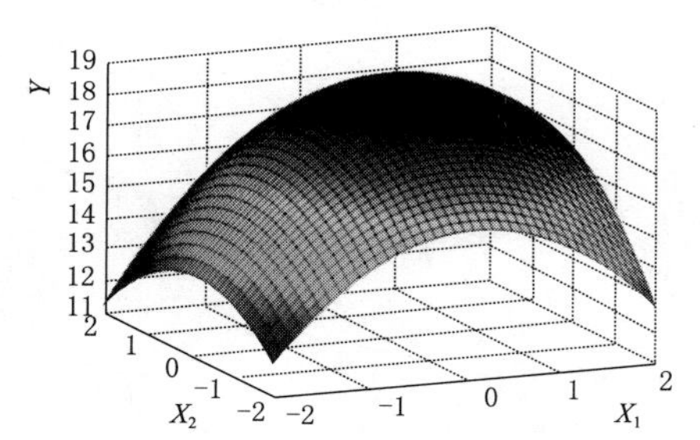


图4.26　灌水量和施氮量对马铃薯钾的吸收量的影响

2. 灌水量与施磷量对马铃薯钾吸收量的影响

$$Y = 18.37 + 0.75X_1 + 1.21X_3 - 0.82X_1^2 - 1.01X_3^2 + 0.28X_1X_3 \tag{4.43}$$

由图4.27分析知，不管灌水量和施磷量处于哪个水平，马铃薯块茎对钾的吸收量都会随着另一因素水平的升高表现出先增多后减少的规律。当灌水量和施磷量都处于中水平时，马铃薯块茎对钾的吸收量达到最大，最大值为18.37g/株。

3. 灌水量与施钾量对马铃薯钾吸收量的影响

$$Y = 18.37 + 0.75X_1 + 0.56X_4 - 0.82X_1^2 + 0.28X_1X_4 \tag{4.44}$$

由图4.28分析知，当施钾量处于任意水平时，马铃薯块茎对钾的吸收量随着灌水量水平的增加呈现先增加后降低的变化趋势，灌水量水平越高，钾吸收量的变化幅度就越大。当灌水量处于任意水平时，马铃薯块茎对钾的吸收量随着施钾量的增加而不断增多。当灌水量和施钾量处于中上水平时，马铃薯钾的吸收量最大为20.13g/株。灌水量处于低水平和施钾量处于高水平时，马铃薯的钾吸收量最小为13.37g/株。在试验条件下，高灌水量和中高施钾量能够有效提高作物钾的吸收量。

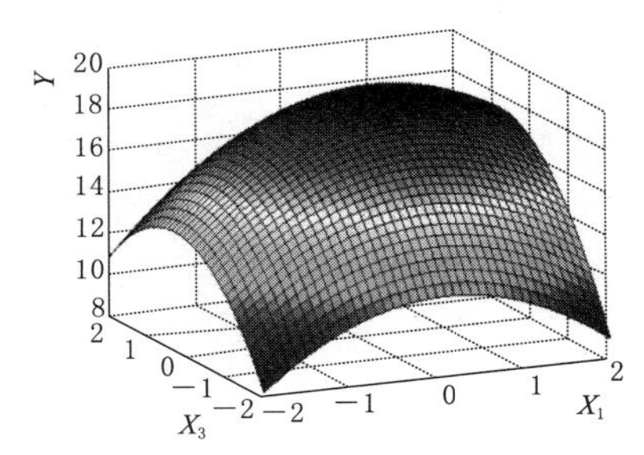


图4.27　灌水量和施磷量对马铃薯钾的吸收量的影响

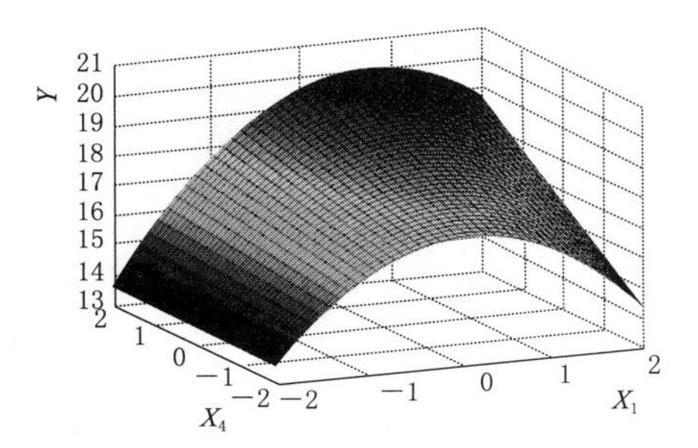


图4.28　灌水量和施钾量对马铃薯钾的吸收量的影响

# 第5章 宁夏旱区膜下滴灌水肥耦合对马铃薯生理指标与产量及品质和肥料利用率的影响

## 5.1 研究内容及试验方案

### 5.1.1 试验区概况

试验区位于宁夏中部干旱带典型地点，吴忠市同心县韦洲镇与下马关乡一带。试验区气象资料：该地区气候属于干旱半干旱的大陆性气候，常年降雨量极少，蒸发量却很大，全县平均降水量272.6mm；四季气候变化明显；日照时间比较长，多年平均日照3024h，太阳辐射强，无霜期180d左右，平均日较差为31.2℃。灾害性天气出现的次数比较多，例如沙尘暴、冰雹、干旱、霜灾等，对农民的生产影响很大。本地区的土壤中掺有砂砾，对土壤的化学性质分析后发现，该地区的土壤含有较丰富的氮、磷、钾等营养元素。

各年试验点具体情况有所不同。2012年马铃薯生育期从4月15至9月25日，期间降雨量为155.7mm，田间水面蒸发量为431.5mm；2013年马铃薯生育期从5月3日至9月25日，期间降雨量为203.8mm，田间水面蒸发量为698.7mm；2014年马铃薯生育期从5月5日至9月28日，期间降雨量为282.4mm，田间水面蒸发量为830.97mm。2015年马铃薯生育期从5月5日至9月28日，期间降雨量为139.5mm，田间水面蒸发量为1030.8mm。试验田土壤基本参数见表5.1。

表5.1　土壤基本参数表

| 年份 | pH值 | 全盐/(g/kg) | 有机质/(g/kg) | 碱解氮/(mg/kg) | 有效磷/(mg/kg) | 速效钾/(mg/kg) | 全氮/(g/kg) | 全磷/(g/kg) | 全钾/(g/kg) |
|---|---|---|---|---|---|---|---|---|---|
| 2012 | 8.09 | 0.13 | 5.68 | 25 | 5.0 | 140 | 0.47 | 0.55 | 16.2 |
| 2013 | 8.70 | 0.22 | 8.18 | 26 | 10.4 | 251 | 0.47 | 0.31 | 17.2 |
| 2014 | 8.47 | 1.68 | 5.34 | 44 | 6.6 | 119 | 0.43 | 0.47 | 18.7 |
| 2015 | 8.58 | 0.34 | 6.98 | 35 | 11 | 262 | 0.48 | 0.44 | 20.4 |

### 5.1.2 试验材料和试验方法

#### 5.1.2.1 试验材料

本试验对象选用品种为冀张薯8号的马铃薯，氮肥、磷肥、钾肥分别用尿素、过磷酸钙、硫酸钾来补充，尿素中氮含量为46%，过磷酸钙中磷含量为12%，硫酸钾中钾含量为50%，氮肥、磷肥为一次性基施，钾肥分两次施，30%的钾肥在苗期追施，其他肥料可以全部基施。

#### 5.1.2.2 试验方法

本系列大田实验室在盆栽试验的研究基础上，制定的研究方案，并且当年试验方案均参照上一年度试验研究结果进行设计，作者从 2013 年开始一直参与试验工作，2015 年为验证试验。

### 5.1.3 试验设计

#### 5.1.3.1 2012 年试验设计

大田膜下滴灌试验（同期进行了室内盆栽试验）以补水时期、补灌量、施氮量、施磷量、施钾量、种植密度为试验因素，选用六因素十水平的均匀设计，采用$U_{10}^{*}(10^{8})$均匀设计表，试验水平设计及实施方案见表 5.2，补水时期因素为拟水平因子，各水平见表 5.3，株距计算见表 5.4。

表 5.2 马铃薯室外大田试验水平设计及实施方案表

| 处理 | 因素 | | | | | |
|---|---|---|---|---|---|---|
| | $X_1$ | $X_2$ | $X_3$ | $X_4$ | $X_5$ | $X_6$ |
| | 补水时期 | 补灌量/(m³/亩) | 施氮量/(kg/亩) | 施磷量/(kg/亩) | 施钾量/(kg/亩) | 种植密度/(株/亩) |
| 1 | 1 | 2 (20) | 3 (7.5) | 5 (7.5) | 7 (17.5) | 10 (3400) |
| 2 | 2 | 4 (40) | 6 (15) | 10 (15) | 3 (7.5) | 9 (3200) |
| 3 | 3 | 6 (60) | 9 (22.5) | 4 (6) | 10 (25) | 8 (3000) |
| 4 | 4 | 8 (80) | 1 (2.5) | 9 (13.5) | 6 (15) | 7 (2800) |
| 5 | 5 | 10 (100) | 4 (10) | 3 (4.5) | 2 (5) | 6 (2600) |
| 6 | 6 | 1 (10) | 7 (17.5) | 8 (12) | 9 (22.5) | 5 (2400) |
| 7 | 7 | 3 (30) | 10 (25) | 2 (3) | 5 (12.5) | 4 (2200) |
| 8 | 8 | 5 (50) | 2 (5) | 7 (10.5) | 1 (2.5) | 3 (2000) |
| 9 | 9 | 7 (70) | 5 (12.5) | 1 (1.5) | 8 (20) | 2 (1800) |
| 10 | 10 | 9 (90) | 8 (20) | 6 (9) | 4 (10) | 1 (1600) |

表 5.3 补水时期因素水平表 %

| 设计水平号 | 苗期 | 现蕾期 | 开花期 | 盛花期 | 合计 |
|---|---|---|---|---|---|
| 1 | 50 | 25 | 25 | 0 | 100 |
| 2 | 50 | 25 | 0 | 25 | 100 |
| 3 | 25 | 50 | 25 | 0 | 100 |
| 4 | 25 | 25 | 50 | 0 | 100 |
| 5 | 25 | 25 | 25 | 25 | 100 |
| 6 | 25 | 0 | 50 | 25 | 100 |
| 7 | 25 | 0 | 25 | 50 | 100 |
| 8 | 0 | 50 | 25 | 25 | 100 |
| 9 | 0 | 25 | 50 | 25 | 100 |
| 10 | 0 | 25 | 25 | 50 | 100 |

表 5.4　各水平处理株距计算表

| 设计水平号 | 密度/（株/亩） | 株距/cm | 行距/cm | 每株面积/$m^2$ |
|---|---|---|---|---|
| 1 | 1600 | 83 | 50 | 0.42 |
| 2 | 1800 | 74 | 50 | 0.37 |
| 3 | 2000 | 67 | 50 | 0.33 |
| 4 | 2200 | 61 | 50 | 0.30 |
| 5 | 2400 | 56 | 50 | 0.28 |
| 6 | 2600 | 51 | 50 | 0.26 |
| 7 | 2800 | 48 | 50 | 0.24 |
| 8 | 3000 | 44 | 50 | 0.22 |
| 9 | 3200 | 42 | 50 | 0.21 |
| 10 | 3400 | 39 | 50 | 0.20 |

#### 5.1.3.2　2013 年试验设计

由于 2012 年大田试验因素过多，试验过程及试验处理均出现许多不确定因素，导致最终试验结果不够理想，根据大田试验与盆栽试验初步筛选并参照当地农民灌溉和种植经验，选定补水时间为 4，种植密度为 2021 株/亩。即补水时期为苗期和现蕾期各占灌溉定额的 25%；开花期占灌溉定额的 50%，株距为 55cm，行距为 60cm。

2013 年 4 月在宁夏中部干旱区同心县下马关镇五里墩村进行大田膜下滴灌方式的试验研究，以补灌量、施氮量、施磷量、施钾量为试验因素，选用四因素十水平的均匀设计，采用 $U_{10}^{*}$（$10^8$）均匀设计表，利用 DPS 软件优化试验方案（选中心化偏差 $CD=0.125812$ 的方案）。试验水平设计及实施方案见表 5.5，补水时期各水平见表 5.6。

试验地各小区面积均为 6m×6m，四周设保护行，小区间保护行为 1.0m 宽，外围保护行为 2.5m 宽。行距 60cm，水分控制为滴灌，在每垄上安装一条旁壁式滴灌带。

表 5.5　马铃薯室外大田试验水平设计及实施方案表

| 处理 | 因素 | | | |
|---|---|---|---|---|
| | $X_1$ | $X_2$ | $X_3$ | $X_4$ |
| | 补灌量/（$m^3$/亩） | 施氮量/（kg/亩） | 施磷量/（kg/亩） | 施钾量/（kg/亩） |
| 1 | 4（40） | 7（7） | 7（21） | 1（1） |
| 2 | 6（60） | 8（8） | 1（3） | 7（7） |
| 3 | 1（10） | 3（3） | 9（27） | 6（6） |
| 4 | 7（70） | 6（6） | 10（30） | 3（3） |
| 5 | 8（80） | 2（2） | 2（6） | 2（2） |
| 6 | 5（50） | 1（1） | 6（18） | 8（8） |
| 7 | 3（30） | 5（5） | 3（9） | 10（10） |

续表

| 处理 | 因素 | | | |
|---|---|---|---|---|
| | $X_1$ | $X_2$ | $X_3$ | $X_4$ |
| | 补灌量/（$m^3$/亩） | 施氮量/（kg/亩） | 施磷量/（kg/亩） | 施钾量/（kg/亩） |
| 8 | 2（20） | 10（10） | 4（12） | 4（4） |
| 9 | 9（90） | 9（9） | 8（24） | 9（9） |
| 10 | 10（100） | 4（4） | 5（15） | 5（5） |

**表 5.6　补水时期因素水平表**　%

| 设计水平号 | 苗期 | 现蕾期 | 开花期 | 盛花期 | 合计 |
|---|---|---|---|---|---|
| 1～10 | 25 | 25 | 50 | 0 | 100 |

### 5.1.3.3　2014 年试验设计

本年度试验设计方案是根据 2013 年试验分析进行了因素水平调整。

2014 年 4 月 29 日至 5 月 5 日，其中 4 月 30 日至 5 月 1 日整地施肥，5 月 2 日种植，3—4 日灌水。在宁夏中部干旱区同心县韦州镇久庄村进行大田滴灌方式的试验研究，以补灌量、施氮量、施磷量、施钾量为试验因素，选用四因素十水平的均匀设计，采用 $U_{10}(10^8)$ 均匀设计表，利用 DPS 软件优化试验方案（选中心中心化偏差 $CD=0.125812$ 的方案）。试验水平设计及实施方案见表 5.7，补水时期各水平见表 5.8。

试验地各小区面积均为 6m×5m，四周设保护行，小区间保护行为 1.0m 宽，外围保护行为 1.0～4.5m 宽。行距 60cm，水分控制为滴灌，在每垄上安装一条旁壁式滴灌带。

验证试验一组三个重复，正常试验共 10 个处理，每处理设三次重复。

**表 5.7　马铃薯室外大田试验水平设计及实施方案表**

| 处理 | 因素 | | | |
|---|---|---|---|---|
| | $X_1$ | $X_2$ | $X_3$ | $X_4$ |
| | 补灌量/（$m^3$/亩） | 施氮量/（kg/亩） | 施磷量/（kg/亩） | 施钾量/（kg/亩） |
| 1 | 2（20） | 3（6） | 9（18） | 2（2） |
| 2 | 8（80） | 2（4） | 2（4） | 9（9） |
| 3 | 10（100） | 4（8） | 5（10） | 3（3） |
| 4 | 5（50） | 1（2） | 7（14） | 5（5） |
| 5 | 4（40） | 9（18） | 1（2） | 4（4） |
| 6 | 3（30） | 8（16） | 6（12） | 10（10） |
| 7 | 1（10） | 5（10） | 3（6） | 7（7） |
| 8 | 7（70） | 7（14） | 4（8） | 1（1） |
| 9 | 6（60） | 6（12） | 10（20） | 8（8） |
| 10 | 9（90） | 10（20） | 8（16） | 6（6） |

表5.8 补灌时期因素水平表 %

| 设计水平号 | 苗期 | 现蕾期 | 开花期 | 盛花期 | 合计 |
|---|---|---|---|---|---|
| 1～10 | 25 | 25 | 50 | 0 | 100 |

#### 5.1.3.4 2015年验证试验设计

2015年开展验证试验，试验设计根据2013年和2014年试验分析结果及土壤基本参数，选用考虑了马铃薯产量与品质的水肥组合方案。

2015年4月26日至5月2日，其中4月27日至4月29日整地施肥，5月30日种，4月30日至5月1日灌水，在宁夏中部干旱区同心县下马关镇五里墩村进行大田滴灌方式的验证试验，单株补灌量见表5.9，试验实施方案见表5.10。

验证试验地5个小区面积均为20m×5m，四周设保护行，小区间保护行为1.0m宽，外围保护行为1.0～4.5m宽。水分控制为滴灌，在每垄上安装一条旁壁式滴灌带。补水时期各水平见表5.11。

表5.9 单株补水量

| 处理 | 补灌量/（$m^3$/亩） | 种植密度/（株/亩） | 每株补水量/（L/株） |
|---|---|---|---|
| 验证 | 55.38 | 2021 | 28.3 |

注 行距均设为60cm，株距55cm。

表5.10 马铃薯室外大田验证试验实施方案表

| 处理 | 因素 | | | | 预测结果 |
|---|---|---|---|---|---|
| | $X_1$ | $X_2$ | $X_3$ | $X_4$ | $Y$ |
| | 补灌量/（$m^3$/亩） | 施氮量/（kg/亩） | 磷肥用量/（kg/亩） | 硫酸钾肥施量/（kg/亩） | 理论预测产量/（kg/亩） |
| 1 | 55.38 | 11.54 | 9.10 | 5.44 | 3481.93 |

表5.11 补灌时期因素水平表 %

| 设计水平号 | 苗期 | 现蕾期 | 开花期 | 盛花期 | 合计 |
|---|---|---|---|---|---|
| 1 | 25 | 25 | 50 | 0 | 100 |

### 5.1.4 测定项目和方法

（1）生育期划分。按照马铃薯生长发育规律，马铃薯生育期划分为：苗期、现蕾期、开花期、块茎膨大期和成熟期。每年4月底5月初播种；6月7日至13日为苗期；7月5日至12日为现蕾期；7月12日至8月8日为花期；8月8日至28日为块茎膨大期；8月28日以后进入块茎成熟期；10月初测产收获；生育期大约150d。各时期记录以该期植株达到全部植株的75%以上。

（2）土壤养分。在播种之前和试验结束时测定土壤耕作层0～100cm土壤中的有机质、碱解氮、速效氮、磷、钾和全氮、全磷和全钾、土壤pH值。重铬酸钾容量法测定有机质，扩散法测定土壤碱解氮，碳酸氢钠法测定速效磷，火焰光度计测定速效钾钾，半微量开氏法测定全氮，电导率测定土壤全盐量。

(3) 马铃薯植株养分测定。马铃薯收获后，植株体烘干后，打碎，用以下方法测定地上和地下部分养分含量：植株 N：$H_2SO_4-H_2O_2$ 消煮——蒸馏法；植株 P：$H_2SO_4-H_2O_2$ 消煮——钒钼黄比色法；植株 K：$H_2SO_4-H_2O_2$ 消煮——火焰光度计法。

(4) 测取土壤含水率。从马铃薯播种前至马铃薯收获，每 10d 测点不同处理土壤含水率。分别取 0～20cm、20～40cm、40～60cm、60～80cm、80～100cm 土层土壤，采用烘干法测取各层土壤含水率，通过加权平均法计算整个土体含水率。

(5) 生长指标。测取出苗率；每 10 天测取株高、茎粗、叶面积。采用卷尺测量株高从地表到株高顶部的高度；使用游标卡尺测量在地表以上 3cm 处茎秆的直径；使用直尺测定马铃薯顶部以下标定叶片的长度和宽度，再通过马铃薯叶面积指数计算马铃薯叶面积。

(6) 叶绿素和光合指标。采用手持式 SPAD520 叶绿素测量仪，选择长势均匀一致的健壮植株，标记完全展开的主茎倒数第三片功能叶，每处理标记 3 株，选晴天进行净光合速率田间活体测定；通过 Li－6400 型便携式光合仪在自然光的工作模式下，测定标记叶片的净光合速率 $P_n$、蒸腾速率、气孔导度、胞间二氧化碳浓度，测定时间从9：00到17：00，每隔 2h 测定一次。

(7) 马铃薯产量。在马铃薯收获时，分别统计各处理单株产量、三株产量、小区产量，换算成亩均产量和公顷产量。

(8) 马铃薯根、茎、叶、块茎干物质。在马铃薯收获时，取各处理一颗植株根、茎、叶、块茎样本，置于烘箱于 105℃下杀青后，在温度 70℃下烘干 8h，称取根、茎、叶、块茎的重量。

(9) 淀粉含量。用碘比色法测定淀粉含量。

(10) 还原糖含量。用比色法测定还原糖含量。

(11) 肥料利用效率。根据马铃薯各小区的干物质比及马铃薯个小区产量及地上部分植株的重量，及各部分氮、磷、钾各养分含量，计算出马铃薯的氮、磷、钾养分吸收量。

氮（磷、钾）肥利用率[23]＝［施氮（磷、钾）区作物氮（磷、钾）吸收量－不施氮（磷、钾）区作物氮（磷、钾）吸收量］/施氮（磷、钾）区肥料养分氮（磷、钾）投入量×100％。

### 5.1.5 数据处理工具

采用 Microsoft Excel 2010 和 MATLAB 2010 进行数据的处理和图表绘制；统计分析采有 DPS. V13.50 数据分析软件。

## 5.2 水肥耦合对马铃薯叶绿素的影响

### 5.2.1 水肥条件对叶绿素的影响

#### 5.2.1.1 水肥耦合对马铃薯叶绿素的影响

1. 水肥因素变化与马铃薯叶绿素 SPAD 值变化趋势的相关性

试验从 2012 年开始，以马铃薯产量为目标，通过均匀设计逐年对氮、磷、钾设计施量进行调整，通过测定SPAD值，并通过横向分析3年试验补灌量、施氮量、施磷量、施钾量对马铃薯SPAD值的影响。按照补灌量为同一水平汇总2012年、2013年、2014年施氮量、施磷量、施钾量及相应的马铃薯叶绿素相对含量SPAD值，见表5.12。

**表5.12　年界马铃薯试验因素和叶绿素相对含量SPAD值**

| 处理 | 试验年份 | 补灌量 | 施氮量 | 施磷量 | 施钾量 | SPAD |
|---|---|---|---|---|---|---|
| 1 | 2012（1） | 10 | 17.5 | 12 | 22.5 | 48 |
| | 2013（2） | | 3 | 27 | 6 | 40.1 |
| | 2014（3） | | 10 | 6 | 7 | 43 |
| 2 | 2012（1） | 20 | 7.5 | 7.5 | 17.5 | 48.56 |
| | 2013（2） | | 10 | 12 | 4 | 42.46 |
| | 2014（3） | | 6 | 18 | 2 | 43.3 |
| 3 | 2012（1） | 30 | 25 | 3 | 12.5 | 49.84 |
| | 2013（2） | | 5 | 9 | 10 | 42.92 |
| | 2014（3） | | 16 | 12 | 10 | 42.38 |
| 4 | 2012（1） | 40 | 15 | 15 | 7.5 | 49.68 |
| | 2013（2） | | 7 | 21 | 1 | 42.57 |
| | 2014（3） | | 18 | 2 | 4 | 41.95 |
| 5 | 2012（1） | 50 | 5 | 10.5 | 2.5 | 45.92 |
| | 2013（2） | | 1 | 18 | 8 | 41.09 |
| | 2014（3） | | 2 | 14 | 5 | 43.6 |
| 6 | 2012（1） | 60 | 22.5 | 6 | 25 | 46.95 |
| | 2013（2） | | 8 | 3 | 7 | 39.55 |
| | 2014（3） | | 12 | 20 | 8 | 44.2 |
| 7 | 2012（1） | 70 | 12.5 | 1.5 | 20 | 44.11 |
| | 2013（2） | | 6 | 30 | 3 | 41.54 |
| | 2014（3） | | 14 | 8 | 1 | 42.49 |
| 8 | 2012（1） | 80 | 2.5 | 13.5 | 15 | 45.25 |
| | 2013（2） | | 2 | 6 | 2 | 40.77 |
| | 2014（3） | | 4 | 4 | 9 | 41.7 |
| 9 | 2012（1） | 90 | 20 | 9 | 10 | 49.91 |
| | 2013（2） | | 9 | 24 | 9 | 40.4 |
| | 2014（3） | | 20 | 16 | 6 | 41.94 |
| 10 | 2012（1） | 100 | 10 | 4.5 | 5 | 45.18 |
| | 2013（2） | | 4 | 15 | 5 | 40.84 |
| | 2014（3） | | 8 | 10 | 3 | 42.09 |

由表5.12可知，补灌量在10m³/亩、30m³/亩、40m³/亩、50m³/亩、60m³/亩、70m³/亩、80m³/亩、90m³/亩、100m³/亩时，3年的氮肥设计施量连线趋势与SPAD值变化趋势呈对应关系；补灌量在10m³/亩、40m³/亩、50m³/亩、70m³/亩、90m³/亩、100m³/亩时，3年的磷肥设计施量连线趋势与SPAD值变化趋势呈对应关系；补灌量在10m³/亩、20m³/亩、30m³/亩、40m³/亩、60m³/亩、70m³/亩、80m³/亩时，3年的钾肥设计施量连线趋势与SPAD值变化趋势呈对应关系。

经因子相关分析，补灌量、施氮量、施磷量、施钾量与SPAD值相关系数$r$分别为0.1890、0.5402、0.2808、0.5149，显著性$p$分别为0.3173、0.0021、0.0328、0.0036。因此施氮量、施磷量、施钾量的变化趋势与SPAD值的变化趋势具有显著相关性。

2. 2012年水肥耦合对马铃薯叶绿素的影响分析

(1) 马铃薯生育期叶绿素变化趋势。图5.1所示为2012年马铃薯生育期叶绿素的变化趋势。由图可知，马铃薯叶绿素相对含量从苗期到现蕾期再到盛花期的变化趋势均呈先降低后升高的趋势，从盛花期到成熟期呈降低的趋势。

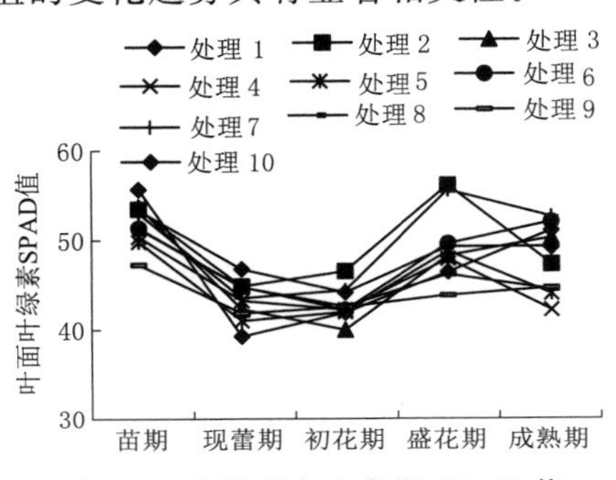

图5.1 马铃薯全生育期SPAD值

(2) 回归模型建立。通过对全生育期叶绿素相对含量数据加权平均，分析试验因素对全生育期叶绿素的影响，数据见表5.13。

**表5.13 试验水平及数据表**

| 水平 | 因素 | | | | | 叶绿素SPAD值 |
|---|---|---|---|---|---|---|
| | $X_1$ | $X_2$ | $X_3$ | $X_4$ | $X_5$ | |
| | 补灌量/(m³/亩) | 施氮量/(kg/亩) | 施磷量/(kg/亩) | 施钾量/(kg/亩) | 种植密度/(株/亩) | |
| 1 | 20 | 7.5 | 7.5 | 17.5 | 3400 | 48.56 |
| 2 | 40 | 15 | 15 | 7.5 | 3200 | 49.68 |
| 3 | 60 | 22.5 | 6 | 25 | 3000 | 46.95 |
| 4 | 80 | 2.5 | 13.5 | 15 | 2800 | 45.25 |
| 5 | 100 | 10 | 4.5 | 5 | 2600 | 45.18 |
| 6 | 10 | 17.5 | 12 | 22.5 | 2400 | 48.03 |
| 7 | 30 | 25 | 3 | 12.5 | 2200 | 49.84 |
| 8 | 50 | 5 | 10.5 | 2.5 | 2000 | 45.92 |
| 9 | 70 | 12.5 | 1.5 | 20 | 1800 | 44.11 |
| 10 | 90 | 20 | 9 | 10 | 1600 | 49.91 |

通过二次多项式逐步回归方法，建立叶绿素含量（$Y$）与补灌量（$X_1$）、施氮量（$X_2$）、施磷量（$X_3$）、施钾量（$X_4$）及种植密度（$X_5$）之间的回归模型：

$$Y=44.4513+0.0655X_1+0.1166X_2-0.0009X_1^2-0.0192X_4^2+0.0008X_1X_2-0.0006X_1X_3-0.00001X_1X_5+0.0001X_4X_5 \tag{5.1}$$

回归模型 $F=38714.6936$，$p=0.0039$（$P<0.05$），相关系数 $R^2=0.999997$，模型达到了显著性，能较好地反映目标函数与各因素之间的关系。

（3）主因子分析。根据回归模型一次系数判断单因素对目标函数的影响。由回归模型可知，施氮量对马铃薯叶绿素相对含量影响最大，其次是补灌量；施氮量、补灌量均对叶绿素相对含量产生正效应；其他因素对叶绿素相对含量影响不显著。

（4）因子交互作用分析。两因素交互作用对马铃薯叶绿素相对含量影响的次序是：$X_1X_2>X_1X_3>X_4X_5>X_1X_5$，$X_1X_2$、$X_4X_5$ 交互作用对叶绿素相对含量产生正效应，$X_1X_3$、$X_1X_5$ 交互作用对叶绿素相对含量产生负效应。

3. 2013年水肥耦合对马铃薯叶绿素的影响分析

（1）马铃薯生育期叶绿素变化趋势。图5.2所示为2013年马铃薯生育期叶绿素相对含量整个生育期不同处理的变化趋势。由图可知，在不同处理中，马铃薯叶绿素相对含量整体呈现从苗期到现蕾期降低、现蕾期到初花期升高、初花期到成熟期降低的趋势。

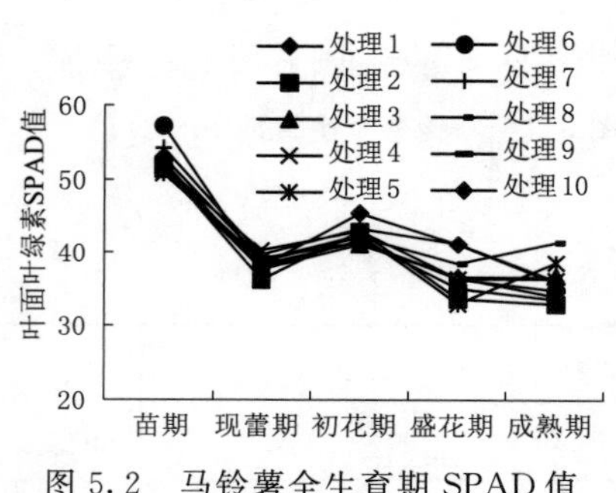


图5.2 马铃薯全生育期SPAD值

（2）回归模型建立。

根据2013年大田滴灌方式下以补灌量、施氮量、施磷量、施钾量为试验因素的不同水肥处理试验数据，分析不同水肥处理对马铃薯花期叶绿素的影响，数据见表5.14。

**表5.14　　试验水平及数据表**

| 水平 | 因素 | | | | 叶绿素SPAD值 |
|---|---|---|---|---|---|
| | $X_1$ | $X_2$ | $X_3$ | $X_4$ | |
| | 补灌量/(m³/hm²) | 施氮量/(kg/hm²) | 施磷量/(kg/hm²) | 施钾量/(kg/hm²) | |
| 1 | 600 | 105 | 315 | 15 | 42.57 |
| 2 | 900 | 120 | 45 | 105 | 39.55 |
| 3 | 150 | 45 | 405 | 90 | 40.71 |
| 4 | 1050 | 90 | 450 | 45 | 41.54 |
| 5 | 1200 | 30 | 90 | 30 | 40.77 |
| 6 | 750 | 15 | 270 | 120 | 41.09 |
| 7 | 450 | 75 | 135 | 150 | 42.92 |

续表

| 水平 | 因素 | | | | 叶绿素SPAD值 |
|---|---|---|---|---|---|
| | $X_1$ | $X_2$ | $X_3$ | $X_4$ | |
| | 补灌量/($m^3/hm^2$) | 施氮量/($kg/hm^2$) | 施磷量/($kg/hm^2$) | 施钾量/($kg/hm^2$) | |
| 8 | 300 | 150 | 180 | 60 | 42.46 |
| 9 | 1350 | 135 | 360 | 135 | 40.40 |
| 10 | 1500 | 60 | 225 | 75 | 40.84 |

通过二次多项式逐步回归方法，建立叶绿素含量（$Y$）与补灌量（$X_1$）、施氮量（$X_2$）、施磷量（$X_3$）及施钾量（$X_4$）之间的回归模型：

$$Y=40.6607+0.0023X_1+0.0093X_2+0.3443X_3-0.2593X_4-0.0002X_1^2-0.0136X_3^2+0.0381X_4^2+0.00001X_1X_2+0.0016X_1X_3+0.0042X_1X_4 \quad (5.2)$$

回归模型 $F=1147495.2720$，$p=0.0007$（$P<0.05$），相关系数 $R^2=0.999998$，模型达到了显著性，能较好地反映目标函数与各因素之间的关系。

(3) 主因子分析。根据回归模型一次系数判断单因素对目标函数的影响。由回归模型可知，补水量、施氮量、施磷量和施钾量对马铃薯叶绿素相对含量的影响均显著，影响次序为：$X_3>X_4>X_2>X_1$；除施钾量对叶绿素相对含量产生负效应，其他因素对叶绿素相对含量产生正效应。

(4) 因子交互作用分析。两因素交互作用对马铃薯叶绿素相对含量影响的次序是：$X_1X_4>X_1X_3>X_1X_4$，$X_1X_4$、$X_1X_3$、$X_1X_4$ 交互作用对叶绿素相对含量产生正效应，其他因素交互作用对叶绿素相对含量的影响不显著。

4. 2014年水肥耦合对马铃薯叶绿素的影响分析

(1) 马铃薯生育期叶绿素变化趋势。图5.3所示为2014年马铃薯生育期叶绿素相对含量整个生育期不同处理的变化趋势。由图可知，马铃薯叶绿素相对含量在苗期最高，最高值为56.4，在块茎成熟期最低，最低值为36.9。叶绿素SPAD值从苗期到现蕾期下降较快，从现蕾期到块茎成熟期逐渐平稳走低。

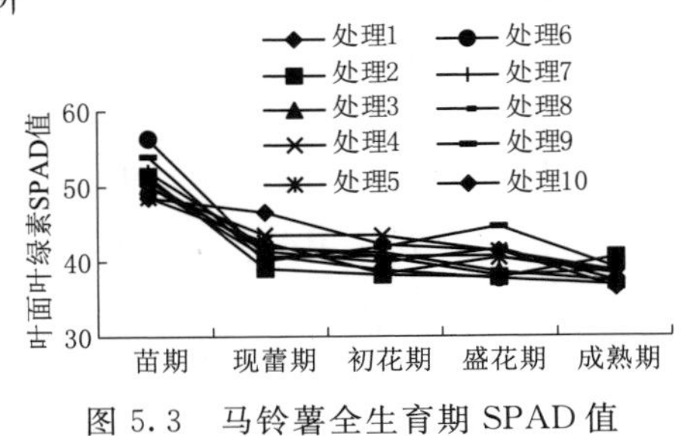


图5.3　马铃薯全生育期SPAD值

(2) 回归模型建立。通过对全生育期叶绿素相对含量数据加权平均，分析试验因素对全生育期叶绿素的影响，数据见表5.15。

通过多因子及平方项逐步回归和交互项回归方法，建立叶绿素含量（$Y$）与补灌量（$X_1$）、施氮量（$X_2$）、施磷量（$X_3$）及施钾量（$X_4$）之间的回归模型：

$$Y_1=38.4334+0.0447X_1+0.281X_2+0.316X_3+0.7563X_4-0.0005X_1^2-0.0148X_2^2-0.01319X_3^2-0.0663X_4^2 \quad (5.3)$$

$$Y_2=38.2067+0.0231X_1+0.2391X_2+0.267X_3+0.0022X_1X_3+0.0005X_1X_4+0.013X_2X_3-0.0224X_2X_4+0.0278X_3X_4 \quad (5.4)$$

回归模型，$F_1=2774.7334$，$p_1=0.0146$（$P<0.05$），$R_1^2=0.9998$；$F_2=20848.4297$，$p_2=0.0167$（$P<0.05$），$R_2^2=0.994$；模型达到了显著性，能较好地反映目标函数与各因素之间的关系。

**表5.15　　试验水平及数据表**

| 水平 | 因素 | | | | 叶绿素SPAD值 |
|---|---|---|---|---|---|
| | $X_1$ | $X_2$ | $X_3$ | $X_4$ | |
| | 补灌量/($m^3/hm^2$) | 施氮量/($kg/hm^2$) | 施磷量/($kg/hm^2$) | 施钾量/($kg/hm^2$) | |
| 1 | 300 | 90 | 270 | 30 | 43.30 |
| 2 | 1200 | 60 | 60 | 135 | 41.70 |
| 3 | 1500 | 120 | 150 | 45 | 42.09 |
| 4 | 750 | 30 | 210 | 75 | 43.60 |
| 5 | 600 | 270 | 30 | 60 | 41.95 |
| 6 | 450 | 240 | 180 | 150 | 42.38 |
| 7 | 150 | 150 | 90 | 105 | 43.04 |
| 8 | 1050 | 210 | 120 | 15 | 42.49 |
| 9 | 900 | 180 | 300 | 120 | 44.20 |
| 10 | 1350 | 300 | 240 | 90 | 41.94 |

（3）主因子分析。

根据回归模型 $Y_1$ 一次系数判断单因素对目标函数的影响。由回归模型可知，补灌量、施氮量、施磷量和施钾量对马铃薯叶绿素相对含量的影响均显著，影响次序为：$X_4>X_3>X_2>X_1$；各因素对叶绿素相对含量产生正效应；由二次项可知，各单因素对马铃薯叶绿素相对含量的影响呈开口向下的抛物线趋势，即马铃薯叶绿素相对含量随单因素增加呈现增加后减小的趋势，因此适当水肥管理对叶绿素含量很重要。

（4）因子交互作用分析。

根据回归模型 $Y_2$，两因素交互作用对马铃薯叶绿素相对含量影响的次序是：$X_3X_4>X_2X_4>X_1X_3>X_2X_3>X_1X_4$，$X_3X_4$、$X_1X_3$、$X_2X_3$、$X_1X_4$ 交互作用对叶绿素相对含量产生正效应，$X_2X_4$ 交互作用对叶绿素相对含量产生负效应，其他两因素交互作用对叶绿素相对含量的影响不显著。

5. 2015年水肥耦合对马铃薯叶绿素的影响分析

根据2015年马铃薯验证试验，马铃薯叶绿素整个生育期变化趋势如图5.4所示，叶绿素SPAD呈在苗期最高，随着生育期逐渐降低的趋势。SPAD最高值为54.5，最低为32；整个生育期SPAD平均为42。

2012—2015年马铃薯叶绿素变化规律呈现差异性，这主要受到地理环境和试验设计因素等条件的影响。2012年试验与2013年、2014年、2015年试验的较大差异是在盛花期至成熟期叶绿素相对含量依然较高，说明2012年马铃薯植株、叶片中叶绿素向马铃薯块茎及干物质同化物较少或速率较慢，一定程度上影响了水肥利用率。试验因素设计水平以马铃薯产量和淀粉含量为目标，逐年进行了调整，但试验因素存在对叶绿素 SPAD 值变化趋势的相关性及对 SPAD 值影响的显著性，表明合适的水肥条件可以有效地影响马铃薯叶绿素，通过影响叶绿素，改善马铃薯光合作用，加快同化物的转化和干物质的积累。

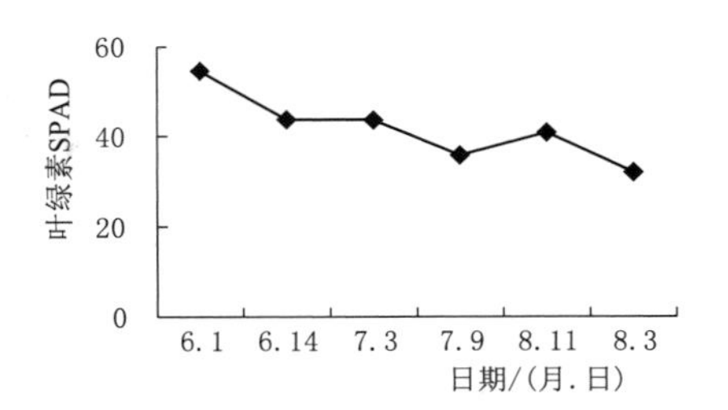

图 5.4 马铃薯全生育期 SPAD 值

6. 不同水肥条件对马铃薯叶绿素在开花期的影响

(1) 分析不同水肥条件在马铃薯开花期对叶绿素相对含量的影响，表 5.16 为 2013 年不同处理因素和马铃薯开花期叶绿素相对含量数据表。

**表 5.16　　试验水平及数据表**

| 水平 | 因素 | | | | 叶绿素 SPAD 值 |
|---|---|---|---|---|---|
| | $X_1$ | $X_2$ | $X_3$ | $X_4$ | |
| | 补灌量/($m^3/hm^2$) | 施氮量/($kg/hm^2$) | 施磷量/($kg/hm^2$) | 施钾量/($kg/hm^2$) | |
| 1 | 600 | 105 | 315 | 15 | 41.16 |
| 2 | 900 | 120 | 45 | 105 | 33.67 |
| 3 | 150 | 45 | 405 | 90 | 36.6 |
| 4 | 1050 | 90 | 450 | 45 | 36.37 |
| 5 | 1200 | 30 | 90 | 30 | 33.01 |
| 6 | 750 | 15 | 270 | 120 | 35.07 |
| 7 | 450 | 75 | 135 | 150 | 41.22 |
| 8 | 300 | 150 | 180 | 60 | 38.46 |
| 9 | 1350 | 135 | 360 | 135 | 36.33 |
| 10 | 1500 | 60 | 225 | 75 | 36.52 |

(2) 建立回归模型。通过二次多项式逐步回归方法，建立叶绿素含量 ($Y$) 与补灌量 ($X_1$)、施氮量 ($X_2$)、施磷量 ($X_3$) 及施钾量 ($X_4$) 之间的回归模型：

$$Y=18.6686+0.225X_1+4.0405X_2+0.7727X_3-0.0023X_1^2-0.3074X_2^2 -0.024X_3^2+0.003X_1X_4-0.0127X_2X_3 \tag{5.5}$$

回归模型 $F=73077.5641$，$p=0.0029$ ($P<0.05$)，相关系数 $R^2=0.999998$，模型达到了显著性，能较好地反映目标函数与各因素之间的关系。

(3) 主因子分析。采用降维法进行单因子效应分析，将其他因子固定在 0 水平，便可得出各单因子与叶绿素含量关系模型。当其他因子取 0 水平时，可得到偏回归的数学子模型方程如下：

$$Y=18.6686+0.225X_1-0.0023X_1^2 \quad (5.6)$$

$$Y=18.6686+4.0405X_2-0.3074X_2^2 \quad (5.7)$$

$$Y=18.6686+0.7727X_3-0.024X_3^2 \quad (5.8)$$

根据子模型，绘制各因素对叶绿素的影响趋势，如图5.5～图5.7所示。

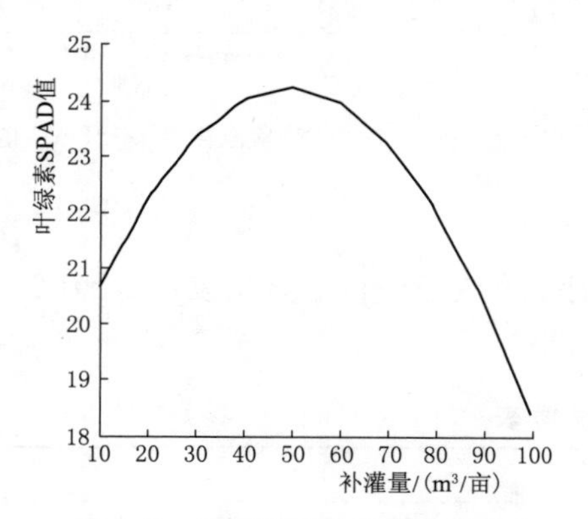


图5.5　补灌量对叶绿素的影响

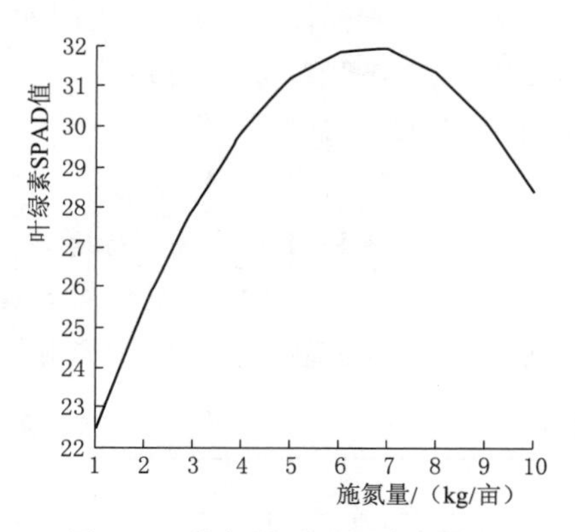


图5.6　施氮量对叶绿素的影响

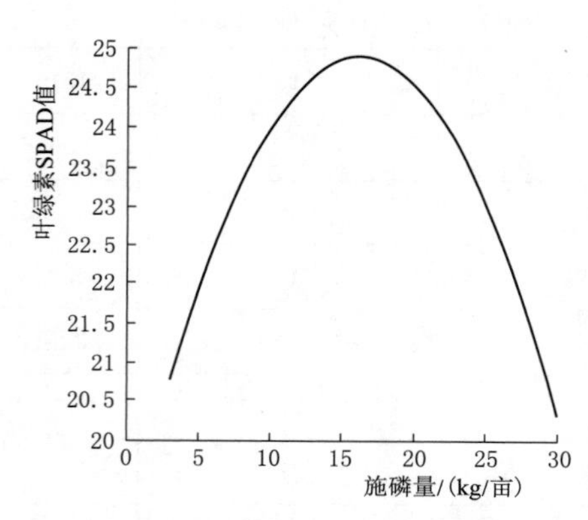


图5.7　施磷量对叶绿素的影响

由图5.5～图5.7可知，叶绿素随着补灌量、施氮量、施磷量的增加出现先增大后减小的趋势；这说明过多或过少的水肥都对叶绿素产生抑制作用，因此合理的水肥是促进马铃薯叶绿素的重要条件。

(4) 因子交互作用分析。

根据二次多项式逐步回归方程，采用降维法进行两因素交互作用对马铃薯叶绿素相对含量的影响分析。根据模型标准回归系数，判断两因素对叶绿素相对含量的影响次序。

补灌量与施钾量交互作用回归分析子模型：

$$Y=18.6686+0.225X_1-0.0023X_1^2+0.003X_1X_4 \quad (5.9)$$

由图5.8可知，施钾量同一水平，叶绿素相对含量随着补灌量的增加呈先增大后减小的趋势；补灌量同一水平，叶绿素相对含量随着施钾量的增加而增加，但变化没有补灌量的影响趋势明显。施钾量为150kg/hm²时，叶绿素相对含量最大值出现在补灌量为780m³/hm²。

施氮量与施磷量交互作用回归分析子模型：

$$Y=18.6686+4.0405X_2+0.7727X_3-0.3074X_2^2-0.0234X_3^2-0.0127X_2X_3 \quad (5.10)$$

由图5.9可知，施氮量同一水平，叶绿素相对含量随着施磷量的增加呈先增大后减小的趋势；施磷量同一水平，施氮量对叶绿素相对含量的影响趋势与施磷量的一样。施氮量为90kg/hm²、施磷量为210kg/hm²时，叶绿素相对含量存在最大。

根据二次多项式逐步回归模型，其他因素之间的交互效应对叶绿素含量影响不显著。由图5.8、图5.9相比较，施氮量与施磷量的交互效应叶绿素相对含量的影响大于补灌量与施钾量的交互效应的影响。

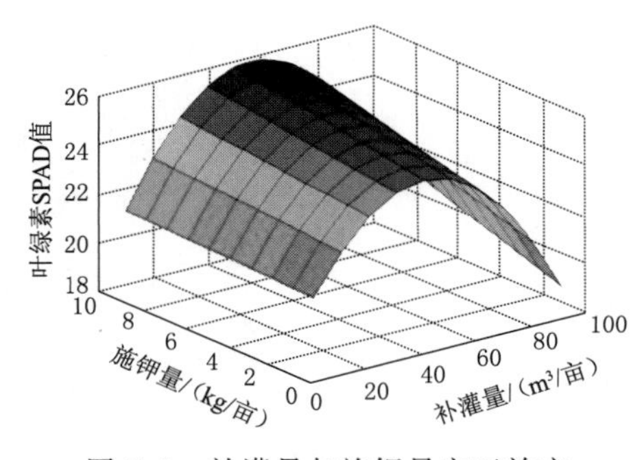

图 5.8　补灌量与施钾量交互效应

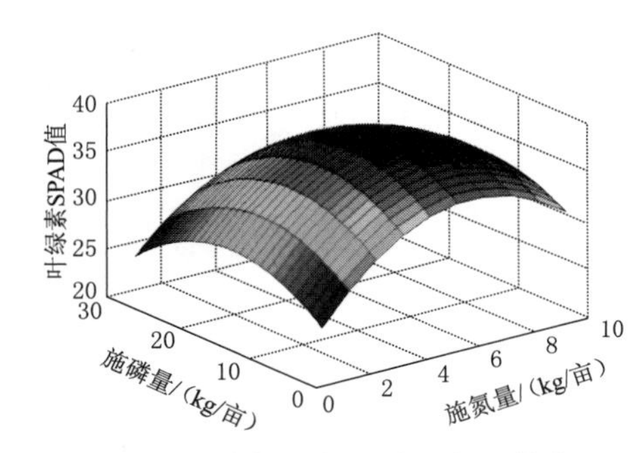

图 5.9　施氮量与施磷量交互效应

通过二次多项式逐步回归模型以马铃薯开花期叶绿素相对含量为目标，得出最优目标为 44.06，补灌量 840$m^3/hm^2$，施氮量、施磷量、施钾量分别为 93.55$kg/hm^2$、216.21$kg/hm^2$、150$kg/hm^2$。在开花期，单因素对马铃薯叶绿素相对含量的影响次序是：施氮量＞补灌量＞施磷量；施钾量在二次逐步回归模型中对叶绿素响度含量影响不显著；单因素对叶绿素相对含量的影响中，当施氮量、补灌量、施磷量分别达到 112.5$kg/hm^2$、750$m^3/hm^2$、228$kg/hm^2$时，叶绿素相对含量达到相应的最大值分别为 31.9、24.5、24.8；施氮量在开花期对叶绿素相对含量影响最大，同时单因素对叶绿素相对含量的影响没有各因素综合作用的影响大；因此针对马铃薯叶绿素相对含量的提高，施用水、氮磷钾肥的数量非常重要；低水、低肥对叶绿素相对含量缺乏水肥供给，但高水、高肥并不一定能提高叶绿素相对含量。两因素交互效应对马铃薯叶绿素相对含量的影响次序是：施氮量与施磷量的交互效应最大，其次是补灌量与施钾量的交互效应；其他两因素之间的交互效应对叶绿素相对含量在此时期的影响不显著。

## 5.3　水肥耦合对马铃薯光合作用的影响

### 5.3.1　水肥耦合对马铃薯净光合速率的影响

植物产量大部分来自植物的光合产物[24]，而光合过程受到人为活动及自然气候等诸多因素的综合影响。马铃薯块茎直接由光合产物转化[24]，因此通过研究灌水、施肥对马铃薯光合机制的影响，对提高产量及品质具有重要意义。

#### 5.3.1.1　马铃薯生育期净光合速率变化趋势

图 5.10 所示为 2014 年试验马铃薯盛花期净光合速率的日变化图。由图 5.10 可知，马铃薯叶面净光合速率在上午比下午快；诸多处理的净光合速率在 8：00 到 10：00 逐渐降低，部分处理逐渐升高；到中午，处理 1、处理 3、处理 9、处理 10、对照组、保护区的下降明显，而处理 5、处理 6 增高明显，其他处理逐渐降低。净光合速率从处理 1 到处理 10 均呈现出双峰曲线，部分处理存在“午睡”现象[25,26]，与存在“午睡”现象处理相比，部分处理的第二峰值在下午出现。

#### 5.3.1.2 水肥耦合作用下马铃薯净光合速率回归模型的建立

根据2014年试验数据，分析补灌量、施氮量、施磷量、施钾量对马铃薯开花期净光合速率的影响。根据图5.10，各处理的净光合速率在中午整体趋势出现较大差异，因此主要分析试验因素对中午时的净光合速率的影响。数据见表5.17。

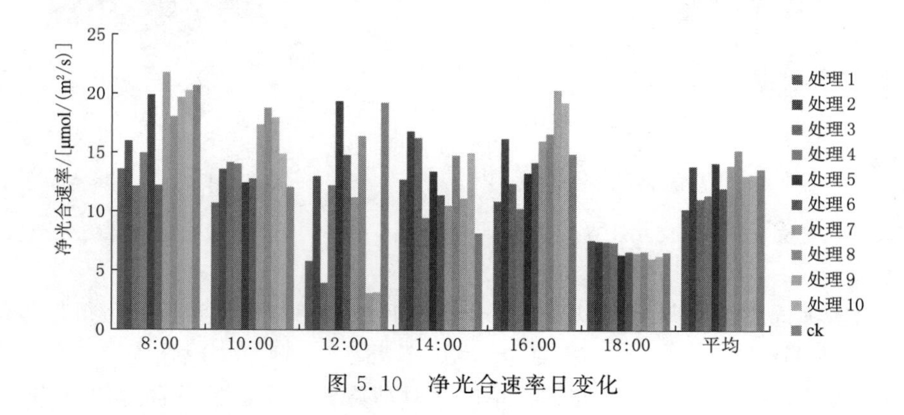


图5.10 净光合速率日变化

通过二次多项式逐步回归方法，建立补灌量（$X_1$）、施氮量（$X_2$）、施磷量（$X_3$）、施钾量（$X_4$）对净光合速率的模型。

$$Y=-0.7012+0.0342X_1+0.0152X_2+0.0729X_3+0.0425X_4 -0.00002X_1^2-0.0003X_3^2-0.0003X_4^2-0.00004X_1X_3 \quad (5.11)$$

回归模型 $F=378449.02$，$p=0.0013$（$P<0.01$），相关系数 $R^2=0.999991$，模型达到了极显著性，能够很好地反映目标函数与各因素之间的关系。

根据回归模型一次项系数判断单因素对净光合速率的影响次序为：施磷量>施钾量>补灌量>施氮量；两因素交互作用中，补灌量与施磷量对净光合速率产生负效应，其他因素之间对净光合速率的交互影响不显著。

表5.17 试验水平及数据表

| 水平 | 因素 | | | | 净光合速率[μmol/(m²/s)] |
|---|---|---|---|---|---|
| | $X_1$ | $X_2$ | $X_3$ | $X_4$ | |
| | 补灌量/(m³/hm²) | 施氮量/(kg/hm²) | 施磷量/(kg/hm²) | 施钾量/(kg/hm²) | |
| 1 | 300 | 90 | 270 | 30 | 5.7894 |
| 2 | 1200 | 60 | 60 | 135 | 13.0100 |
| 3 | 1500 | 120 | 150 | 45 | 3.9676 |
| 4 | 750 | 30 | 210 | 75 | 12.2279 |
| 5 | 600 | 270 | 30 | 60 | 19.3680 |
| 6 | 450 | 240 | 180 | 150 | 14.8113 |
| 7 | 150 | 150 | 90 | 105 | 11.2266 |
| 8 | 1050 | 210 | 120 | 15 | 16.4184 |
| 9 | 900 | 180 | 300 | 120 | 3.0962 |
| 10 | 1350 | 300 | 240 | 90 | 3.1617 |

#### 5.3.1.3 各单因素对净光合速率影响

通过降维法，建立单因素对净光合速率的偏回归方程。各偏回归方程如下：

补灌量：$$Y=-0.7012+0.0342X_1-0.00002X_1^2 \tag{5.12}$$

施氮量：$$Y=-0.7012+0.0152X_2 \tag{5.13}$$

施磷量：$$Y=-0.7012+0.0729X_3-0.0003X_3^2 \tag{5.14}$$

施钾量：$$Y=-0.7012+0.0425X_4-0.0003X_4^2 \tag{5.15}$$

根据单因素偏回归方程，分析单因素对净光合速率的影响；各因素对净光合影响的趋势如图 5.11～图 5.14 所示。

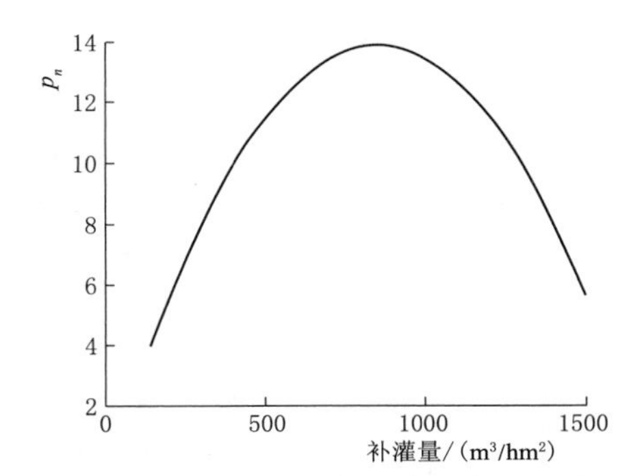


图 5.11 补灌量对净光合速率的影响

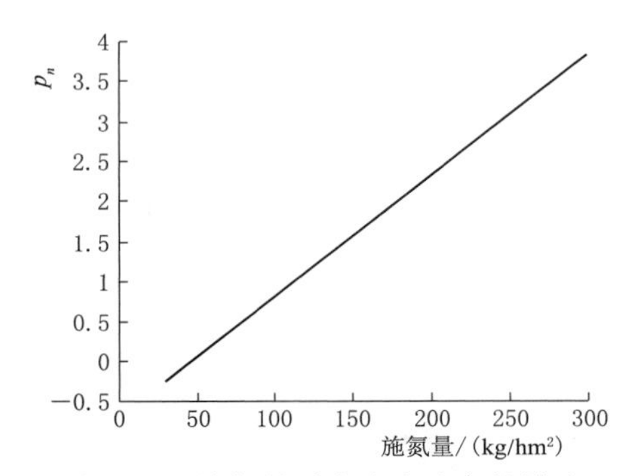


图 5.12 施氮量对净光合速率的影响

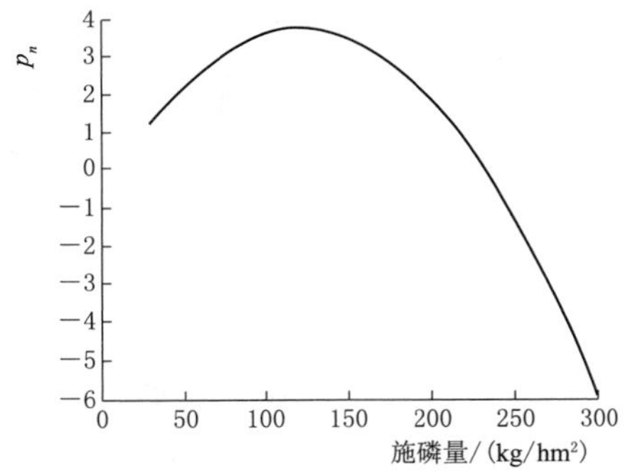


图 5.13 施磷量对净光合速率的影响

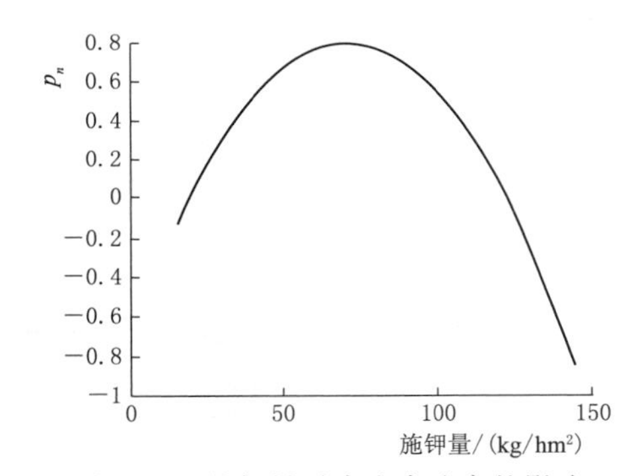


图 5.14 施钾量对净光合速率的影响

由图 5.11～图 5.14 可知，净光合速率分别随着补灌量、施磷量、施钾量的增加呈先增加后降低的趋势，说明补灌量、施磷量、施钾量对提高净光合速率有提高作用，但是过多水分、施磷量、施钾量，就会降低净光合速率；净光合速率随着施氮量增加而增加，这可能是四因素中施氮量对叶片叶绿素的影响最大，而叶片叶绿素对光合速率具有促进作用，因此在施氮量范围内净光合速率随着施氮量的增加而增加。

#### 5.3.1.4 交互作用对净光合速率影响

根据二次多项式逐步回归方程，采用降维法进行两因素交互作用对马铃薯净光合速率的影响分析，建立两因素与净光合速率的子模型：

$$Y=-0.7012+0.0342X_1+0.0729X_3-0.00002X_1^2-0.0003X_3^2-0.00004X_1X_3 \tag{5.16}$$

由图 5.15 可知，施磷量一定时，净光合速率随着补灌量的增加呈先增加后减小的趋势，补灌量为 750$m^3/hm^2$时，净光合速率最大；补灌量一定时，净光合速率在施磷量在 90～300$kg/hm^2$时随着施磷量增加而减小，施磷量在 30～90$kg/hm^2$时随施磷量增加而增加。

以净光合速率为最大目标，净光合速率为 21.37$\mu mol/(m^2/s)$ 时，较优的水肥组合是：补灌量为 770$m^3/hm^2$，施氮量、施磷量、施钾量分别为 300$kg/hm^2$、76.22$kg/hm^2$、73.27$kg/hm^2$。

### 5.3.2　水肥耦合对马铃薯蒸腾速率的影响

#### 5.3.2.1　马铃薯蒸腾速率变化趋势

图 5.16 所示为马铃薯开花期蒸腾速率的日变化趋势图。由图可知，马铃薯蒸腾速率在上午大于下午；在中午时各处理的蒸腾速率存在增大和降低两种趋势；趋势变化差异显著；中午之后各处理的蒸腾速率逐渐降低。

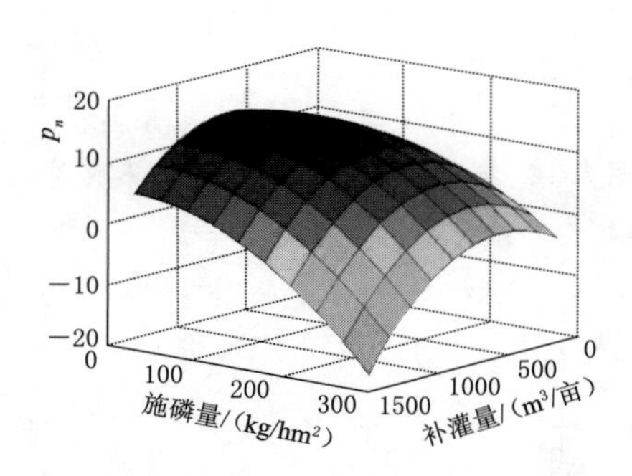


图 5.15　补灌量与施磷量的交互作用

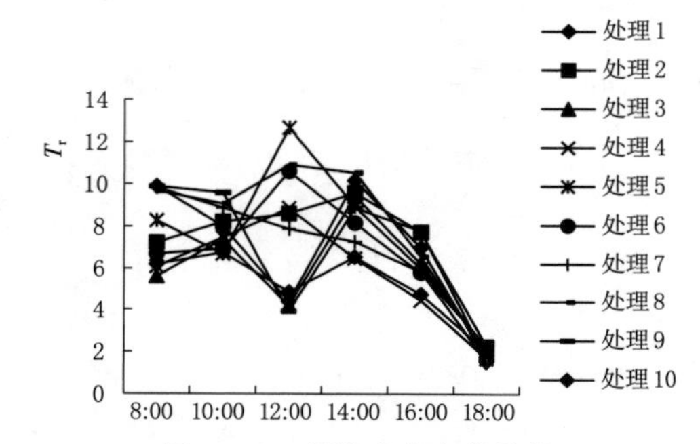


图 5.16　蒸腾速率变化趋势

#### 5.3.2.2　水肥耦合作用下马铃薯蒸腾速率回归模型的建立

根据 2014 年田间试验测取数据，建立水肥耦合模型，分析马铃薯开花期补灌量、施氮量、施磷量、施钾量对蒸腾速率的影响。目标数据是中午时分测取的蒸腾速率。具体数据见表 5.18。

**表 5.18　　大田试验实施方案及蒸腾速率数据表**

| 水平 | 因素 | | | | 蒸腾速率 (mmol/m²/s) |
|---|---|---|---|---|---|
| | $X_1$ | $X_2$ | $X_3$ | $X_4$ | |
| | 补灌量/ ($m^3/hm^2$) | 施氮量/ ($kg/hm^2$) | 施磷量/ ($kg/hm^2$) | 施钾量/ ($kg/hm^2$) | |
| 1 | 300 | 90 | 270 | 30 | 4.8463 |
| 2 | 1200 | 60 | 60 | 135 | 8.6059 |
| 3 | 1500 | 120 | 150 | 45 | 4.1728 |
| 4 | 750 | 30 | 210 | 75 | 8.8613 |
| 5 | 600 | 270 | 30 | 60 | 12.6722 |

续表

| 水平 | 因素 | | | | 蒸腾速率 (mmol/ $m^2$/s) |
|---|---|---|---|---|---|
| | $X_1$ | $X_2$ | $X_3$ | $X_4$ | |
| | 补灌量/ ($m^3/hm^2$) | 施氮量/ (kg/$hm^2$) | 施磷量/ (kg/$hm^2$) | 施钾量/ (kg/$hm^2$) | |
| 6 | 450 | 240 | 180 | 150 | 10.5921 |
| 7 | 150 | 150 | 90 | 105 | 7.8798 |
| 8 | 1050 | 210 | 120 | 15 | 10.9077 |
| 9 | 900 | 180 | 300 | 120 | 3.9044 |
| 10 | 1350 | 300 | 240 | 90 | 4.3715 |

使用二次逐步回归的方法，建立补灌量（$X_1$）、施氮量（$X_2$）、施磷量（$X_3$）、施钾量（$X_4$）与蒸腾速率（$Y$）的回归模型：

$$Y=2.4937+0.0168X_1+0.0047X_2+0.0409X_3-0.00001X_1^2+0.00003X_2^2-0.0002X_3^2-0.00001X_1X_3-0.00003X_2X_3 \quad (5.17)$$

回归模型 $F=644.3328$，$p=0.0305$（$P=0.05$），相关系数 $R^2=0.9991$，各因素对目标函数达到显著影响，明显能反映各因素与蒸腾速率之间的关系。

根据回归模型一次项系数可知，单因素对蒸腾速率的影响次序为：施磷量＞补灌量＞施氮量；施钾量对蒸腾速率的影响不显著。两因素交互作用对蒸腾速率的影响次序为：施氮量与施磷量＞补灌量与施磷量；其他因素之间的交互对蒸腾影响不显著。

#### 5.3.2.3 各单因子对蒸腾速率影响

利用二次多项式回归模型采用降维法进行单因素影响分析。将其他因素水平固定在零水平，便可得出反映各单因素对蒸腾速率影响的子模型。

补灌量：$$Y=2.4937+0.0168X_1-0.00001X_1^2 \quad (5.18)$$

施氮量：$$Y=2.4937+0.0047X_2+0.00003X_2^2 \quad (5.19)$$

施磷量：$$Y=2.4937+0.0409X_3-0.0002X_3^2 \quad (5.20)$$

根据子模型绘制各单因素对蒸腾速率影响的趋势图。

由图 5.17～图 5.19 可知，蒸腾速率分别随着补灌量、施磷量的增加呈先增加后降低的趋势，随施氮量的增加而增加。

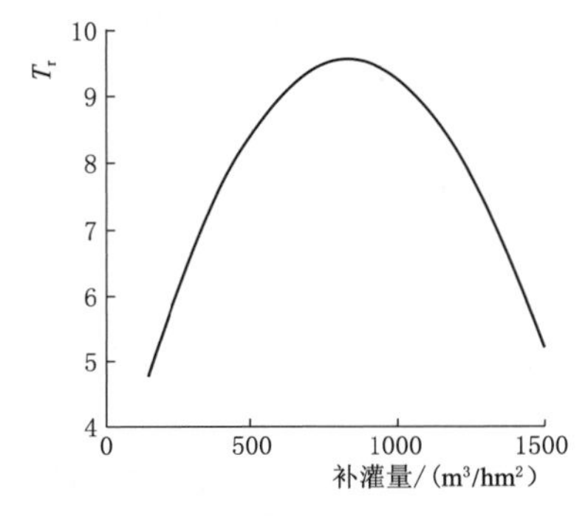


图 5.17 补灌量对蒸腾速率的影响

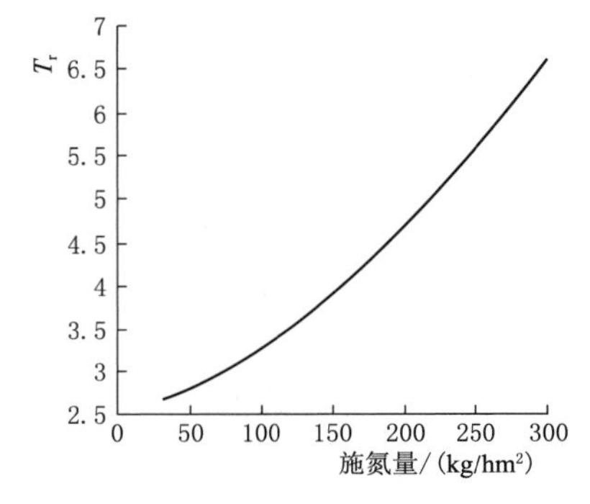


图 5.18 施氮量对蒸腾速率的影响

#### 5.3.2.4　交互作用对蒸腾速率影响

利用二次多项式回归模型采用降维法进行两因素影响分析。将其他因素水平固定在零水平，便可得出反映两因素对蒸腾速率影响的子模型。

交互作用回归分析子模型：

$$Y=2.4937+0.0168X_1+0.0409X_3-0.00001X_1^2-0.0002X_3^2-0.00001X_1X_3 \quad (5.21)$$

$$Y=2.4937+0.0047X_2+0.0409X_3+0.00003X_2^2-0.0002X_3^2-0.00003X_2X_3 \quad (5.22)$$

根据子模型，绘制两因素对蒸腾速率的影响趋势图，如图5.20和图5.21所示。

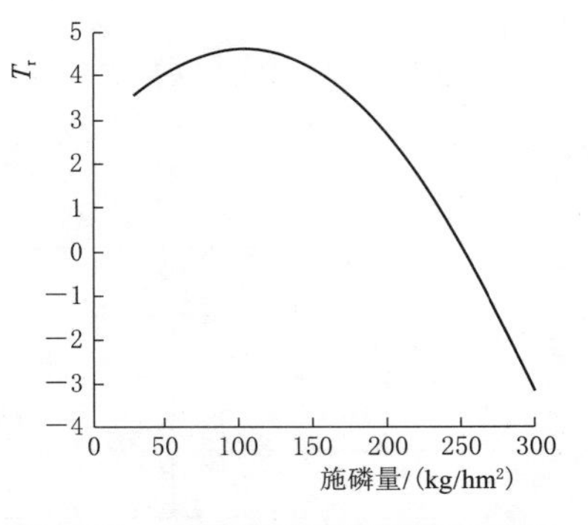


图5.19　施磷量对蒸腾速率的影响

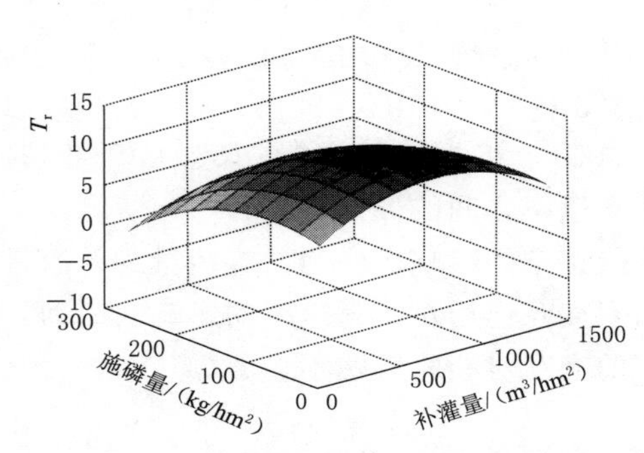


图5.20　补灌量与施磷量交互作用

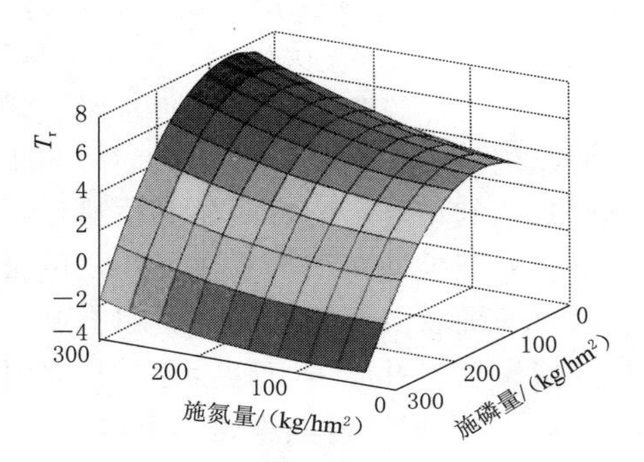


图5.21　施氮量与施磷量的交互作用

由图5.20可知，施磷量一定时，蒸腾速率随着补灌量的增加先增加后降低，补灌量为900m³/hm²时，蒸腾速率最大；补灌量一定时，蒸腾速率在施磷量在30～120kg/hm²时随着施磷量的增加而增加，施磷量在120～300kg/hm²时随着施磷量的增加而降低。

由图5.21可知，施氮量一定时，施磷量对蒸腾速率的影响趋势与补灌量一定时的影响趋势相似；施磷量一定时，蒸腾速率随着施氮量的增加而增加。施氮量、施磷量分别为300kg/hm²、120kg/hm²时，蒸腾速率最大。

以蒸腾速率为最大目标，较优的水肥组合是：补灌量为748.39m³/hm²，施氮量、施磷量、施钾量分别为300kg/hm²、72.55kg/hm²、36.29kg/hm²，相应的最大蒸腾速率为13.84mmol/(m²/s)。

### 5.3.3　水肥耦合对马铃薯气孔开度的影响

#### 5.3.3.1　马铃薯生育期气孔开度变化趋势

图5.22所示为马铃薯叶片从8：00到16：00的日变化趋势。由图可知，叶片气孔开度从8：00到18：00整体是降低的趋势，各处理在8：00的气孔开度最大，最大的是处理7；10：00到12：00，部分处理的气孔开度增加，部分处理依然降低；到14：00时，12：00降低处理的叶片气孔开度出现了增高的趋势；14：00后，各处理气孔开度均逐渐降低。

#### 5.3.3.2 水肥耦合作用下马铃薯气孔开度回归模型的建立

根据2014年大田滴灌方式下以补灌量、施氮量、施磷量、施钾量为试验因素的不同水肥处理试验数据，具体数据见表5.19，分析不同水肥处理对马铃薯花期气孔开度的影响。

表5.19 试验水平及数据表

| 水平 | 因素 | | | | 气孔导度/[mmol/(m²/s)] |
|---|---|---|---|---|---|
| | $X_1$ | $X_2$ | $X_3$ | $X_4$ | |
| | 补灌量/(m³/hm²) | 施氮量/(kg/hm²) | 施磷量/(kg/hm²) | 施钾量/(kg/hm²) | |
| 1 | 300 | 90 | 270 | 30 | 0.1154 |
| 2 | 1200 | 60 | 60 | 135 | 0.2169 |
| 3 | 1500 | 120 | 150 | 45 | 0.0815 |
| 4 | 750 | 30 | 210 | 75 | 0.1958 |
| 5 | 600 | 270 | 30 | 60 | 0.3048 |
| 6 | 450 | 240 | 180 | 150 | 0.2310 |
| 7 | 150 | 150 | 90 | 105 | 0.1538 |
| 8 | 1050 | 210 | 120 | 15 | 0.2278 |
| 9 | 900 | 180 | 300 | 120 | 0.0539 |
| 10 | 1350 | 300 | 240 | 90 | 0.0714 |

通过二次多项式逐步回归方法，建立气孔开度（$Y$）与补灌量（$X_1$）、施氮量（$X_2$）、施磷量（$X_3$）及施钾量（$X_4$）之间的回归模型：

$$Y=-0.013+0.0024X_3-0.000003X_3^2+0.0000023X_1X_2 -0.000002X_1X_3-0.000011X_2X_3+0.000012X_3X_4 \tag{5.23}$$

回归模型 $F=19.5918$，$p=0.0167$（$P<0.05$），相关系数 $R^2=0.961947$，模型达到了显著性，能较好地反映目标函数与各因素之间的关系。

根据回归方程各单因素的一次项分析因素主次成分，施磷量为主成分，其他单因素对气孔开度影响不显著。两因素交互作用对气孔开度的影响次序为：补灌量与施氮量>补灌量与施磷量>施磷量与施钾量>施氮量与施磷量；其中补灌量与施氮量、施磷量与施钾量对气孔开度产生正效应，补灌量与施磷量、施氮量与施磷量对气孔开度产生负效应。

#### 5.3.3.3 各单因子对气孔开度影响

按照气孔开度的二次逐步回归方程，采用降维的方法，建立单因素偏回归方程。

施磷量：
$$Y=-0.013+0.0024X_3-0.000003X_3^2 \tag{5.24}$$

根据施磷量与气孔开度的回归方程绘制趋势图，如图5.23所示。

由图5.23可知，气孔开度随着施磷量的增加而增加。

#### 5.3.3.4 交互作用对气孔开度影响

按照气孔开度的二次逐步回归方程，采用降维的方法，建立两因素回归方程。

补灌量与施氮量：
$$Y=-0.013+0.0000023X_1X_2 \tag{5.25}$$

补灌量与施磷量：$Y=-0.013+0.0024X_3-0.000003X_3^2-0.0000021X_1X_3$　(5.26)

施氮量与施磷量：$Y=-0.013+0.0024X_3-0.000003X_3^2-0.000011X_2X_3$　(5.27)

施磷量与施钾量：$Y=-0.013+0.0024X_3-0.000003X_3^2+0.000012X_3X_4$　(5.28)

根据两因素与气孔开度的回归方程，绘制交互作用对气孔开度的影响趋势图，如图5.24～图5.27所示。

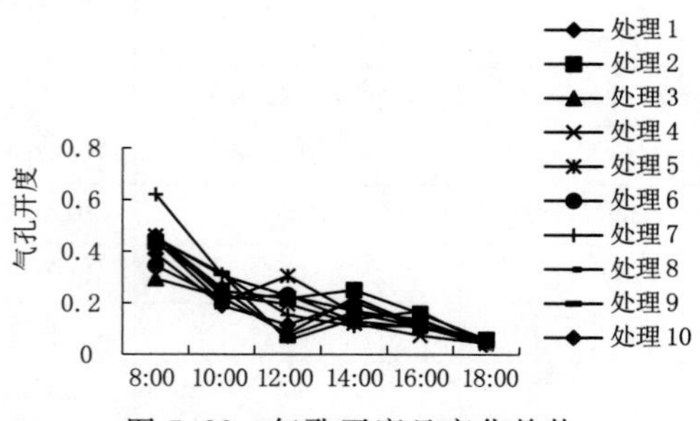


图5.22　气孔开度日变化趋势

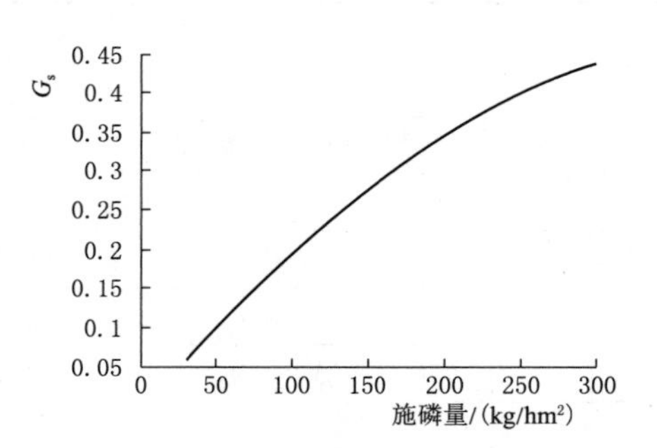


图5.23　施磷量对气孔开度的影响

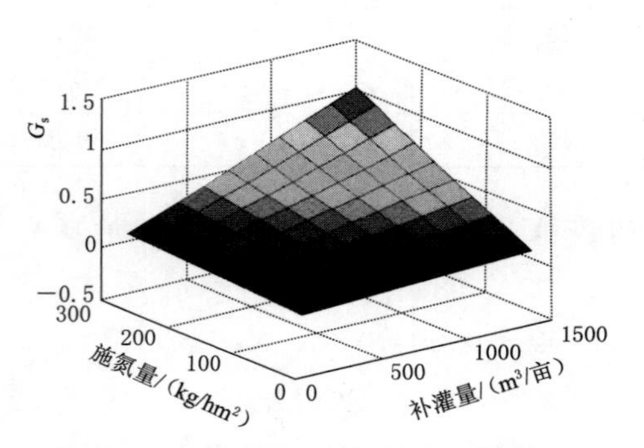


图5.24　补灌量与施氮量的交互作用

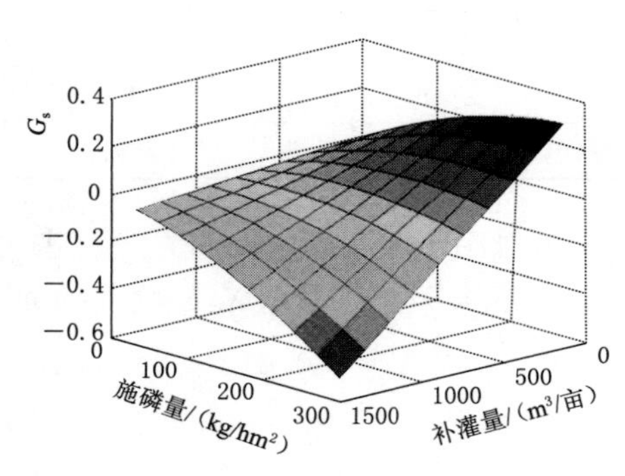


图5.25　补灌量与施磷量的交互作用

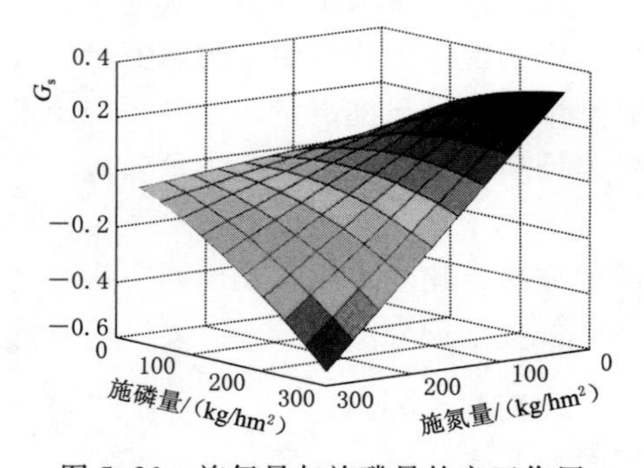


图5.26　施氮量与施磷量的交互作用

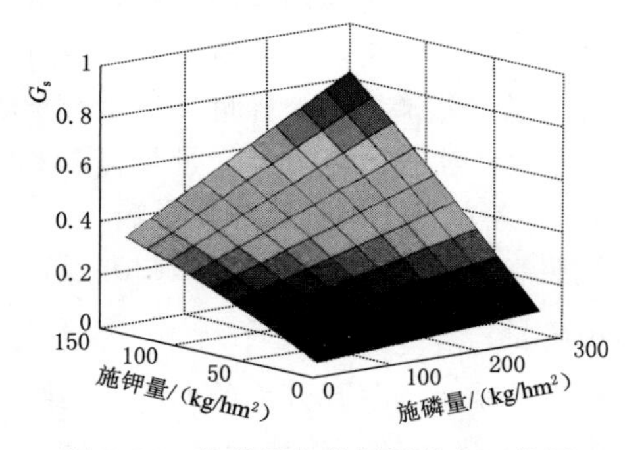


图5.27　施磷量与施钾量的交互作用

由图5.25～图5.27可知，施磷量一定时，气孔开度分别随着补灌量的增大而减小，随着施钾量的增加而增加；作物气孔开度主要受到光照、气温的影响，补灌量越多田间蒸发蒸腾量较大，可以降低田间气温和叶片叶面温度，因此在与施磷量交互作用中，补灌量越大气孔开度出现越小的变化趋势；与施磷量交互作用中，施氮量越多气孔开度也出现变小的趋势。由图 5.24 可知，补灌量与施氮量的交互对气孔开度产生正效应，气孔开度均随着补灌量或施氮量的增加而增加；这与施磷量与补灌量的交互中补灌量对气孔开度的影响是相反的；在施肥种类较多的情况下，水分与各类肥料之间的交互作用对气孔开度产生的影响具有差异性，因此综合考虑影响因素对作物各种目标指数的影响非常重要。

### 5.3.4 水肥耦合对马铃薯水分利用效率（*WUE*）的影响

水分利用效率是评价作物吸收利用水资源产生的目标数量的主要指标[27]。针对作物叶片、作物个体、作物群体，水分利用效益有不同的含义[28]；作物群体水分利用效率主要反映蒸发蒸腾量对作物干物质量或者产量的贡献；作物个体水分利用效率主要反映经过作物体内的水分对作物干物质量的影响；作物叶面水分利用效率是指作物消耗单位水分对作物生产单位数量同化物质的作用。

#### 5.3.4.1 马铃薯水分利用效率变化趋势

图 5.28 所示为马铃薯开花期各处理水分利用效率的日变化趋势图。由图可知，水分利用效率呈 V 字形；水分利用效率 8：00 到 12：00 整体降低，12：00 过后逐渐提高；16：00 过后，除保护区的水分利用效率降低外，其他处理的水分利用效率均高于 8：00 的。各处理在 12：00 的水分利用效率差异大于其他时间的。

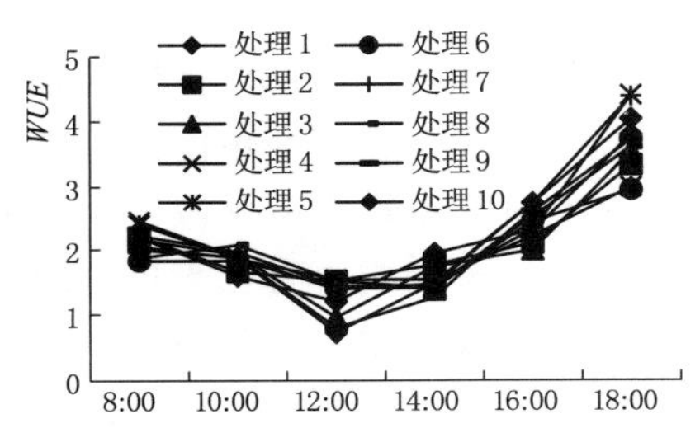


图 5.28 马铃薯水分利用效率日变化趋势图

#### 5.3.4.2 水肥耦合作用下马铃薯水分利用效率回归模型的建立

根据 2014 年大田滴灌方式下以补灌量、施氮量、施磷量、施钾量为试验因素的不同水肥处理试验数据，分析不同水肥处理对马铃薯花期水分利用效率的影响。水分利用效率（*WUE*）＝净光合速率（$P_n$）/蒸腾速率（$T_r$），数据见表 5.20。

表 5.20 试验水平及数据表

| 水平 | 因素 | | | | 水分利用效率 ($\mu$mol $CO_2$/mmol $H_2O$) |
|---|---|---|---|---|---|
| | $X_1$ | $X_2$ | $X_3$ | $X_4$ | |
| | 补灌量/（$m^3/hm^2$） | 施氮量/（$kg/hm^2$） | 施磷量/（$kg/hm^2$） | 施钾量/（$kg/hm^2$） | |
| 1 | 300 | 90 | 270 | 30 | 1.1946 |
| 2 | 1200 | 60 | 60 | 135 | 1.5118 |
| 3 | 1500 | 120 | 150 | 45 | 0.9508 |
| 4 | 750 | 30 | 210 | 75 | 1.3799 |
| 5 | 600 | 270 | 30 | 60 | 1.5284 |
| 6 | 450 | 240 | 180 | 150 | 1.3983 |
| 7 | 150 | 150 | 90 | 105 | 1.4247 |

续表

| 水平 | 因素 | | | | 水分利用效率（$\mu$mol $CO_2$/mmol $H_2O$） |
|---|---|---|---|---|---|
| | $X_1$ | $X_2$ | $X_3$ | $X_4$ | |
| | 补灌量/（$m^3/hm^2$） | 施氮量/（$kg/hm^2$） | 施磷量/（$kg/hm^2$） | 施钾量/（$kg/hm^2$） | |
| 8 | 1050 | 210 | 120 | 15 | 1.5052 |
| 9 | 900 | 180 | 300 | 120 | 0.7930 |
| 10 | 1350 | 300 | 240 | 90 | 0.7232 |

通过二次多项式逐步回归方法，建立水分利用效率（$Y$）与补灌量（$X_1$）、施氮量（$X_2$）、施磷量（$X_3$）及施钾量（$X_4$）之间的回归模型：

$$Y=1.181+0.001X_1+0.0036X_3-0.0000007X_1^2-0.00002X_3^2-0.0000021X_1X_3+0.000001X_1X_4+0.000003X_2X_3-0.000008X_2X_4 \quad (5.29)$$

回归模型 $F=38933.049$，$p=0.0039$（$P<0.05$），相关系数 $R^2=0.999986$，模型达到了显著性，能较好地反映目标函数与各因素之间的关系。

根据一次项系数判断单因素对水分利用效率主次成分可知，施磷量是水分利用效率的主要成分，补灌量次之；施氮量、施钾量对水分利用效率影响不显著。因子交互作用对水分利用下来的影响主要有补灌量分别与施磷量、施钾量的交互，施氮量分别与施磷量、施钾量的交互；因子交互作用的次序是：施氮量与施钾量>施氮量与施磷量>补灌量与施磷量>补灌量与施钾量。

#### 5.3.4.3　单因子对水分利用效率的影响

根据水分利用效率回归方程，通过降维法得出单因素与水分利用效率的偏回归方程。

补灌量：
$$Y=1.181+0.001X_1-0.0000007X_1^2 \quad (5.30)$$

施磷量：
$$Y=1.181+0.0036X_3-0.00002X_3^2 \quad (5.31)$$

根据偏回归方程绘制补灌量、施磷量对水分利用效率影响的趋势图，如图5.29、图5.30所示。

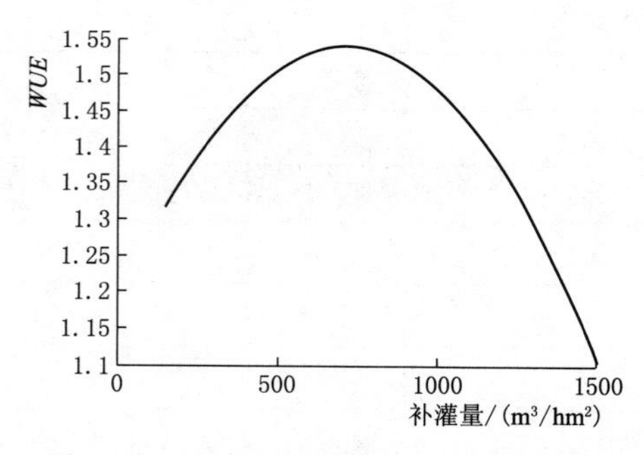


图5.29　补灌量对水分利用效率的影响

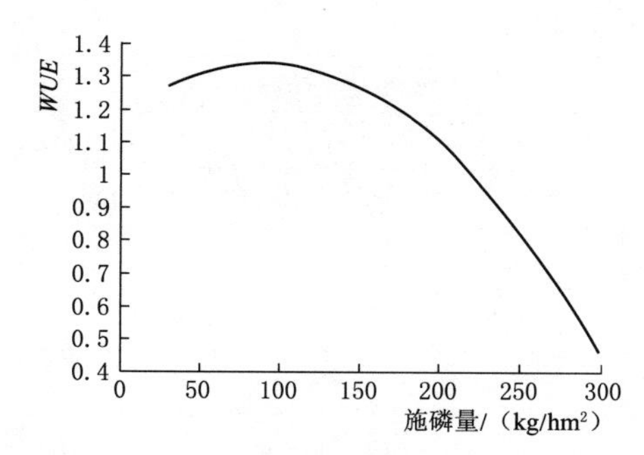


图5.30　施磷量对水分利用效率的影响

由图5.29可知，水分利用效率随着补灌量的增加呈先提高后降低的趋势。在充分灌溉条件下，作物蒸腾主要受到气候条件的影响；在节水灌溉或胁迫灌溉条件下，作物蒸腾受到作物根系土壤水分水力梯度、吸水力的影响，蒸腾速率会减小；因此在非充分灌溉的条件下马铃薯叶面的水分利用效率会提高；灌水量过多会导致作物蒸腾量增加，降低水分利用效率。由图 5.30 可知，水分利用效率随着施磷量的增加呈先提高后降低的趋势；施磷量在 30～90kg/hm$^2$ 范围内，对水分利用效率产生正效应，超过 90kg/hm$^2$ 后，对水分利用效率产生负效应。

#### 5.3.4.4 交互作用对水分利用效率的影响

利用水分利用效率回归模型，采用降维法建立两因素与水分利用效率的子模型，分析两因素交互作用对水分利用效率的影响。

$$Y=1.181+0.001X_1+0.0036X_3-0.0000007X_1^2-0.00002X_3^2-0.0000021X_1X_3 \tag{5.32}$$

$$Y=1.181+0.001X_1-0.0000007X_1^2+0.000001X_1X_4 \tag{5.33}$$

$$Y=1.181+0.0036X_3-0.00002X_3^2+0.000003X_2X_3 \tag{5.34}$$

$$Y=1.181-0.000008X_2X_4 \tag{5.35}$$

根据子模型绘制补灌量与施磷量、施钾量，施氮量与施磷量、施钾量的交互作用对水分利用效率的影响变化趋势，如图 5.31～图 5.34 所示。

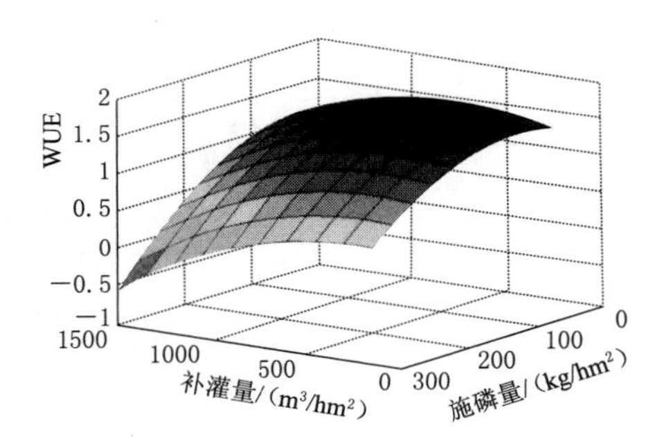


图 5.31 补灌量与施磷量的交互

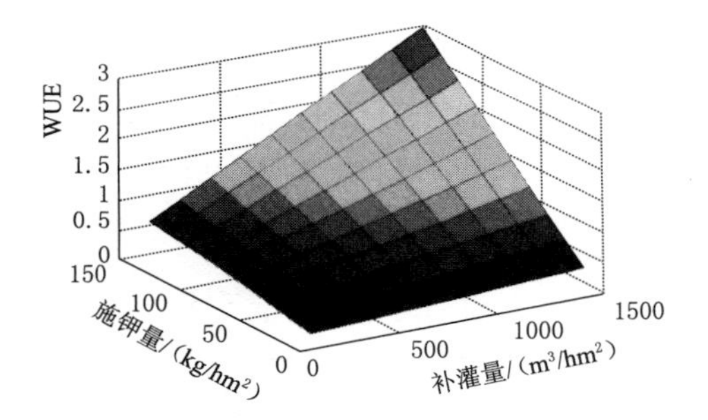


图 5.32 补灌量与施钾量的交互

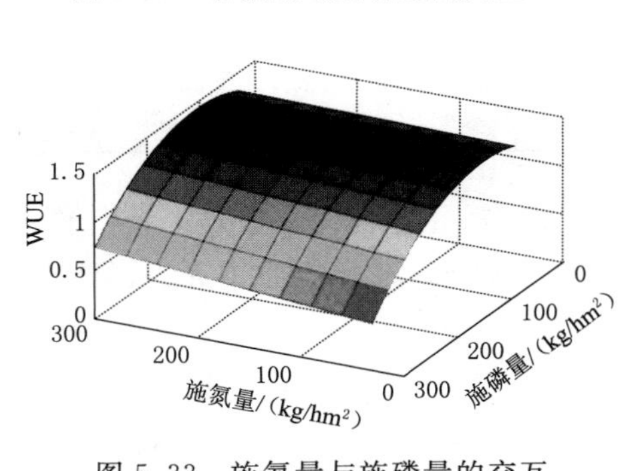


图 5.33 施氮量与施磷量的交互

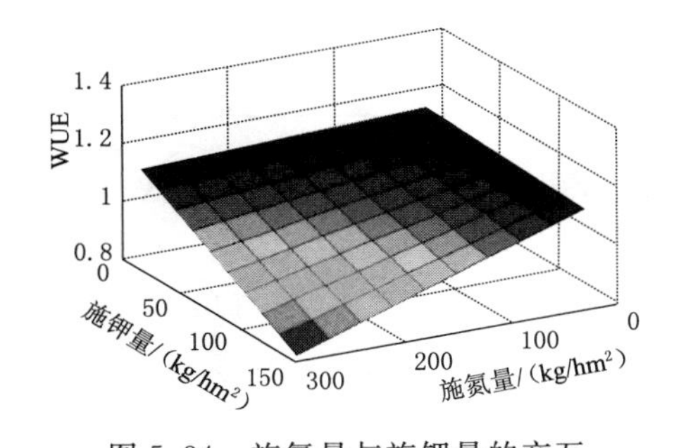


图 5.34 施氮量与施钾量的交互

由图 5.31 可知，施磷量在 30～210kg/hm$^2$时，水分利用效率随着补灌量的增加呈先提高后降低的趋势，超过 210kg/hm$^2$时，随着补灌量的增加而减小；补灌量一定时，水分利用效率随施磷量的增加呈先提高后降低的趋势。由图 5.32 可知在补灌量与施钾量交互时，水分利用效率随着补灌量或施钾量的增加均呈提高的趋势。由图5.33可知，施磷量一定时，施氮量对水分利用效率产生正效应，但变化趋势缓慢；施氮量一定时，施磷量对水分利用效率的影响呈开口向下的抛物线趋势，施磷量在90～180kg/hm$^2$的范围内，水分利用效率存在较高值。

## 5.4　水肥耦合对马铃薯产量和品质的影响

### 5.4.1　水肥耦合对马铃薯产量的影响

#### 5.4.1.1　试验产量结果与模型建立

1. 2012年产量结果与模型

2012年大田试验实施方案结果见表5.21。

**表5.21　　2012年大田试验实施方案及产量、商品薯重表**

| 处理 | 因素 | | | | | | 结果 | |
|---|---|---|---|---|---|---|---|---|
| | 补水时期 | 补灌量/(m$^3$/亩) | 施氮量/(kg/亩) | 施磷量/(kg/亩) | 施钾量/(kg/亩) | 种植密度/(株/亩) | 产量/kg | 商品薯重/kg |
| | $X_1$ | $X_2$ | $X_3$ | $X_4$ | $X_5$ | $X_6$ | $Y_1$ | $Y_2$ |
| 1 | 1 | 20 | 7.5 | 7.5 | 17.5 | 3400 | 3377.3 | 2568.8 |
| 2 | 2 | 40 | 15 | 15 | 7.5 | 3200 | 3552 | 2613.21 |
| 3 | 3 | 60 | 22.5 | 6 | 25 | 3000 | 3664 | 2799.89 |
| 4 | 4 | 80 | 2.5 | 13.5 | 15 | 2800 | 4103.9 | 3602.51 |
| 5 | 5 | 100 | 10 | 4.5 | 5 | 2600 | 3154.7 | 2744.56 |
| 6 | 6 | 10 | 17.5 | 12 | 22.5 | 2400 | 3432 | 2421.28 |
| 7 | 7 | 30 | 25 | 3 | 12.5 | 2200 | 2975.1 | 2283.23 |
| 8 | 8 | 50 | 5 | 10.5 | 2.5 | 2000 | 3546.7 | 3035.59 |
| 9 | 9 | 70 | 12.5 | 1.5 | 20 | 1800 | 2992.2 | 2726.01 |
| 10 | 10 | 90 | 20 | 9 | 10 | 1600 | 2448 | 1809.81 |

对试验结果采用偏最小二乘法进行两因变量的回归分析：建立分别以产量（$Y_1$）、商品薯重（$Y_2$）为因变量，补水时期（$X_1$）、补灌量（$X_2$）、氮肥施量（$X_3$）、磷肥施量（$X_4$）、钾肥施量（$X_5$）、种植密度（$X_6$）为自变量的回归模型。

$$\begin{aligned}Y_1=&3384.3936+21.0141X_1-0.0315X_2-39.7304X_3+15.707X_4-18.6024X_5\\&+0.1456X_6-2.7853X_1^2-0.0588X_2^2+0.7751X_3^2+0.9651X_4^2+0.2643X_5^2\\&-0.0001X_6^2-0.4346X_1X_2-1.5759X_1X_3-1.0043X_1X_4-0.5114X_1X_5\\&+0.0139X_1X_6-0.1153X_2X_3+0.2469X_2X_4+0.2234X_2X_5+0.0022X_2X_6\\&-1.4672X_3X_4+0.4678X_3X_5+0.0079X_3X_6-0.929X_4X_5+0.005X_4X_6\\&+0.0026X_5X_6\end{aligned}\tag{5.36}$$

$$Y_2=2703.6709+25.0812X_1-0.0881X_2-36.4474X_3+13.2835X_4-19.6426X_5+0.1637X_6-3.2122X_1^2-0.0536X_2^2+0.7385X_3^2+0.9385X_4^2+0.2954X_5^2-0.0001X_6^2-0.4649X_1X_2-1.6074X_1X_3-0.8909X_1X_4-0.4386X_1X_5+0.0161X_1X_6-0.1282X_2X_3+0.216X_2X_4+0.2002X_2X_5+0.0023X_2X_6-1.4008X_3X_4+0.4902X_3X_5+0.008X_3X_6-0.7883X_4X_5+0.0045X_4X_6+0.0022X_5X_6 \quad (5.37)$$

以上两个二次多项式回归模型的拟合效果，可从误差平方和表 5.22 中看出。

**表 5.22　数据标准化后模型误差平方和及决定系数**

| 潜变量个数 | 误差平方和 | | 决定系数 | | press 统计量 | |
|---|---|---|---|---|---|---|
| | $Y_1$ | $Y_2$ | $Y_1$ | $Y_2$ | $Y_1$ | $Y_2$ |
| 1 | 3.1316 | 3.6446 | 0.6520 | 0.5950 | 7.9048 | 8.0849 |
| 2 | 0.6812 | 2.2105 | 0.9243 | 0.7544 | 6.7818 | 8.2828 |

表 5.22 中显示出提取两个潜变量时，数据标准化后模型误差平方和下降为较小值，且产量的 press 统计量是下降的，而商品薯重的 press 统计量有略微上升，此时得到的相应组分时的模拟集合决定系数 $R^2$ 均为较大值，两个模型的拟合程度都较好，产量模型的决定系数 $R_1^2=0.92$，商品薯模型的决定系数 $R_2^2=0.75$，相比之下产量模型拟合程度比商品薯模型更好。

2. 2013 年产量结果与模型

2013 年大田试验实施方案结果见表 5.23。

**表 5.23　2013 年大田试验实施方案及产量表**

| 处理 | 因　素 | | | | 结　果 |
|---|---|---|---|---|---|
| | $X_1$ | $X_2$ | $X_3$ | $X_4$ | $Y$ |
| | 补灌量/(m³/亩) | 施氮量/(kg/亩) | 施磷量/(kg/亩) | 施钾量/(kg/亩) | 产量/(kg/亩) |
| 1 | 40 | 7 | 21 | 1 | 2782.54 |
| 2 | 60 | 8 | 3 | 7 | 2695.00 |
| 3 | 10 | 3 | 27 | 6 | 1684.35 |
| 4 | 70 | 6 | 30 | 3 | 2774.12 |
| 5 | 80 | 2 | 6 | 2 | 2142.49 |
| 6 | 50 | 1 | 18 | 8 | 2829.70 |
| 7 | 30 | 5 | 9 | 10 | 2159.33 |
| 8 | 20 | 10 | 12 | 4 | 1793.83 |
| 9 | 90 | 9 | 24 | 9 | 2863.39 |
| 10 | 100 | 4 | 15 | 5 | 3122.78 |

为便于分别分析单因素和交互作用对产量的影响，对试验结果采用多因子及平方项逐步回归、多因子及交互项逐步回归两种方法进行回归，分别建立产量（$Y$）与补灌量（$X_1$）、施氮量（$X_2$）、施磷量（$X_3$）、施钾量（$X_4$）之间的关系模型。

多因子及平方项逐步回归产量模型：

$$Y=-2039.0245+66.244X_1+377.7239X_2+167.3515X_3+356.9295X_4-0.4931X_1^2-32.5113X_2^2-4.6505X_3^2-30.1306X_4^2 \quad (5.38)$$

此模型的决定系数 $R^2=0.9642$，为进一步分析模型可靠性，对回归系数进行显著性 $T$ 检验，结果见表5.24。

**表5.24　回归系数 $T$ 检验结果（$t_{0.01}=2.896$，$t_{0.05}=1.860$，$t_{0.1}=1.397$）**

| 模型各项 | $X_1$ | $X_2$ | $X_3$ | $X_4$ | $X_1^2$ | $X_2^2$ | $X_3^2$ | $X_4^2$ |
|---|---|---|---|---|---|---|---|---|
| $T$ 检验 | 3.5143 | 2.0748 | 2.6767 | 1.8245 | 2.9008 | 2.0226 | 2.4914 | 1.7336 |

从表5.24中可以看出，一次项 $X_1$、$X_2$、$X_3$ 及二次项 $X_1^2$、$X_2^2$、$X_3^2$ 均达到了极显著水平，其他项也达到了较显著的水平，表明模型拟合性高且可靠。

多因子及交互项逐步回归产量模型：

$$Y=2613.7776-17.5512X_1-71.5263X_2+54.8315X_3+0.1195X_1X_2+5.7446X_1X_4+2.3774X_2X_3-12.2376X_2X_4-14.4214X_3X_4 \quad (5.39)$$

此模型的决定系数 $R^2=0.9991$，为进一步分析模型可靠性，对回归系数进行显著性 $T$ 检验，结果见表5.25。

**表5.25　模型各项回归系数 $T$ 检验结果（$t_{0.01}=2.896$，$t_{0.05}=1.860$，$t_{0.1}=1.397$）**

| 模型各项 | $X_1$ | $X_2$ | $X_3$ | $X_1X_2$ | $X_1X_4$ | $X_2X_3$ | $X_2X_4$ | $X_3X_4$ |
|---|---|---|---|---|---|---|---|---|
| $T$ 检验 | 22.7129 | 9.5574 | 19.1000 | 1.7464 | 56.5879 | 7.4298 | 12.0190 | 36.9611 |

从表5.25中可以看出，除 $X_1$、$X_2$ 项为较显著，其他项均达到了极显著水平，表明模型拟合性高且可靠，模型中没有出现的项为不显著项，逐步回归过程中被剔除模型。

3. 2014年大田试验结果与模型建立

2014年大田试验实施方案结果见表5.26。

**表5.26　2014年大田试验实施方案及产量表**

| 处理 | 因素 | | | | 结果 |
|---|---|---|---|---|---|
| | $X_1$ | $X_2$ | $X_3$ | $X_4$ | $Y_1$ |
| | 补灌量/（$m^3$/亩） | 施氮量/（kg/亩） | 施磷量/（kg/亩） | 施钾量/（kg/亩） | 产量/（kg/亩） |
| 1 | 20 | 6 | 18 | 2 | 1638.82 |
| 2 | 80 | 4 | 4 | 9 | 2556.02 |
| 3 | 100 | 8 | 10 | 3 | 2007.5 |
| 4 | 50 | 2 | 14 | 5 | 2792.14 |
| 5 | 40 | 18 | 2 | 4 | 2792.06 |
| 6 | 30 | 16 | 12 | 10 | 2223.31 |
| 7 | 10 | 10 | 6 | 7 | 1919.82 |
| 8 | 70 | 14 | 8 | 1 | 2953.92 |
| 9 | 60 | 12 | 20 | 8 | 2654.93 |
| 10 | 90 | 20 | 16 | 6 | 1753.47 |

为便于分析单因素和两因素交互作用对产量的影响，试验结果采用两种方法进行回归分析：

根据试验结果进行多因子及平方项逐步回归分析，建立产量（$Y_1$）与补灌量（$X_1$）、施氮量（$X_2$）、施磷量（$X_3$）和施钾量（$X_4$）之间的回归模型。

$$Y_1=-480.8675+83.5017X_1+156.9583X_2+62.9539X_3+242.0335X_4-0.7327X_1^2-7.4808X_2^2-4.4901X_3^2-22.5519X_4^2 \quad (5.40)$$

回归模型 $F$ 检验概率 $p=0.047$（$P<0.05$），回归模型显著性检验达到显著，回归模型的决定系数 $R^2=0.9958$，为进一步分析模型可靠性，对模型方程各项的回归系数进行显著性 $T$ 检验，结果见表 5.27。

**表 5.27 模型各项回归系数 $T$ 检验结果（$t_{0.01}=2.896$，$t_{0.05}=1.860$，$t_{0.1}=1.397$）**

| 模型各项 | $X_1$ | $X_2$ | $X_3$ | $X_4$ | $X_1^2$ | $X_2^2$ | $X_3^2$ | $X_4^2$ |
|---|---|---|---|---|---|---|---|---|
| $T$ 检验 | 40.6600 | 15.0290 | 6.4936 | 11.2996 | 39.8358 | 16.0777 | 10.2053 | 11.8511 |

从表 5.27 中可以看出，无论是一次项还是二次项，回归系数的 $T$ 检验均达到了极显著水平，表明各单因素与产量之间关系密切，模型的拟合程度良好，可靠性高。故回归模型很好地能够反映各个因素与产量之间的关系。

根据试验结果进行多因子及互作项逐步回归分析，建立产量（$Y_1$）与补灌量（$X_1$）、施氮量（$X_2$）、施磷量（$X_3$）和施钾量（$X_4$）之间的回归模型。

$$Y_1=2071.8689+11.1213X_1+3.0015X_1X_2-3.1078X_1X_3-1.3241X_1X_4-9.5641X_2X_3-19.0194X_2X_4+39.4084X_3X_4 \quad (5.41)$$

回归模型的决定系数 $R^2=0.9673$，模型的拟合程度良好，回归模型的 $F$ 检验概率 $p=0.025$（$P<0.05$），回归模型显著性检验达到显著，为进一步分析模型可靠性，对各项的回归系数进行显著性 $T$ 检验，结果见表 5.28。

**表 5.28 模型各项回归系数 $T$ 检验结果（$t_{0.01}=2.998$，$t_{0.05}=1.895$，$t_{0.1}=1.415$）**

| 模型各项 | $X_1$ | $X_1X_2$ | $X_1X_3$ | $X_1X_4$ | $X_2X_3$ | $X_2X_4$ | $X_3X_4$ | |
|---|---|---|---|---|---|---|---|---|
| $T$ 检验 | 3.1134 | 12.5175 | 10.3718 | 4.9833 | 8.5679 | 10.3444 | 14.7565 | |

从表 5.28 中可以看出，各交互项回归系数的 $T$ 检验均达到极显著水平，表明各交互项与产量的关系密切，模型拟合性高且可靠，模型可反映交互作用对产量的影响。

#### 5.4.1.2 单因素对马铃薯产量的影响

单因素对马铃薯产量的影响分析时，经过无量纲线性代换，产量回归系数标准化以后，可根据标准回归系数的绝对值的大小，来判断各个因素对模型输出结果的重要程度。分析单因素对马铃薯产量影响过程时，可通过降维的方法对产量模型进行降维，从而得到各相应因素的子模型，通过子模型可分析其影响过程。降维分析是把模型的其他因素固定在零水平，得到的新模型公式，即子模型。

1. 2012 年试验单因素对产量影响分析

2012 年产量回归模型的标准回归系数见表 5.29，其模型公式见式（5.36a）～式

(5.36f)。

表 5.29　　产量模型标准回归系数

| 因　素 | $X_1$ | $X_2$ | $X_3$ | $X_4$ | $X_5$ | $X_6$ |
|---|---|---|---|---|---|---|
| 标准回归系数 | −0.2373 | 0.0043 | −0.3223 | 0.1923 | 0.0548 | 0.2373 |

表 5.29 中产量模型的标准回归系数，可用于产量的主效应分析，从标准可知，试验中六因素对产量的影响顺序为：施氮量（$X_3$）＞补水时期（$X_1$）＞种植密度（$X_6$）＞施磷量（$X_4$）＞施钾量（$X_5$）＞补灌量（$X_2$）。其中施氮量对产量影响最大，补水时期与种植密度对产量具有相近的影响程度，而在六因素中补水量反而成了对产量影响最小的因素。

为具体分析单一因素对马铃薯产量的影响过程，可通过对产量模型公式（5.36）进行降维分析，即其他因素固定到零水平，得到相应因素的单一子模型：

施氮量（$X_3$）：　$Y_1=3384.3936-39.7304X_3+0.7751X_3^2$　(5.36a)

补水时期（$X_1$）：　$Y_1=3384.3936+21.0141X_1-2.7853X_1^2$　(5.36b)

种植密度（$X_6$）：　$Y_1=3384.3936+0.1456X_6-0.0001X_6^2$　(5.36c)

施磷量（$X_4$）：　$Y_1=3384.3936+15.707X_4+0.9651X_4^2$　(5.36d)

施钾量（$X_5$）：　$Y_1=3384.3936-18.6024X_5+0.2643X_5^2$　(5.36e)

补灌量（$X_2$）：　$Y_1=3384.3936-0.0315X_2-0.0588X_2^2$　(5.36f)

根据子模型，可以预测各因素不同水平下的产量值，各因素与产量之间的关系，都呈现出抛物线的形式，其中补水时期、种植密度和补灌量与产量之间的关系是开口向下的抛物线，即随着这两个因子水平的增加，产量随之增加，直至最大值，继续增大这两因子水平，产量会呈现下降趋势。由于补水时期是拟水平，只能取整数值，从补水时期子模型可知，补水时期水平取到 4 时，产量预测值最大，且补水时期水平在试验设计范围内。根据种植密度子模型，当种植密度为 728 株/667m²，产量最优。补灌量子模型，在试验条件下产量取到最大值时，其对应水平值对实验设计水平而言均不理想。另外三个因素与产量之间的关系为开口向上的抛物线，在因素变化过程中产量没有取得最大值。

2. 2013 年试验单因素对产量影响分析

根据 2013 产量回归模型公式（5.38），进行单因素对产量的影响分析。模型中各因素的标准回归系数见表 5.30。

表 5.30　　产量模型标准回归系数

| 因　素 | $X_1$ | $X_2$ | $X_3$ | $X_4$ |
|---|---|---|---|---|
| 标准回归系数 | 4.0318 | 2.2990 | 3.0557 | 2.1724 |

从表 5.30 中可知，本试验条件下试验各因素对产量的影响顺序为：补灌量（$X_1$）＞施磷量（$X_3$）＞施氮量（$X_2$）＞施钾量（$X_4$）。具体影响过程可通过对主模型（5.38）的降维进行分析，主模型降维之后得到各单因素的子模型：

补灌量（$X_1$）：　$Y=-2039.0245+66.244X_1-0.4931X_1^2$　(5.38a)

施磷量（$X_3$）： $Y=-2039.0245+167.3515X_3-4.6505X_3^2$ (5.38b)

施氮量（$X_2$）： $Y=-2039.0245+377.7239X_2-32.5113X_2^2$ (5.38c)

施钾量（$X_4$）： $Y=-2039.0245+356.9295X_4-30.1306X_4^2$ (5.38d)

从单因素的子模型方程可以看出：四个因素对产量的影响具有类似过程，四个因素与产量的关系是一开口向下的抛物线，产量随着各单因素的增加，呈现先增加后下降的变化，均能找到各因素使产量取得最大值的临界值。从补灌量的子模型可知，当补灌量（$X_1$）为 67.17m³/亩时，产量预测值取得最大；同理，从施磷量的子模型可知，施磷量（$X_3$）的为 17.99kg/亩时，产量预测值取得最大；从施氮量的子模型可知，当施氮量（$X_2$）为 5.81kg/亩时，产量预测值取得最大；从施钾量的子模型可知，当施钾量（$X_4$）为 5.92kg/亩时，产量预测值取得最大。从试验设计来看，补灌量（$X_1$）设计范围为 10～100m³/亩，施磷量（$X_3$）设计范围为 3～30kg/亩，施氮量（$X_2$）设计范围为 1～10kg/亩，施钾量（$X_4$）设计范围为 1～10kg/亩，各因素使得产量预测值最大的临界值均在试验设计范围内。

3. 2014 年试验单因素对产量影响分析

根据 2014 年产量回归模型公式（5.40），采用降维法进行单因素影响分析，可得出各单因素与产量之间关系子模型。模型中各因素的标准化回归系数见表 5.31。

**表 5.31　产量模型标准回归系数**

| 因　素 | $X_1$ | $X_2$ | $X_3$ | $X_4$ |
|---|---|---|---|---|
| 标准回归系数 | 5.28 | 1.98 | 0.8 | 1.53 |

从表 5.31 可以看出各因素对马铃薯产量的影响顺序为：补灌量（$X_1$）＞施氮量（$X_2$）＞施钾量（$X_4$）＞施磷量（$X_3$），补灌量对马铃薯产量影响最大，这与试验田所处地区为干旱地区有极大关系。为进一步分析各单因素对马铃薯产量的影响过程，对产量回归模型进行降维分析，得到各单因素的子模型方程：

补灌量（$X_1$）： $Y_1=-480.87+83.5X_1-0.73X_1^2$ (5.40a)

施氮量（$X_2$）： $Y_1=-480.87+156.96X_2-7.48X_2^2$ (5.40b)

施磷量（$X_3$）： $Y_1=-480.87+62.95X_3-4.49X_3^2$ (5.40c)

施钾量（$X_4$）： $Y_1=-480.87+242.03X_4-22.55X_4^2$ (5.40d)

从上述子模型方程可以看出，四个因素单独对马铃薯产量的影响过程具有类似过程，其子模型的方程均为二次方程形式，且方程二次项均为负值，即各因素对马铃薯产量的影响变化过程呈开口向下的抛物线形式，当因素处于低水平时，各因素对产量增加具有促进作用，随着自变量的增大平方项效应贡献越来越大，当自变量超过某一值时不利于产量的增加。从补灌量的子模型可知，当补灌量（$X_1$）为 56.98m³/亩时，产量预测值取得最大；同理，从施氮量的子模型可知，当施氮量（$X_2$）为 10.49kg/亩时，产量预测值取得最大；从施磷量的子模型可知，施磷量（$X_3$）的为 7.01kg/亩时，产量预测值取得最大；从施钾量的子模型可知，当施钾量（$X_4$）为 5.37kg/亩时，产量预测值取得最大。从试验设计来看，补灌量（$X_1$）设计范围为 10～100m³/亩，施氮量（$X_2$）设计范围为 2～20kg/亩，施磷量（$X_3$）设计范围为 2～20kg/亩，施钾量（$X_4$）设计范围为 1～10kg/

亩，各因素使得产量预测值最大的临界值均在试验设计范围内。

#### 5.4.1.3　两因素交互作用对产量的影响

两因素交互作用对马铃薯产量的影响分析也可以根据产量模型中交互项的标准回归系数绝对值的大小来判断交互作用对产量的影响顺序。两因素交互作用对马铃薯产量的影响过程也可通过对产量模型降维分析，降维时保留交互的两个因素，其他因素均固定在零水平，即可得到交互作用子模型。

1. 2012 年试验交互作用对产量影响分析

根据 2012 年产量模型公式（5.36）中交互项的标准回归系数绝对值的大小来判断交互作用对产量的影响顺序。

表 5.32　　产量模型交互项标准回归系数

| 因　素 | $X_1X_2$ | $X_1X_3$ | $X_1X_4$ | $X_1X_5$ | $X_1X_6$ | $X_2X_3$ | $X_2X_4$ | $X_2X_5$ |
|---|---|---|---|---|---|---|---|---|
| 标准回归系数 | −0.0723 | −0.0630 | −0.0251 | −0.0204 | 0.0468 | −0.0461 | 0.0592 | 0.0929 |
| 因　素 | $X_2X_6$ | $X_3X_4$ | $X_3X_5$ | $X_3X_6$ | $X_4X_5$ | $X_4X_6$ | $X_5X_6$ | |
| 标准回归系数 | 0.0723 | −0.0915 | 0.0486 | 0.0630 | −0.0557 | 0.0251 | 0.0204 | |

从交互项标准回归系数来看，对产量影响最为显著的交互作用是补灌量（$X_1$）与施钾量（$X_5$）的交互作用，以及施氮量（$X_3$）与施磷量（$X_4$）的交互作用。对产量模型降维分析，得到其对应的交互子模型：

$X_1$ 与 $X_5$ 的交互作用：

$$Y_1=3384.3936-0.0315X_2-18.6024X_5-0.0588X_2^2+0.2643X_5^2+0.2234X_2X_5$$

$X_3$ 与 $X_4$ 交互作用：

$$Y_1=3384.3936-39.7304X_3+15.707X_4+0.7751X_3^2+0.9651X_4^2-1.4672X_3X_4$$

为便于分析两因素的交互作用，子模型对自变量求偏导得

$$\frac{\partial Y_1}{\partial X_2}=-0.0315-1.176X_2+0.2234X_5$$

$$\frac{\partial Y_1}{\partial X_5}=-18.6024+0.5286X_5+0.2234X_2$$

$$\frac{\partial Y_1}{\partial X_3}=-39.7304+1.5502X_3-1.4672X_4$$

$$\frac{\partial Y_1}{\partial X_4}=15.707+1.9302X_4-1.4672X_3$$

根据上述四个偏导表达式可知：

1）当施钾量（$X_5$）处于低水平，产量（$Y_1$）对补灌量（$X_2$）的偏导值为负值，此时产量（$Y_1$）随着补灌量（$X_2$）水平的增加而下降；反之，当施钾量（$X_5$）处于高水平时，产量（$Y_1$）对补灌量（$X_2$）的偏导值随着补灌量（$X_2$）的增加由正值变为负值，此时产量（$Y_1$）随着补灌量（$X_2$）水平的增加先增加后下降，补灌量对产量的影响与施钾量有一定的关系。

2）当补灌量（$X_2$）都处于低水平时，产量（$Y_1$）对施钾量（$X_5$）的偏导值随着施

钾量（$X_5$）水平的增加由负值变为正值，此时产量（$Y_1$）随着施钾量（$X_5$）水平的增加而先下降后上升；当补灌量（$X_2$）都处于高水平时，产量（$Y_1$）对施钾量（$X_5$）的偏导值为正值，此时产量（$Y_1$）随着施钾量（$X_5$）水平的增加而增加，施钾量对产量的影响与补灌量也有一定关系。一定水平的补灌量，有助于马铃薯对钾肥的吸收利用。

3）无论施磷量（$X_4$）水平高低，产量（$Y_1$）对施氮量（$X_3$）的偏导数值总是随着施磷量（$X_4$）水平的增加由负值变为正值，产量（$Y_1$）随着施氮量（$X_3$）增加而先下降后增加，施氮量对产量的影响与施磷量的水平关系不大。

4）当施氮量（$X_3$）处于低水平时，产量（$Y_1$）对施磷量（$X_4$）的偏导数值为正，此时产量随着施磷量（$X_4$）水平的增加而增加；当施氮量（$X_3$）处于高水平时，产量（$Y_1$）对施磷量（$X_4$）的偏导数值随着施磷量（$X_4$）水平的增加先负后正，产量随着施磷量（$X_4$）水平的增加而先下降后增加，施磷量对产量的影响与施氮量有一定关系。

2. 2013年试验交互作用对产量影响分析

根据2013年产量回归模型公式（5.39），进行交互作用对产量的影响分析。模型中交互项标准回归系数见表5.33。

**表5.33　产量模型交互项标准回归系数**

| 因素 | $X_1X_2$ | $X_1X_4$ | $X_2X_3$ | $X_2X_4$ | $X_3X_4$ |
|---|---|---|---|---|---|
| 标准回归系数 | 0.0569 | 2.7912 | 0.3445 | −0.6274 | −1.9693 |

从表5.33中可知，本试验条件下交互作用对产量影响最大的是补灌量与施钾量的交互作用，以及施磷量与施钾量的交互作用。具体影响过程通过对主模型的降维进行分析，主模型降维之后得到各因素两两交互作用的子模型：

补灌量（$X_1$）与施氮量（$X_2$）交互：$Y=2613.7776-17.5512X_1-71.5263X_2+0.1195X_1X_2$

补灌量（$X_1$）与施钾量（$X_4$）交互：$Y=2613.7776-17.5512X_1+5.7446X_1X_4$

施氮量（$X_2$）与施磷量（$X_3$）交互：$Y=2613.7776-71.5263X_2+54.8315X_3+2.3774X_2X_3$

施氮量（$X_2$）与施钾量（$X_4$）交互：$Y=2613.7776-71.5263X_2-12.2376X_2X_4$

施磷量（$X_3$）与施钾量（$X_4$）交互：$Y=2613.7776+54.8315X_3-14.4214X_3X_4$

主要分析两个对产量影响最大的交互作用，即补灌量与施钾量交互作用，以及施磷量与施钾量交互作用，对其对应的子模型方程分别对补灌量（$X_1$）、施磷量（$X_3$）求偏导数：

$$\frac{\partial Y}{\partial X_1}=-17.5512+5.7446X_4$$

$$\frac{\partial Y}{\partial X_3}=54.8315-14.4214X_4$$

从上述两个偏导数变表达式，可以得出：

1）当施钾量（$X_4$）处于低水平时，补灌量与施钾量交互模型方程的产量（$Y$）对补灌量（$X_1$）的偏导数值为负值，产量随着补灌量的增加而下降；当施钾量处于高水平时，产量（$Y$）对补灌量（$X_1$）的偏导数值为正值，此时产量随着补灌量的增加而增加，施钾量的临界值为3.05kg/亩。一定量的钾肥有利于马铃薯对水分的利用。

2）当施钾量（$X_4$）处于低水平时，施磷量与施钾量交互模型的产量（$Y$）对施磷量（$X_3$）的偏导数为正值，产量随着施磷量的增加而增加；当施钾量处于高水平时，产量（$Y$）对施磷量（$X_3$）的偏导数变为负值，产量对着施磷量的增加而下降，施钾量的水平高低直接影响马铃薯对磷肥的利用，钾肥过高不利于马铃薯对磷肥的吸收利用，此时施钾量水平高低的临界值为3.8kg/667m$^2$。

3. 2014年试验交互作用对产量影响分析

利用2014年产量回归模型公式（5.41）采用降维法进行两因素交互作用分析。

产量的逐步回归主模型公式（5.41）各因素的标准化回归系数见表5.34。

从表5.34可以看出两因素交互作用对马铃薯产量的影响顺序为：施磷量（$X_3$）与施钾量（$X_4$）交互作用＞补灌量（$X_1$）与施氮量（$X_2$）交互作用＞补灌量（$X_1$）与施磷量（$X_3$）交互作用＞施氮量（$X_2$）与施钾量（$X_4$）交互作用＞施氮量（$X_2$）与施磷量（$X_3$）交互作用＞补灌量（$X_1$）与施钾量（$X_4$）交互作用，其中施磷量（$X_3$）与施钾量（$X_4$）的交互作用对马铃薯产量影响最大。交互作用回归分析子模型如下：

补灌量（$X_1$）与施氮量（$X_2$）交互：$Y_1=2071.87+11.12X_1+3.0X_1X_2$

补灌量（$X_1$）与施磷量（$X_3$）交互：$Y_2=2071.87+11.12X_1-3.12X_1X_3$

补灌量（$X_1$）与施钾量（$X_4$）交互：$Y_3=2071.87+11.12X_1-1.32X_1X_4$

施氮量（$X_2$）与施磷量（$X_3$）交互：$Y_4=2071.87-9.56X_2X_3$

施氮量（$X_2$）与施钾量（$X_4$）交互：$Y_5=2071.87-19.02X_2X_4$

施磷量（$X_3$）与施钾量（$X_4$）交互：$Y_6=2071.87+39.41X_3X_4$

**表5.34　　产量模型标准回归系数**

| 交互因素 | $X_1X_2$ | $X_1X_3$ | $X_1X_4$ | $X_2X_3$ | $X_2X_4$ | $X_3X_4$ |
|---|---|---|---|---|---|---|
| 标准回归系数 | 3.28 | −3.05 | −0.63 | −2.01 | −2.05 | 4.14 |

由于在回归模型过程中，与产量关系显著的项被剔除，得到的模型方程一次项只有补灌量（$X_1$）一个，因此六个交互作用中没有补水量因素的交互作用子模型方程具有类似的性质，交互项直接是影响因变量的直接因素，从这三个方程交互项的正负号可知；施氮量（$X_2$）与施磷量（$X_3$）交互作用和施氮量（$X_2$）与施钾量（$X_4$）交互作用对马铃薯产量的影响为负效应，即随着两因素水平的增加，其交互作用显著增加，马铃薯产量下降；施磷量（$X_3$）与施钾量（$X_4$）交互作用对马铃薯产量的影响为正效应，其交互作用有利于提高马铃薯的产量，随着两因素水平的增加，其交互作用显著增加，马铃薯产量也随之增加。

另外三个与补水量有关的交互作用子模型方程，可分别通过对求施氮量（$X_2$）、施磷量（$X_3$）、施钾量（$X_4$）求偏导数分析：

补灌量（$X_1$）与施氮量（$X_2$）交互作用子模型方程对补水量（$X_1$）和施氮量（$X_2$）求偏导数：

$$\frac{\partial Y_1}{\partial X_1}=11.12+3.0X_2$$

$$\frac{\partial Y_1}{\partial X_2}=3.0X_1$$

从上述补灌量（$X_1$）与施氮量（$X_2$）交互作用子模型的偏导函数可以看出：无论$X_1$和$X_2$取什么值，两式偏导数的值总是正的，即无论补灌量（$X_1$）和施氮量（$X_2$）处于什么水平，补灌量（$X_1$）与施氮量（$X_2$）对马铃薯产量的交互作用总是正的，马铃薯产量随着补灌量（$X_1$）与施氮量（$X_2$）交互作用增强而增加。

补灌量（$X_1$）与施磷量（$X_3$）交互作用子模型方程对补灌量（$X_1$）和施磷量（$X_3$）求偏导数：

$$\frac{\partial Y_2}{\partial X_1}=11.12-3.12X_3$$

$$\frac{\partial Y_2}{\partial X_3}=-3.12X_1$$

从上述补灌量（$X_1$）与施磷量（$X_3$）交互作用子模型的偏导函数可以看出：当施磷量（$X_3$）处于低水平时，子模型对补灌量（$X_1$）的偏导数为正值，即此时在补灌量（$X_1$）与施磷量（$X_3$）的交互作用中，补灌量（$X_1$）有利于产量的增加，当施磷量（$X_3$）处于高水平时，子模型对补灌量（$X_1$）的偏导数变为负值，即此时在补灌量（$X_1$）与施磷量（$X_3$）的交互作用中，补灌量（$X_1$）不利于产量的增加，施磷量（$X_3$）的高低水平的临界值为3.56kg/亩；无论$X_1$取什么值，子模型偏导数的值总是负的，即无论补灌量（$X_1$）处于什么水平，施磷量（$X_3$）在补灌量（$X_1$）与施磷量（$X_3$）对马铃薯产量的交互作用总是负的，随着施磷量（$X_3$）水平的增加，补灌量（$X_1$）与施磷量（$X_3$）交互作用会导致马铃薯产量随着下降。当施磷量（$X_3$）处于低水平时，补灌量（$X_1$）与施磷量（$X_3$）交互作用对马铃薯产量的影响取决于两个因素对交互作用的贡献大小，当施磷量（$X_3$）处于高水平时，补灌量（$X_1$）与施磷量（$X_3$）交互作用对马铃薯产量的影响总是负的，即不利于产量的提高。

$$\frac{\partial Y_3}{\partial X_1}=11.12-1.32X_4$$

$$\frac{\partial Y_3}{\partial X_4}=-1.32X_1$$

从上述补灌量（$X_1$）与施钾量（$X_4$）交互作用子模型的偏导函数可以看出：当施钾量（$X_4$）处于低水平时，子模型对补灌量（$X_1$）的偏导数为正值，即此时在补灌量（$X_1$）与施钾量（$X_4$）的交互作用中，补灌量（$X_1$）有利于产量的增加，当施钾量（$X_4$）处于高水平时，子模型对补灌量（$X_1$）的偏导数变为负值，即此时在补灌量（$X_1$）与施钾量（$X_4$）的交互作用中，补灌量（$X_1$）不利于产量的增加，施钾量（$X_4$）的高低水平的临界值为8.42kg/亩；无论$X_1$取什么值，子模型偏导数的值总是负的，即无论补灌量（$X_1$）处于什么水平，施钾量（$X_4$）在补灌量（$X_1$）与施钾量（$X_4$）对马铃薯产量的交互作用总是负的，随着施钾量（$X_4$）水平的增加，补灌量（$X_1$）与施钾量（$X_4$）交互作用会导致马铃薯产量随着下降。当施钾量（$X_4$）处于低水平时，补灌量（$X_1$）与施磷量（$X_3$）交互作用对马铃薯产量的影响取决于两个因素对交互作用的贡献大小，当施钾量（$X_4$）处于高水平时，补灌量（$X_1$）与施钾量（$X_4$）交互作用对马铃薯产量的影响总是负的，即不利于产量的提高。

#### 5.4.1.4　产量最优组合方案

1. 2012年试验回归模型优化

根据两目标的最小二乘回归模型公式（5.36）和公式（5.37），设定优化条件对各模型优化后，得到各自变量的优化值分别：补水时期（$X_1$）水平为1.98、补灌量（$X_2$）为88.57$m^3$/亩、施氮量（$X_3$）为2.5kg/亩、施磷量（$X_4$）为15kg/亩、施钾量（$X_5$）为2.5kg/亩、种植密度（$X_6$）为3207株/亩，综合指标的最优目标函数为4961.32，这是各个因变量的最优值产量（$Y_1$）为4194.74kg/亩、商品薯重（$Y_2$）为3452.3kg/亩。

2. 2013年试验回归模型优化

根据产量逐步回归模型公式（5.38），得出四因素影响产量的最优组合方案，其中补灌量67.17$m^3$/亩，施氮量5.8kg/亩，施磷量17.99kg/亩，施钾量5.92kg/亩，在以上指标基础上目标产量为3845.57kg/亩。

3. 2014年试验回归模型优化

根据产量逐步回归模型公式（5.40），得出四因素影响产量的最优指标组合，其中补灌量56.98$m^3$/亩，施氮量10.49kg/亩，施磷量7.01kg/亩，施钾量5.37kg/亩，在以上指标基础上目标产量为3591.48kg/亩。

#### 5.4.1.5　验证试验结果与分析

验证试验产量结果见表5.35。

**表5.35　验证试验产量结果表**　　单位：kg/亩

| 试验区编号 | Ⅰ | Ⅱ | Ⅲ | Ⅳ | Ⅴ |
|---|---|---|---|---|---|
| 产量 | 2721.61 | 3098.87 | 2532.99 | 2654.25 | 2728.35 |

为分析五个试验区试验数据的可靠性，对其进行变异系数检验，检验结果见表5.36。

**表5.36　变异系数检验结果**

| 总体 | 平均数 | 标准差SD | 变异系数CV |
|---|---|---|---|
| 产量 | 2747.21 | 211.66 | 7.7% |

从表5.36中可以看出，变异系数为7.7%（<15%），数据正常，其平均值可作为试验结果，验证试验最终得到的马铃薯产量为2747.21kg/亩，虽然小于预测产量值3481.93kg/亩，但实际的产量达到了理论最佳值的80%。而宁夏马铃薯目前的亩产在1000kg到1700kg不等[29]，相比于产量较高的地方，验证试验得到的产量也有大幅的提高，证明了验证试验水肥方案的优越性。

由于实际生产过程中，条件所限，不能为马铃薯生长提供理论上的最佳条件，如：灌水的均匀性、杂草的及时处理、施肥的均匀性等，导致实际生产过程中马铃薯的产量潜力不能充分发挥，但相比现有生产情况，此水肥方案下，马铃薯的产量有了很大幅度的提高。

### 5.4.2 水肥耦合对马铃薯品质的影响

#### 5.4.2.1 水肥耦合对马铃薯淀粉产量和含量的影响

1. 水肥耦合作用下马铃薯淀粉产量和含量影响

(1) 水肥因素变化与马铃薯淀粉产量和含量变化趋势的相关性。按照补灌量为同一水平汇总2012年、2013年、2014年施氮量、施磷量、施钾量及相应的马铃薯淀粉产量和含量，见表5.37。

**表5.37　　年界马铃薯试验因素和淀粉产量和含量**

| 补灌量 | 试验年份 | 施氮量/($m^3$/亩) | 施磷量/(kg/亩) | 施钾量/(kg/亩) | 淀粉产量/(kg/亩) | 淀粉含量/% |
|---|---|---|---|---|---|---|
| 10 | 2012(1) | 17.5 | 12 | 22.5 | 549.59 | 16 |
| | 2013(2) | 3 | 27 | 6 | 198.84 | 15.4 |
| | 2014(3) | 10 | 6 | 7 | 404.23 | 15.85 |
| 20 | 2012(1) | 7.5 | 7.5 | 17.5 | 660.56 | 19.56 |
| | 2013(2) | 10 | 12 | 4 | 255.25 | 14.2 |
| | 2014(3) | 6 | 18 | 2 | 246.22 | 15.02 |
| 30 | 2012(1) | 25 | 3 | 12.5 | 441.98 | 14.86 |
| | 2013(2) | 5 | 9 | 10 | 225.38 | 15.3 |
| | 2014(3) | 16 | 12 | 10 | 478.03 | 17.19 |
| 40 | 2012(1) | 15 | 15 | 7.5 | 566.73 | 15.96 |
| | 2013(2) | 7 | 21 | 1 | 253.18 | 14.2 |
| | 2014(3) | 18 | 2 | 4 | 487.56 | 17.46 |
| 50 | 2012(1) | 5 | 10.5 | 2.5 | 490.8 | 13.84 |
| | 2013(2) | 1 | 18 | 8 | 360.79 | 19.2 |
| | 2014(3) | 2 | 14 | 5 | 386.25 | 14.29 |
| 60 | 2012(1) | 22.5 | 6 | 25 | 717.81 | 19.59 |
| | 2013(2) | 8 | 3 | 7 | 207.44 | 14.3 |
| | 2014(3) | 12 | 20 | 8 | 519.42 | 19.56 |
| 70 | 2012(1) | 12.5 | 1.5 | 20 | 225.38 | 15.3 |
| | 2013(2) | 6 | 30 | 3 | 282.74 | 14.1 |
| | 2014(3) | 14 | 8 | 1 | 520.57 | 17.62 |
| 80 | 2012(1) | 2.5 | 13.5 | 15 | 584.44 | 14.24 |
| | 2013(2) | 2 | 6 | 2 | 335.44 | 15.4 |
| | 2014(3) | 4 | 4 | 9 | 391.7 | 17.62 |

续表

| 补灌量 | 试验年份 | 施氮量 /($m^3$/亩) | 施磷量 /(kg/亩) | 施钾量 /(kg/亩) | 淀粉产量 /(kg/亩) | 淀粉含量 /% |
|---|---|---|---|---|---|---|
| 90 | 2012(1) | 20 | 9 | 10 | 561.17 | 22.92 |
| | 2013(2) | 9 | 24 | 9 | 311.12 | 16.3 |
| | 2014(3) | 20 | 16 | 6 | 267.88 | 15.28 |
| 100 | 2012(1) | 10 | 4.5 | 5 | 576.57 | 18.29 |
| | 2013(2) | 4 | 15 | 5 | 202.48 | 14.2 |
| | 2014(3) | 8 | 10 | 3 | 373.3 | 16.72 |

根据表5.37，补灌量在10$m^3$/亩、30$m^3$/亩、40$m^3$/亩、50$m^3$/亩、60$m^3$/亩、80$m^3$/亩、90$m^3$/亩、100$m^3$/亩时，3年的氮肥设计施量连线趋势与淀粉产量变化趋势呈对应关系；补灌量在10$m^3$/亩、40$m^3$/亩、50$m^3$/亩、70$m^3$/亩、90$m^3$/亩、100$m^3$/亩时，3年的磷肥设计施量连线趋势与淀粉产量值变化趋势呈对应关系；补灌量在10$m^3$/亩、20$m^3$/亩、30$m^3$/亩、40$m^3$/亩、60$m^3$/亩、70$m^3$/亩、80$m^3$/亩时，3年的钾肥设计施量连线趋势与淀粉产量变化趋势呈对应关系。根据表5.1，补灌量在10$m^3$/亩、30$m^3$/亩、40$m^3$/亩、60$m^3$/亩、70$m^3$/亩、90$m^3$/亩、100$m^3$/亩时，3年的氮肥设计施量连线趋势与淀粉含量变化趋势呈对应关系；补灌量在10$m^3$/亩、40$m^3$/亩、70$m^3$/亩、90$m^3$/亩、100$m^3$/亩时，3年的磷肥设计施量连线趋势与淀粉产量变化趋势呈对应关系；补灌量在10$m^3$/亩、30$m^3$/亩、40$m^3$/亩、50$m^3$/亩、60$m^3$/亩、80$m^3$/亩时，3年的钾肥设计施量连线趋势与淀粉产量变化趋势呈对应关系。

经因子相关分析，补灌量、施氮量、施磷量、施钾量与淀粉产量相关系数$r$分别为0.0018、0.4274、0.3168、0.4508，显著性$P$分别为0.9924、0.0185、0.0479、0.0124；表明施氮量、施磷量、施钾量的变化趋势与淀粉含量的变化趋势具有显著相关性；补灌量、施氮量、施磷量、施钾量与淀粉产量相关系数$r$分别为0.1657、0.3589、−0.2024、0.3053，显著性$p$分别为0.3812、0.05、0.02833、0.0101；因此氮磷钾施量的变化与马铃薯淀粉含量的变化趋势具有显著相关性。

(2) 2012年水肥耦合对马铃薯淀粉产量和含量的影响分析。

1) 回归模型建立。根据2012年大田滴灌方式下以补灌量、施氮量、施磷量、施钾量、种植密度为试验因素的不同水肥处理试验数据，分析水肥耦合对马铃薯淀粉产量和含量的影响。淀粉产量和含量数据见表5.38。

通过偏最小二乘二次多项式回归，建立淀粉产量($Y_1$)和含量($Y_2$)与补灌量($X_1$)、施氮量($X_2$)、施磷量($X_3$)、施钾量($X_4$)及种植密度($X_5$)之间的回归模型：

$$\begin{aligned}Y_1=&381.3007+1.384X_1-6.4374X_2+7.065X_3-0.5135X_4+0.0203X_5-0.0023X_1^2\\&-0.0551X_2^2-0.2068X_3^2+0.1171X_4^2+0.000008X_5^2+0.0284X_1X_2\\&-0.0249X_1X_3+0.0019X_1X_4-0.0001X_1X_5+0.1254X_2X_3+0.1056X_2X_4\\&+0.0012X_2X_5-0.1076X_3X_4-0.0013X_3X_5+0.001X_4X_5\end{aligned} \tag{5.42}$$

$$Y_2=16.349+0.0755X_1+0.1393X_2+0.1289X_3+0.1345X_4-0.0042X_5+0.0001X_1^2-0.0048X_2^2-0.0134X_3^2-0.0011X_4^2+0.000001X_5^2+0.0023X_1X_2-0.0006X_1X_3-0.0005X_1X_4-0.00003X_1X_5+0.0103X_2X_3-0.0023X_2X_4-0.00005X_2X_5-0.0019X_3X_4-0.00006X_3X_5+0.000035X_4X_5 \quad (5.43)$$

回归模型相关系数 $R_1^2=0.9344$，$R_2^2=0.9552$，模型达到了显著性，能较好地反映目标函数与各因素之间的关系。

**表 5.38　　试验水平及数据表**

| 处理 | 因素 | | | | | 淀粉产量/(kg/亩) | 淀粉含量/% |
|---|---|---|---|---|---|---|---|
| | $X_1$ | $X_2$ | $X_3$ | $X_4$ | $X_5$ | | |
| | 补灌量/($m^3$/亩) | 施氮量/(kg/亩) | 施磷量/(kg/亩) | 施钾量/(kg/亩) | 种植密度/(株/亩) | | |
| 1 | 20 | 7.5 | 7.5 | 17.5 | 3400 | 660.56 | 19.56 |
| 2 | 40 | 15 | 15 | 7.5 | 3200 | 566.73 | 15.96 |
| 3 | 60 | 22.5 | 6 | 25 | 3000 | 717.81 | 19.59 |
| 4 | 80 | 2.5 | 13.5 | 15 | 2800 | 584.44 | 14.24 |
| 5 | 100 | 10 | 4.5 | 5 | 2600 | 576.57 | 18.29 |
| 6 | 10 | 17.5 | 12 | 22.5 | 2400 | 549.59 | 16.00 |
| 7 | 30 | 25 | 3 | 12.5 | 2200 | 441.98 | 14.86 |
| 8 | 50 | 5 | 10.5 | 2.5 | 2000 | 490.80 | 13.84 |
| 9 | 70 | 12.5 | 1.5 | 20 | 1800 | 588.52 | 19.67 |
| 10 | 90 | 20 | 9 | 10 | 1600 | 561.17 | 22.92 |

2）主因子分析。根据回归模型一次系数判断单因素对目标函数的影响。对马铃薯淀粉产量影响的单因素次序是：$X_3>X_2>X_1>X_4>X_5$，其中 $X_1$、$X_3$、$X_5$ 对淀粉产量产生正效应影响，$X_2$、$X_4$ 对淀粉产量产生负效应影响；对马铃薯淀粉含量影响的单因素次序为：$X_2>X_4>X_3>X_1>X_5$，其中 $X_1$、$X_2$、$X_3$、$X_4$ 对淀粉含量产生正效应影响，$X_5$ 对淀粉产量产生负效应影响。

3）因子交互作用分析。根据回归模型交互项系数判断两因素对目标函数的影响。对马铃薯淀粉产量影响的两因素次序是：$X_2X_3>X_3X_4>X_2X_4>X_1X_2>X_1X_3>X_1X_4>X_3X_5>X_2X_5>X_4X_5>X_1X_5$，其中 $X_1X_2$、$X_1X_4$、$X_2X_3$、$X_2X_4$、$X_2X_5$、$X_4X_5$ 对淀粉产量产生正效应影响，$X_1X_3$、$X_1X_5$、$X_3X_4$、$X_3X_5$ 对淀粉产量产生负效应影响；对马铃薯含量影响的两因素次序为：$X_2X_3>X_2X_4>X_1X_2>X_3X_4>X_1X_4>X_1X_3>X_3X_5>X_2X_5>X_4X_5>X_1X_5$，其中 $X_1X_2$、$X_2X_3$、$X_4X_5$ 对淀粉含量产生正效应影响，$X_1X_3$、$X_1X_4$、$X_1X_5$、$X_2X_4$、$X_2X_5$、$X_3X_4$、$X_3X_5$ 对淀粉含量产生负效应影响。

(3) 2013年水肥耦合对马铃薯淀粉产量和含量的影响分析。

1) 回归模型建立。根据2013年大田滴灌方式下以补灌量、施氮量、施磷量、施钾量为试验因素的不同水肥处理试验数据，分析水肥耦合对马铃薯淀粉产量和含量的影响。淀粉产量和含量数据见表5.39。

表5.39　试验水平及数据表

| 水平 | 因素 | | | | 淀粉产量/(kg/亩) | 淀粉含量/% |
|---|---|---|---|---|---|---|
| | $X_1$ | $X_2$ | $X_3$ | $X_4$ | | |
| | 补灌量/($m^3/hm^2$) | 施氮量/($kg/hm^2$) | 施磷量/($kg/hm^2$) | 施钾量/($kg/hm^2$) | | |
| 1 | 600 | 105 | 315 | 15 | 253.1819 | 14.2 |
| 2 | 900 | 120 | 45 | 105 | 207.4399 | 14.3 |
| 3 | 150 | 45 | 405 | 90 | 198.8439 | 15.4 |
| 4 | 1050 | 90 | 450 | 45 | 282.7446 | 14.1 |
| 5 | 1200 | 30 | 90 | 30 | 335.4411 | 15.4 |
| 6 | 750 | 15 | 270 | 120 | 360.789 | 19.2 |
| 7 | 450 | 75 | 135 | 150 | 225.3819 | 15.3 |
| 8 | 300 | 150 | 180 | 60 | 255.2545 | 14.2 |
| 9 | 1350 | 135 | 360 | 135 | 311.1217 | 16.3 |
| 10 | 1500 | 60 | 225 | 75 | 202.4817 | 14.2 |

通过偏最小二乘二次多项式回归，建立淀粉产量($Y_1$)和含量($Y_2$)与补灌量($X_1$)、施氮量($X_2$)、施磷量($X_3$)、施钾量($X_4$)之间的回归模型：

$$\begin{aligned}Y_1 = & 435.8197+3.001127X_1-53.8460X_2-10.2718X_3-10.6202X_4-0.0333X_1^2\\&+3.516X_2^2+0.0821X_3^2+0.2304X_4^2+0.0273X_1X_2+0.0397X_1X_3\\&+0.0061X_1X_4+0.7017X_2X_3-0.4456X_2X_4+0.5301X_3X_4\end{aligned} \tag{5.44}$$

$$\begin{aligned}Y_2 = & 17.4615+0.0267X_1-1.2778X_2+0.0332X_3+0.1367X_4-0.0005X_1^2\\&+0.0735X_2^2-0.0045X_3^2+0.0327X_4^2+0.0055X_1X_2+0.0007X_1X_3\\&-0.0037X_1X_4+0.0079X_2X_3-0.033X_2X_4+0.0084X_3X_4\end{aligned} \tag{5.45}$$

回归模型相关系数$R_1^2=0.9768$，$R_2^2=0.9972$，模型达到了显著性，能较好地反映目标函数与各因素之间的关系。

2) 主因子分析。根据回归模型一次系数判断单因素对目标函数的影响。对马铃薯淀粉产量影响的单因素次序是：$X_2>X_4>X_3>X_1$，其中$X_1$对淀粉产量产生正效应影响，$X_2$、$X_3$、$X_4$对淀粉产量产生负效应影响；对马铃薯淀粉含量影响的单因素次序为：$X_2>X_4>X_3>X_1$，其中$X_1$、$X_3$、$X_4$对淀粉含量产生正效应影响，$X_2$对淀粉产量产生负效应影响。

3) 因子交互作用分析。根据回归模型交互项系数判断两因素对目标函数的影响。对马铃薯淀粉产量影响的两因素次序是：$X_2X_3>X_3X_4>X_2X_4>X_1X_3>X_1X_2>X_1X_4$，

其中 $X_1X_2$、$X_1X_3$、$X_1X_4$、$X_2X_3$、$X_3X_4$ 对淀粉产量产生正效应影响，$X_2X_4$ 对淀粉产量产生负效应影响；对马铃薯含量影响的两因素次序为：$X_2X_4>X_3X_4>X_2X_3>X_1X_2>X_1X_4>X_1X_3$，其中 $X_1X_2$、$X_1X_3$、$X_2X_3$、$X_3X_4$ 对淀粉含量产生正效应影响，$X_1X_4$、$X_2X_4$ 对淀粉含量产生负效应影响。

（4）2014 年水肥耦合对马铃薯淀粉产量和含量的影响分析。

1）回归模型建立。根据 2014 年大田滴灌方式下以补灌量、施氮量、施磷量、施钾量为试验因素的不同水肥处理试验数据，分析水肥耦合对马铃薯淀粉含量的影响。淀粉含量数据见表 5.40。

表 5.40　　试验水平及数据表

| 水平 | 因素 | | | | 淀粉产量/(kg/亩) | 淀粉含量/(%) |
|---|---|---|---|---|---|---|
| | $X_1$ | $X_2$ | $X_3$ | $X_4$ | | |
| | 补灌量/($m^3/hm^2$) | 施氮量/($kg/hm^2$) | 施磷量/($kg/hm^2$) | 施钾量/($kg/hm^2$) | | |
| 1 | 300 | 90 | 270 | 30 | 246.22 | 15.02 |
| 2 | 1200 | 60 | 60 | 135 | 391.70 | 17.62 |
| 3 | 1500 | 120 | 150 | 45 | 373.30 | 16.72 |
| 4 | 750 | 30 | 210 | 75 | 386.25 | 14.29 |
| 5 | 600 | 270 | 30 | 60 | 487.56 | 17.46 |
| 6 | 450 | 240 | 180 | 150 | 478.03 | 17.19 |
| 7 | 150 | 150 | 90 | 105 | 404.23 | 15.85 |
| 8 | 1050 | 210 | 120 | 15 | 520.57 | 17.62 |
| 9 | 900 | 180 | 300 | 120 | 519.42 | 19.56 |
| 10 | 1350 | 300 | 240 | 90 | 267.88 | 15.28 |

通过偏最小二乘二次多项式回归，建立淀粉产量（$Y_1$）和含量（$Y_2$）与补灌量（$X_1$）、施氮量（$X_2$）、施磷量（$X_3$）、施钾量（$X_4$）之间的回归模型：

$$Y_1=211.4216+7.218X_1+32.749X_2-16.6248X_3-18.9141X_4-0.045X_1^2-0.6775X_2^2+0.2093X_3^2+2.04X_4^2-0.1567X_1X_2+0.0461X_1X_3-0.2412X_1X_4-0.321X_2X_3-0.992X_2X_4+2.1555X_3X_4 \quad (5.46)$$

$$Y_2=14.9744+0.0743X_1+0.641X_2-0.6082X_3-0.4634X_4-0.000X_1^2-0.0207X_2^2+0.0182X_3^2+0.0396X_4^2-0.0024X_1X_2-0.0004X_1X_3-0.0002X_1X_4+0.0076X_2X_3-0.01768X_2X_4+0.0294X_3X_4 \quad (5.47)$$

回归模型相关系数 $R_1^2=0.9758$，$R_2^2=0.9941$，模型达到了显著性，能较好地反映目标函数与各因素之间的关系。

2）主因子分析。根据回归模型一次系数判断单因素对目标函数的影响。对马铃薯淀粉产量影响的单因素次序是：$X_2>X_4>X_3>X_1$，其中 $X_2$、$X_1$ 对淀粉产量产生正效应影响，$X_3$、$X_4$ 对淀粉产量产生负效应影响；对马铃薯淀粉含量影响的单因素次序为：$X_2>X_3>X_4>X_1$，其中 $X_1$、$X_2$ 对淀粉含量产生正效应影响，$X_3$、$X_4$ 对淀粉产量产生负效应影响。

3）因子交互作用分析。根据回归模型交互项系数判断两因素对目标函数的影响。对马铃薯淀粉产量影响的两因素次序是：$X_3X_4>X_2X_4>X_2X_3>X_1X_4>X_1X_2>X_1X_3$，其中 $X_1X_3$、$X_3X_4$ 对淀粉产量产生正效应影响，$X_1X_2$、$X_1X_4$、$X_2X_3$、$X_2X_4$ 对淀粉产量产生负效应影响；对马铃薯含量影响的两因素次序为：$X_3X_4>X_2X_4>X_2X_3>X_1X_2>X_1X_3>X_1X_4$，其中 $X_2X_3$、$X_3X_4$ 对淀粉含量产生正效应影响，$X_1X_2$、$X_1X_3$、$X_1X_4$、$X_2X_4$ 对淀粉含量产生负效应影响。

分析表明氮、磷、钾变化与马铃薯淀粉产量和含量变化存在相关性，且氮、磷、钾对淀粉产量和含量存在显著性影响；对淀粉的影响，氮、磷、钾单因素和氮、磷、钾两因素交互作用都大于水单因素和水肥两因素交互作用；施氮量对淀粉产量和含量的影响最大，主要原因可能是氮元素参与蛋白质的构成，对后期马铃薯淀粉积累起到促进作用；灌水量对淀粉产量和含量影响小于其他三个因素；交互作用中，磷钾交互对淀粉产量和含量影响最大，其次是氮钾交互、再是氮磷交互，水与氮、磷、钾的交互作用均小于氮磷钾肥之间的交互作用。通过二次多项式逐步回归模型以马铃薯淀粉产量和含量为目标，得出淀粉产量和含量分别为 9006.7kg/hm$^2$ 和 21.58%，补灌量为 786.6m$^3$/hm$^2$，施氮量、施磷量、施钾量分别为 147.08kg/hm$^2$、300kg/hm$^2$、150kg/hm$^2$。

#### 5.4.2.2　水肥耦合对马铃薯干物质产量的影响

1. 水肥耦合作用下马铃薯干物质回归模型的建立

根据 2014 年大田滴灌方式下以补灌量、施氮量、施磷量、施钾量为试验因素的不同水肥处理试验数据，分析水肥耦合对马铃薯干物质生产量的影响。干物质生产量数据见表 5.41。

**表 5.41　　大田试验实施方案及干物质生产量表**

| 处理 | 因素 | | | | 结果 |
|---|---|---|---|---|---|
| | $X_1$ | $X_2$ | $X_3$ | $X_4$ | $Y$ |
| | 补灌量/(m$^3$/hm$^2$) | 施氮量/(kg/hm$^2$) | 施磷量/(kg/hm$^2$) | 施钾量/(kg/hm$^2$) | 干物质生产量/(kg/hm$^2$) |
| 1 | 300 | 90 | 270 | 30 | 8175.96 |
| 2 | 1200 | 60 | 60 | 135 | 9461.61 |
| 3 | 1500 | 120 | 150 | 45 | 15181.75 |
| 4 | 750 | 30 | 210 | 75 | 12338.21 |
| 5 | 600 | 270 | 30 | 60 | 13321.62 |
| 6 | 450 | 240 | 180 | 150 | 13076.98 |
| 7 | 150 | 150 | 90 | 105 | 11064.67 |

续表

| 处理 | 因素 | | | | 结果 |
|---|---|---|---|---|---|
| | $X_1$ | $X_2$ | $X_3$ | $X_4$ | $Y$ |
| | 补灌量/($m^3/hm^2$) | 施氮量/($kg/hm^2$) | 施磷量/($kg/hm^2$) | 施钾量/($kg/hm^2$) | 干物质生产量/($kg/hm^2$) |
| 8 | 1050 | 210 | 120 | 15 | 16021.48 |
| 9 | 900 | 180 | 300 | 120 | 13148.22 |
| 10 | 1350 | 300 | 240 | 90 | 17114.03 |

试验结果采用两种方法进行回归分析：

根据试验结果进行多因子及平方项逐步回归分析，分别建立干物质生产量（$Y$）与补灌量（$X_1$）、施氮量（$X_2$）、施磷量（$X_3$）和施钾量（$X_4$）之间的回归模型：

$$Y=-7803.4522+14.5193X_1+68.6600X_2+83.9132X_3+123.4087X_4 -0.0070X_1^2-0.1424X_2^2-0.2525X_3^2-0.7952X_4^2 \tag{5.48}$$

该回归模型 $F$ 检验概率 $p=0.036$（$P<0.05$），回归模型显著性检验达到显著，回归模型的决定系数 $R^2=0.9997$，模型的拟合程度良好，故回归模型很好地能够反映各个因素与干物质生产量之间的关系。

根据试验结果进行多因子及互作项逐步回归分析，分别建立干物质生产量（$Y$）与补灌量（$X_1$）、施氮量（$X_2$）、施磷量（$X_3$）和施钾量（$X_4$）之间的回归模型：

$$Y=9332.5058+3.7886X_1-25.8702X_2+39.1310X_4+0.0625X_1X_2 -0.0173X_1X_3-0.0825X_1X_4-0.1294X_2X_3+0.3016X_3X_4 \tag{5.49}$$

该回归模型的决定系数 $R^2=0.9998$，模型的拟合程度良好，回归模型的 $F$ 检验概率 $p=0.025$（$P<0.05$），回归模型显著性检验达到显著，故两因素的交互作用显著，模型可用于分析交互作用。

各因素主效应对马铃薯干物质生产量的影响顺序为：$X_4>X_3>X_2>X_1$，钾肥量（$X_4$）主效应对干物质生产量影响最大，补灌量（$X_1$）主效应对马铃薯干物质生产量影响最小，体现了马铃薯对钾肥的敏感特性，且从标准回归系数可以看出各因素主效应对马铃薯干物质生产量的影响均呈现正效应。各因素对马铃薯干物质生产量的影响顺序与主效应影响顺序一致。

2. 各单因子对干物质影响

利用多因子及平方项逐步回归模型采用降维法进行单因素影响分析。将其他因素水平固定在零水平，便可得出反映各单因素对干物质生产量影响过程的子模型。

回归模型的数学子模型为

补灌量（$X_1$）： $Y=-7803.4522+14.5193X_1-0.0070X_1^2$ (5.50)

施氮量（$X_2$）： $Y=-7803.4522+68.6600X_2-0.1424X_2^2$ (5.51)

施磷量（$X_3$）： $Y=-7803.4522+83.9132X_3-0.2525X_3^2$ (5.52)

施钾量（$X_4$）： $Y=-7803.4522+123.4087X_4-0.7952X_4^2$ (5.53)

各单一因素对干物质生产量的影响曲线分别如图 5.35～图 5.38 所示。

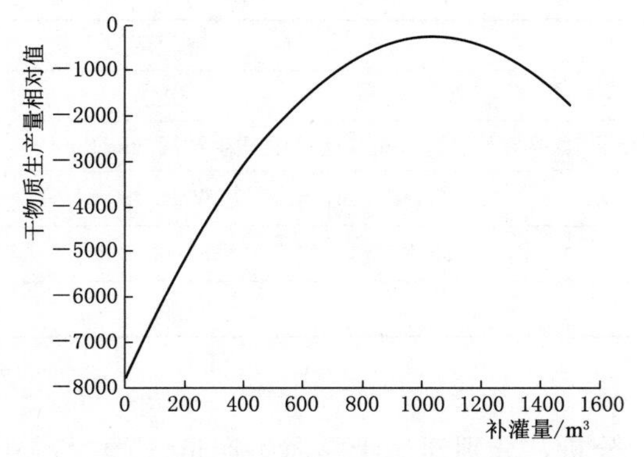


图 5.35 补灌量对干物质生产量的影响

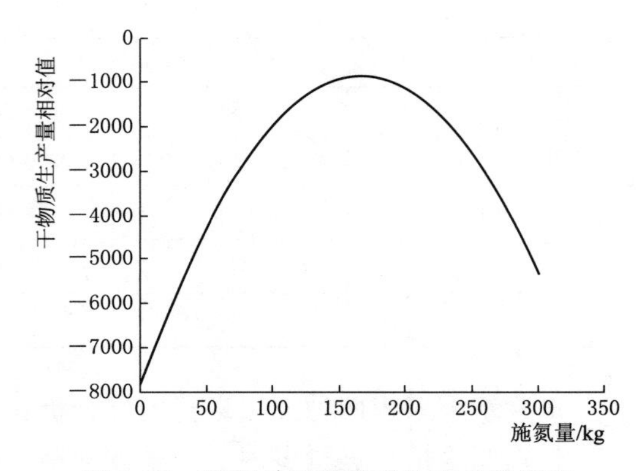


图 5.36 施氮量对干物质生产量的影响

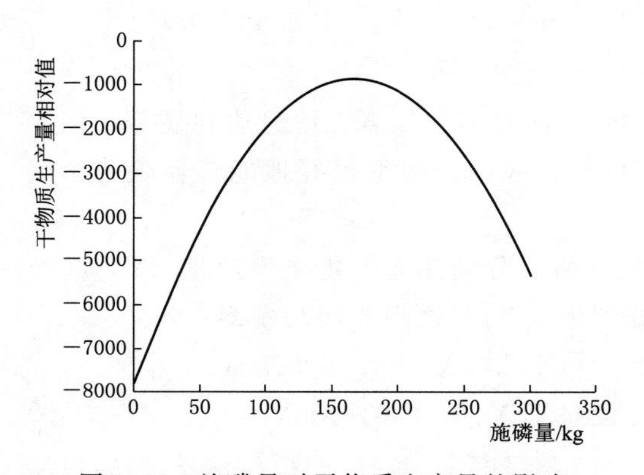


图 5.37 施磷量对干物质生产量的影响

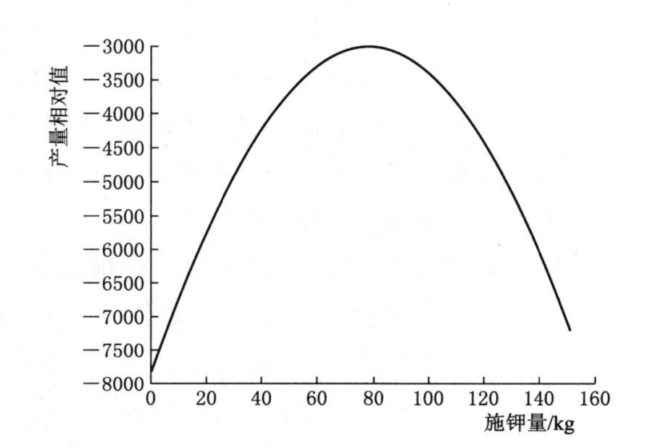


图 5.38 施钾量对干物质生产量的影响

从以上四图中可以看出：各因素对马铃薯干物质生产量的影响曲线均呈二次抛物线的形式，且二次项为负，即抛物线开口向下。补灌量（$X_1$）、施氮量（$X_2$）、施磷量（$X_3$）和施钾量（$X_4$）对马铃薯干物质生产量的影响与其对应的水平大小有密切关系，当各单因素的水平较低时，低于抛物线对称轴，此时对马铃薯干物质生产量的影响呈现明显的正效应，这一点与主模型的主效应一致；随着各单因素水平高于抛物线对称轴水平时，因素的平方项效应贡献超过其一次项主效应的贡献，此时各单因素对马铃薯干物质生产量的影响均呈现为负效应，从其影响变化上看，各单因素对马铃薯干物质生产量影响过程类似，但是各个因素之间对其影响大小和顺序有较大区别。

*3. 交互作用对干物质影响*

干物质生产量的多因子及互作项逐步回归主模型为：

$$Y=9332.5058+3.7886X_1-25.8702X_2+39.1310X_4+0.0625X_1X_2 -0.0173X_1X_3-0.0825X_1X_4-0.1294X_2X_3+0.3016X_3X_4 \tag{5.54}$$

两因素交互作用对马铃薯干物质生产量的影响顺序为：$X_3X_4>X_2X_3>X_1X_4>X_1X_2>X_1X_3$，施磷量与施钾量的交互作用对马铃薯干物质生产量的影响最大，补灌量与施磷量的交互作用对马铃薯干物质生产量的影响最小，而且补灌量与施氮量的交互作用和施钾量与施磷量的交互作用对马铃薯干物质生产量影响呈现正效应，补灌量与施磷量的交互作用、补灌量与施钾量的交互作用和施氮量与施磷量的交互作用对马铃薯干物质生产量影响呈现负效应。

利用多因子及互作项逐步回归模型采用降维法进行两因素交互作用分析。

交互作用回归分析子模型：

$X_1$ 与 $X_2$ 交互：$Y=9332.5058+3.7886X_1-25.8702X_2+0.0625X_1X_2$ (5.55)

$X_1$ 与 $X_3$ 交互：$Y=9332.5058+3.7886X_1-0.0173X_1X_3$ (5.56)

$X_1$ 与 $X_4$ 交互：$Y=9332.5058+3.7886X_1+39.1310X_4-0.0825X_1X_4$ (5.57)

$X_2$ 与 $X_3$ 交互：$Y=9332.5058-25.8702X_2-0.1294X_2X_3$ (5.58)

$X_3$ 与 $X_4$ 交互：$Y=9332.5058+39.1310X_4+0.3016X_3X_4$ (5.59)

两因素交互作用对干物质生产量的影响曲面分别如图 5.39～图 5.43 所示。

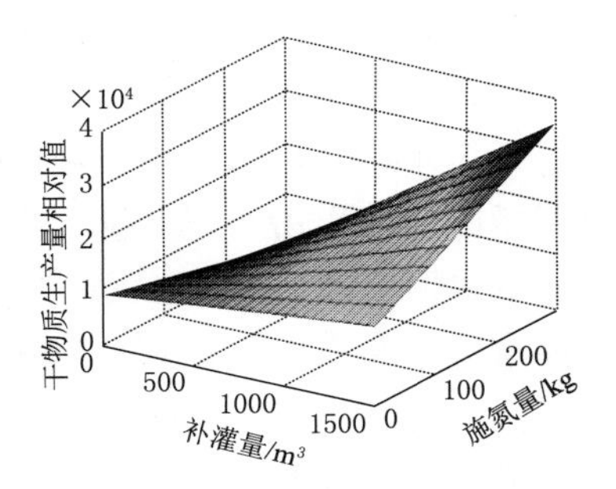


图 5.39 补灌量与施氮量交互作用

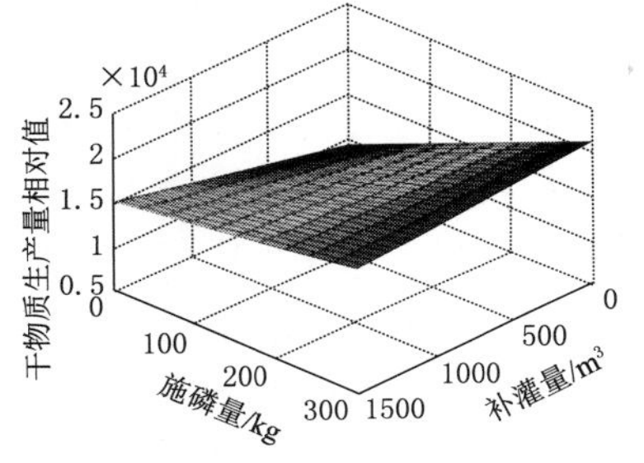


图 5.40 补灌量与施磷量交互作用

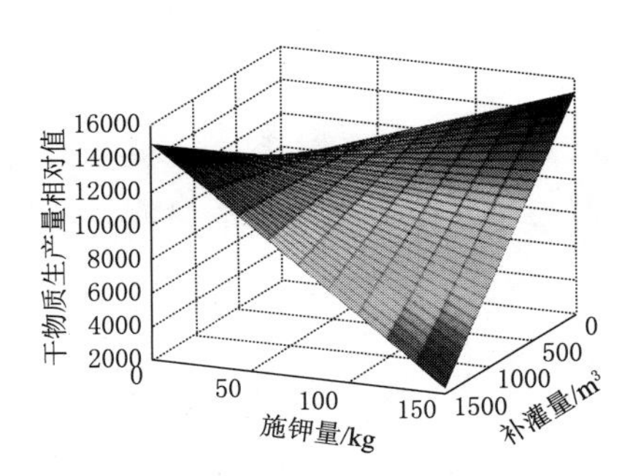


图 5.41 补灌量与施钾量交互作用

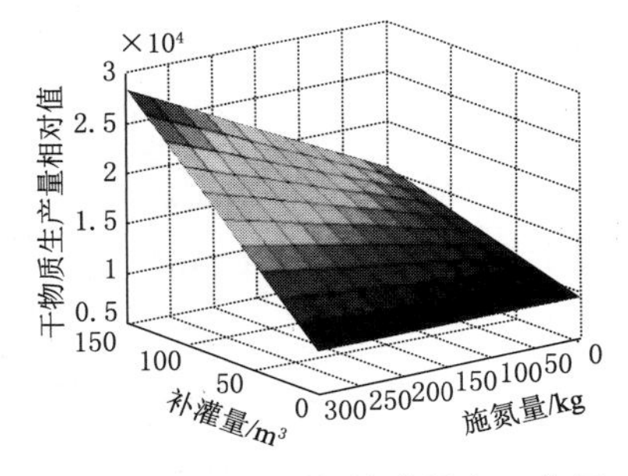


图 5.42 施氮量与补灌量交互作用

从以上五图可以看出：两因素交互作用对马铃薯干物质生产量影响效果与交互的因素种类有关。从图 5.41 可以看出：曲面沿两自变量增加的对角线方向为升高趋势，即补灌量与氮肥量交互作用对马铃薯干物质生产量影响呈正效应，随着交互作用的增大，马铃薯干物质生产量增加。从图 5.40 可以看出：曲面呈水平且随两个自变量变化不明显，即补灌量与施磷量的交互作用对马铃薯干物质生产量影响不明显。从图

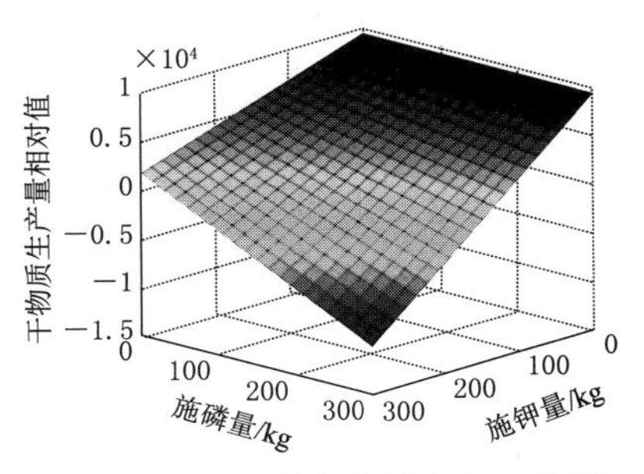


图 5.43 施钾量与施磷量交互作用

5.41 可以看出：曲面沿两自变量增加的对角线方向为下降趋势，即补灌量与施钾量交互作用对马铃薯干物质生产量影响呈负效应，随着交互作用的增大，马铃薯干物质生产量降低。从图 5.42 可以看出：曲面沿两自变量增加的对角线下降明显，即施磷量与施氮量的交互作用对马铃薯干物质生产量影响明显，且呈负效应，随着交互作用的增大，马铃薯干物质生产量呈减小趋势。从图 5.43 中可以看出：曲面沿两自变量增加的对角线升高显著，即施磷量与施钾量交互作用对马铃薯干物质生产量影响较大，且呈正效应，随着交互作用的增大，马铃薯干物质生产量增加。

根据式（5.49），得出四因素影响马铃薯干物质生产量的最优指标组合，其中补灌量 1036.27$m^3/hm^2$，施氮量 241.05$kg/hm^2$，施磷量 166.18$kg/hm^2$，施钾量 77.60$kg/hm^2$，在以上指标基础上马铃薯干物质目标生产量为 19754.88$kg/hm^2$。

（1）单因素对马铃薯干物质生产量的影响曲线均呈二次抛物线型式，各因素低于对称轴水平时处于正效应，高于对称轴水平时对其产生负效应。各单因素对马铃薯产量影响顺序为：施钾量＞施磷量＞补灌量，马铃薯干物质生产量与钾肥关系最为密切。

（2）补灌量与施氮量交互作用和磷肥量与施钾量交互作用对马铃薯干物质生产量影响为正效应，补灌量与施磷量的交互作用、补灌量与施钾量的交互作用和施氮量与施磷量的交互作用对马铃薯干物质生产量影响呈负效应。而且通过对回归模型的分析可以得出两因素交互作用对马铃薯产量影响的顺序为：施磷量与施钾量的交互作用＞施氮量与施磷量的交互作用＞补灌量与施钾量的交互作用＞补灌量与施氮量的交互作用＞补灌量与施磷量的交互作用，其中施磷量与施钾量的交互作用对马铃薯干物质生产量的影响最大，补灌量与施磷量的交互作用对马铃薯干物质生产量的影响最小。

#### 5.4.2.3　水肥耦合对马铃薯干物质含量和淀粉干物质比的影响

1. 水肥耦合作用下马铃薯干物质回归模型的建立

根据 2013 年大田滴灌方式下以补灌量、施氮量、施磷量、施钾量为试验因素的不同水肥处理试验数据，分析水肥耦合对马铃薯干物质含量和淀粉干物质比的影响。干物质含量和淀粉干物质比数据见表 5.42。

**表 5.42　　试验水平及数据表**

| 水平 | 因素 | | | | 干物质含量/% | 淀粉/干物质/% |
|---|---|---|---|---|---|---|
| | $X_1$ | $X_2$ | $X_3$ | $X_4$ | | |
| | 补灌量/($m^3/hm^2$) | 施氮量/($kg/hm^2$) | 施磷量/($kg/hm^2$) | 施钾量/($kg/hm^2$) | | |
| 1 | 600 | 105 | 315 | 15 | 23.61 | 60.02 |
| 2 | 900 | 120 | 45 | 105 | 25.27 | 68.38 |
| 3 | 150 | 45 | 405 | 90 | 24.46 | 62.75 |
| 4 | 1050 | 90 | 450 | 45 | 24.87 | 56.52 |
| 5 | 1200 | 30 | 90 | 30 | 26.55 | 57.85 |
| 6 | 750 | 15 | 270 | 120 | 25.09 | 80.31 |
| 7 | 450 | 75 | 135 | 150 | 24.54 | 62.18 |

续表

| 水平 | 因素 | | | | 干物质含量/% | 淀粉/干物质/% |
|---|---|---|---|---|---|---|
| | $X_1$ | $X_2$ | $X_3$ | $X_4$ | | |
| | 补灌量/($m^3/hm^2$) | 施氮量/($kg/hm^2$) | 施磷量/($kg/hm^2$) | 施钾量/($kg/hm^2$) | | |
| 8 | 300 | 150 | 180 | 60 | 26.75 | 53.06 |
| 9 | 1350 | 135 | 360 | 135 | 28.09 | 58.08 |
| 10 | 1500 | 60 | 225 | 75 | 21.83 | 65.08 |

通过偏最小二乘法考虑互作项的回归方法，建立干物质含量（$Y_1$）、淀粉干物质比（$Y_2$）分别与补灌量（$X_1$）、施氮量（$X_2$）、施磷量（$X_3$）及施钾量（$X_4$）之间的回归模型：

$$Y_1=34.1802-0.031X_1-1.4696X_2-0.4352X_3-0.6727X_4-0.0001X_1^2+0.1039X_2^2+0.0069X_3^2+0.0169X_4^2+0.0013X_1X_2+0.001X_1X_3-0.0008X_1X_4+0.0061X_2X_3+0.047X_2X_4+0.0218X_3X_4 \tag{5.60}$$

$$Y_2=38.7287+0.3195X_1-0.6935X_2+1.5907X_3+2.946X_4-0.0035X_1^2+0.095X_2^2-0.03146X_3^{2-}0.1589X_4^2+0.0226X_1X2-0.0037X_1X_3+0.0214X_1X_4-0.0736X_2X_3-0.2285X_2X_4-0.0198X_3X_4 \tag{5.61}$$

回归模型 $R_1^2=0.8741$，$R_2^2=0.9001$，故模型能较好反映各因素与目标的关系。

根据模型标准回归系数，各单因素对干物质含量的影响次序为：施氮量＞施钾量＞施磷量＞补灌量；各单因素对马铃薯干物质含量的影响均产生负效应，这说明通过单一灌水或施肥都会对马铃薯干物质含量产生负效应；交互作用对干物质含量的影响最大的是施氮量与施钾量的交互作用，其次是施磷量与施钾量的交互作用，影响最小的是补灌量与施钾量的交互作用；除补灌量与施钾量的交互对马铃薯马铃薯干物质含量产生负效应外，其他各因素交互对马铃薯干物质含量均产生正效应。各单因素对淀粉干物质比的影响次序为：施钾量＞施磷量＞施氮量＞补灌量；除施氮量对淀粉干物质比产生负效应外，其他三因素均对马铃薯淀粉干物质比产生正效应；交互作用对马铃薯淀粉干物质比影响最大的是施氮量与施钾量的交互作用，其次是施氮量与施磷量的交互作用，影响最小的是补灌量与施磷量的交互作用；补灌量与施氮量、补灌量与施钾量对马铃薯淀粉干物质比产生正效应，补灌量与施磷量、施氮量与施磷量、施氮量与施钾量、施磷量与施钾量对马铃薯淀粉干物质比产生负效应。

2. 各单因子对干物质含量的影响

根据偏最小二乘考虑互作项回归模型，采用降维法进行单因素交互作用对马铃薯干物质含量的影响分析。单因素偏回归模型如下：

补灌量：$$Y_1=34.1802-0.031X_1-0.0001X_1^2 \tag{5.62}$$

施氮量：$$Y_1=34.1802-1.4696X_2+0.1039X_2^2 \tag{5.63}$$

施磷量：$$Y_1=34.1802-0.4352X_3+0.0069X_3^2 \tag{5.64}$$

施钾量：$$Y_1=34.1802-0.6727X_4+0.0169X_4^2 \tag{5.65}$$

补灌量、施氮量、施磷量、施钾量对干物质含量的影响如图 5.44～图 5.47 所示。

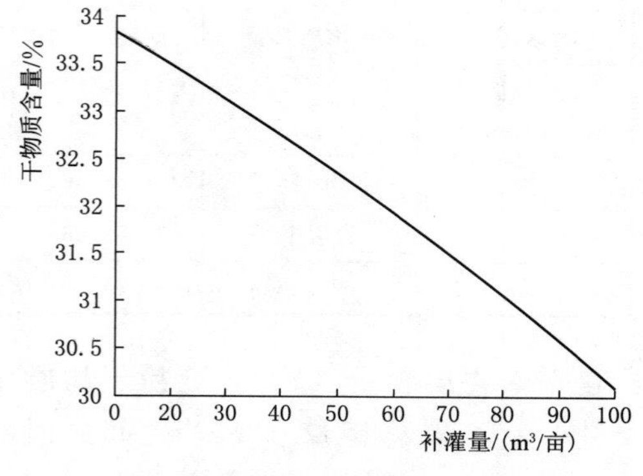


图 5.44　补灌量对干物质含量的影响

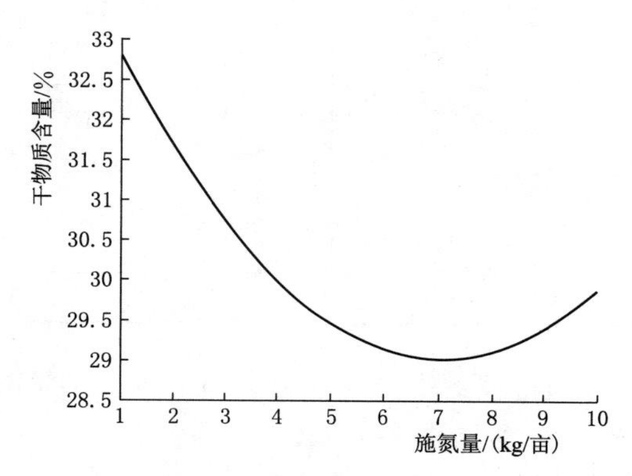


图 5.45　施氮量对干物质含量的影响

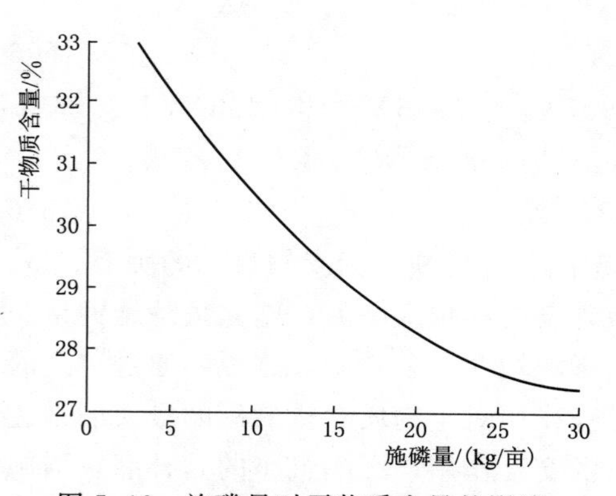


图 5.46　施磷量对干物质含量的影响

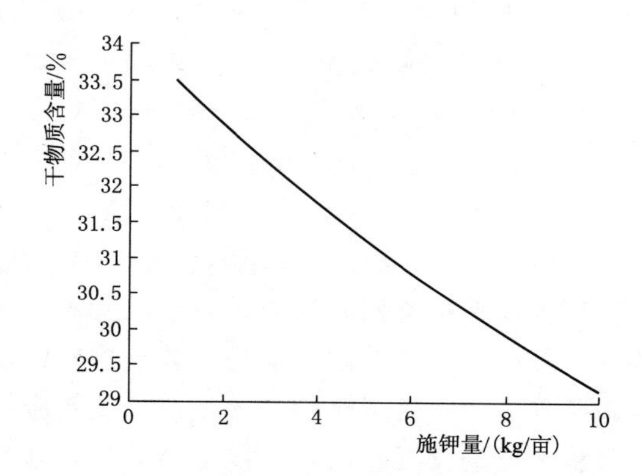


图 5.47　施钾量对干物质含量的影响

由图 5.44～图 5.47 可知，马铃薯干物质含量随着补灌量、施磷量、施钾量的增加逐渐减小，随着施氮量的增加呈先减小后增加的趋势。

3. 交互作用对干物质含量影响

根据偏最小二乘考虑互作项回归模型，采用降维法进行两因素交互作用对马铃薯干物质含量的影响分析。根据模型标准回归系数，判断两因素对干物质含量的影响次序。

两因素交互作用回归分析子模型：

$$Y_1=34.1802-0.031X_1-1.4696X_2-0.0001X_1^2+0.1039X_2^2+0.0013X_1X_2 \quad (5.66)$$

$$Y_1=34.1802-0.031X_1-0.4352X_3-0.0001X_1^2+0.0069X_3^2+0.001X_1X_3 \quad (5.67)$$

$$Y_1=34.1802-0.031X_1-0.6727X_4-0.0001X_1^2+0.0169X_4^2-0.0008X_1X_4 \quad (5.68)$$

$$Y_1=34.1802-1.4696X_2-0.4352X_3+0.1039X_2^2+0.0069X_3^2+0.0061X_2X_3 \quad (5.69)$$

$$Y_1=34.1802-1.4696X_2-0.6727X_4+0.1039X_2^2+0.0169X_4^2+0.047X_2X_4 \quad (5.70)$$

$$Y_1=34.1802-0.4352X_3-0.6727X_4+0.0069X_3^2+0.0169X_4^2+0.0218X_3X_4 \quad (5.71)$$

通过两因素交互回归模型，绘制两因素对干物质含量的影响趋势图 5.48～图 5.53。

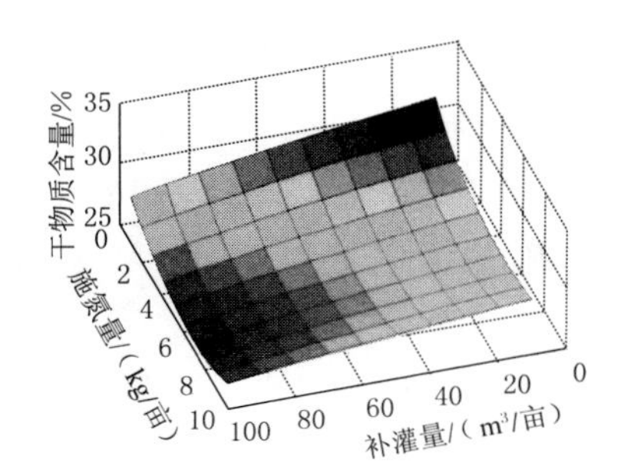


图 5.48 补灌量与施氮量的交互效应

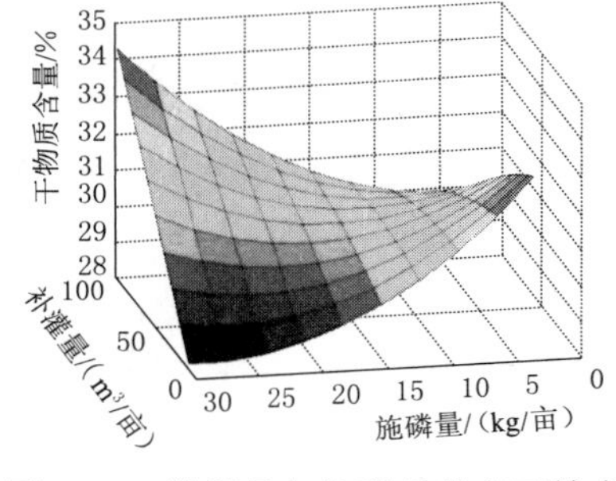


图 5.49 补灌量与施磷量的交互效应

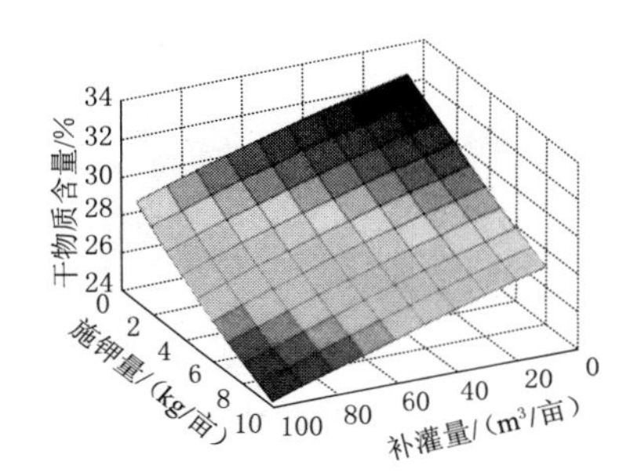


图 5.50 补灌量与施钾量的交互效应

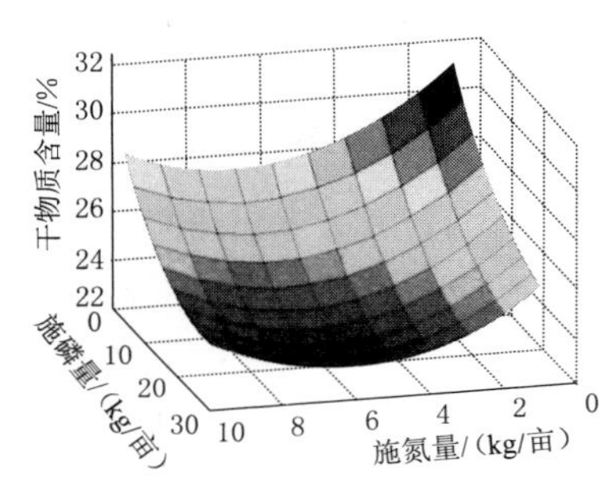


图 5.51 施氮量与施磷量的交互效应

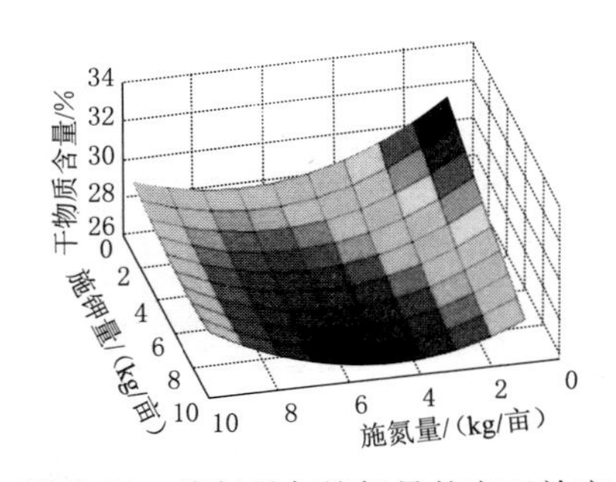


图 5.52 施氮量与施钾量的交互效应

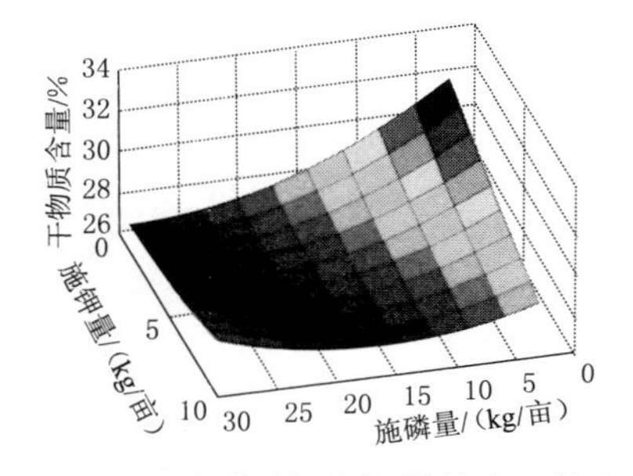


图 5.53 施磷量与施钾量的交互效应

由图 5.48 可知，干物质含量随着补灌量与施氮量的增加逐渐降低。低水平补灌量和低水平施氮量下，干物质含量存在较高值。

由图 5.49 可知，施磷量在 45～180kg/hm$^2$时，干物质含量随着补灌量增加呈减小趋势；施磷量为 180～450kg/hm$^2$时，干物质含量随着补灌量增加呈增加趋势；补灌量为 150～450m$^3$/hm$^2$时，干物质含量随着施磷量的增加而增加；补灌量为 450～900m$^3$/hm$^2$时，干物质含量随着施磷量的增加呈先降低后增加的趋势；补灌量为 900～1500m$^3$/hm$^2$时，干物质含量随着施磷量的增加呈逐渐降低的趋势；补灌量、施磷量均为最大水平时，干物质含量出现最大值。

由图 5.50 可知，干物质含量随着补灌量与施钾量的增加逐渐降低。补灌量为 150～

750m³/hm²与施钾量为15～75kg/hm²的范围内的交互，马铃薯干物质含量较高且变化范围较小；补灌量为900～1500m³/hm²与施钾量为90～150kg/hm²的范围内的交互，马铃薯干物质含量较低且在补灌量、施钾量最大水平时降到最低。

由图5.51可知，施氮量一定时，马铃薯干物质含量随着施磷量增加而减小，且曲线斜率较大；施磷量一定时，马铃薯干物质含量随着施氮量的增加而减小，且变化范围较小。

由图5.52和图5.53可知，施钾量一定时，马铃薯干物质含量随着施氮量、施磷量的增加而减小，施磷量对马铃薯干物质含量影响的趋势大于施氮量的。施氮量和施磷量一定时，施钾量对干物质含量影响的趋势均大于施氮量和施磷量的。

4. 各单因子对淀粉干物质比的影响

根据偏最小二乘考虑互作项回归模型，采用降维法进行单因素交互作用对马铃薯淀粉干物质比的影响分析。单因素偏回归模型如下：

$$Y_2 = 38.7287 + 0.3195X_1 - 0.0035X_1^2 \tag{5.72}$$

$$Y_2 = 38.7287 - 0.6935X_2 + 0.095X_2^2 \tag{5.73}$$

$$Y_2 = 38.7287 + 1.5907X_3 - 0.03146X_3^2 \tag{5.74}$$

$$Y_2 = 38.7287 + 2.946X_4 - 0.1589X_4^2 \tag{5.75}$$

补灌量、施氮量、施磷量、施钾量对马铃薯淀粉干物质比的影响如图5.54～图5.57所示。

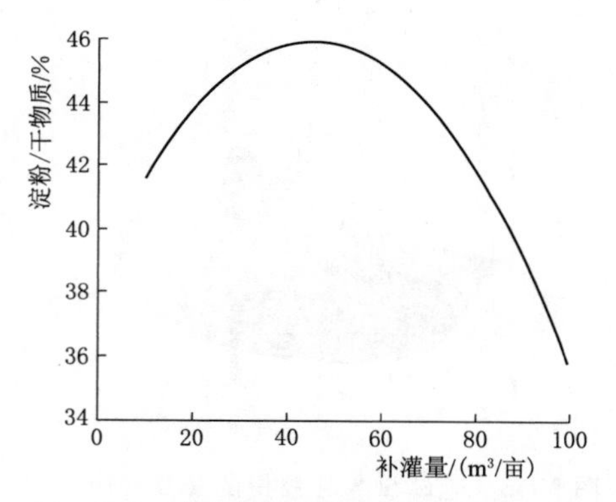


图5.54　补灌量对淀粉干物质比的影响

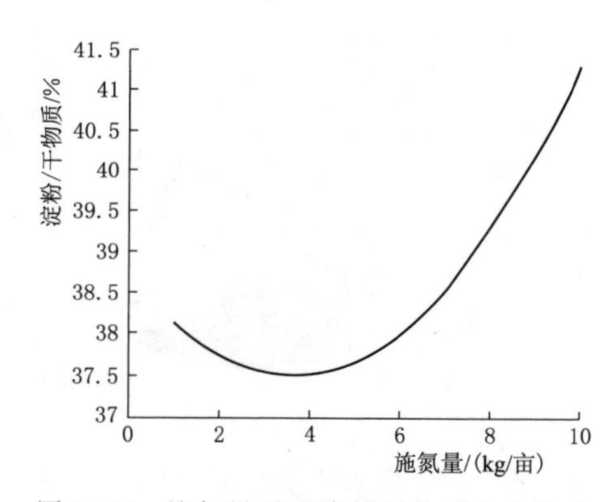


图5.55　施氮量对干淀粉干物质比的影响

由图5.54可知，补灌量对淀粉干物质比的影响呈开口向下的抛物线趋势，补灌量为150～675m³/hm²时，淀粉干物质逐渐增大，超过675m³/hm²时，淀粉干物质比开始降低。水分是作物根系吸收养分的主要溶剂，也是作物植株、块茎的主要成分。马铃薯块茎中水分过多往往会降低淀粉含量；对于以生产淀粉为目的的马铃薯块茎，其水分过多是评价经济指标的不利因素。因此适当的灌水量是提高干物质中淀粉含量的重要保障。

由图5.55可知，施氮量对淀粉干物质比的影响趋势存在最低点；在施氮量范围内，施氮量为60～150kg/hm²，马铃薯淀粉干物质比随施氮量的增加而增大。氮肥对马铃薯叶绿素总量有显著影响，而叶绿素在光合等作用下产生同化物，经过作物枝、秆、茎将同化物转移形成作物颗粒的淀粉、糖分等，但氮肥过多，会导致作物叶片繁多，作物只长植株不结果的现象；在本试验条件下，施氮量对马铃薯淀粉干物质比存在施量范围界定。

由图 5.56 可知，施磷量对马铃薯淀粉干物质比的影响呈开口向下的抛物线趋势；施磷量为 45～360kg/hm$^2$，淀粉干物质比随着施磷量的增加而增大；施磷量超过 360kg/hm$^2$后，淀粉干物质比随之减小。

由图 5.57 可知，施钾量也对马铃薯淀粉干物质比的影响呈开口向下的抛物线趋势；施钾量为 15～127.5kg/hm$^2$，淀粉干物质比随着施钾量的增加而增大；施钾量超过 127.5kg/hm$^2$后，淀粉干物质比随之减小。

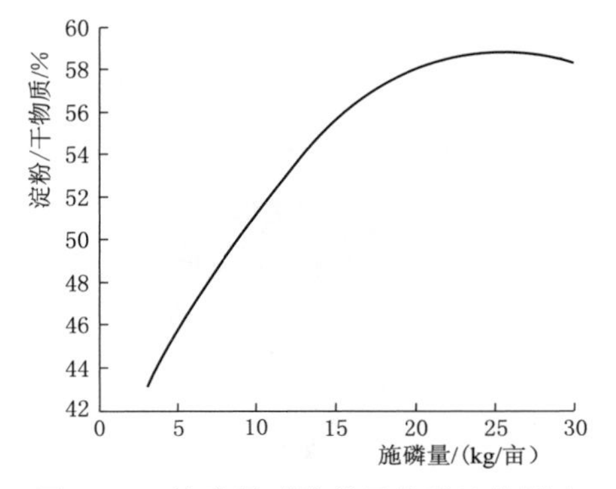


图 5.56 施磷量对淀粉干物质比的影响

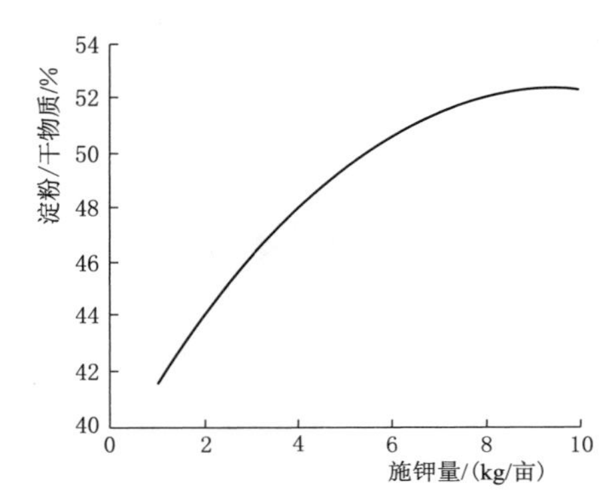


图 5.57 施钾量对淀粉干物质比的影响

5. 交互作用对淀粉干物质比影响

根据偏最小二乘考虑互作项回归模型，采用降维法进行两因素交互作用对马铃薯淀粉干物质比的影响分析。根据模型标准回归系数，判断两因素对干物质含量的影响次序。

根据回归模型，建立两因素对淀粉干物质比的子模型：

$$Y_2=38.7287+0.3195X_1-0.6935X_2-0.0035X_1^2+0.095X_2^2+0.0226X_1X_2 \quad (5.76)$$

$$Y_2=38.7287+0.3195X_1+1.5907X_3-0.0035X_1^2-0.0314X_3^2-0.0037X_1X_3 \quad (5.77)$$

$$Y_2=38.7287+0.3195X_1+2.9460X_4-0.0035X_1^2-0.1589X_4^2+0.0214X_1X_4 \quad (5.78)$$

$$Y_2=38.7287-0.6935X_2+1.5907X_3+0.0950X_2^2-0.0315X_3^2-0.0736X_2X_3 \quad (5.79)$$

$$Y_2=38.7287-0.6935X_2+2.9460X_4+0.0950X_2^2-0.1589X_4^2-0.2285X_2X_4 \quad (5.80)$$

$$Y_2=38.7287+1.5907X_3+2.946X_4-0.03146X_3^2-0.1589X_4^2-0.0198X_3X_4 \quad (5.81)$$

根据子模型绘制两因素对淀粉干物质比的影响趋势图如图 5.58～图 5.63 所示。

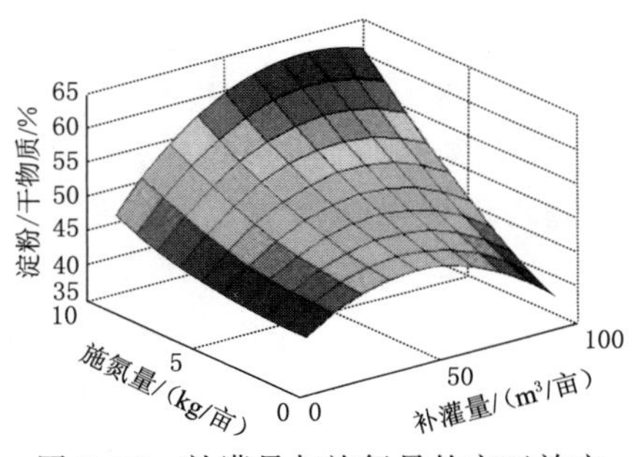


图 5.58 补灌量与施氮量的交互效应

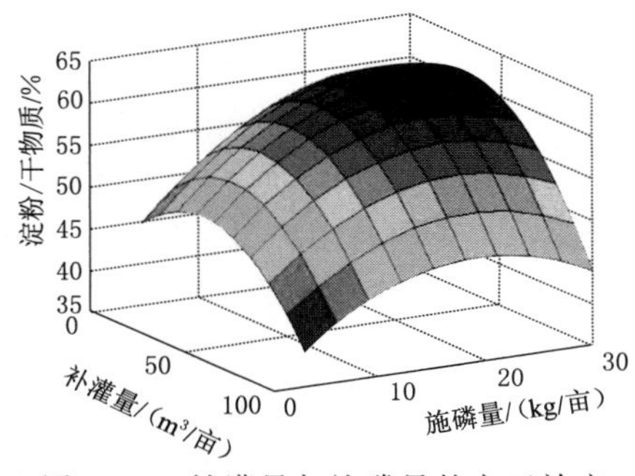


图 5.59 补灌量与施磷量的交互效应

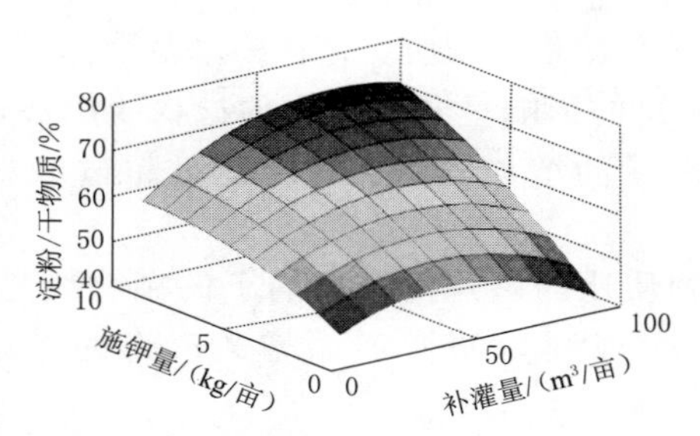


图 5.60　补灌量与施钾量的交互效应

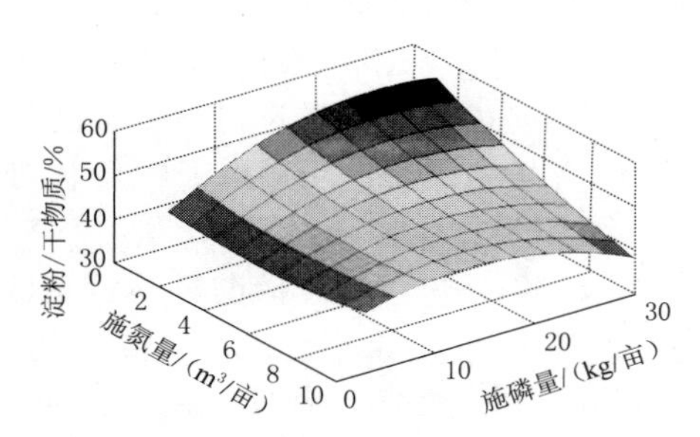


图 5.61　施氮量与施磷量的交互效应

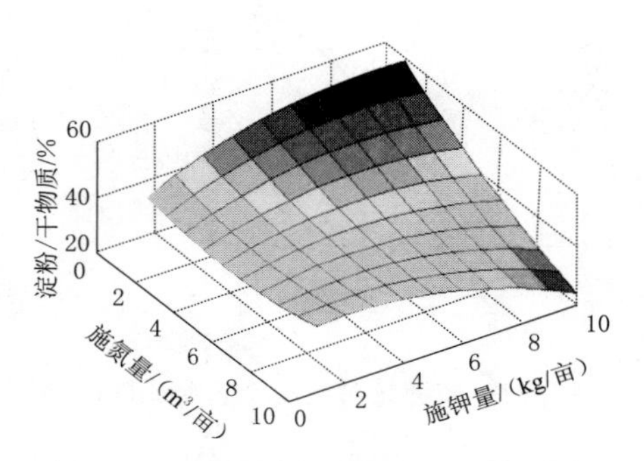


图 5.62　施氮量与施钾量的交互效应

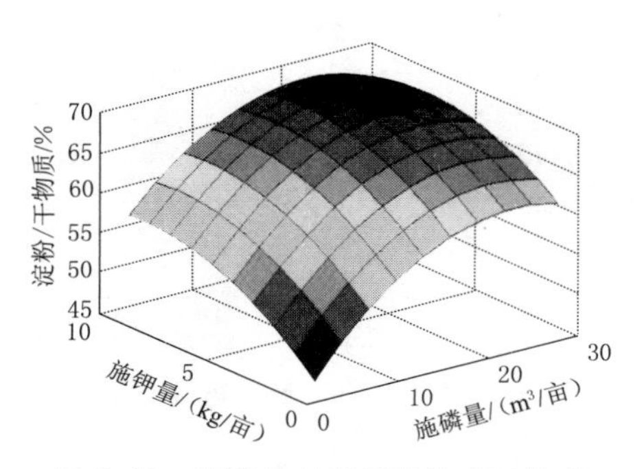


图 5.63　施磷量与施钾量的交互效应

由图 5.58、图 5.60 可知，补灌量与施氮量、补灌量与施钾量对马铃薯淀粉干物质的影响趋势基本一致；补灌量一定时，马铃薯淀粉干物质比随着施氮量、施钾量的增加而增加；施氮量、施钾量一定时，淀粉干物质比随着补灌量的增加呈先增加后减小的趋势，因此补灌量过多或过少都会对淀粉干物质比产生负效应；补灌量为 300～900$m^3/hm^2$，施氮量、施钾量分别为 105～150$kg/hm^2$、90～150$kg/hm^2$时，淀粉干物质比超过 55%。

由图 5.59 可知，补灌量一定时，淀粉干物质比随着施磷量的增加呈先增加后降低的趋势；施磷量为 315$kg/hm^2$时，同一水平的补灌量下淀粉干物质比大于其他施磷量水平。施磷量一定时，淀粉干物质比随着补灌量的增加呈先增加后降低的趋势；补灌量、施磷量分别为 600～900$m^3/hm^2$、270～405$kg/hm^2$时，淀粉干物质比超过 55%。

由图 5.61 可知，施氮量一定时，淀粉干物质比随着施磷量的增加呈先增加后降低的趋势；施磷量为 45～405$kg/hm^2$时对淀粉干物质比产生正效应，超过 405$kg/hm^2$时对淀粉干物质比产生负效应。施磷量一定时，施氮量对淀粉干物质比产生负效应。

由图 5.62 可知，施氮量一定时，淀粉干物质比随着施钾量的增加而增加；施钾量一定时，施氮量对淀粉干物质比产生负效应。

由图 5.63 可知，施磷量一定时，淀粉干物质比随着施钾量的增加呈先增加后降低的趋势；施钾量对淀粉干物质比与施磷量的一致。施磷量、施钾量分别为 180～405$kg/hm^2$、60～130$kg/hm^2$时，淀粉干物质比超过 65%。

## 5.5 水肥耦合对马铃薯肥料利用率的影响

施用化肥是现代农业发展中必不可少的增产方式，中国耕地只有世界耕地面积的7%，但化肥消费却占到世界的1/3[30]，凸显了我国肥料利用率低下的问题。由于土地和气候条件得天独厚，宁夏的种薯和商品薯走俏全国和中亚市场。近年来，由于对马铃薯产量的过度追求，导致了马铃薯种植过程中肥料的过量投入，土壤中过量的肥料由于挥发、淋溶和径流等原因不仅造成了大量损失，而且也造成了环境的污染，这些问题与农业生产过程中不合理的灌溉施肥有直接关系[31-33]。因此，研究水肥对肥料利用效率的影响对于如何提高肥料的利用效率、充分发挥肥料的作用具有重要指导意义。

### 5.5.1 试验结果与模型建立

#### 5.5.1.1 2013年肥料利用率表与模型

不同水肥处理条件下，马铃薯对氮、磷、钾肥的吸收量统计分析见表5.43～表5.45。按吸收量大小排了顺序，对照组最小，均排在了最后。表5.46所示为各处理试验因素及对应的肥料利用率。

表5.43　　不同处理下氮肥吸收量的统计分析结果

| 处理 | 均值/(kg/亩) | 5%显著水平 | 标准误差 | 比对照组多吸收/(kg/亩) | 施纯氮量/(kg/亩) | 氮肥利用率/% |
|---|---|---|---|---|---|---|
| 1 | 11.41 | a | 2.24 | 10.34 | 7 | 93.40 |
| 4 | 10.23 | ab | 0.72 | 7.45 | 6 | 89.22 |
| 8 | 10.07 | ab | 1.36 | 7.00 | 10 | 51.97 |
| 10 | 8.80 | ab | 1.50 | 6.93 | 4 | 98.22 |
| 2 | 8.65 | ab | 0.93 | 6.88 | 8 | 47.24 |
| 9 | 8.06 | ab | 0.98 | 6.78 | 9 | 35.37 |
| 3 | 7.08 | abc | 1.49 | 6.17 | 3 | 73.61 |
| 7 | 6.50 | abc | 2.11 | 5.91 | 5 | 32.41 |
| 5 | 6.27 | abc | 0.60 | 4.42 | 2 | 69.72 |
| 6 | 5.25 | bc | 0.45 | 3.19 | 1 | 37.29 |
| 对照组 | 4.87 | c | 0.25 | | | |

注　相同字母的平均值之间差异没有达到5%的显著水平，下同。

表5.44　　不同处理下磷肥吸收量的统计分析结果

| 处理 | 均值/(kg/亩) | 5%显著水平 | 标准误差 | 比对照组多吸收/(kg/亩) | 施纯磷量/(kg/亩) | 磷肥利用率/% |
|---|---|---|---|---|---|---|
| 6 | 2.33 | a | 0.43 | 1.68 | 18 | 9.33 |
| 9 | 2.14 | a | 0.25 | 1.49 | 24 | 6.21 |
| 4 | 2.14 | a | 0.16 | 1.49 | 30 | 4.96 |
| 1 | 2.05 | ab | 0.29 | 1.40 | 21 | 6.69 |

续表

| 处理 | 均值/(kg/亩) | 5%显著水平 | 标准误差 | 比对照组多吸收/(kg/亩) | 施纯磷量/(kg/亩) | 磷肥利用率/% |
|---|---|---|---|---|---|---|
| 5 | 1.90 | ab | 0.02 | 1.24 | 6 | 20.74 |
| 2 | 1.67 | abc | 0.16 | 1.02 | 3 | 34.09 |
| 10 | 1.59 | abc | 0.24 | 0.94 | 15 | 6.29 |
| 3 | 1.41 | abc | 0.33 | 0.76 | 27 | 2.82 |
| 8 | 1.38 | abc | 0.24 | 0.73 | 12 | 6.04 |
| 7 | 0.89 | bc | 0.07 | 0.24 | 9 | 2.63 |
| 对照组 | 0.65 | c | 0.03 | | | |

**表5.45　不同处理下钾肥吸收量的统计分析结果**

| 处理 | 均值/(kg/亩) | 5%显著水平 | 标准误差 | 比对照组多吸收/(kg/亩) | 施纯钾量/(kg/亩) | 钾肥利用率/% |
|---|---|---|---|---|---|---|
| 9 | 7.43 | a | 0.85 | 5.23 | 9 | 58.11 |
| 6 | 7.26 | a | 1.32 | 5.06 | 8 | 63.25 |
| 10 | 5.64 | a | 0.84 | 3.44 | 5 | 68.80 |
| 5 | 4.05 | a | 0.04 | 1.85 | 2 | 92.50 |
| 2 | 4.93 | ab | 0.49 | 2.73 | 7 | 39.00 |
| 4 | 4.83 | ab | 0.51 | 2.63 | 3 | 87.67 |
| 8 | 4.45 | ab | 0.78 | 2.25 | 4 | 56.25 |
| 3 | 4.44 | ab | 1.04 | 2.24 | 6 | 37.33 |
| 7 | 3.97 | ab | 0.3 | 1.77 | 10 | 17.70 |
| 1 | 2.73 | ab | 0.76 | 0.53 | 1 | 53.00 |
| 对照组 | 2.2 | b | | | | |

**表5.46　各处理试验因素及肥料利用率**

| 处理 | 因素 | | | | 肥料利用率/% | | |
|---|---|---|---|---|---|---|---|
| | $X_1$ | $X_2$ | $X_3$ | $X_4$ | $Y_1$ | $Y_2$ | $Y_3$ |
| | 补灌量/(m³/亩) | 施纯氮量/(kg/亩) | 施纯磷量/(kg/亩) | 施纯钾量/(kg/亩) | 氮肥利用率 | 磷肥利用率 | 钾肥利用率 |
| 1 | 40 | 7 | 21 | 1 | 93.4 | 6.69 | 53.00 |
| 2 | 60 | 8 | 3 | 7 | 47.24 | 34.10 | 39.00 |
| 3 | 10 | 3 | 27 | 6 | 73.61 | 2.82 | 37.33 |
| 4 | 70 | 6 | 30 | 3 | 89.22 | 4.96 | 87.67 |
| 5 | 80 | 2 | 6 | 2 | 69.72 | 20.75 | 92.50 |
| 6 | 50 | 1 | 18 | 8 | 37.29 | 9.33 | 63.25 |
| 7 | 30 | 5 | 9 | 10 | 32.41 | 2.63 | 17.70 |

续表

| 处理 | 因素 | | | | 肥料利用率/% | | |
|---|---|---|---|---|---|---|---|
| | $X_1$ | $X_2$ | $X_3$ | $X_4$ | $Y_1$ | $Y_2$ | $Y_3$ |
| | 补灌量/(m³/亩) | 施纯氮量/(kg/亩) | 施纯磷量/(kg/亩) | 施纯钾量/(kg/亩) | 氮肥利用率 | 磷肥利用率 | 钾肥利用率 |
| 8 | 20 | 10 | 12 | 4 | 51.97 | 6.04 | 56.25 |
| 9 | 90 | 9 | 24 | 9 | 35.37 | 6.21 | 58.11 |
| 10 | 100 | 4 | 15 | 5 | 98.22 | 6.29 | 68.80 |

**注** 肥料因素换算为纯氮、磷、钾表示。

根据表5.46中试验结果进行逐步回归分析，分别建立氮肥利用率（$Y_1$）、磷肥利用率（$Y_2$）、钾肥利用率（$Y_3$）与补灌量（$X_1$）、施氮量（$X_2$）、施磷量（$X_3$）和施钾量（$X_4$）之间的回归模型：

$$Y_1=-304.59+11.8311X_1-66.7424X_2+52.3246X_3-0.0995X_1^2+7.2165X_2^2-0.8662X_3^2+0.0889X_1X_4-3.2074X_2X_3 \quad (5.82)$$

回归模型$F$检验概率$p=0.025$（$P<0.05$），回归模型显著性检验达到显著，回归模型的决定系数$R^2=0.9988$，模型的拟合程度良好，模型回归系数的$T$检验见表5.47，均达到了极显著水平，故回归模型很好地能够反映各个因素与氮肥利用率之间的关系。

**表5.47 模型各项回归系数$T$检验结果（$t_{0.01}=2.896$，$t_{0.05}=1.860$，$t_{0.1}=1.397$）**

| 模型各项 | $X_1$ | $X_2$ | $X_3$ | $X_1^2$ | $X_2^2$ | $X_3^2$ | $X_1X_4$ | $X_2X_3$ |
|---|---|---|---|---|---|---|---|---|
| $T$检验 | 36.07 | 18.50 | 35.72 | 36.83 | 26.32 | 26.60 | 7.54 | 27.34 |

$$Y_2=-26.59+1.1909X_1-0.2455X_4-0.0059X_1^2+0.2184X_2^2+0.0425X_3^2-0.0262X_1X_3+0.0108X_1X_4-0.0859X_2X_3 \quad (5.83)$$

回归模型$F$检验概率$p=0.02$（$P<0.05$），回归模型显著性检验达到显著，回归模型的决定系数$R^2=0.9992$，模型的拟合程度良好，除了$X_3$项的模型回归系数的$T$检验见表5.48均达到了显著水平，其他项的$T$检验均达到了极显著水平，故回归模型很好地能够反映各个因素与磷肥利用率之间的关系。

**表5.48 模型各项回归系数$T$检验结果（$t_{0.01}=2.896$，$t_{0.05}=1.860$，$t_{0.1}=1.397$）**

| 模型各项 | $X_1$ | $X_4$ | $X_1^2$ | $X_2^2$ | $X_3^2$ | $X_1X_3$ | $X_1X_4$ | $X_2X_3$ |
|---|---|---|---|---|---|---|---|---|
| $T$检验 | 53.25 | 2.00 | 45.88 | 30.36 | 50.13 | 46.16 | 5.09 | 16.35 |

$$Y_3=291.0+38.7763X_2+20.1151X_3-181.7248X_4-0.0072X_1^2-0.0618X_3^2+11.9676X_4^2+0.3821X_1X_4-2.8396X_2X_3 \quad (5.84)$$

回归模型$F$检验概率$p=0.035$（$P<0.05$），回归模型显著性检验达到显著，回归模型的决定系数$R^2=0.9976$，模型的拟合程度良好，模型回归系数的$T$检验见表5.49均达到了极显著的水平，故回归模型很好地能够反映各个因素与钾肥利用率之间的关系。

**表 5.49　模型各项回归系数 $T$ 检验结果（$t_{0.01}=2.896$，$t_{0.05}=1.860$，$t_{0.1}=1.397$）**

| 模型各项 | $X_2$ | $X_4$ | $X_3$ | $X_1^2$ | $X_3^2$ | $X_4^2$ | $X_1X_4$ | $X_2X_3$ |
| --- | --- | --- | --- | --- | --- | --- | --- | --- |
| $T$ 检验 | 12.48 | 13.74 | 35.80 | 3.75 | 2.40 | 26.48 | 12.66 | 14.75 |

### 5.5.1.2　2014 年肥料利用率表与模型

不同水肥处理条件下，马铃薯对氮、磷、钾肥的吸收量统计分析见表 5.50、表 5.51、表 5.52。表中按吸收量大小排了顺序，对照组均排在了最后。表 5.53 是各处理试验因素及对应的肥料利用率。

**表 5.50　不同处理下氮肥吸收量的统计分析结果**

| 处理 | 均值 /（kg/亩） | 5%显著水平 | 标准误差 | 比对照组多吸收 /（kg/亩） | 施纯氮量 /（kg/亩） | 氮肥利用率 /% |
| --- | --- | --- | --- | --- | --- | --- |
| 10 | 12.42 | a | 0.76 | 8.02 | 20 | 40.10 |
| 8 | 10.30 | b | 0.94 | 5.90 | 14 | 42.13 |
| 9 | 9.05 | bc | 0.89 | 4.65 | 12 | 38.76 |
| 5 | 7.54 | bcd | 0.97 | 3.14 | 18 | 17.43 |
| 7 | 8.22 | cde | 1.47 | 3.82 | 10 | 38.20 |
| 6 | 7.42 | cde | 0.67 | 3.02 | 16 | 18.85 |
| 3 | 7.63 | cde | 1.09 | 3.22 | 8 | 40.28 |
| 4 | 6.19 | cde | 1.30 | 1.79 | 2 | 89.45 |
| 1 | 6.17 | de | 2.53 | 2.17 | 6 | 29.45 |
| 2 | 6.12 | ef | 1.83 | 1.72 | 4 | 43.01 |
| 对照组 | 4.40 | f | 1.53 | | | |

**注**　不同字母的平均值之间差异达到 5%的显著水平，下同。

**表 5.51　不同处理下磷肥吸收量的统计分析结果**

| 处理 | 均值 /（kg/亩） | 5%显著水平 | 标准误差 | 比对照组多吸收 /（kg/亩） | 施纯磷量 /（kg/亩） | 磷肥利用率 /% |
| --- | --- | --- | --- | --- | --- | --- |
| 10 | 2.84 | a | 0.18 | 2.09 | 16 | 13.07 |
| 9 | 2.29 | b | 0.21 | 1.54 | 20 | 7.68 |
| 8 | 2.24 | bc | 0.09 | 1.48 | 8 | 18.55 |
| 3 | 2.22 | bc | 0.19 | 1.47 | 10 | 14.72 |
| 4 | 1.79 | bcd | 0.03 | 1.04 | 14 | 7.45 |
| 2 | 1.77 | bcd | 0.10 | 1.02 | 4 | 25.58 |
| 1 | 1.67 | cd | 0.16 | 0.92 | 18 | 5.13 |
| 6 | 1.56 | d | 0.08 | 0.81 | 12 | 6.74 |
| 5 | 1.50 | d | 0.31 | 0.75 | 2 | 37.59 |
| 7 | 1.47 | d | 0.31 | 0.72 | 6 | 12.00 |
| 对照组 | 0.75 | e | 0.03 | | | |

表 5.52 不同处理下钾肥吸收量的统计分析结果

| 处理 | 均值 /（kg/亩） | 5%显著水平 | 标准误差 | 比对照组多吸收 /（kg/亩） | 施纯钾量 /（kg/亩） | 钾肥利用率 /% |
|---|---|---|---|---|---|---|
| 10 | 9.49 | a | 1.40 | 5.89 | 6 | 98.21 |
| 9 | 7.13 | b | 0.0041 | 3.54 | 8 | 44.21 |
| 4 | 6.55 | b | 0.67 | 2.95 | 5 | 59.04 |
| 3 | 6.40 | bc | 0.87 | 2.80 | 3 | 93.29 |
| 5 | 6.30 | bc | 0.22 | 2.71 | 4 | 67.67 |
| 7 | 6.17 | bc | 1.53 | 2.57 | 7 | 36.75 |
| 6 | 5.61 | bc | 1.90 | 2.01 | 10 | 20.12 |
| 1 | 5.18 | bc | 0.15 | 2.59 | 2 | 79.17 |
| 2 | 4.84 | cd | 1.38 | 1.24 | 9 | 13.77 |
| 8 | 4.53 | cd | 2.05 | 1.23 | 1 | 93.34 |
| 对照组 | 3.60 | d | 1.25 | | | |

表 5.53 各处理试验因素及肥料利用率

| 处理 | 因素 | | | | 肥料利用率 | | |
|---|---|---|---|---|---|---|---|
| | $X_1$ | $X_2$ | $X_3$ | $X_4$ | $Y_1$ | $Y_2$ | $Y_3$ |
| | 补灌量 /($m^3$/亩) | 施纯氮量 /(kg/亩) | 施纯磷量 /(kg/亩) | 施纯钾量 /(kg/亩) | 氮肥利用率 /% | 磷肥利用率 /% | 钾肥利用率 /% |
| 1 | 20 | 6 | 18 | 2 | 29.45 | 5.13 | 79.17 |
| 2 | 80 | 4 | 4 | 9 | 43.01 | 25.58 | 13.77 |
| 3 | 100 | 8 | 10 | 3 | 40.28 | 14.72 | 93.29 |
| 4 | 50 | 2 | 14 | 5 | 89.45 | 7.45 | 59.04 |
| 5 | 40 | 18 | 2 | 4 | 17.43 | 37.59 | 67.67 |
| 6 | 30 | 16 | 12 | 10 | 18.85 | 6.74 | 20.12 |
| 7 | 10 | 10 | 6 | 7 | 38.20 | 12.00 | 36.75 |
| 8 | 70 | 14 | 8 | 1 | 42.13 | 18.55 | 93.34 |
| 9 | 60 | 12 | 20 | 8 | 38.76 | 7.68 | 44.21 |
| 10 | 90 | 20 | 16 | 6 | 40.10 | 13.07 | 98.21 |

**注** 肥料因素换算为纯氮、纯磷、纯钾表示。

根据表 5.53 中试验结果进行逐步回归分析，分别建立氮肥利用率（$Y_1$）、磷肥利用率（$Y_2$）、钾肥利用率（$Y_3$）与补灌量（$X_1$）、施纯氮量（$X_2$）、施纯磷量（$X_3$）和施纯钾量（$X_4$）之间的回归模型：

$$Y_1=40.945+1.452X_1-16.842X_2+22.3118X_4-0.0085X_1^2+0.781X_2^2+0.0598X_1X_3-0.2638X_1X_4-0.9629X_2X_4 \quad (5.85)$$

回归模型 $F$ 检验概率 $p=0.011$（$P<0.05$），回归模型显著性检验达到显著，回归模型的决定系数 $R^2=0.9989$，模型的拟合程度良好，模型回归系数的 $T$ 检验见表 5.54 均

达到了极显著水平，故回归模型很好地能够反映各个因素与氮肥利用率之间的关系。

表5.54　回归系数 $T$ 检验结果（$t_{0.01}=2.896$，$t_{0.05}=1.860$，$t_{0.1}=1.397$）

| 模型各项 | $X_1$ | $X_2$ | $X_4$ | $X_1^2$ | $X_2^2$ | $X_1X_3$ | $X_1X_4$ | $X_2X_4$ |
|---|---|---|---|---|---|---|---|---|
| $T$ 检验 | 42.25 | 102.36 | 72.74 | 34.22 | 116.74 | 81.91 | 94.77 | 49.03 |

$$Y_2=24.7267+0.1399X_1-3.0281X_3-0.0006X_1^2+0.1368X_3^2+0.0195X_1X_2-0.0095X_1X_3-0.1075X_2X_3+0.0607X_2X_4 \quad (5.86)$$

回归模型 $F$ 检验概率 $p=0.013$（$P<0.05$），回归模型显著性检验达到显著，回归模型的决定系数 $R^2=0.9982$，模型的拟合程度良好，模型回归系数的 $T$ 检验见表5.55均达到了极显著水平，故回归模型很好地能够反映各个因素与磷肥利用率之间的关系。

表5.55　回归系数 $T$ 检验结果（$t_{0.01}=2.896$，$t_{0.05}=1.860$，$t_{0.1}=1.397$）

| 模型各项 | $X_1$ | $X_3$ | $X_1^2$ | $X_3^2$ | $X_1X_2$ | $X_1X_3$ | $X_2X_3$ | $X_2X_4$ |
|---|---|---|---|---|---|---|---|---|
| $T$ 检验 | 247.94 | 844.07 | 130.97 | 1180.27 | 746.71 | 300.14 | 527.32 | 346.26 |

$$Y_3=87.777+3.5813X_3-10.225X_4+0.0234X_2^2+0.1965X_4^2+0.006X_1X_4+0.1419X_2X_3+0.0177X_2X_4-0.5494X_3X_4 \quad (5.87)$$

回归模型 $F$ 检验概率 $p=0.021$（$P<0.05$），回归模型显著性检验达到显著，回归模型的决定系数 $R^2=0.9887$，模型的拟合程度良好，模型回归系数的 $T$ 检验见表5.56均达到了极显著水平，故回归模型很好地能够反映各个因素与钾肥利用率之间的关系。

表5.56　回归系数 $T$ 检验结果（$t_{0.01}=2.896$，$t_{0.05}=1.860$，$t_{0.1}=1.397$）

| 模型各项 | $X_3$ | $X_4$ | $X_2^2$ | $X_4^2$ | $X_1X_4$ | $X_2X_3$ | $X_2X_4$ | $X_3X_4$ |
|---|---|---|---|---|---|---|---|---|
| $T$ 检验 | 143.88 | 119.66 | 20.22 | 34.84 | 15.89 | 94.73 | 3.94 | 180.62 |

### 5.5.2　水肥耦合对氮肥利用率的影响

#### 5.5.2.1　2013年试验水肥耦合对氮肥利用率的影响分析

采用降维法对2013年氮肥利用率逐步回归模型（5.82）降维，得到其子模型进行分析。利用降维法由氮肥利用率回归模型公式（5.82）可得各因素与氮肥利用率之间子模型公式：

补灌量（$X_1$）：　$$Y_1=-304.59+11.8311X_1-0.0995X_1^2 \quad (5.82a)$$

氮肥量（$X_2$）：　$$Y_1=-304.59-66.7424X_2+7.2165X_2^2 \quad (5.82b)$$

磷肥量（$X_3$）：　$$Y_1=-304.59+52.3246X_3 \quad (5.82c)$$

由上述三式和表5.43可知：不同水肥处理条件下马铃薯氮肥利用率差异显著，马铃薯对氮肥利用率普遍较高，有部分氮肥施量较小的水平，氮肥利用率超过了100%，这是由于其处理氮肥施量很小，不足以满足植株生长需要，植株从土壤中吸收部分氮肥，满足生长需要。补灌量（$X_1$）与氮肥利用率（$Y_1$）呈现二次抛物线的关系，即在补灌量处于低水平时，随着补灌量的增加，马铃薯的氮肥利用率随之提高，当补灌量超过一定水平（59.5$m^3$/亩）时，马铃薯的氮肥利用率随之下降。施氮量（$X_2$）与氮肥利用率（$Y_1$）

的子模型，存在二次项，呈开口向上的抛物线趋势，对称轴为 4.62kg/亩，在试验条件下，氮肥利用率会随着氮肥量的增加而下降，当施氮量超过 4.62kg/亩时，氮肥利用率又有所提高。由于氮肥是马铃薯的生长必不可少的肥料，必须保证一定量的氮肥施量，因此理想的施氮量应大于 4.62kg/亩。本年试验条件下，施磷量（$X_3$）与氮肥利用率（$Y_1$）呈正相关，磷肥增加有助于提高氮肥利用率。施钾量（$X_4$）与氮肥利用率（$Y_1$）相关性低，模型回归过程中被剔除，钾肥对氮肥利用率影响最小。结合表 5.57，根据氮肥利用率回归模型公式（5.82）的标准回归系数得出各因素对氮肥利用率的影响大小顺序为：$X_3>X_1>X_2>X_4$。本年度试验条件下，磷肥对马铃薯氮肥利用率影响最为显著，施钾量与氮肥利用率关系度较低，氮肥利用率对钾肥施量变化不明显。

**表 5.57　　2013 年氮、磷、钾肥利用率模型标准回归系数**

| 标准回归系数 | 因素 | | | |
|---|---|---|---|---|
| | $X_1$ | $X_2$ | $X_3$ | $X_4$ |
| 氮肥利用率模型 | 2.21 | −1.25 | 2.93 | — |
| 磷肥利用率模型 | 3.64 | — | — | −0.075 |
| 钾肥利用率模型 | — | 1.11 | 1.73 | −5.20 |

注　模型回归过程中部分相关性低的因素被剔除，无标准回归系数。下同。

#### 5.5.2.2　2014 年试验水肥耦合对氮肥利用率的影响分析

利用 2014 年氮肥利用率逐步回归模型公式（5.85）采用降维法进行影响分析。降维分析是在分析某一因素对因变量影响时，将其他因素水平固定在零水平，得出该因素与因变量之间关系子模型，分析其子模型。利用降维法由氮肥利用率回归模型公式（5.85）可得各因素与氮肥利用率之间子模型公式：

补灌量（$X_1$）：　$$Y_1=40.945+1.452X_1-0.0085X_1^2 \tag{5.85a}$$

氮肥量（$X_2$）：　$$Y_1=40.945-16.842X_2+0.781X_2^2 \tag{5.85b}$$

钾肥量（$X_4$）：　$$Y_1=40.945+22.3118X_4 \tag{5.85c}$$

由上述三式和表 5.50 可知：不同水肥处理条件下马铃薯氮肥利用率有明显差异。补水量（$X_1$）与氮肥利用率（$Y_1$）呈现二次抛物线的关系，即在补水量处于低水平时，随着补灌量的增加，马铃薯的氮肥利用率随之提高，当补灌量超过一定水平（85.4$m^3$/亩）时，马铃薯的氮肥利用率随之下降。施钾量（$X_4$）与氮肥利用率（$Y_1$）呈正相关，钾肥增加有助于提高氮肥利用率，施钾量标准回归系数远远大于补灌量的标准回归系数，即氮肥利用率对钾肥更敏感，钾肥对氮肥利用率的提高作用最为明显。施磷量（$X_3$）与氮肥利用率（$Y_1$）相关性低，模型回归过程中被剔除，磷肥对氮肥利用率影响最小。施氮量（$X_2$）与氮肥利用率（$Y_1$）的子模型，存在二次项，呈开口向上的抛物线趋势，对称轴为 10.8kg/亩，在试验条件下，氮肥利用率会随着氮肥量的增加而下降，由于氮肥是马铃薯的生长必不可少的肥料，必须保证一定量的氮肥施量，但过量地施用氮肥会造成其严重浪费。结合表 5.58，根据氮肥利用率回归模型公式（5.85）的标准回归系数得出各因素对氮肥利用率的影响大小顺序为：$X_4>X_2>X_1>X_3$。

表 5.58 2014 年氮、磷、钾肥利用率模型标准回归系数

| 标准回归系数 | 因素 | | | |
|---|---|---|---|---|
| | $X_1$ | $X_2$ | $X_3$ | $X_4$ |
| 氮肥利用率模型 | 1.28 | −2.98 | / | 1.97 |
| 磷肥利用率模型 | 0.42 | / | −1.81 | / |
| 钾肥利用率模型 | / | / | 0.53 | −0.75 |

### 5.5.3 水肥耦合对磷肥利用率的影响

#### 5.5.3.1 2013 年试验水肥耦合对磷肥利用率的影响分析

利用降维法由 2013 年磷肥利用率回归模型公式（5.83）可得到各因素与磷肥利用率之间关系的子模型公式：

补灌量（$X_1$）： $$Y_2=-26.59+1.1909X_1-0.0059X_1^2 \quad (5.83a)$$

施钾量（$X_4$）： $$Y_2=-26.59-0.2455X_4 \quad (5.83b)$$

由表 5.44 可知：不同水肥处理条件下马铃薯磷肥利用率也有所不同，马铃薯对磷肥利用率整体偏低。由式（5.83a）可知：由于其对称轴为 100.9$m^3$/亩，超出试验范围，在试验范围内，其关系为抛物线的左半支，增加补灌量（$X_1$）有助于提高磷肥利用率，随着补灌量增加，马铃薯的磷肥利用率随之提高。由式（5.83b）可知：施钾量（$X_4$）不利于提高磷肥利用率（$Y_2$），由于钾肥量（$X_4$）的标准回归系数较小，其对磷肥利用率的影响较小，因此磷肥利用率主要受到补灌量（$X_1$）的影响。施氮量（$X_2$）与施磷量（$X_3$）与磷肥利用率的相关性低，在模型回归过程中被剔除，子模型中也无法反映。结合表 4.15 中磷肥利用率回归模型公式（4.2）的标准回归系数得：各因素对磷肥利用率的影响大小顺序为：$X_1>X_4$，均大于 $X_2$ 和 $X_3$。试验过程中，磷肥量（$X_3$）普遍较大，而且马铃薯对磷肥的吸收量率较小，因此磷肥的变化对磷肥利用率影响不明显。补灌量（$X_1$）对磷肥利用率影响最为显著。

#### 5.5.3.2 2014 年试验水肥耦合对磷肥利用率的影响分析

利用降维法由 2014 年磷肥利用率回归模型公式（5.86）可得各因素与磷肥利用率之间子模型公式：

补灌量（$X_1$）： $$Y_2=24.7267+0.1399X_1-0.0006X_1^2 \quad (5.86a)$$

施磷量（$X_3$）： $$Y_2=24.7267-3.0281X_3+0.1368X_3^2 \quad (5.86b)$$

由上述两式和表 5.51 可知：不同水肥处理条件下马铃薯磷肥利用率也有所不同，马铃薯对磷肥利用率整体偏低。补灌量有助于提高磷肥利用率，随着补灌量增加，马铃薯的磷肥利用率随之提高，由于子模型中 $X_1$ 标准回归系数较小，补灌量对磷肥利用率影响较小。施磷量（$X_3$）与磷肥利用率（$Y_2$）的子模型存在二次项，两者呈二次抛物线关系，随着施磷量的增加，磷肥利用率呈现下降趋势，当施磷量为 11.1kg/亩时，磷肥利用率最低，马铃薯只能吸收少部分磷肥，而且利用效率较低；当施磷量超过 11.1kg/亩时，虽然磷肥利用率有所提高，但磷肥浪费的绝对量仍在增加，大量磷肥不能被马铃薯利用，会造成磷肥淋湿。施氮量（$X_2$）、施钾量（$X_4$）与磷肥利用率（$Y_2$）相关性低，在模型回归

过程中被剔除，子模型中也无法反映。结合表 5.58 中，根据磷肥利用率回归模型公式（5.86）的标准回归系数得出各因素对磷肥利用率的影响大小顺序为：$X_3>X_1$，均大于 $X_2$ 和 $X_4$。

### 5.5.4 水肥耦合对钾肥利用率的影响

#### 5.5.4.1 2013 年试验水肥耦合对钾肥利用率的影响分析

利用降维法由 2013 年钾肥利用率回归模型公式（5.84）可得各因素与钾肥利用率之间子模型公式：

施氮量（$X_2$）： $$Y_3=291.0+38.7763X_2 \quad (5.84a)$$

施磷量（$X_3$）： $$Y_3=291.0+20.1151X_3-0.0618X_3^2 \quad (5.84b)$$

施钾量（$X_4$）： $$Y_3=291.0-181.7248X_4+11.9676X_4^2 \quad (5.84c)$$

由表 5.53 可知：不同水肥处理条件下马铃薯钾肥利用率也不同，试验田所在地马铃薯对钾肥利用率整体较高，在施钾量较低的水平处理条件下，钾肥利用率也出现了超过100%的现象，这是由于施钾量不足以满足植株生长需要，植株从土壤中吸收部分钾肥。由式（5.84a）可知：施氮量（$X_2$）与钾肥利用率（$Y_3$）呈正相关的关系，在试验范围内，增加施氮量（$X_2$）有助于提高钾肥利用率（$Y_3$）。由式（5.84b）可知：施磷量（$X_3$）与钾肥利用率（$Y_3$）呈二次抛物线关系，其对称轴较大，远超试验范围，在试验范围内，增加施磷量（$X_3$）有助于提高钾肥利用率。由式（5.84c）可知：施钾量（$X_4$）与钾肥利用率（$Y_3$）的子模型，呈对称轴为 7.59kg/亩的开口向上的抛物线，施钾量7.59kg/亩时钾肥利用率最低，因此施钾量应该避开这个值附近，避免造成钾肥的浪费。结合表 5.57，根据钾肥利用率回归模型公式（5.84）的标准回归系数得出各因素对钾肥利用率的影响大小顺序为：$X_4>X_3>X_2>X_1$。补灌量（$X_1$）与钾肥利用率（$Y_3$）相关性较低，在模型回归过程中被剔除，补灌量对钾肥利用率影响最小。

#### 5.5.4.2 2014 年试验水肥耦合对钾肥利用率的影响分析

利用降维法由 2014 年钾肥利用率回归模型公式（5.87）可得各因素与钾肥利用率之间子模型公式：

施氮量（$X_2$）： $$Y_3=87.777+0.0234X_2^2 \quad (5.87a)$$

施磷量（$X_3$）： $$Y_3=87.777+3.5813X_3 \quad (5.87b)$$

施钾量（$X_4$）： $$Y_3=87.777-10.225X_4+0.1965X_4^2 \quad (5.87c)$$

由上述三式和表 5.52 可知：不同水肥处理条件下马铃薯钾肥利用率也不同，试验田所在地马铃薯对钾肥利用率整体较高。补灌量（$X_1$）与钾肥利用率（$Y_3$）相关性较低，在模型回归过程中被剔除，补水量对钾肥利用率影响最小。施氮量（$X_2$）、施磷量（$X_3$）与钾肥利用率（$Y_3$）呈现正相关，增加施氮量和施磷量均有助于提高钾肥利用率，从其系数可知，施氮量对钾肥利用率影响不明显，施磷量对钾肥利用率影响更加直接。施钾量（$X_4$）与钾肥利用率（$Y_3$）的子模型，呈二次抛物线，其对称轴较大，超出试验范围，在试验范围内，随着施钾量的增加，钾肥利用率下降，马铃薯对钾肥有很好的吸收能力，但施钾量过大依然会造成钾肥的浪费。结合表 5.58，根据钾肥利用率回归模型公式（5.87）的标准回归系数得出各因素对钾肥利用率的影响大小顺序为：$X_4>X_3>X_2>X_1$。

### 5.5.5　氮、磷、钾肥利用率的最优水肥方案

#### 5.5.5.1　2013年肥料利用率模型优化

根据表5.46中2013年肥料利用率结果进行偏最小二乘逐步回归分析，建立氮肥利用率（$Y_1$）、磷肥利用率（$Y_2$）、钾肥利用率（$Y_3$）与补灌量（$X_1$）、施氮量（$X_2$）、施磷量（$X_3$）和施钾量（$X_4$）之间的回归模型：

$$Y_1 = 162.47 + 7.4308X_1 - 124.2714X_2 + 27.4543X_3 + 18.6851X_4 - 0.0687X_1^2 + 8.1395X_2^2 - 0.755X_3^2 - 1.4753X_4^2 \quad (5.88)$$

$$Y_2 = 15.19 + 0.554X_1 - 1.2664X_2 - 2.5895X_3 + 2.5355X_4 - 0.0044X_1^2 + 0.1259X_2^2 + 0.0604X_3^2 - 0.2256X_4^2 \quad (5.89)$$

$$Y_3 = 104.97 + 4.4098X_1 + 30.4885X_2 + 10.1591X_3 - 84.7907X_4 - 0.0395X_1^2 - 2.7831X_2^2 - 0.2093X_3^2 + 5.7454X_4^2 \quad (5.90)$$

以上三目标的最小二乘回归模型的决定系数分别为$R_1^2=0.8781$、$R_2^2=0.8333$、$R_3^2=0.8978$，三个回归模型的拟合程度良好，可以得到最优组合目标函数马铃薯氮、磷、钾肥利用率分别为374.0%、23.2%、212.8%，组合目标函数最优时，补灌量为56.1m³/亩，施氮量、施磷量和施钾量分别为1.0kg/亩、4.5kg/亩、1.07kg/亩。此时的氮肥和钾肥吸收量均超过了施入量，不可取，土地处于不可持续状态，应避免这种情况的发生。为进一步了解水肥耦合对肥料利用效率的影响，选择适宜的水肥方案，需要调整试验方案继续进行试验。

#### 5.5.5.2　2014年肥料利用率模型优化

根据表5.53中2014年肥料利用率结果进行偏最小二乘逐步回归分析，建立氮肥利用率（$Y_1$）、磷肥利用率（$Y_2$）、钾肥利用率（$Y_3$）与补灌量（$X_1$）、施氮量（$X_2$）、施磷量（$X_3$）和施钾量（$X_4$）之间的回归模型：

$$Y_1 = 26.0 + 1.1X_1 - 12.99X_2 + 8.42X_3 + 14.02X_4 - 0.0097X_1^2 + 0.45X_2^2 - 0.32X_3^2 - 1.33X_4^2 \quad (5.91)$$

$$Y_2 = 30.98 + 0.27X_1 - 0.54X_2 - 3.99X_3 + 0.67X_4 - 0.0018X_1^2 + 0.0458X_2^2 + 0.1265X_3^2 - 0.1116X_4^2 \quad (5.92)$$

$$Y_3 = 101.74 - 0.62X_1 + 1.3X_2 + 4.25X_3 - 14.38X_4 + 0.0079X_1^2 - 0.0161X_2^2 - 0.1235X_3^2 + 0.2563X_4^2 \quad (5.93)$$

以上三目标的最小二乘回归模型的决定系数分别为$R_1^2=0.8500$、$R_2^2=0.9618$、$R_3^2=0.9228$，三个回归模型的拟合程度良好，可以得到最优组合目标函数马铃薯氮、磷、钾肥利用率分别为78.05%、33.57%、64.89%，组合目标函数最优时，补灌量为76.8m³/亩，施氮量、施磷量和施钾量分别为2.0kg/亩、3.4kg/亩、2.3kg/亩。以产量或品质为目标确定的灌水施肥方案相比，施肥量明显偏低。提高肥料利用率与提高产量品质之间存在矛盾，因此在确定灌水施肥方案不能单方面追求肥料利用率的最优化，为满足产量品质要求必须采用较低肥料利用率，部分肥料的浪费不可避免，与刘小虎等[34]的研究一致。

# 第6章　不同水氮处理对马铃薯生长和土壤水氮运移分布的影响

## 6.1　试验方案与研究方法

### 6.1.1　试验区概况

试验点位于宁夏中部干旱带典型区域同心县下马关镇，地处鄂尔多斯台地与黄土高原北部的衔接地带。东经105°35′～106°27′，北纬37°18′～38°23′，海拔1730～1950m。试验地区属温带大陆性气候，日照时间长，昼夜温差大。年内平均降水量200～250mm，蒸发量为2200～2315mm，地表蒸发剧烈且紫外线强度大。降雨主要集中在每年7—9月，占全年降雨量的80%以上，有6个月左右的无霜期，有效积温3915.3℃，地下水埋深在10m以下。2018年马铃薯生育期内（5月1日—10月1日）总降雨量为300mm，该年属于丰水年。总蒸发量为1020mm。试验田土壤为壤土，耕作层土壤基础化学性质见表6.1。

表6.1　耕作层土壤基础化学性质

| 年份 | pH值 | 全盐/(g/kg) | 有机质/(g/kg) | 水解氮/(mg/kg) | 有效磷/(mg/kg) | 速效钾/(mg/kg) | 全氮/(g/kg) | 全磷/(g/kg) | 全钾/(g/kg) |
|---|---|---|---|---|---|---|---|---|---|
| 2018 | 8.09 | 0.13 | 5.68 | 25 | 5 | 140 | 0.27 | 0.55 | 16.2 |

### 6.1.2　试验设备与材料

试验设备：Decagon微型气象监测系统、便携式叶面积仪（UPA-210ARB）、手持式叶绿素仪（SPAD520）、便携式光合仪（Li-6400）等。

试验材料：试验所选马铃薯品种为青薯9号，该薯具有耐旱、耐寒、抗晚疫病、抗环腐病等特点。氮肥、磷肥、钾肥分别采用尿素（46%）、过磷酸钙（12%）、硫酸钾（52%）。其中氮肥和磷肥在播种前一次性施入，钾肥分3次施入，在播种期施30%，块茎形成期施40%，块茎膨大期施30%。

### 6.1.3　试验设计

本试验在已结题的国家自然科学基金项目“宁夏中部干旱区马铃薯滴灌水肥耦合效应与数值模拟研究”（51169020）[35]的研究结论基础上制定试验方案，再以宁夏水利科学研究院组织编制的《宁夏马铃薯滴灌种植技术规程》为依据[36]，选取3个灌水量水平和3个施氮量水平，采用两因素随机区组试验设计，总共9个处理。每个处理3个重复，共

27个试验小区。在试验小区四周设有保护区作空白对照CK处理，空白对照为露地种植，既不灌水也不施肥。马铃薯大田试验因素水平见表6.2。记灌溉定额 $W_1=900m^3/hm^2$，$W_2=1350m^3/hm^2$，$W_3=1800m^3/hm^2$，施氮量 $N_1=120kg/hm^2$，$N_2=180kg/hm^2$，$N_3=240kg/hm^2$。其中磷肥和钾肥施量（纯磷和纯钾）选定为81.60kg/hm²和150kg/hm²。

每个试验小区面积为25.2m²，长10.5m，宽2.4m。由于当地常年蒸发量大，故采用膜下滴灌“一膜两行”等行距种植模式，膜宽1.2m，种子埋深20cm。马铃薯种植行距60cm，株距50cm，每一行种植马铃薯20株，每个小区种植80株，马铃薯种植密度33345株/hm²。滴灌管采用内嵌式，内径16mm，壁厚0.15mm，工作压力为0.1kPa。滴头流量为2L/h，滴头间距为50cm，即一个滴头控制一株马铃薯。每个小区均采用独立的支管控制，干管处连接水表、闸阀、压力表各一只。马铃薯大田试验实施方案见表6.3。

表6.2　试验因素水平

| 水平 | 灌溉定额/(m³/hm²) | 施氮量/(kg/hm²) |
|---|---|---|
| 1 | 900 | 120 |
| 2 | 1350 | 180 |
| 3 | 1800 | 240 |

表6.3　马铃薯大田试验实施方案

| 处理号 | 区组Ⅰ | 区组Ⅱ | 区组Ⅲ |
|---|---|---|---|
| 1（W1，N1） | 4（W2，N1） | 6（W2，N3） | 8（W3，N2） |
| 2（W1，N2） | 5（W2，N2） | 4（W2，N1） | 5（W2，N2） |
| 3（W1，N3） | 8（W3，N2） | 3（W1，N3） | 3（W1，N3） |
| 4（W2，N1） | 7（W3，N1） | 9（W3，N3） | 6（W2，N3） |
| 5（W2，N2） | 1（W1，N1） | 8（W3，N2） | 4（W2，N1） |
| 6（W2，N3） | 2（W1，N2） | 5（W2，N2） | 2（W1，N2） |
| 7（W3，N1） | 9（W3，N3） | 1（W1，N1） | 9（W3，N3） |
| 8（W3，N2） | 3（W1，N3） | 7（W3，N1） | 1（W1，N1） |
| 9（W3，N3） | 6（W2，N3） | 2（W1，N2） | 7（W3，N1） |
| 10 | CK | CK | CK |

宁夏中部旱区马铃薯最佳播种时间为4月中下旬到5月初。参考当地经验灌水量，各生育期灌水量分配见表6.4。

表6.4　马铃薯各生育期灌溉制度

| 生育期 /（月．日） | 牙条生长期 (5.10—6.5) | 幼苗期 (6.6—6.25) | 块茎形成期 (6.26—7.25) | 块茎增长期 (7.26—8.20) | 淀粉积累期 (8.21—9.20) | 合计 |
|---|---|---|---|---|---|---|
| 灌水比例/% | 8.85 | 17.7 | 31.86 | 32.74 | 8.85 | 100 |
| 灌水次数 | 1 | 2 | 3 | 3 | 1 | 10 |
| 灌水定额 /（m³/hm²） | 79.65 | 79.65 | 95.55 | 98.25 | 79.65 | 900 |
| | 119.40 | 119.40 | 143.40 | 147.30 | 119.40 | 1350 |
| | 159.30 | 159.30 | 191.10 | 196.35 | 159.30 | 1800 |

### 6.1.4 测定项目和方法

#### 6.1.4.1 土壤物理性质的测定

（1）土壤本底值：播种前以S形在试验地耕作层随机取土，分别测定了土壤有机质含量、全盐、水解氮、有效磷、速效钾、全氮、全磷、全钾和土壤pH。

（2）土壤干容重：采用环刀法测定。在试验田选择代表性地块，把表面土壤铲平，开挖剖面，分层采样。将容积一定的环刀垂直压入土中，直至环刀筒内充满土样为止。每层土取样不少于3个重复。用烘干法测定[37]。

结果计算：

$$\gamma=\frac{W_S}{V} \tag{6.1}$$

式中 $\gamma$——土壤容重，$g/cm^3$或$t/m^3$；

$W_S$——烘干土重，g；

$V$——环刀体积，$cm^3$。

（3）田间持水量：采用环刀法，用环刀取原状土样，带回室内。在有孔的底盖中铺一滤纸，盖在环刀的一端，并将此端朝下，放在白搪瓷盘中。向盘内加水，水面高度保持在距环刀上缘1～2mm处，切勿使环刀上面淹水；在相同的土层中采土，风干过1mm筛孔，装入另一环刀中，稍微装满一些，轻拍击实。将饱和的湿土环刀底盖打开，连同滤纸一起放在装有同类风干土的环刀上，两环刀接触8h后，从原状土的环刀中取土10～20g，置于铝盒中，立即称重。经烘箱烘干（6～8h），测其含水量，即为该土壤田间持水量[37]。

（4）凋萎系数：取土样50～60g放入大铝盒中，加水使土壤充分湿润，在盒中种下5～6粒已破颖的作物种子，用厚纸将盒盖好，以免水分蒸发。待出苗后，移至光线充足的地方。当出现两片真叶时，摘除瘦弱的幼苗，留下健壮幼苗2～4株，然后用石蜡和凡士林（2∶1）熔合物封灌土表，或用穿有小孔的厚纸盖严，放于阳光不直接照射的地方，直到作物开始凋萎。当全部叶子萎缩和下垂到叶身的一半时，将铝盒放在相对湿度较高的地方，经一昼夜还不能恢复常态时，即表示当时的土壤含水量已达凋萎系数。然后按烘干法烘干称重，算出凋萎系数。[37]

（5）土壤粒径：在试验田代表性地块开挖剖面，每20cm一层，分层取土，装于自封袋中，带回室内，风干过2mm筛，用Better size 2000激光粒度分布仪来测定，然后根据国际制土壤分类标准[38]确定土壤类型。

（6）土壤含水率：在播种前，以S形路线在试验田随机分层取样（每20cm一层），取土深度100cm。装于铝盒，带回室内用烘干法测定土壤初始含水率。在马铃薯生育期，每次灌水前后各取一次土样，取土位置位于两株马铃薯中间。取土后装于自封袋中，带回实验室用烘干法测定。

（7）土壤含氮量：在种植前，以S形路线在试验区随机取5个点，每隔取样点每20cm一层，取土深度为100cm。马铃薯生长期，在灌水前后分别取样，取样点位于两株马铃薯中间。将土样装于自封袋中带回实验室待测。土壤硝态氮采用国家标准GB/T 32737—2016《土壤硝态氮的测定紫外分光光度法》测定[39]，土壤铵态氮采用国家标准HJ 634—2012《土壤氨氮、亚硝酸盐氮、硝酸盐氮的测定氯化钾溶液提取——分光光度法》测定[40]。

#### 6.1.4.2　气象数据的测定

利用 Decagon 微型气象监测系统监测马铃薯生育期降雨量、蒸发量、太阳辐射、风速风向、相对空气湿度和土壤湿度等。采集数据时间间隔设置为 10min，数据会自动保存到存储卡内，通过自带软件导到计算机中。

#### 6.1.4.3　生长量与产量的测定

（1）株高和茎粗：马铃薯出苗后，在每个小区标定 3 株长势基本相同的植株，从 6 月 9 日开始测量。使用精度为 1mm 的卷尺，从马铃薯茎秆的基部开始到主干的末梢为止。使用精度为 0.01mm 的电子游标卡尺测量马铃薯茎粗。测定时间间隔为 10 天。

（2）叶面积：马铃薯出苗后，从 6 月 9 日开始测量，每隔 10 天测量一次，使用便携式叶面积仪（UPA－210ARB）夹住待测叶片测量叶宽、叶长以及叶面积。每个小区随机选取 9 片叶子进行测量。

（3）叶绿素：采用手持式 SPAD520 叶绿素测量仪测定叶片叶绿素含量，从 6 月 9 日开始，每隔 10 天测定一次，每个小区测定 3 株，每株测定 3 片。

（4）马铃薯产量：在马铃薯收获期，每个试验小区随机挖取 10 株，测出单株马铃薯平均产量，然后乘以种植密度，计算出不同水氮处理所对应的亩产量和公顷产量。

### 6.1.5　数据处理工具

采用 Microsoft Excel 2010 和 DPS. 2012 数据分析软件进行数据的处理，采用 Origin 2017 进行图表绘制。土壤水分分布采用 HYDRUS－1D 进行数值模拟。

## 6.2　膜下滴灌不同水氮处理对马铃薯生长指标的影响

株高、茎粗和叶面积是反映作物长势的重要指标，能直接反映作物对环境变化的适应性。研究发现作物株高对抗倒伏性和产量有重要影响，适当降低株高可提高作物抗性和收获指数进而提高产量[41-42]。作物茎、叶的功能性状直接影响其对水分、养分的获取和利用，关系着植株的最终产量[43]。叶片叶绿素含量可以反映作物的生长状态，它与作物光合作用存在一定关系。

### 6.2.1　不同水氮处理对马铃薯株高的影响

#### 6.2.1.1　马铃薯生育期株高生长分析

图 6.1 表示不同水氮处理下马铃薯的株高生长量，从图中可以发现马铃薯株高随生育期的递进而不断增大，到 8 月下旬马铃薯株高生长量达到最大。表现出上述规律的原因主要是，在幼苗期（6 月 6—25 日）地上主茎和叶片逐渐开始分化，马铃薯株高生长相对较快，之后顶芽便进入孕蕾期。从现蕾期到开花期为马铃薯块茎形成期（6 月 26 日—7 月 25 日），该生育期马铃薯株高生长最快，且地下部分块茎数目也基本确定。到块茎增长期（7 月 26 日—8 月 20 日）后，马铃薯植株由生殖生长转为营养生长，块茎体积和重量快速增大，地上株高生长量逐渐变小。在淀粉积累期（8 月 21 日—9 月 20 日）马铃薯植株茎叶生长缓慢乃至停止生长，下部叶片开始枯黄，该生育期马铃薯以积累淀粉为主。

图 6.1(a)～图 6.1(c) 表示在同一灌溉定额处理下，马铃薯株高随施氮量的生长变

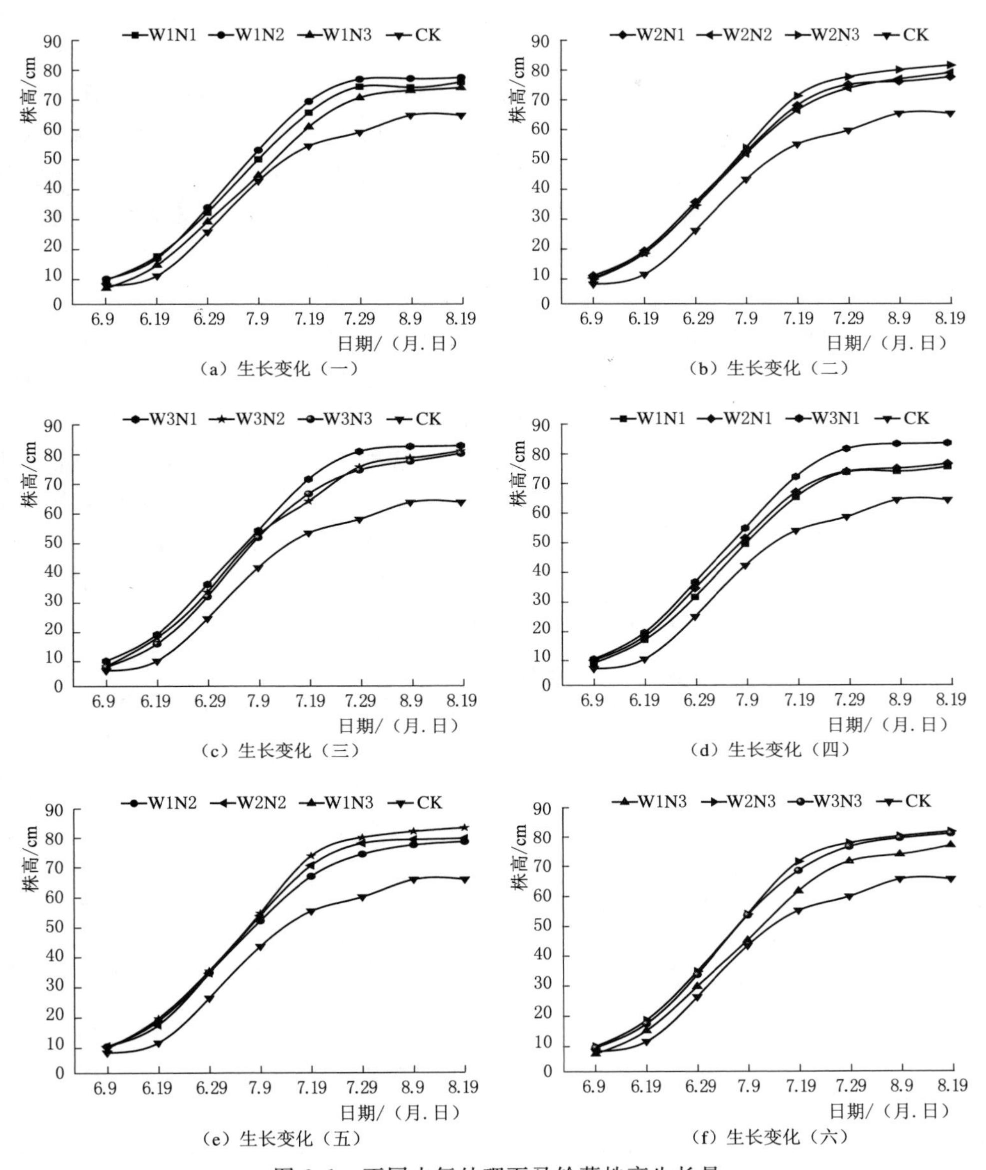

(a) 生长变化（一） (b) 生长变化（二） (c) 生长变化（三） (d) 生长变化（四） (e) 生长变化（五） (f) 生长变化（六）

图 6.1 不同水氮处理下马铃薯株高生长量

化。图 6.1（a）中各处理灌溉定额为 900m$^3$/hm$^2$，处理 2（W1N2）株高最大，处理 3（W1N3）株高最小。其施氮量最大株高最小。图 6.1（b）中各处理灌溉定额为 1350m$^3$/hm$^2$，处理 6（W2N3）株高最大，处理 5（W2N2）株高最小，施氮量最大株高最大。图 6.1（c）中各处理灌溉定额为 1800m$^3$/hm$^2$，处理 7（W3N1）株高最大，处理 9（W3N3）株高最小。株高随施氮量的增加而减小。图 6.1（d）～图 6.1（f）表示同一施氮量处理下，马铃薯株高随灌溉定额的生长变化。图 6.1（d）中各处理施氮量为 120kg/hm$^2$，处理 7（W3N1）株高最大，处理 1（W1N1）株高最小。株高随灌溉定额的增大而增大。图

6.1 (e) 中各处理施氮量为 180kg/hm$^2$，处理 8 (W3N2) 株高最大，处理 2 (W1N2) 株高最小。同理株高随灌溉定额的增大而增大。图 6.1 (f) 中各处理施氮量为 240kg/hm$^2$，处理 6 (W2N3) 株高最大，处理 3 (W1N3) 株高最小。高水高氮处理下株高并没有达到最大。

对比图 6.1 (a)～图 6.1(c) 和图 6.1 (d)～图 6.1(f) 可以看出，在同一灌溉定额处理下，马铃薯株高并没有严格随施氮量的增加而增大。在同一施氮量处理下株高随灌溉定额的增加而增大。因此马铃薯株高生长对灌溉定额的响应更显著。研究表明马铃薯属需水量大的农作物，其茎叶的含水量占到 90%，块茎中含水量也达 80%左右。

#### 6.2.1.2 马铃薯生育期株高方差分析

生育期马铃薯株高方差分析见表 6.5，由表可知幼苗期、块茎形成期和淀粉积累期区组间株高生长量差异不显著 ($P>0.05$)，说明区组间试验条件均衡，非人为因素对株高的影响较小。而在块茎增长期区组间马铃薯株高差异显著 ($P<0.05$)，及经过块茎形成期株高的快速生长后，区组间株高有一定的差异，这种差异也有可能是由测量误差造成的。幼苗期灌水对马铃薯株高影响不显著 ($P>0.05$)，而氮素对马铃薯株高影响显著 ($P<0.05$)。这是因为苗期植株需水量少，故不同灌水量处理间株高差异小。氮肥是在播种前一次性撒施，土壤早期氮素含量充足，对幼苗期的株高影响显著。水氮互作效应对幼苗期马铃薯株高影响不显著 ($P>0.05$)，因为幼苗期各个处理间株高差异不大。

表 6.5 不同水氮处理马铃薯株高方差分析表（固定模型）

| 生育期 | 变异来源 | 平方和 | 自由度 | 均方 | $F$ 值 | $P$ 值 |
|---|---|---|---|---|---|---|
| 幼苗期 | 区组间 | 2.7677 | 2 | 1.3838 | 0.5472 | 0.5890 |
| | W 因素间 | 13.3146 | 2 | 6.6573 | 2.6324 | 0.1027 |
| | N 因素间 | 19.0292 | 2 | 9.5146 | 3.7622 | 0.0458 |
| | W×N 互作 | 5.0399 | 4 | 1.2600 | 0.4982 | 0.7374 |
| 块茎形成期 | 区组间 | 2.1516 | 2 | 1.0758 | 0.1408 | 0.8697 |
| | W 因素间 | 58.8358 | 2 | 29.4179 | 3.8508 | 0.0431 |
| | N 因素间 | 23.1390 | 2 | 11.5695 | 1.5145 | 0.2498 |
| | W×N 互作 | 79.8427 | 4 | 19.9607 | 2.6129 | 0.0746 |
| 块茎增长期 | 区组间 | 34.8693 | 2 | 17.4347 | 3.6733 | 0.0487 |
| | W 因素间 | 104.1563 | 2 | 52.0782 | 10.9723 | 0.0010 |
| | N 因素间 | 8.1668 | 2 | 4.0834 | 0.8603 | 0.4417 |
| | W×N 互作 | 62.7967 | 4 | 15.6992 | 3.3077 | 0.0372 |
| 淀粉积累期 | 区组间 | 1.3942 | 2 | 0.6971 | 0.2769 | 0.7617 |
| | W 因素间 | 102.7636 | 2 | 51.3818 | 20.4098 | 0.0001 |
| | N 因素间 | 5.5908 | 2 | 2.7954 | 1.1104 | 0.3535 |
| | W×N 互作 | 26.8734 | 4 | 6.7184 | 2.6687 | 0.0704 |

注 $P<0.05$ 表示因素对株高影响显著。

块茎形成期灌水对马铃薯株高影响显著 ($P<0.05$)，氮素对马铃薯株高影响不显著 ($P>0.05$)，水氮互作效应对马铃薯株高影响也不显著 ($P>0.05$)。因为在同一灌溉定额处理下，随施氮量的增加株高差异不大。而在同一施氮量处理下，随灌水量的增大株高持续增大，且相互之间差异明显。由于氮素对马铃薯株高影响不显著，因此水氮互作效应对马铃薯株高的影响也表现为不显著（$P>0.05$）。块茎增长期灌水对马铃薯株高影响显著（$P<0.05$），氮素对马铃薯株高影响不显著（$P>0.05$），而水氮互作效应对马铃薯株高影响显著（$P<0.05$）。其原因是随着生育期的递进和灌水量的不断增加，不同灌溉定额间的马铃薯株高差异开始增大，而不同施氮量处理间的马铃薯株高差异较小。由于灌水的持续显著影响，各个处理间株高差异逐渐显著，水氮互作效应对株高影响显现出来。淀粉积累期灌水对马铃薯株高影响显著（$P<0.05$），施氮量对马铃薯株高影响不显著（$P>0.05$），水氮互作效应对马铃薯株高影响也不显著（$P>0.05$）。淀粉积累期植株以块茎中淀粉的积累为主，地上部分基本停止生长。不同灌水量处理间株高生长量差异依然存在，因此灌水对株高影响显著。而到生育期末土壤氮素消耗量较大，且中途没有追肥，土壤含氮量较低，对株高影响较小。因此水氮互作效应对株高影响不显著。

不同水氮处理对马铃薯株高影响见表6.6，由表可知幼苗期处理3（W1N3）与处理4（W2N1）、处理8（W3N2）之间株高差异显著（$P<0.05$），处理3（W1N3）与处理7（W3N1）之间株高差异极显著（$P<0.01$）。幼苗期处理7（W3N1）株高最大，为15.28cm。处理3（W1N3）株高最小，为10.75cm。说明增加灌水量能显著促进马铃薯植株的生长。在块茎形成期处理3（W1N3）与处理2（W1N2）、处理4（W2N1）、处理5（W2N2）、处理6（W2N3）、处理8（W3N2）、处理9（W3N3）之间株高差异显著（$P<0.05$），处理3（W1N3）与处理7（W3N1）之间株高差异极显著（$P<0.01$），其他处理之间株高差异均不显著（$P>0.05$）。块茎形成期处理7（W3N1）株高最大，为52.19cm。处理3（W1N3）株高最小，为42.67cm。

**表6.6　不同水氮处理对马铃薯株高的影响**　单位：cm

| 处　理 | 幼苗期 | 块茎形成期 | 块茎增长期 | 淀粉积累期 |
|---|---|---|---|---|
| 1（W1N1） | $13.42^{abAB}$ | $46.80^{abAB}$ | $70.82^{bcBC}$ | $72.00^{cdBC}$ |
| 2（W1N2） | $13.22^{abAB}$ | $49.44^{aAB}$ | $73.11^{bABC}$ | $73.78^{bcBC}$ |
| 3（W1N3） | $10.75^{bB}$ | $42.67^{bB}$ | $68.67^{cC}$ | $70.00^{dC}$ |
| 4（W2N1） | $14.47^{aAB}$ | $48.91^{aAB}$ | $71.67^{bcBC}$ | $73.33^{bcBC}$ |
| 5（W2N2） | $13.78^{abAB}$ | $47.81^{aAB}$ | $71.70^{bcBC}$ | $73.78^{bcBC}$ |
| 6（W2N3） | $13.53^{abAB}$ | $49.98^{aAB}$ | $74.00^{bABC}$ | $74.22^{bcAB}$ |
| 7（W3N1） | $15.28^{aA}$ | $52.19^{aA}$ | $78.18^{aA}$ | $78.11^{aA}$ |
| 8（W3N2） | $13.89^{aAB}$ | $48.56^{aAB}$ | $74.56^{abAB}$ | $75.67^{abAB}$ |
| 9（W3N3） | $12.78^{abAB}$ | $48.59^{aAB}$ | $74.04^{bABC}$ | $76.22^{abAB}$ |

注　表中数据为3次重复的平均值（$n=3$），同列中不同大写字母表示处理间差异极显著（$P<0.01$），具有统计学意义；同列中不同小写字母表示处理间差异显著（$P<0.05$），具有统计学意义。

块茎增长期处理3（W1N3）与处理2（W1N2）、处理6（W2N3）、处理9（W3N3）之间株高差异显著（$P<0.05$），处理3（W1N3）与处理7（W3N1）、处理8（W3N2）之间株高差异极显著（$P<0.01$）。处理7（W3N1）与处理2（W1N2）、处理6（W2N3）、处理9（W3N3）株高之间差异显著（$P<0.05$），处理7与处理1（W1N1）、

处理3（W1N3）、处理5（W2N2）之间株高差异极显著（$P<0.05$）。说明到块茎增长期氮素对马铃薯株高的影响开始显现出来，各处理之间株高差异继续变大。其中处理7（W3N1）株高最大，为78.18cm。处理3（W1N3）株高最小，为68.67cm。淀粉积累期处理3（W1N3）与处理7（W3N1）之间株高差异极显著（$P<0.01$），其余各处理之间株高差异显著（$P<0.05$）抑或不显著（$P>0.05$）。处理7（W3N1）株高最大，为78.11cm。处理3（W1N3）株高最小，为70cm。

综上所述，生育期不同水氮处理下的株高差异显著（$P<0.05$）抑或不显著（$P>0.05$），随灌溉定额的增大株高生长量增加，随施氮量的增大早期马铃薯株高生长量增长缓慢。灌水对马铃薯株高的影响程度大于氮素。整个生育期处理7（W3N1）马铃薯株高生长量最大，处理3（W1N3）株高生长量最小。说明灌水充足且配施少量的氮肥更有利于马铃薯植株地上部分的生长。

### 6.2.2　不同水氮处理对马铃薯茎粗的影响

#### 6.2.2.1　马铃薯生育期茎粗生长分析

图6.2表示马铃薯生育期不同水氮处理下的茎粗生长量，由图可知，马铃薯茎粗生长量随生育期的递进不断增大，到8月下旬以后马铃薯茎粗生长基本保持不变。从幼苗期（6月6—25日）到块茎形成期（6月26日—7月25日）马铃薯茎粗生长最快，从块茎增长期（7月26日—8月20日）到淀粉积累期（8月21日—9月20日）马铃薯茎粗生长逐渐变缓。即幼苗期到块茎形成期为马铃薯茎粗生长旺季。从幼苗期到块茎形成期马铃薯植株主要以地上茎、枝、叶的生长为主，而进入块茎增长期以后，马铃薯植株由地上生长慢慢转为地下块茎的营养生长。

图6.2（a）～图6.2(c）表示同一灌溉定额处理下，马铃薯茎粗随施氮量的生长变化。图6.2（a）中各处理灌溉定额为900m$^3$/hm$^2$，处理3（W1N3）茎粗最大，处理1（W1N1）茎粗最小。在此灌溉定额下马铃薯茎粗随施氮量的增大而增大。图6.2（b）中各处理灌溉定额为1350m$^3$/hm$^2$，处理6（W2N3）茎粗最大，处理4（W2N1）茎粗最小，在此灌溉定额下马铃薯茎粗随施氮量的增大而增大。图6.2（c）中各处理灌溉定额为1800m$^3$/hm$^2$，处理9（W3N3）茎粗最大，处理7（W3N1）茎粗最小。在此灌溉定额下马铃薯茎粗随施氮量的增大而增大。

图6.2（d）～图6.2(f）表示同一施氮量处理下，马铃薯茎粗随灌溉定额的生长变化。图6.2（d）中各处理施氮量为120kg/hm$^2$，处理7（W3N1）茎粗最大，处理2（W2N1）茎粗最小。在此施氮量处理下灌溉定额越大茎粗越大。图6.2（e）中各处理施氮量为180kg/hm$^2$，处理8（W3N2）茎粗最大，处理5（W2N2）茎粗最小，及在此施氮量处理下灌溉定额最大其茎粗最大。图6.2（f）中各处理施氮量为240kg/hm$^2$，处理9（W3N3）茎粗最大，处理3（W1N3）茎粗最小。在此施氮量处理下马铃薯茎粗随灌溉定额的增大而增大。

茎是植物体的中轴部分，茎上生有分枝，分枝顶端具有分生细胞，进行顶端生长。茎具有输导营养物质和水分的作用，还有支持叶、花和果实在一定的空间得到充足光照的作用。对比图6.2（a）～图6.2(c）和图6.2（d）～图6.2(f）可以得出，氮素对马铃薯茎粗的影响程度大于灌水。在灌水量一定的条件下，茎粗随施氮量的增加而增大，且增量非常明显。因为增加施氮量，就为马铃薯茎干生长提供了充足的养分。而在施氮量一定的条件下，茎粗并没有严格随灌水量的增大而增大，且各处理之间茎粗生长量差值较小。主要是由于增加灌水量会淋溶掉土壤中的部分氮素，减弱了氮素对马铃薯茎粗的影响。因此施氮量对马铃薯茎粗的影响程度大于灌水量。其中处理 9（W3N3）茎粗生长量最大，处理 4（W2N1）茎粗生长量最小。

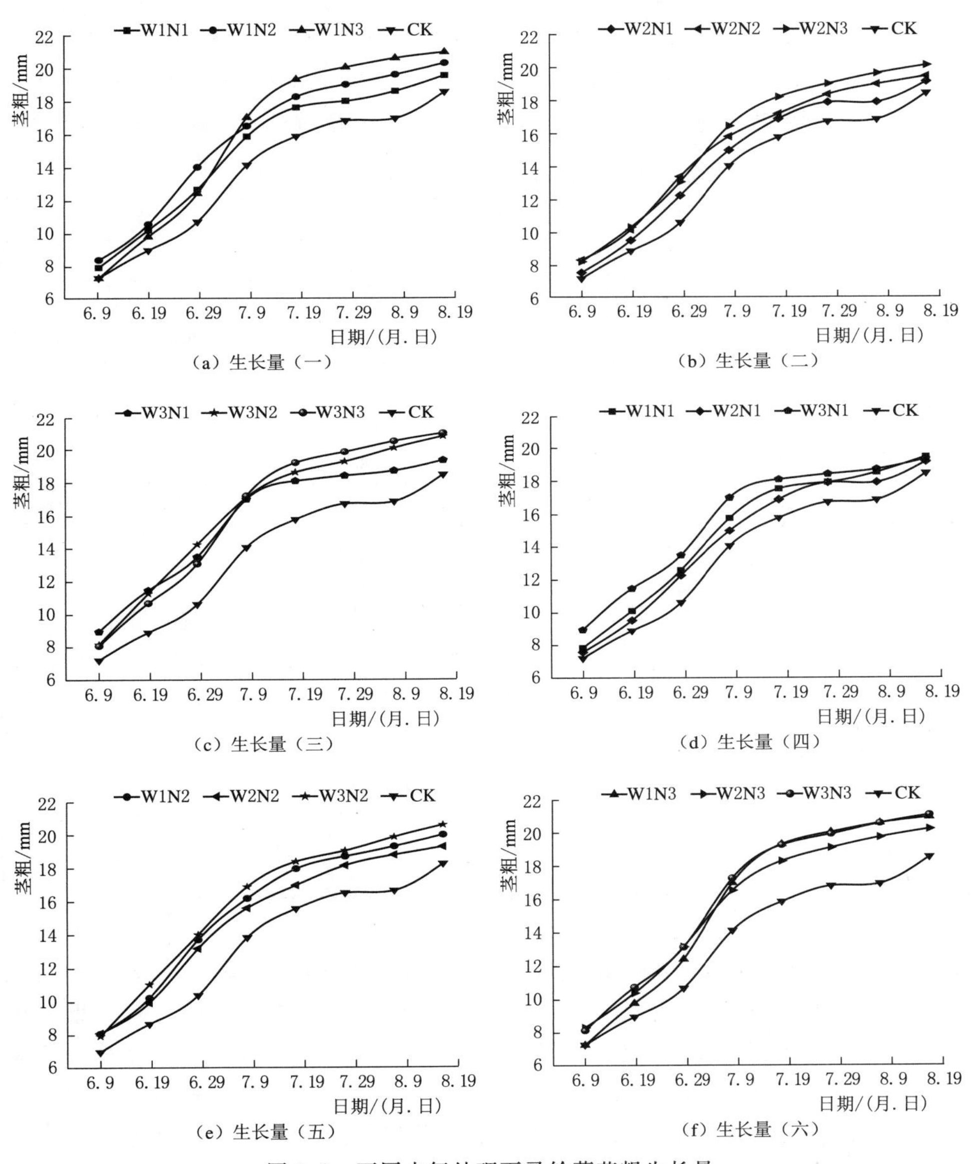


图 6.2　不同水氮处理下马铃薯茎粗生长量

### 6.2.2.2 马铃薯生育期茎粗方差分析

表 6.7 表示马铃薯生育期茎粗方差分析，由表可知，幼苗期、块茎形成期、块茎增长

期和淀粉积累期区组间马铃薯茎粗生长量差异均不显著（$P>0.05$），说明区组间试验条件均衡，非人为因素对试验结果造成的影响很小。在幼苗期灌水、氮素和水氮互作效应对马铃薯茎粗的生长影响均不显著（$P>0.05$），是由于幼苗期各处理间茎粗生长量基本相同，相差较小。块茎形成期灌水、氮素和水氮互作效应对马铃薯茎粗影响均不显著（$P>0.05$），因为茎粗本身量级较小，各处理间没有表现出差异性。块茎增长期灌水、氮素和水氮互作效应对马铃薯茎粗影响均不显著（$P>0.05$），由于该生育期马铃薯由地上部分植株生长转为地下部分块茎生长，各影响因素对茎粗影响不显著。淀粉积累期灌水和氮素对马铃薯茎粗影响显著（$P<0.05$），即进入生长末期各处理间茎粗差异开始显现。水氮互作效应对马铃薯茎粗影响不显著（$P>0.05$），及 9 个处理间茎粗差异依旧不显著。

**表 6.7　不同水氮处理马铃薯茎粗方差分析（固定模型）**

| 生育期 | 变异来源 | 平方和 | 自由度 | 均方 | F 值 | P 值 |
|---|---|---|---|---|---|---|
| 幼苗期 | 区组间 | 0.3574 | 2 | 0.1787 | 0.2948 | 0.7487 |
| | W 因素间 | 3.5215 | 2 | 1.7607 | 2.9045 | 0.0839 |
| | N 因素间 | 0.7081 | 2 | 0.3540 | 0.5840 | 0.5691 |
| | W×N 互作 | 2.4991 | 4 | 0.6248 | 1.0306 | 0.4216 |
| 块茎形成期 | 区组间 | 0.0562 | 2 | 0.0281 | 0.0242 | 0.9762 |
| | W 因素间 | 5.6687 | 2 | 2.8343 | 2.4391 | 0.1190 |
| | N 因素间 | 3.7813 | 2 | 1.8906 | 1.6270 | 0.2274 |
| | W×N 互作 | 0.7753 | 4 | 0.1938 | 0.1668 | 0.9522 |
| 块茎增长期 | 区组间 | 1.9600 | 2 | 0.9800 | 1.0535 | 0.3717 |
| | W 因素间 | 2.9921 | 2 | 1.4960 | 1.6082 | 0.2310 |
| | N 因素间 | 5.5909 | 2 | 2.7954 | 3.0050 | 0.0780 |
| | W×N 互作 | 2.5033 | 4 | 0.6258 | 0.6728 | 0.6204 |
| 淀粉积累期 | 区组间 | 3.2812 | 2 | 1.6406 | 1.9556 | 0.1739 |
| | W 因素间 | 12.0533 | 2 | 6.0266 | 7.1837 | 0.0059 |
| | N 因素间 | 15.6811 | 2 | 7.8405 | 9.3458 | 0.0020 |
| | W×N 互作 | 7.5539 | 4 | 1.8885 | 2.2510 | 0.1091 |

**注**　$P<0.05$ 表示因素对茎粗影响显著。

表 6.8 表示马铃薯生育期不同水氮处理对马铃薯茎粗的影响分析，从表中可以看出，幼苗期处理 7（W3N1）分别与处理 3（W1N3）和处理 4（W2N1）之间茎粗差异显著（$P<0.05$），其他各处理之间茎粗差异均不显著（$P>0.05$）。因为苗期植株需水需肥量少，各处理之间茎粗差异不大。而处理 3（W1N3）早期土壤氮素含量过高，处理 7（W3N1）早期土壤氮素含量相对较低，相互之间茎粗差异显著。在块茎形成期和块茎增长期，各处理之间马铃薯茎粗差异都不显著（$P>0.05$），不具有统计学意义。

在淀粉积累期处理 6（W2N3）分别与处理 4（W2N1）和处理 7（W3N1）之间茎粗差异显著（$P<0.05$），处理 8（W3N2）和处理 9（W3N3）分别与处理 1（W1N1）、处理 2（W1N2）、处理 3（W1N3）、处理 4（W2N1）和处理 5（W2N2）之间茎粗差异极显

著（$P<0.01$），处理8（W3N2）与处理7（W3N1）之间茎粗差异显著（$P<0.05$），而处理9（W3N3）与处理7（W3N1）之间茎粗差异极显著（$P<0.01$）。除此之外各个处理之间茎粗差异均不显著（$P>0.05$）。在淀粉积累期，即8月中旬，试验点降雨充沛，马铃薯植株地上部分生长旺盛，各处理之间茎粗差异显著。在同一灌水量下，马铃薯茎粗随着施氮量的增大而增大。在同一施氮量下，马铃薯茎粗随着灌水量的增加变化规律不统一。及氮素对马铃薯茎粗的影响大于灌水。

**表6.8　　不同水氮处理对马铃薯茎粗的影响**　　单位：mm

| 处　理 | 幼苗期 | 块茎形成期 | 块茎增长期 | 淀粉积累期 |
|---|---|---|---|---|
| 1（W1N1） | $9.00^{abA}$ | $15.59^{aA}$ | $18.24^{abA}$ | $19.17^{bcBC}$ |
| 2（W1N2） | $9.40^{abA}$ | $16.31^{aA}$ | $18.77^{abA}$ | $19.23^{bcBC}$ |
| 3（W1N3） | $8.50^{bA}$ | $16.51^{aA}$ | $19.40^{abA}$ | $19.67^{bcBC}$ |
| 4（W2N1） | $8.59^{bA}$ | $14.57^{aA}$ | $18.07^{bA}$ | $18.88^{cC}$ |
| 5（W2N2） | $9.27^{abA}$ | $15.31^{aA}$ | $19.20^{abA}$ | $19.23^{bcBC}$ |
| 6（W2N3） | $9.31^{abA}$ | $15.83^{aA}$ | $18.35^{abA}$ | $19.86^{abABC}$ |
| 7（W3N1） | $10.20^{aA}$ | $16.11^{aA}$ | $18.45^{abA}$ | $19.05^{cBC}$ |
| 8（W3N2） | $9.72^{abA}$ | $16.03^{aA}$ | $19.53^{abA}$ | $21.48^{aAB}$ |
| 9（W3N3） | $9.39^{abA}$ | $16.68^{aA}$ | $20.04^{aA}$ | $22.16^{aA}$ |

**注**　表中数据为3次重复的平均值（$n=3$），同列中不同大写字母表示处理间差异极显著（$P<0.01$），具有统计学意义；同列中不同小写字母表示处理间差异显著（$P<0.05$），具有统计学意义。

综上所述，生育期不同水氮处理对马铃薯茎粗影响显著（$P<0.05$）亦或不显著（$P>0.05$），其中氮素对马铃薯茎粗的影响程度大于灌水，高氮处理下的茎粗生长量最大。到生育期末处理9（W3N3）茎粗最大，处理4（W2N1）茎粗最小。说明高氮处理有利于马铃薯茎粗的生长，有利于植株向地下块茎输导营养物质，进而可提高块茎产量。

### 6.2.3　不同水氮处理对马铃薯叶面积的影响

#### 6.2.3.1　生育期马铃薯叶面积生长分析

图6.3表示不同水氮处理下马铃薯叶面积生长量，由图可知，马铃薯叶面积随生育期的递进呈现先增大后减小的变化规律。其中幼苗期（6月6—25日）马铃薯叶面积最小，块茎形成期（6月26日—7月25日）和块茎增长期（7月26日—8月20日）马铃薯叶面积达到最大，之后随着新生叶片的更迭，平均叶面积大小基本保持不变。因为马铃薯植株进入块茎增长期后地上茎、枝、叶分化生长逐渐变缓，地下块茎开始迅速膨大，大量积累淀粉和营养物质。因此全生育期马铃薯叶面积呈单峰曲线变化。

图6.3（a）～图6.3(c）表示同一灌溉定额下，马铃薯叶面积随施氮量的生长变化。图6.3（a）中各处理灌溉定额为900$m^3/hm^2$，在块茎形成期之前处理1（W1N1）叶面积最大，处理3（W1N3）叶面积最小。而到块茎增长期以后处理3（W1N3）叶面积逐渐开始增大，部分时间节点上处理3（W1N3）叶面积大于其他两个处理。说明增加施氮量有利于生育后期马铃薯叶片的再生长。图6.3（b）中各处理灌溉定额为1350$m^3/hm^2$，处理6（W2N3）叶面积最大，尽管在有些时间节点上测量值会比较小。处理4（W2N1）叶面

积相对较小，说明中灌溉定额处理下增加施氮量能增大马铃薯叶面积。图 6.3（c）中各处理灌溉定额为 1800$m^3/hm^2$，块茎增长期前处理 7（W3N1）叶面积相对较大，块茎增长期后处理 9（W3N3）叶面积最大。说明增施氮肥有利于生育期后期马铃薯叶片的增长。

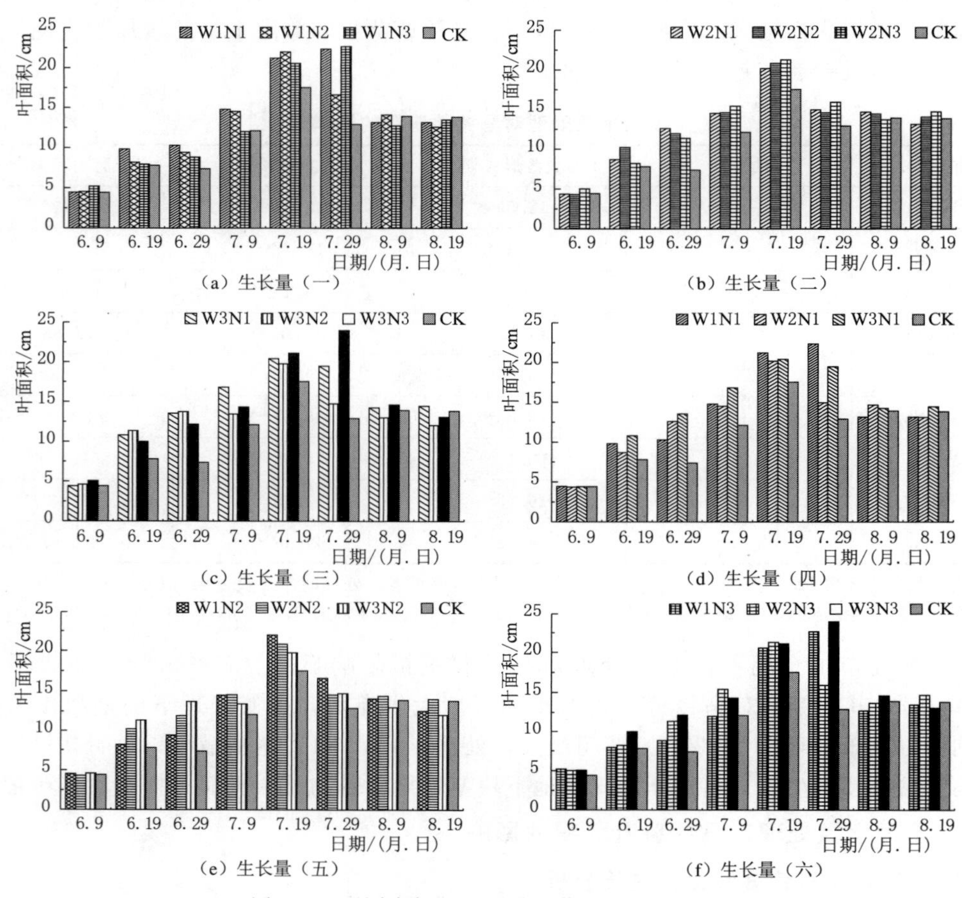

图 6.3　不同水氮处理下马铃薯叶面积生长量

图 6.3（d）～图 6.3(f) 表示同一施氮量下，马铃薯叶面积随灌溉定额的生长变化。图 6.3（d）中各处理施氮量为 120$kg/hm^2$，马铃薯叶面积随灌溉定额的增大而增大。其中处理 7（W3N1）叶面积最大，处理 1（W1N1）叶面积最小。在幼苗期到块茎增长期随灌溉定额增大而增大的效果更明显，块茎增长期之后随灌溉定额的变化逐渐减小。图 6.3(e) 中各处理施氮量为 180$kg/hm^2$，幼苗期到块茎增长期叶面积随灌溉定额的增大而增大，块茎形成期之后随灌溉定额的增大并未持续增大。其中处理 8（W3N2）叶面积最大，处理 2（W1N2）叶面积最小。图 6.3（f）中各处理施氮量为 240$kg/hm^2$，叶面积随灌溉定额的增大而增大。其中处理 9（W3N3）叶面积最大，处理 3（W1N3）叶面积最小。

对比图 6.3（a）～图 6.3(c) 和图 6.3（d）～图 6.3(f) 可得，灌溉定额对马铃薯叶面积生长的影响程度大于施氮量。在灌溉定额一定的条件下，叶面积并没有严格随施氮量的增大而增大，且各处理之间叶面积差值较小。而在施氮量一定的条件下，叶面积均随灌溉定额的增大而增大，且增加量非常明显。因此灌溉定额对马铃薯叶面积的影响程度大于施氮量。其中整个生育期处理 9（W3N3）平均叶面积最大，处理 2（W1N2）平均叶面积最小。

#### 6.2.3.2 马铃薯生育期叶面积方差分析

表 6.9 表示不同水氮处理下马铃薯叶面积方差分析，由表可知，块茎形成期和淀粉积累期区组间马铃薯叶面积差异显著（$P<0.05$），说明在这两个生育期人为因素和外界试验条件对马铃薯叶面积造成了一定的影响。而灌水因素、施氮因素和水氮互作效应对马铃薯叶面积的影响均不显著（$P>0.05$），因为叶面积的测量具有随机性，个体间叶面积差异不明显。在幼苗期灌水因素对马铃薯叶面积影响显著（$P<0.05$），而施氮因素和水氮互作效应对马铃薯叶面积影响不显著（$P>0.05$）。说明水分对马铃薯叶片生长影响更显著。块茎增长期和淀粉积累期氮素对马铃薯叶面积影响显著（$P<0.05$），及在生育后期养分主要供给地下块茎的生长，灌水对叶面积的影响表现为不显著，土壤氮素对叶片生长的显著性开始显现。

**表 6.9　　不同水氮处理下马铃薯叶面积方差分析（固定模型）**

| 生育期 | 变异来源 | 平方和 | 自由度 | 均方 | $F$ 值 | $P$ 值 |
|---|---|---|---|---|---|---|
| 幼苗期 | 区组间 | 1.9329 | 2 | 0.9664 | 1.3069 | 0.2980 |
| | W 因素间 | 5.5958 | 2 | 2.7979 | 3.7836 | 0.0451 |
| | N 因素间 | 0.4017 | 2 | 0.2008 | 0.2716 | 0.7656 |
| | W×N 互作 | 1.8671 | 4 | 0.4668 | 0.6312 | 0.6473 |
| 块茎形成期 | 区组间 | 18.1920 | 2 | 9.0960 | 5.6916 | 0.0136 |
| | W 因素间 | 8.6457 | 2 | 4.3229 | 2.7049 | 0.0973 |
| | N 因素间 | 3.0269 | 2 | 1.5135 | 0.9470 | 0.4086 |
| | W×N 互作 | 5.1248 | 4 | 1.2812 | 0.8017 | 0.5417 |
| 块茎增长期 | 区组间 | 9.6317 | 2 | 4.8158 | 1.9314 | 0.1773 |
| | W 因素间 | 7.6559 | 2 | 3.8280 | 1.5353 | 0.2455 |
| | N 因素间 | 20.6542 | 2 | 10.3271 | 4.1418 | 0.0355 |
| | W×N 互作 | 11.2594 | 4 | 2.8149 | 1.1289 | 0.3778 |
| 淀粉积累期 | 区组间 | 64.4889 | 2 | 32.2444 | 18.4796 | 0.0001 |
| | W 因素间 | 0.2022 | 2 | 0.1011 | 0.0579 | 0.9439 |
| | N 因素间 | 12.6758 | 2 | 6.3379 | 3.6323 | 0.0500 |
| | W×N 互作 | 8.1216 | 4 | 2.0304 | 1.1636 | 0.3634 |

**注**　$P<0.05$ 表示因素对叶面积影响显著。

表 6.10 为不同水氮处理对马铃薯叶面积的影响，由表可知，幼苗期各处理之间马铃薯叶面积差异均不显著（$P>0.05$）。因为幼苗期叶面积均小于 8cm$^2$，各处理间叶面积大小差异不大，未表现出其差异性。块茎形成期处理 3（W1N3）与处理 7（W3N1）之间马铃薯叶面积差异显著（$P<0.05$），其他各处理之间马铃薯叶面积差异均不显著（$P>0.05$）。块茎形成期除了处理 8（W3N2）和处理 9（W3N3）之间马铃薯叶面积差异显著

（$P<0.05$），其余各处理之间马铃薯叶面积差异均不显著（$P>0.05$）。淀粉积累期处理6（W2N3）分别与处理5（W2N2）和处理8（W3N2）之间叶面积差异显著（$P<0.05$），其余各处理之间叶面积差异均不显著（$P>0.05$）。各处理马铃薯叶面积随着生育期的递进呈现先增大后减小的变化规律，随着灌溉定额的增大叶面积增大。灌溉定额越大，土壤氮素的分解更快，有利于植株根系的吸收利用，促进了植株的新陈代谢作用，加速了养分的累积，生育前期促进了马铃薯地上部分的生长。

**表6.10　　不同水氮处理对马铃薯叶面积的影响**　　单位：$cm^2$

| 处　理 | 幼苗期 | 块茎形成期 | 块茎增长期 | 淀粉积累期 |
|---|---|---|---|---|
| 1（W1N1） | $7.14^{aA}$ | $15.42^{abA}$ | $16.22^{abA}$ | $13.16^{abA}$ |
| 2（W1N2） | $6.37^{aA}$ | $15.31^{abA}$ | $14.43^{abA}$ | $12.58^{abA}$ |
| 3（W1N3） | $6.58^{aA}$ | $13.75^{bA}$ | $16.29^{abA}$ | $13.49^{abA}$ |
| 4（W2N1） | $6.53^{aA}$ | $15.76^{abA}$ | $14.25^{abA}$ | $13.12^{abA}$ |
| 5（W2N2） | $7.26^{aA}$ | $15.79^{abA}$ | $14.35^{abA}$ | $12.04^{bA}$ |
| 6（W2N3） | $6.62^{aA}$ | $16.02^{abA}$ | $14.78^{abA}$ | $14.70^{aA}$ |
| 7（W3N1） | $7.61^{aA}$ | $16.92^{aA}$ | $16.07^{abA}$ | $14.46^{abA}$ |
| 8（W3N2） | $7.98^{aA}$ | $15.65^{abA}$ | $13.27^{bA}$ | $12.05^{bA}$ |
| 9（W3N3） | $7.53^{aA}$ | $15.87^{abA}$ | $17.23^{aA}$ | $13.09^{abA}$ |

**注**　表中数据为3次重复的平均值（$n=3$），同列中不同大写字母表示处理间差异极显著（$P<0.01$），具有统计学意义；同列中不同小写字母表示处理间差异显著（$P<0.05$），具有统计学意义。

综上所述，生育期处理7（W3N1）平均叶面积最大，处理3（W1N3）平均叶面积最小。在生育后期处理3（W1N3）与处理7（W3N1）之间叶面积差异显著（$P<0.05$），其余各处理之间叶面积差异均不显著（$P>0.05$）。其中灌溉定额对马铃薯叶面积的影响程度大于施氮量，而进入生育后期氮素对马铃薯叶面积影响显著。因此在实际生产中，在马铃薯生育前期氮肥施量要相对较少，进入块茎增长期后逐渐增大氮肥施量。

### 6.2.4　不同水氮处理对马铃薯叶绿素的影响

#### 6.2.4.1　马铃薯生育期叶绿素变化规律

图6.4表示不同水氮处理下马铃薯叶绿素变化规律，由图可知，苗期马铃薯叶片叶绿素含量最大，之后叶绿素含量开始下降，整个块茎形成期叶绿素含量在持续减小。块茎增长期初叶绿素降到最低，之后叶绿素含量又开始增大，但增大的幅度较小，进入淀粉积累期马铃薯叶片叶绿素含量持续下降不再升高。

图6.4（a）～图6.4(c）表示同一灌溉定额处理下，叶绿素含量随施氮量的变化规律。图6.4（a）中各处理灌溉定额为900$m^3/hm^2$，生育期处理3（W1N3）叶片叶绿素相对含量最大，及叶绿素含量随施氮量的增大而增大。图6.4（b）中各处理灌溉定额为1350$m^3/hm^2$，生育期处理6（W2N3）叶绿素含量最大，在此灌溉定额下叶绿素含量随施氮量的增大而增大。图6.4（c）中各处理灌溉定额为1800$m^3/hm^2$，生育期处理9（W3N3）叶绿素含量最大，在此灌溉定额下叶绿素含量随施氮量的增大而增大。值得注意的是除了处理3（W1N3）的叶绿素含量高于对照CK处理外，其余各处理叶绿素含量均低

于 CK。说明土壤水分不足时叶片会增大叶绿素含量来提高细胞浓度来获取土壤水分。

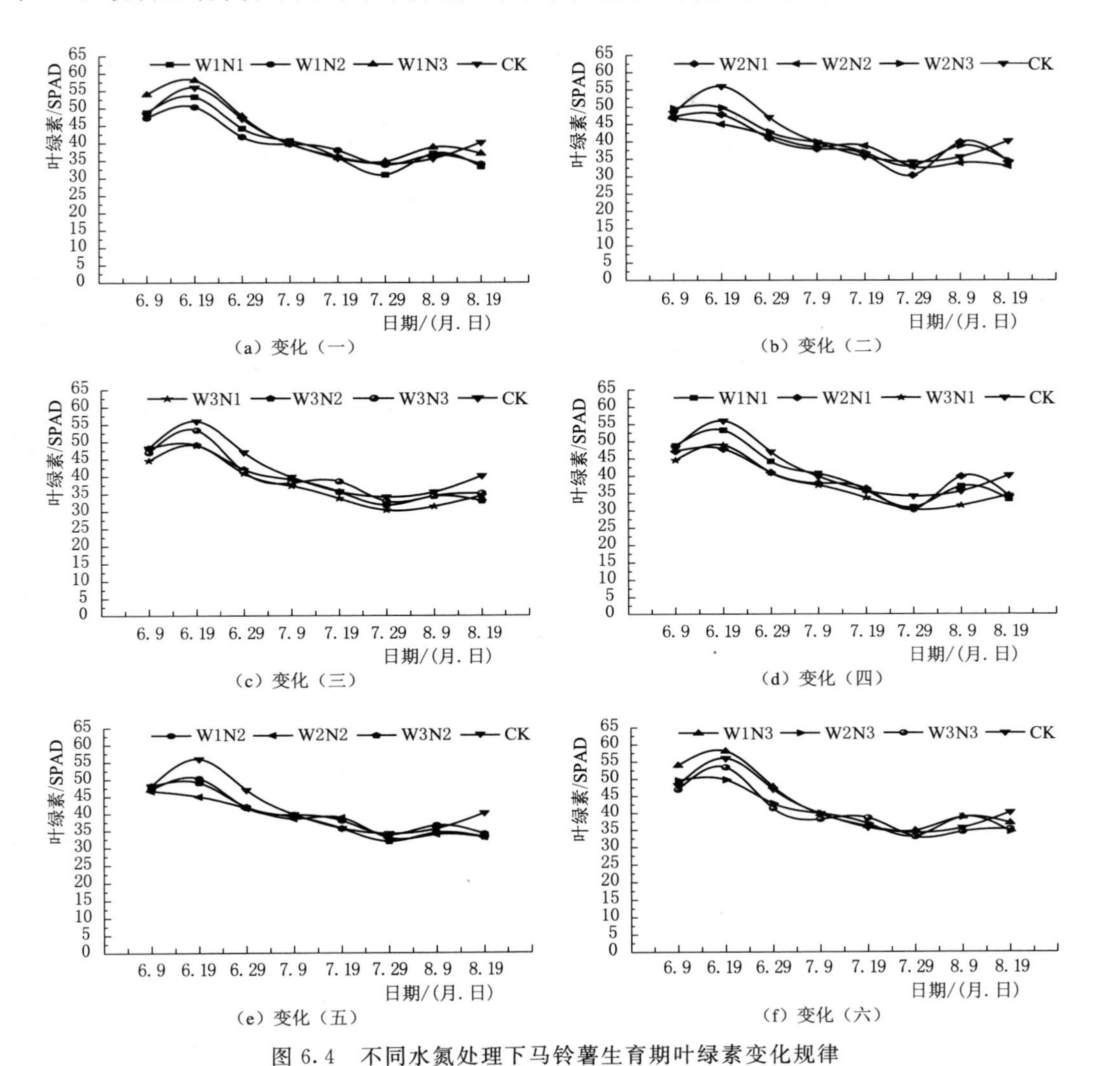


图 6.4 不同水氮处理下马铃薯生育期叶绿素变化规律

图 6.4 (d)～图 6.4(f) 表示同一施氮量处理下，叶绿素含量随灌溉定额的变化规律。图 6.4 (d) 中各处理施氮量为 120kg/hm$^2$，由图可知处理 1 (W1N1) 叶绿素含量最大，处理 7 (W3N1) 叶绿素含量最小，及叶绿素含量随灌溉定额的增大而减小。图 6.4 (e) 中各处理施氮量为 180kg/hm$^2$，生育期处理 2 (W2N1) 叶绿素含量最大，叶绿素含量随灌溉定额的增大而减小。虽然一些时间节点上会显现不一致的变化规律，但总体趋势是随着灌水量的增加而减小。图 6.4 (f) 中各处理施氮量为 240kg/hm$^2$，由图可知生育期处理 3 (W1N3) 叶绿素含量最大，处理 9 (W3N3) 叶绿素含量最小。及在此施氮量下叶绿素含量随灌溉定额的增大而减小。其中各处理下的叶绿素含量均低于对照 CK 处理，说明增加灌水量时，植株吸水充分，叶片细胞中细胞液含量远大于叶绿素含量。

综上所述，增加氮肥施量能显著增加马铃薯叶片叶绿素含量，增加灌水量会减小叶片叶绿素含量，而且在土壤水分不充足的情况下，叶片叶绿素含量会显著提高。研究发现叶绿素具有吸收转化光能的作用，虽然光合作用与叶绿素含量并没有线性关系，但高含量的叶绿素可以促进光合作用。

#### 6.2.4.2 马铃薯叶绿素方差分析

马铃薯叶绿素含量方差分析见表 6.11，由表可知，整个生育期区组间叶绿素含量差异均不显著（$P>0.05$），说明区组间试验条件均衡，非人为因素对试验结果影响较小。幼苗期灌水和氮素对叶绿素含量影响显著（$P<0.05$），水氮互作效应对叶绿素含量影响不显著（$P>0.05$），主要是因为幼苗期植株较小，叶片叶绿素含量均较大，各灌水、施氮处理间差异显著。而所有 9 个不同水氮处理间叶绿素含量差异均未表现出差异性。进入块茎形成期后，叶绿素含量开始不断减小，灌水、氮素和水氮互作效应均对叶绿素含量影响不显著（$P>0.05$），主要是因为随着生育期的推进，马铃薯叶绿素含量开始大幅下降，不同灌水施氮处理间叶绿素含量差异减小，减弱了灌水、氮素和水氮互作效应对叶绿素含量的影响。

表 6.11 不同水氮处理下马铃薯叶绿素方差分析（固定模型）

| 生育期 | 变异来源 | 平方和 | 自由度 | 均方 | $F$ 值 | $P$ 值 |
|---|---|---|---|---|---|---|
| 幼苗期 | 区组间 | 42.1007 | 2 | 21.0503 | 1.9128 | 0.1800 |
| | W 因素间 | 91.5804 | 2 | 45.7902 | 4.1608 | 0.0351 |
| | N 因素间 | 90.8116 | 2 | 45.4058 | 4.1259 | 0.0359 |
| | W×N 互作 | 30.8418 | 4 | 7.7105 | 0.7006 | 0.6028 |
| 块茎形成期 | 区组间 | 1.4849 | 2 | 0.7424 | 0.2515 | 0.7807 |
| | W 因素间 | 15.8778 | 2 | 7.9389 | 2.6893 | 0.0984 |
| | N 因素间 | 9.9566 | 2 | 4.9783 | 1.6864 | 0.2165 |
| | W×N 互作 | 3.8882 | 4 | 0.9720 | 0.3293 | 0.8542 |
| 块茎增长期 | 区组间 | 2.6973 | 2 | 1.3486 | 0.8123 | 0.4613 |
| | W 因素间 | 11.2148 | 2 | 5.6074 | 3.3774 | 0.0598 |
| | N 因素间 | 4.7011 | 2 | 2.3505 | 1.4158 | 0.2716 |
| | W×N 互作 | 16.3829 | 4 | 4.0957 | 2.4669 | 0.0868 |
| 淀粉积累期 | 区组间 | 9.3922 | 2 | 4.6961 | 0.9696 | 0.4004 |
| | W 因素间 | 3.1667 | 2 | 1.5833 | 0.3269 | 0.7258 |
| | N 因素间 | 23.2551 | 2 | 11.6275 | 2.4008 | 0.1225 |
| | W×N 互作 | 11.3412 | 4 | 2.8353 | 0.5854 | 0.6778 |

注 $P<0.05$ 表示因素对叶面积影响显著。

表 6.12 表示不同水氮处理对马铃薯叶绿素的影响，由表可知，整个生育期处理 3（W1N3）叶绿素平均含量最大，为 41.78。处理 7（W3N1）叶绿素平均含量最小，为 37.03。叶绿素含量从大到小依次对应的处理依次为 3（W1N3）>6（W2N3）>9（W3N3）>1（W1N1）>2（W1N2）>4（W2N1）>8（W3N2）>5（W2N2）>7（W3N1），所对应的平均叶绿素值依次为 41.78、39.05、38.84、38.76、38.53、38.26、

37.96、37.31、37.03。其中空白对照CK处理生育期平均叶绿素含量值为42.11，均大于各灌水施氮处理所对应的叶绿素值。说明叶片叶绿素含量随着灌水量的增大而减小，土壤水分偏低时叶绿素含量较大。叶片叶绿素含量随着施氮量的增大而增大，土壤氮素含量较高时叶绿素值较大。当水氮互作效应发挥作用时，低水高氮处理叶绿素含量较大，而高水低氮处理叶绿素含量较小。叶片在吸水过程中，主要依靠细胞内外浓度差。而叶绿素分布于叶片细胞的液泡中，属于细胞液的一部分，当叶片进行光合作用时消耗掉了水分，这时细胞吸水就需要增大细胞液浓度，进而增大叶绿素含量。因此在不灌水或低灌水处理下，植株为了尽可能多的吸收土壤水分，增大了叶片叶绿素含量。当土壤施氮量增多以后，土壤水浓度增大，进而刺激叶片产生了较多的叶绿素，叶片细胞容易形成吸水浓度差。而充足的氮素又为叶绿素的合成提供了物质基础，所以在高氮处理下叶片叶绿素含量较大。

**表6.12　不同水氮处理对马铃薯叶绿素的影响**

| 处　理 | 幼苗期 | 块茎形成期 | 块茎增长期 | 淀粉积累期 |
|---|---|---|---|---|
| 1（W1N1） | $51.04^{abAB}$ | $40.28^{abA}$ | $30.44^{abA}$ | $33.29^{aA}$ |
| 2（W1N2） | $48.78^{bAB}$ | $39.84^{abA}$ | $31.48^{abA}$ | $34.02^{aA}$ |
| 3（W1N3） | $56.03^{aA}$ | $41.20^{aA}$ | $32.88^{aA}$ | $37.01^{aA}$ |
| 4（W2N1） | $47.51^{bAB}$ | $38.42^{abA}$ | $32.83^{aA}$ | $34.29^{aA}$ |
| 5（W2N2） | $45.89^{bB}$ | $39.70^{abA}$ | $30.60^{abA}$ | $33.03^{aA}$ |
| 6（W2N3） | $49.68^{bAB}$ | $39.88^{abA}$ | $32.15^{aA}$ | $34.50^{aA}$ |
| 7（W3N1） | $46.77^{bB}$ | $37.34^{bA}$ | $29.47^{bA}$ | $34.52^{aA}$ |
| 8（W3N2） | $48.67^{bAB}$ | $38.97^{abA}$ | $31.12^{abA}$ | $33.06^{aA}$ |
| 9（W3N3） | $50.16^{abAB}$ | $39.41^{abA}$ | $30.56^{abA}$ | $35.24^{aA}$ |

**注**　表中数据为3次重复的平均值（$n=3$），同列中不同大写字母表示处理间差异极显著（$P<0.01$），具有统计学意义；同列中不同小写字母表示处理间差异显著（$P<0.05$），具有统计学意义。

在幼苗期处理3（W3N1）分别与处理5（W2N2）、处理7（W3N1）之间叶绿素含量差异极显著（$P<0.01$），分别与处理2（W1N2）、4（W2N1）、6（W2N3）、8（W3N2）之间叶绿素含量差异显著（$P<0.05$），其余各处理之间叶绿素含量差异不显著（$P>0.05$）。该生育期处理3（W1N3）叶绿素含量最大，为56.03。处理5（W2N2）叶绿素含量最小，为45.89。块茎形成期处理3（W1N3）与处理7（W3N1）之间叶绿素含量差异显著（$P<0.05$），其余各处理之间叶绿素含量差异不显著（$P>0.05$）。该生育期处理3（W1N3）叶绿素含量最大，为41.20。处理7（W3N1）叶绿素含量最小，为37.34。块茎增长期处理3（W3N1）与处理7（W3N1）之间叶绿素含量差异显著（$P<0.05$），其余各处理之间叶绿素含量差异均不显著（$P>0.05$）。该生育期处理3（W1N3）叶绿素含量最大，为32.88。处理7（W3N1）叶绿素含量最小，为29.47。淀粉积累期各处理之间叶绿素含量差异不显著（$P>0.05$），其中在淀粉积累期处理3（W1N3）叶绿素含量最大，为37.01。处理5（W2N2）叶绿素含量最小，为33.03。其余各处理叶绿素含量见表6.12。

## 6.3 不同水氮处理对马铃薯耗水规律的影响

在作物生长过程中，土壤水分和氮素扮演了非常重要的角色，影响作物生长指标、光合特性和产量，是作物生长发育和产量形成的必要因子。因此适宜的土壤水分和氮素含量是实现作物高产的基本保证[44]。而作物生育期耗水规律是制定田间灌溉制度的重要依据，根据大量灌溉试验研究表明，作物耗水量的大小与气象因素（气温、有效日照时数、空气湿度、风速）、土壤水分状况、不同种类作物及其生长发育阶段、农业种植措施、灌溉施肥措施等有关。以上因素对作物耗水量的影响是相互联系和错综复杂的，目前尚未从理论上对作物耗水量进行精确计算，水量平衡法是最常用的作物耗水计算方法[45]。

### 6.3.1　马铃薯生育期农田小气候概况

分析马铃薯生育期微型气象系统 Decagon 监测的太阳辐射、空气温度、大气湿度、风速等气象数据表明，马铃薯生长季中净辐射呈下降趋势，在 1.8～600W/m$^2$之间变化，日均值为 47.56W/m$^2$。马铃薯生育期日均温度在 20℃左右，5 月空气温度相对较低，7 月空气温度最高。风速在播种期和成熟期相对较大，在马铃薯生长旺季相对较小。相应的饱和水汽压在整个生长期随着大气水分和马铃薯生长的影响呈单峰曲线，其中 7 月日均值最大，为 2.7kPa。试验点在 8 月雷雨天气频发，降雨比较集中，因此生育期降水主要集中在 8 月。水分蒸发量在 5 月达到最大，蒸发量达 232.5mm，随后随着温度的升高，6 月水分消耗量也相对较大。各环境因子的月均值见表 6.13。

表 6.13　各环境因子的月均值

| 月份 | 气象因素 | | | | | |
|---|---|---|---|---|---|---|
| | 净辐射/(W/m$^2$) | 空气温度/℃ | 风速/(m/s) | 饱和水汽压/kPa | 降雨量/mm | 水分蒸发量/mm |
| 5 | 58.29 | 18.6 | 0.9 | 2.2 | 37.4 | 232.5 |
| 6 | 49.82 | 21.5 | 0.7 | 2.6 | 21.0 | 223.3 |
| 7 | 45.70 | 22.2 | 0.6 | 2.7 | 88.2 | 199.2 |
| 8 | 41.61 | 19.3 | 0.9 | 2.3 | 113.4 | 152.3 |
| 9 | 42.36 | 16.8 | 0.6 | 1.9 | 43.2 | 193.3 |

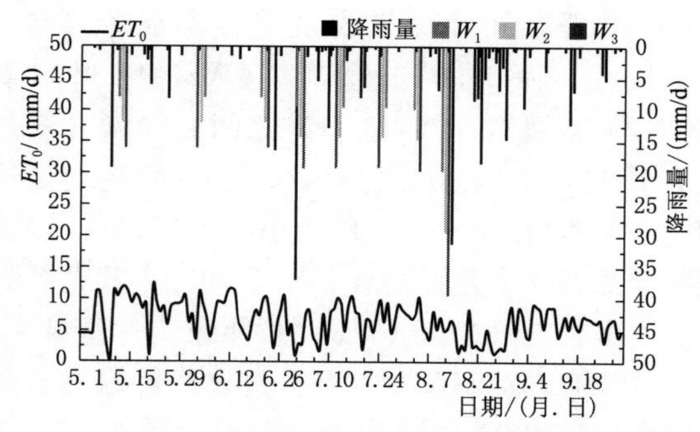


图 6.5　马铃薯生育期内试验区降雨量与蒸发量变化规律

降雨量对作物生长发育起到关键作用，年际降雨量变化直接影响作物灌溉制度的制定。同样蒸发量也是影响作物生长的关键因素之一。蒸发量受各种气象因素的影响，对作物灌溉制度的制定起到了至关重要的作用。图 6.5 表示马铃薯生育期内试验区降雨量与蒸发量的变化规律，从图中可以看出，宁夏旱区马铃薯生育期内降雨主要集中在 7—9 月，生育期总降雨量达 300mm。灌水方式采用滴灌，在灌溉过程中遵循少量多次的灌溉原则，马铃薯生育期共灌水 8 次，主要集中在马铃薯生长旺季进行灌溉。由于 5 月初当地经常出现大风天气，导致土壤蒸发量大。因此 5 月试验区蒸发量最大。随着气温回升，大风天气的减少，当地蒸发量基本保持平稳。马铃薯生育期（5 月 1 日—10 月 1 日）总蒸发量达 1020mm。

#### 6.3.1.1 马铃薯关键生育期降雨量

试验区马铃薯关键生育期降雨量见表 6.14，由表可知，淀粉积累期降雨量最大，达到 94.60mm，块茎形成期试验点降雨量也较为充沛，达 88.40mm。牙条生长期和幼苗期试验点降雨量相对较少，分别为 37.00mm 和 20.80mm。整个生育期降雨量达 300.00mm，其中主要降水集中在 7—9 月。

**表 6.14　马铃薯生育期内试验区降雨量概况**

| 生育期 /（月．日） | 牙条生长期 （5.10—6.5） | 幼苗期 （6.6—6.25） | 块茎形成期 （6.26—7.25） | 块茎增长期 （7.26—8.20） | 淀粉积累期 （8.21—9.20） | 全生育期 （5.1—10.1） |
|---|---|---|---|---|---|---|
| 降雨量 $P$ /mm | 37.00 | 20.80 | 88.40 | 52.20 | 94.60 | 300.00 |

#### 6.3.1.2 马铃薯关键生育期参考作物腾发量

为适应不同地区气象因素对参考作物腾发量计算的影响，联合国粮农组织（FAO）于 1992 年提供了能量平衡和水汽扩散理论，重新定义了 $ET_0$ 的概念。在计算过程中既考虑作物的生理特征，又考虑空气动力学参数的变化，具有较高精度的 $ET_0$ 新计算公式——Penman-Montieth 公式：

$$ET_0=\frac{0.408\Delta(R_n-G)+\gamma\dfrac{900}{T+273}\mu_2(e_s-e_a)}{\Delta+\gamma(1+0.34\mu_2)} \tag{6.2}$$

式中　$ET_0$——参考作物蒸发蒸腾量，mm/d；

$\Delta$——饱和水汽压与温度曲线的斜率，kPa/℃；

$R_n$——冠层表面净辐射，MJ/（$m^2$ · d）；

$G$——土壤热通量，MJ/（$m^2$ · d）；

$T$——2m 高度处的平均气温，℃；

$\mu_2$——2m 高度处的风速，m/s；

$e_s$——饱和水汽压，kPa；

$e_a$——实际水汽压，kPa；

$\gamma$——湿度表常数，kPa/℃。

马铃薯关键生育期内试验区参考作物腾发量见表 6.15，从表中可以看出参考作物腾发量在牙条生长期最大，达 234.48mm。主要由于在 5 月初，当地经常出现大风天气，土壤蒸发量大引起的。在幼苗期最小，为 150.40mm。参考作物腾发量主要受植物蒸腾和土壤蒸发的影响。在马铃薯整个生育期内参考作物腾发量达 1020mm。

**表 6.15　马铃薯生育期内试验区参考作物腾发量概况**

| 生育期 /（月．日） | 牙条生长期 （5.10—6.5） | 幼苗期 （6.6—6.25） | 块茎形成期 （6.26—7.25） | 块茎增长期 （7.26—8.20） | 淀粉积累期 （8.21—9.20） | 全生育期 （5.1—10.1） |
|---|---|---|---|---|---|---|
| 腾发量 $ET_0$/mm | 234.48 | 150.40 | 189.96 | 177.54 | 171.70 | 1020.00 |

### 6.3.2　不同水氮处理对马铃薯耗水规律的影响

#### 6.3.2.1　马铃薯耗水量理论计算

作物耗水量是分析水量平衡和制定灌溉制度的依据。有研究人员认为，当土壤湿度、肥力能满足作物正常生长发育，且作物最终能收获高产时，生育期内植株棵间蒸发量、植株蒸腾量以及构成植物体本身和光合作用等生理活动消耗所需水量的总和称为作物耗水量[46]。水量平衡法研究作物耗水量已经比较成熟，本试验结合当地气象数据来计算不同水氮处理下的马铃薯阶段耗水量。

水量平衡方程：

$$W_0 - W_t = I + M_0 - D - R - ET \tag{6.3}$$

式中　$W_0$、$W_t$——初始时段和 $t$ 时段计划湿润层 $H$ 内水分含量，mm；

$I$——灌水量，mm；

$M_0$——保存在 $H$ 内的有效雨量，mm；

$D$——深层渗漏量，mm；

$R$——地表径流量，mm；

$ET$——耗水量，mm。

降雨入渗量 $M_0$的计算：

$$M_0 = \alpha M \tag{6.4}$$

其中，$\alpha$——降雨入渗系数，其值与一次降雨量、降雨强度、降雨延续时间、土壤性质、地面覆盖及地形等因素有关。一般认为当次降雨降雨量大于 50mm 时，$\alpha=0.7\sim0.8$；当一次降雨量在 5～50mm 时，$\alpha$ 为 1.0～0.8；一次降雨量小于 5mm 时，$\alpha$ 为 0，但在干旱区，也有的取 $\alpha$ 为 1。

由于试验点位于宁夏中部典型干旱区，常年降雨量少，光照强度大，蒸散发严重，地下水埋藏深度在 10m 以下，故深层渗漏 $D$、地表径流 $R$ 可忽略不计，因此耗水量计算公式可简化为

$$ET = W_0 - W_t + I + M_0 \tag{6.5}$$

#### 6.3.2.2　马铃薯生育期不同水氮处理下的耗水量变化

本试验通过设置不同灌溉定额和不同施氮量，研究水氮互作对马铃薯关键生育期的耗水量、耗水强度和耗水模系数的影响。马铃薯生育期不同水氮处理下的耗水量见表 6.16，从表中可以看出马铃薯耗水量随生育期的递进先增大后减小，呈单峰曲线变化。其中处理 1（W1N1）、处理 2（W1N2）、处理 4（W2N1）、处理 5（W2N2）、处理 6（W2N3）、CK 在块茎形成期耗水量最大。处理 3（W1N3）、处理 7（W3N1）、处理 8（W3N2）、处理 9（W3N3）在块茎增长期耗水量最大。马铃薯生育期耗水量总体表现为块茎增长期＞块茎形成期＞淀粉积累期＞幼苗期＞牙条生长期，耗水量分别处于 481.69～1287.24$m^3/hm^2$、678.71～1133.38$m^3/hm^2$、455.58～691.88$m^3/hm^2$、284.98～538.48$m^3/hm^2$ 和 115.88～465.78$m^3/hm^2$区间。马铃薯生育期耗水强度总体表现为块茎增长期＞块茎形成期＞幼苗期＞淀粉积累期＞牙条生长期，耗水强度分别处于 19.27～51.49$m^3/(hm^2 \cdot h)$、22.62～37.78$m^3/(hm^2 \cdot h)$、14.25～26.92$m^3/(hm^2 \cdot h)$、11.39～19.97$m^3/(hm^2 \cdot h)$

和 3.22～12.94$m^3$/（$hm^2$ · h）区间，故马铃薯的关键需水期在 6 月下旬到 8 月下旬之间。

在同一施氮量条件下，马铃薯生育期耗水量、耗水强度和模系数均随灌溉定额的增大而增大。在同一灌溉定额条件下，马铃薯生育期耗水量、耗水强度和模系数均随施氮量的增大而减小。说明增加灌水量会增大马铃薯耗水量，而增加施氮量则减缓了土壤水分的无效蒸发，提高了水分利用效率。在 CK 处理下，马铃薯整个生育期耗水量仅为 2092.93$m^3/hm^2$。在试验过程中 CK 处理马铃薯植株短小，且在块茎形成期和块茎增长期叶片多次出现脱水现象。处理 7（W3N1）马铃薯植株在生长过程中株高、茎粗和叶面积均最大，生长最为旺盛。处理 7（W3N1）全生育期耗水量最大，为 4020.82$m^3/hm^2$。处理 3（W1N3）马铃薯植株茎粗较大，叶片叶绿素含量较大。处理 3（W1N3）全生育期耗水量最小，为 2940.95$m^3/hm^2$。

**表 6.16　　不同水氮处理下马铃薯的耗水量**

| 处理 | 计算项目 | 牙条生长期（5 月 10 日—6 月 5 日） | 幼苗期（6 月 6—25 日） | 块茎形成期（6 月 26 日—7 月 25 日） | 块茎增长期（7 月 26 日—8 月 20 日） | 淀粉积累期（8 月 21 日—9 月 20 日） | 全生育期（5 月 1 日—10 月 1 日） |
|---|---|---|---|---|---|---|---|
| 1(W1N1) | 耗水量/($m^3/hm^2$) | 330.09 | 361.84 | 928.32 | 884.02 | 600.07 | 3104.34 |
| | 耗水强度/[$m^3$/($hm^2$ · h)] | 9.17 | 18.09 | 30.94 | 35.36 | 15.00 | 20.56 |
| | 模系数/% | 10.63 | 11.66 | 29.90 | 28.48 | 19.33 | 100 |
| 2(W1N2) | 耗水量/($m^3/hm^2$) | 400.11 | 284.98 | 978.17 | 865.65 | 471.93 | 3001.89 |
| | 耗水强度/[$m^3$/($hm^2$ · h)] | 11.14 | 14.25 | 32.61 | 34.63 | 11.80 | 19.88 |
| | 模系数/% | 13.36 | 9.49 | 32.59 | 28.84 | 15.72 | 100 |
| 3(W1N3) | 耗水量/($m^3/hm^2$) | 391.42 | 381.11 | 799.40 | 870.51 | 498.50 | 2940.95 |
| | 耗水强度/[$m^3$/($hm^2$ · h)] | 10.87 | 19.06 | 26.65 | 34.82 | 12.46 | 19.48 |
| | 模系数/% | 13.31 | 12.96 | 27.18 | 29.60 | 16.95 | 100 |
| 4(W2N1) | 耗水量/($m^3/hm^2$) | 332.31 | 473.76 | 1133.38 | 927.43 | 798.65 | 3665.52 |
| | 耗水强度/[$m^3$/($hm^2$ · h)] | 9.23 | 23.69 | 37.78 | 37.10 | 19.97 | 24.27 |
| | 模系数/% | 9.07 | 12.92 | 30.92 | 25.30 | 21.79 | 100 |
| 5(W2N2) | 耗水量/($m^3/hm^2$) | 377.04 | 458.83 | 1019.35 | 986.06 | 679.24 | 3520.52 |
| | 耗水强度/[$m^3$/($hm^2$ · h)] | 10.47 | 22.94 | 33.98 | 39.44 | 16.98 | 23.31 |
| | 模系数/% | 10.71 | 13.03 | 28.95 | 28.01 | 19.29 | 100 |
| 6(W2N3) | 耗水量/($m^3/hm^2$) | 425.41 | 321.48 | 1062.93 | 1028.80 | 559.92 | 3398.55 |
| | 耗水强度/[$m^3$/($hm^2$ · h)] | 11.82 | 16.07 | 35.43 | 41.15 | 14.00 | 22.51 |
| | 模系数/% | 12.52 | 9.46 | 31.28 | 30.27 | 16.48 | 100 |

续表

| 处理 | 计算项目 | 牙条生长期（5 月 10 日—6 月 5 日） | 幼苗期（6 月 6—25 日） | 块茎形成期（6 月 26 日—7 月 25 日） | 块茎增长期（7 月 26 日—8 月 20 日） | 淀粉积累期（8 月 21 日—9 月 20 日） | 全生育期（5 月 1 日—10 月 1 日） |
|---|---|---|---|---|---|---|---|
| 7(W3N1) | 耗水量/($m^3/hm^2$) | 465.78 | 521.67 | 1096.88 | 1244.61 | 691.88 | 4020.82 |
| | 耗水强度/[$m^3/(hm^2 \cdot h)$] | 12.94 | 26.08 | 36.56 | 49.78 | 17.30 | 26.63 |
| | 模系数/% | 11.58 | 12.97 | 27.28 | 30.95 | 17.21 | 100 |
| 8(W3N2) | 耗水量/($m^3/hm^2$) | 434.67 | 538.48 | 1111.81 | 1160.86 | 585.90 | 3831.72 |
| | 耗水强度/[$m^3/(hm^2 \cdot h)$] | 12.07 | 26.92 | 37.06 | 46.43 | 14.65 | 25.38 |
| | 模系数/% | 11.34 | 14.05 | 29.02 | 30.30 | 15.29 | 100 |
| 9(W3N3) | 耗水量/($m^3/hm^2$) | 438.11 | 515.47 | 1082.87 | 1287.24 | 569.55 | 3893.24 |
| | 耗水强度/[$m^3/(hm^2 \cdot h)$] | 12.17 | 25.77 | 36.10 | 51.49 | 14.24 | 25.78 |
| | 模系数/% | 11.25 | 13.24 | 27.81 | 33.06 | 14.63 | 100 |
| 10(CK) | 耗水量/($m^3/hm^2$) | 115.88 | 361.06 | 678.71 | 481.69 | 455.58 | 2092.93 |
| | 耗水强度/[$m^3/(hm^2 \cdot h)$] | 3.22 | 18.05 | 22.62 | 19.27 | 11.39 | 13.86 |
| | 模系数/% | 5.54 | 17.25 | 32.43 | 23.02 | 21.77 | 100 |

根据作物生长发育将马铃薯生长划分为 5 个生育阶段：牙条生长期、幼苗期、块茎形成期、块茎增长期和淀粉积累期。牙条生长期，马铃薯植株尚未出苗，因此无叶片蒸腾作用而消耗的水分，由于在 5 月当地经常是大风天气，此阶段农田水分消耗以土壤蒸发为主。幼苗期，随着天气变暖农田小气候也发生相应变化，净辐射和温度均上升，作物蒸腾和土壤蒸发均有所增加，由于此阶段马铃薯快速生长，叶面积逐渐增大，相应的地表覆盖也随之增加，作物蒸腾增加幅度远大于土壤蒸发增加的幅度，但水分消耗量仍以土壤蒸发为主。块茎形成期，马铃薯已发育完全，叶面积达到最大值，地表基本完全覆盖，冠层-土壤截获的能量绝大部分用于作物蒸腾，作物蒸腾成为农田蒸散的主导力量。块茎增长期，植株个体由地上生长为主转为以地下块茎营养生长为主，加之此阶段末期叶片开始衰老，致使作物蒸腾较之上一阶段有所减弱，但作物蒸腾仍占主导。淀粉积累期，马铃薯已趋成熟，叶片衰老枯黄，马铃薯植株所需水分减小，作物蒸腾明显减弱，且进入深秋，净辐射减弱温度降低，土壤蒸发能力也较弱，此阶段以土壤蒸发为主。

作物耗水规律是确定灌水量、灌水时期、灌水方式等的依据，是制定大田作物灌溉制度，提高水分利用效率的理论基础。在马铃薯生育期内，块茎形成期和块茎增长期马铃薯耗水量最大（表 6.16），而此时对应的灌水量也最大（图 6.5），说明这两个生育阶段内灌溉合理；此次试验采用覆膜种植措施，减少了土壤水分蒸发，提高了灌溉水利用效率；整个生育期内处理 1（W1N1）、处理 2（W1N2）、处理 3（W1N3）耗水量分别为 3104.34$m^3/hm^2$、3001.89$m^3/hm^2$、2940.95$m^3/hm^2$，灌溉和降水总量约为 3900$m^3/hm^2$；

处理 4（W2N1）、处理 5（W2N2）、处理 6（W2N3）耗水量分别为 3665.52$m^3/hm^2$、3520.52$m^3/hm^2$、3398.55$m^3/hm^2$，灌溉和降水总量约为 4350$m^3/hm^2$；处理 7（W3N1）、处理 8（W3N2）、处理 9（W3N3）耗水量分别为 4020.82$m^3/hm^2$、3831.72$m^3/hm^2$、3893.24$m^3/hm^2$，灌溉和降水总量约为 4800$m^3/hm^2$。可知在当前降雨条件下，灌溉量可满足马铃薯生长需水量，故当生长季内降雨量减小或者增大时，可相应的调控灌溉量以减少水资源浪费；田间高效节水灌溉措施需要在田间耗水规律的基础上，根据田间水分动态平衡及作物实际生长生理状况才可得到进一步完善。

## 6.4 膜下滴灌不同水氮处理对马铃薯产量的影响

### 6.4.1 不同水氮处理对马铃薯产量的影响

#### 6.4.1.1 不同水氮处理下马铃薯产量变化规律

不同水氮处理下马铃薯产量如图 6.6 所示，其中图 6.6（a）～图 6.6(c）表示在同一灌溉定额下施氮量对马铃薯产量的影响，图 6.6（d）～图 6.6(f）表示在同一施氮量下灌溉定额对马铃薯产量的影响。

图 6.6（a）中灌溉定额为 900$m^3/hm^2$，马铃薯产量随施氮量的增加而增大，且产量均大于对照 CK 处理。说明在此灌溉定额下增加氮肥施量能有效提高马铃薯产量。图 6.6（b）中灌溉定额为 1350$m^3/hm^2$，马铃薯产量随施氮量的增加先减小后增大，总体趋势是随着施氮量的增加而增大的。其灌水施氮处理的产量均大于对照 CK 处理，说明在此灌溉定额下增加施氮量能提高马铃薯产量，处理 5（W2N2）产量较低是由测产误差或土壤本底值较低引起的，还需通过后续试验加以论证。图 6.6（c）中灌溉定额为 1800$m^3/hm^2$，马铃薯产量随施氮量的增加而减小，但减小幅度甚微。3 个高水灌溉处理的产量均在 5 万 $kg/hm^2$ 以上，其产量仅小于处理 6（W2N3）。因此马铃薯生育期补水充足是获得高产的基础，但随施氮量的增加会导致土壤氮素的深层淋溶流失，氮肥利用不充分。因此马铃薯产量表现出上述规律。

图 6.6（d）中施氮量为 120$kg/hm^2$，马铃薯产量随灌溉定额的增加而增大，且产量均大于对照 CK 处理。说明在此施氮量处理下增加灌水量能有效提高马铃薯产量。图 6.6（e）中施氮量为 180$kg/hm^2$，马铃薯产量随灌溉定额的增加先减小后增大，且产量均大于对照 CK 处理。处理 5（W2N2）产量较低是由测产误差和土壤本底值差异造成的，同样也说明此水氮处理不利于马铃薯产量的提高。在此施氮量处理下马铃薯产量随灌溉定额的增加增产效果并不明显。图 6.6（f）中施氮量为 240$kg/hm^2$，马铃薯产量随灌溉定额的增加先增大后减小，且产量均大于对照 CK 处理。在此施氮量下持续增大灌溉定额会降低马铃薯产量。及灌水量增多土壤水分过于充足，造成了土壤养分的流失。

综上所述，灌溉定额为 900$m^3/hm^2$ 时，马铃薯产量随施氮量的增加增产效果明显，灌溉定额达到 1800$m^3/hm^2$ 后，马铃薯产量随施氮量的增加而减产。同理施氮量为 120$kg/hm^2$ 时，马铃薯产量随灌溉定额的增加增产效果明显，施氮量达到 240$kg/hm^2$ 时，马铃薯产量随灌溉定额的持续增加而减产。再次说明过量灌溉和过量施肥不仅会造成肥料的浪费，还会降低马铃薯产量。

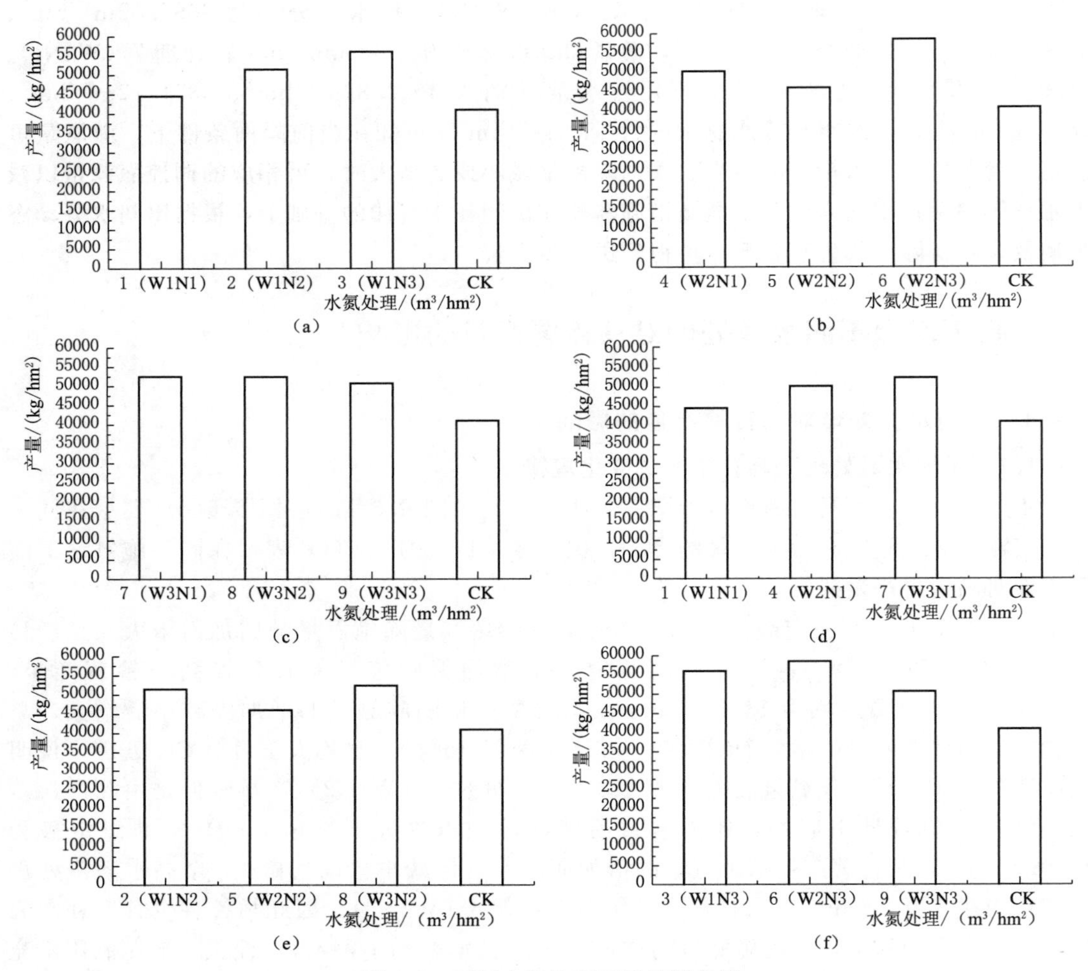


图 6.6　不同水氮处理下马铃薯产量

#### 6.4.1.2　不同水氮处理对马铃薯商品薯的影响

马铃薯商品薯分级参考国家标准 GB/T 31784—2015《马铃薯商品薯分级与检验规程》进行分类[47]，即 $m \geqslant 150$g 为大薯，$75\text{g} \leqslant m < 150$g 为中薯，$m < 75$g 为小薯。表 6.17 表示不同水氮处理下马铃薯大、中、小薯所占总产量的百分比，由表可知，各处理大薯产量排序为 7（W3N1）>6（W2N3）>3（W1N3）>8（W3N2）>9（W3N3）>4（W2N1）>2（W1N2）>1（W1N1）>5（W2N2）>CK。其中处理 7（W3N1）大薯产量最大，为 41147.73kg/hm²。处理 5（W2N2）大薯产量最低，为 30788.55kg/hm²。灌溉定额为 900m³/hm² 时，马铃薯大薯产量随施氮量增加而增大。灌溉定额为 1350m³/hm² 时，马铃薯大薯产量随施氮量增加而先减小后增大。灌溉定额为 1800m³/hm² 时，马铃薯大薯产量随施氮量增加而减小。同理施氮量为 120kg/hm² 时，马铃薯大薯产量随灌水量增加而增大。施氮量为 180kg/hm² 时，马铃薯大薯产量随灌水量增加先减小后增大。施氮量为 240kg/hm² 时，马铃薯大薯产量随灌水量增加先增大后减小。大薯产量随施氮量，随灌溉定额的变化规律同产量，即在低氮高水和高氮低水处理更有利于马铃薯大薯产量的增加。

表 6.17 不同水氮处理马铃薯大、中、小薯百分比

| 处 理 | 总产量/(kg/hm²) | 大薯产量/(kg/hm²) | 中薯产量/(kg/hm²) | 小薯产量/(kg/hm²) |
|---|---|---|---|---|
| 1(W1N1) | 44569.30 | 31199.81(70.00%) | 10603.71(23.79%) | 4801.68(10.77%) |
| 2(W1N2) | 51462.45 | 33300.54(64.71%) | 13160.16(25.57%) | 5001.75(9.72%) |
| 3(W1N3) | 56008.49 | 39991.77(71.40%) | 11659.64(20.82%) | 4245.93(7.58%) |
| 4(W2N1) | 50295.38 | 33389.46(66.39%) | 11848.59(23.56%) | 5557.50(11.05%) |
| 5(W2N2) | 46049.45 | 30788.55(66.86%) | 11704.10(25.42%) | 3579.03(7.77%) |
| 6(W2N3) | 58509.36 | 40547.52(69.30%) | 13649.22(23.33%) | 4301.51(7.35%) |
| 7(W3N1) | 52496.15 | 41147.73(78.38%) | 6780.15(12.92%) | 4701.65(8.96%) |
| 8(W3N2) | 52407.23 | 37879.92(72.28%) | 9670.05(18.45%) | 4990.64(9.52%) |
| 9(W3N3) | 50717.75 | 34534.31(68.09%) | 11826.36(23.32%) | 4935.06(9.73%) |
| 10(CK) | 40981.01 | 22241.10(54.27%) | 12504.45(30.51%) | 6068.95(16.03%) |

大薯率排序依次为 7（W3N1）>8（W3N2）>3（W1N3）>1（W1N1）>6（W2N3）>9（W3N3）>5（W2N2）>4（W2N1）>2（W1N2）>CK。其中处理 7（W3N1）大薯率最大，占 78.38%。处理 2（W1N2）大薯率最小，占 64.71%。各处理的大薯率均远大于 CK 处理。灌溉定额为 900m³/hm²时，大薯比率随施氮量的增加先减小后增大。灌溉定额为 1350m³/hm²时，大薯比率随施氮量的增加而增大。灌溉定额为 1800m³/hm²时，大薯比率随施氮量的增加而减小。说明施氮量能显著影响马铃薯大薯比率，当灌溉定额在 900～1350m³/hm²区间时，增施氮肥能显著提高大薯产量。同理施氮量为 120kg/hm² 时，大薯率随灌水量的增加先减小后增大。施氮量为 180kg/hm² 时，大薯率随灌水量的增加而增大。施氮量为 240kg/hm² 时，大薯率随灌水量的增加而减小。说明当施氮量在 120～180kg/hm² 这个区间时，增加灌水量能显著提高马铃薯大薯产量。

综上所述，以马铃薯产量为衡量标准，处理 6（W2N3）产量最高，为 58509.36kg/hm²。以马铃薯大薯产量为衡量标准，处理 7（W3N1）大薯产量最高，为 41147.73kg/hm²。以大薯率为衡量标准，处理为 7（W3N1）大薯率最大，占 78.38%。以马铃薯中薯产量为衡量标准，处理 6（W2N3）中薯产量最高，为 13649.22kg/hm²。且处理 6（W2N3）小薯率最小，说明马铃薯块茎产量 93%以上都达到中薯以上水平。根据实践经验，大中薯适合于马铃薯商品加工和人们食用，小薯一般用于加工饲料。所以一般来说，大中薯产量较高而小薯产量较低，说明产量达到理想要求。故推荐处理 6（W3N2）为马铃薯高产的灌水施氮种植制度。

#### 6.4.1.3 不同水氮处理马铃薯产量方差分析

不同水氮处理马铃薯产量方差分析见表 6.18，由表可知，3 个区组之间马铃薯总产量、大薯产量差异表现为显著（$P<0.05$）。说明非人为因素对马铃薯产量影响较大。由

于在 7—9 月试验点降雨充沛，对各区组试验田土壤水肥含量影响较大，最终对试验结果影响显著。灌水对马铃薯产量影响不显著（$P>0.05$），原因是淀粉积累期降雨充足，各处理间土壤含水量差异不大。施氮量对马铃薯产量影响显著（$P<0.05$），即各不同施氮量处理之间马铃薯产量差异明显。说明在马铃薯不缺水情况下，增施氮肥能显著提高马铃薯产量。水氮互作效应对马铃薯产量影响不显著（$P>0.05$），由于后期土壤水分充足，削弱了水氮互作效应对马铃薯产量的影响。

**表 6.18　不同水氮处理马铃薯产量方差分析（固定模型）**

| 产量类型 | 变异来源 | 平方和 | 自由度 | 均方 | F 值 | P 值 |
|---|---|---|---|---|---|---|
| 总产量 | 区组间 | 1257770.57 | 2 | 628885.28 | 6.01 | 0.01 |
| | W 因素间 | 31598.78 | 2 | 15799.39 | 0.15 | 0.86 |
| | N 因素间 | 830587.36 | 2 | 415293.68 | 3.97 | 0.04 |
| | W×N 互作 | 1150791.62 | 4 | 287697.91 | 2.75 | 0.06 |
| 大薯产量 | 区组间 | 1434882.95 | 2 | 717441.47 | 6.94 | 0.01 |
| | W 因素间 | 237626.35 | 2 | 118813.18 | 1.15 | 0.34 |
| | N 因素间 | 404596.59 | 2 | 202298.29 | 1.96 | 0.17 |
| | W×N 互作 | 1130230.17 | 4 | 282557.54 | 2.73 | 0.07 |
| 中薯产量 | 区组间 | 27020.01 | 2 | 13510.01 | 0.39 | 0.68 |
| | W 因素间 | 198371.56 | 2 | 99185.78 | 2.86 | 0.09 |
| | N 因素间 | 144188.10 | 2 | 72094.05 | 2.08 | 0.16 |
| | W×N 互作 | 102093.64 | 4 | 25523.41 | 0.74 | 0.58 |
| 小薯产量 | 区组间 | 49139.91 | 2 | 24569.95 | 1.31 | 0.30 |
| | W 因素间 | 3144.54 | 2 | 1572.27 | 0.08 | 0.92 |
| | N 因素间 | 6988.31 | 2 | 3494.15 | 0.19 | 0.83 |
| | W×N 互作 | 24456.01 | 4 | 6114.00 | 0.33 | 0.86 |

注　$P<0.05$ 表示各因素对马铃薯产量影响显著，$P<0.01$ 表示各因素对马铃薯产量影响极显著。

表 6.19 表示不同水氮处理对马铃薯产量的影响，从表中可以看出，处理 6（W2N3）与处理 1（W1N1）之间马铃薯产量差异极显著（$P<0.01$），处理 6（W2N3）与处理 5（W2N2）之间马铃薯产量差异显著（$P<0.05$）。处理 3（W1N3）分别与处理 1（W1N1）和处理 5（W2N2）之间马铃薯产量差异显著（$P<0.05$），其余各处理之间马铃薯产量差异均不显著（$P>0.05$）。处理 6（W2N3）马铃薯产量最高，处理 1（W1N1）马铃薯产量最低。产量由高到低的处理依次为处理 6（W2N3）、3（W1N3）、7（W3N1）、8（W3N2）、2（W1N2）、9（W3N3）、4（W2N1）、5（W2N2）和处理 1（W1N1）。及高氮加中低水处理和高水加中低氮处理马铃薯产量最大，而高水高氮处理 9（W3N3）马铃薯产量并未达到最大，低水低氮处理 1（W1N1）马铃薯产量最小。马铃薯产量总体表现为处理 6（W2N3）＞3（W1N3）＞7（W3N1）＞8（W3N2）＞2（W1N2）＞9（W3N3）＞4（W2N1）＞5（W2N2）＞1（W1N1）＞CK。说明在宁夏中部旱区过量灌溉施肥处理都不能达到最高产，反而会造成水资源与肥料的浪费。

表 6.19　不同水氮处理对马铃薯产量的影响

| 处　理 | 总产量/(kg/hm²) | 大薯产量/(kg/hm²) | 中薯产量/(kg/hm²) | 小薯产量/(kg/hm²) |
|---|---|---|---|---|
| 1(W1N1) | 44569.35bB | 31199.85bcA | 10603.65abA | 4801.65aA |
| 2(W1N2) | 51462.45abAB | 33300.60abcA | 13160.25aA | 5001.75aA |
| 3(W1N3) | 56008.50aAB | 39991.80abcA | 11659.65abA | 4245.90aA |
| 4(W2N1) | 50295.45abAB | 33389.40abcA | 11848.65abA | 5557.50aA |
| 5(W2N2) | 46049.40bAB | 30788.55cA | 11704.05abA | 3579.00aA |
| 6(W2N3) | 58509.30aA | 40547.55abA | 13649.25aA | 4301.40aA |
| 7(W3N1) | 52496.10abAB | 41147.70aA | 6780.15bA | 4701.60aA |
| 8(W3N2) | 52407.30abAB | 37879.95abcA | 9667.05abA | 4990.65aA |
| 9(W3N3) | 50717.70abAB | 34534.35abcA | 11826.30abA | 4800.15aA |

**注**　表中数据为3次重复的平均值（$n=3$），同列中不同大写字母表示处理间差异极显著（$P<0.01$），具有统计学意义；同列中不同小写字母表示处理间差异显著（$P<0.05$），具有统计学意义。

### 6.4.2　不同水氮处理对马铃薯水氮利用效率的影响

水分利用效率是用来表征作物产量和水分利用间关系的一项生理生态指标，用单位水分的消耗所产出的经济产量来表示，它体现植株耗水与干物质产出量的关系，是评价作物生长发育水平高低的一项关键指标。根据本试验实际采集的数据，氮肥利用效率采用氮肥农学效率和氮肥生产效率来表征。

用于表征本试验水分利用效率如下：

$$IWUE=Y/I \tag{6.6}$$

式中　$IWUE$——灌溉水利用效率，kg/m³；

$Y$——单位面积的总产量，kg/hm²；

$I$——单位面积灌水量，m³/hm²。

$$YWUE=Y/ET \tag{6.7}$$

式中　$YWUE$——产量水平水分利用效率，kg/m³；

$Y$——单位面积的总产量，kg/hm²；

$ET$——单位面积耗水量，m³/hm²，包括植株蒸腾量和棵间蒸发量。

$$AE_N=(Y_N-Y_0)/F_N \tag{6.8}$$

式中　$AE_N$——氮肥农学效益，kg/kg；

$Y_N$——氮肥施用下马铃薯块茎经济产量，kg/hm²；

$Y_0$——对照（不施用氮肥条件下）马铃薯块茎的经济产量，kg/hm²；

$F_N$——氮肥施入量，kg/hm²。

$$PFP_N=Y_N/F_N \tag{6.9}$$

式中　$PFP_N$——氮肥偏生产力，kg/kg；

$Y_N$——施用氮肥马铃薯块茎经济产量，kg/hm²；

$F_N$——氮肥施入量，kg/hm²。

#### 6.4.2.1　不同水氮处理对马铃薯水分利用效率的影响

马铃薯生育期不同水氮处理对水分利用效率的影响见表6.20，从表中可以看出灌溉定额为900m³/hm²时，马铃薯产量随施氮量的增加而增大，植株生育期耗水量随施氮量的增加而减小，灌溉水利用效率和产量水平水分利用效率均随施氮量的增加而增大。说明在此灌溉定额处理下，增加施氮量能提高水分利用效率，马铃薯植株增产效果明显。灌溉定额为1350m³/hm²时，马铃薯产量随施氮量的增加先减小后增大，生育期耗水量随施氮量的增加而减小，灌溉水利用效率和产量水平水分利用效率均随施氮量增加而先减小后增加。同样说明灌溉定额增加到1350m³/hm²时，增加施氮量能提高水分利用效率和增加马铃薯产量。灌溉定额为1800m³/hm²时，马铃薯产量随施氮量的增加而减小，耗水量随施氮量的增加先减小后增大，灌溉水利用效率随着施氮量的增加而减小，产量水平水分利用效率随施氮量的增加先增加后减小。说明灌溉定额达到1800m³/hm²时，施氮量增加土壤氮素被灌水淋溶流失，并没有提高水分利用效率，且马铃薯产量并未达到最大。

**表6.20　　不同水氮处理对水分利用效率的影响**

| 处　理 | 产量/(kg/hm²) | 灌溉定额/(m³/hm²) | 耗水量/(m³/hm²) | *IWUE*/(kg/m³) | *YWUE*/(kg/m³) |
|---|---|---|---|---|---|
| 1 (W1N1) | 44569.30 | 900.00 | 3104.34 | 49.52 | 14.36 |
| 2 (W1N2) | 51462.45 | 900.00 | 3001.89 | 57.18 | 17.14 |
| 3 (W1N3) | 56008.49 | 900.00 | 2940.95 | 62.23 | 19.04 |
| 4 (W2N1) | 50295.38 | 1350.00 | 3665.52 | 37.26 | 13.72 |
| 5 (W2N2) | 46049.45 | 1350.00 | 3520.52 | 34.11 | 13.08 |
| 6 (W2N3) | 58509.36 | 1350.00 | 3398.55 | 43.34 | 17.22 |
| 7 (W3N1) | 52496.15 | 1800.00 | 4020.82 | 29.16 | 13.06 |
| 8 (W3N2) | 52407.23 | 1800.00 | 3831.72 | 29.12 | 13.68 |
| 9 (W3N3) | 50717.75 | 1800.00 | 3893.24 | 28.18 | 13.03 |
| 10 (CK) | 40981.01 | 0 | 2092.93 | / | 19.58 |

在同一氮素水平下，灌溉定额对马铃薯水分利用效率的影响见表6.21，从表中可以看出施氮量为120kg/hm²时，马铃薯产量随灌溉定额的增大而增大，生育期耗水量随灌溉定额的增大而增大，灌溉水利用效率和产量水平水分利用效率随灌溉定额的增加而减小。说明在此施氮量水平下，增加灌水量能显著提高马铃薯产量，同时增加了生育期植株耗水量和降低了水分利用效率。施氮量为180kg/hm²时，马铃薯产量随灌溉定额的增大先减小后增大，耗水量随灌水量增大而增大，灌溉水利用效率和产量水平水分利用效率均随灌溉定额的增加而减小。说明在此施氮量水平下，增加灌水量能提高马铃薯产量，增大耗水量。但却减小了水利用效率。施氮量为240kg/hm²时，马铃薯产量随灌溉定额的增大先增大后减小，耗水量随灌溉定额的增大而增大，灌溉水利用效率和产量水平的水分利用效率均随着灌溉定额的增大而减小。说明在此施氮量水平处理下，灌水量增加到1800m³/hm²会导致马铃薯减产，极大地增加了水分的无效消耗量，减小了水利用效率。

综上所述，灌溉水利用效率由大到小依次为处理3（W1N3）＞2（W1N2）＞1（W1N1）＞6（W2N3）＞4（W2N1）＞5（W2N2）＞7（W3N1）＞8（W3N2）＞9（W3N3）。因此增加灌水量会减小灌溉水利用效率，增加施氮量在一定程度上能提高灌水利用效率，而在高灌水量1800m³/hm²处理下，增施氮肥会降低灌溉水利用效率。加上马铃薯生育后期降雨充沛，土壤含水量充足，耗水量增加，大大降低了灌溉水利用效率。产量水平水分利用效率由大到小依次为 CK＞3（W1N3）＞6（W2N3）＞2（W1N2）＞1（W1N1）＞4（W2N1）＞8（W3N2）＞5（W2N2）＞7（W3N1）＞9（W3N3）。空白对照 CK 处理下产量水平水分利用效率最高。同理增加灌水量减小了产量水平水分利用效率，增加施氮量增大了产量水平水分利用效率。灌溉定额达到 1800$m^3/hm^2$时，产量水平水分利用效率随施氮量的增加而减小。因此灌溉定额在 900～1350$m^3/hm^2$区间时，增施氮肥能显著提高马铃薯产量和水分利用效率。施氮量在 120～180$kg/hm^2$区间时，增加灌水量能显著提高马铃薯产量，同时耗水量和水分利用效率均会随着灌水量的增加而减小。

#### 6.4.2.2 不同水氮处理对氮素利用效率的影响

作物生育期不同水氮处理氮肥利用效率通过氮肥农学效益 $AE_N$ 和氮肥偏生产力 $PFP_N$表征。肥料农学效率（$AE$）是指特定施肥条件下，单位施肥量所增加的作物经济产量。它是施肥增产效应的综合体现，施肥量、作物种类和种植管理措施都会影响肥料的农学效率。在具体应用中，施肥量通常用纯养分来表示，即氮肥农学效率（$AE_N$）通常是指投入每公斤纯氮所增加的经济产量数量。肥料偏生产力（$PFP$）是指施用某一特定肥料下的作物产量与施肥量的比值。它是反映当地土壤基础养分水平和化肥施用量综合效应的重要指标[48]。

从表 6.21 中可以看出灌溉定额为 W1 时，马铃薯产量随施氮量的增大而增大，氮肥农学效率随施氮量的增加而增大，氮肥偏生产力随施氮量的增大而减小。说明在此灌溉定额处理下，增加施氮量能显著提高马铃薯经济产量，提高氮肥利用效率，减小了土壤基础养分水平和氮肥施用量的综合效应。灌溉定额为 1350$m^3/hm^2$时，马铃薯产量随施氮量的增大而先减小后增大，氮肥农学效率随施氮量的增加而先减小后增大，氮肥偏生产力随施氮量的增大而减小。说明在此灌溉定额下，增加施氮量能有效提高马铃薯块茎经济产量，而氮肥利用效率开始减小，同时降低了土壤基础养分水平和氮肥施用量的综合效应。灌溉定额为 1800$m^3/hm^2$时，马铃薯产量随施氮量的增大而减小，氮肥农学效率和氮肥偏生产力均随施氮量的增加而减小。说明在此灌溉定额处理下，增加施氮量反而降低了马铃薯块茎经济产量、氮肥利用效率和土壤基础养分水平与氮肥施量的综合效应。

表 6.21 同水氮处理对氮素利用效率的影响

| 处 理 | 产量/($kg/hm^2$) | 施氮量/($kg/hm^2$) | $AE_N$/(kg/kg) | $PFP_N$/(kg/kg) |
|---|---|---|---|---|
| 1(W1N1) | 44569.30 | 120 | 29.90 | 371.41 |
| 2(W1N2) | 51462.45 | 180 | 58.23 | 285.90 |
| 3(W1N3) | 56008.49 | 240 | 62.61 | 233.37 |
| 4(W2N1) | 50295.38 | 120 | 77.62 | 419.13 |
| 5(W2N2) | 46049.45 | 180 | 28.16 | 255.83 |
| 6(W2N3) | 58509.36 | 240 | 73.03 | 243.79 |
| 7(W3N1) | 52496.15 | 120 | 95.96 | 437.47 |
| 8(W3N2) | 52407.23 | 180 | 63.48 | 291.15 |
| 9(W3N3) | 50717.75 | 240 | 40.57 | 211.32 |

从表 6.21 中可以看出施氮量为 120$kg/hm^2$时，马铃薯产量、氮肥农学效率和氮肥偏生产力均随灌溉定额的增大而增大。说明此施氮量水平处理下，增加灌水量能提高马铃薯经

济产量、氮肥利用效率和土壤基础养分水平与氮肥施量的综合效应。施氮量为 180kg/hm$^2$时，由于处理 5（W2N2）产量较低，故马铃薯产量、氮肥农学效率和氮肥偏生产力均随灌溉定额的增大而先减小后增大，总体趋势是随着灌溉定额的增大而增大。说明在此施氮量水平处理下，增加灌水量能提高马铃薯产量、氮肥利用效率和土壤养分氮肥施量综合效应。施氮量为 240kg/hm$^2$时，马铃薯产量、氮肥农学效率和氮肥偏生产力均随灌水量的增大先增大后减小。说明在此施氮量水平处理下，适当增加灌水能提高马铃薯产量、氮肥利用效率和土壤养分施氮综合效应，当灌水量持续增加会导致马铃薯减产，降低氮肥利用效率，减弱土壤养分氮肥施量综合效应。

出现上述规律主要是因为施肥时间、施肥量以及灌水量的不同会对马铃薯根系对氮素吸收量造成一定影响。研究发现氮素的去向主要有作物吸收、氮素淋洗和气体损失，其中作物吸收所占比率最大，约 80%[49]。随着灌水次数的增加作物对氮素吸收量呈逐渐增加的趋势，本试验在马铃薯全生育期总共灌水 8 次，遵循少量多次的灌溉原则。作物氮素吸收量与作物长势相关，作物生长旺盛则会吸收更多的水氮来维持其生长，不同生育期作物氮素吸收速率和转化速率不同。由表 6.21 中生长数据分析可知，处理 7（W3N1）马铃薯植株生长最为旺盛，故与本节分析结果吻合，处理 7（W3N1）氮素利用效率最优。而氮素淋洗是氮素损失的主要途径，并且与灌水量、灌水次数和施氮量密切相关。由于处理 9（W3N3）单次灌水量和施氮量均最高，故氮素淋洗损失较大，导致马铃薯产量降低，氮肥农学效率和氮肥偏生产力均较低。随着灌水次数增加，同时单次灌溉量减少，可明显减少氮素淋洗损失。比如低灌水量和中灌水量处理下，马铃薯农学效率和氮肥偏生产力均较高。

综上所述，马铃薯全生育期不同水氮处理下氮肥农学效率由高到低的处理依次为处理 7（W3N1）＞4（W2N1）＞6（W2N3）＞8（W3N2）＞3（W1N3）＞2（W1N2）＞9（W3N3）＞1（W1N1）＞5（W2N2）。马铃薯全生育期不同水氮处理下氮肥偏生产力由高到低的处理依次为处理 7（W3N1）＞4（W2N1）＞1（W1N1）＞8（W3N2）＞2（W1N2）＞5（W2N2）＞6（W2N3）＞3（W1N3）＞9（W3N3）。

## 6.5　膜下滴灌不同水氮处理下马铃薯根区土壤水氮分布

### 6.5.1　马铃薯根区土壤水分运移分布规律

#### 6.5.1.1　施氮量对马铃薯根区土壤含水量的影响

图 6.7～图 6.9 表示马铃薯生育期不同土层土壤含水率变化，从图中可以看出，生育期不同水氮处理下土壤含水率变化趋势相同。马铃薯根系主要分布在 0～40cm 土层，因此生育期 0～40cm 土层土壤含水率变化幅度最大，随着土层深度的加深，土壤含水率变化越趋稳定。灌水量、灌水次数和降雨量均对土壤含水率变化造成了显著影响，有补水土壤含水率就会迅速增大。在块茎形成期到块茎增长期（7 月 10 日—8 月 21 日），土壤含水率变幅最大。幼苗期到块茎形成期（6 月 10 日—7 月 10 日），土壤含水率变幅相对较小。牙条生长期（5 月 10 日—6 月 10 日）和淀粉积累期（8 月 21 日—9 月 20 日），土壤含水率变化基本稳定。说明马铃薯关键需水期是在每年的 7 月上旬到 8 月下旬之间。

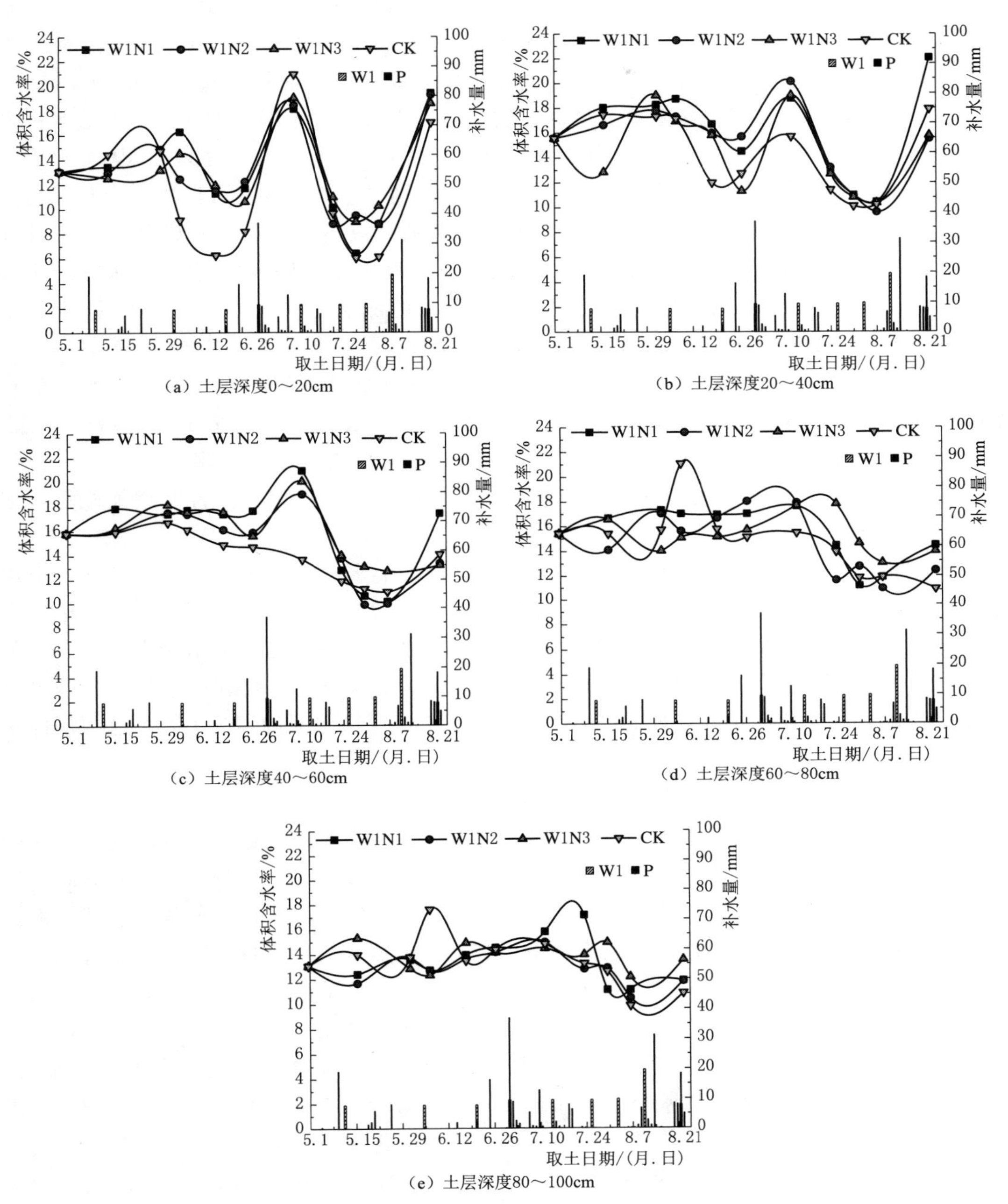


图 6.7　低灌水量处理马铃薯根区土壤含水率变化规律

1. 低灌水量 W1 处理下土壤水分动态变化

图 6.7 表示灌溉定额为 $900m^3/hm^2$ 时，不同土层土壤含水率随施氮量的变化。从图中可以看出在 0～20cm 土层，生育期处理 1（W1N1）、2（W1N2）、3（W1N3）、CK 土壤平均含水率依次为 13.04%、12.88%、13.05%、11.41%，不同处理之间土壤含水率

相差很小。说明在此灌溉定额处理下施氮量对表层土壤含水率影响不显著。在20～40cm土层，处理1（W1N1）、2（W1N2）、3（W1N3）、CK的平均土壤含水率依次为16.10%、15.32%、14.56%、14.33%。及该土层土壤含水率随着施氮量的增加而减小，且现象明显。相比于表层土壤随着土层深度的加深，土壤含水率明显增大。说明灌水进入土壤后，水分在重力等的作用下向下运移。在40～60cm土层内，处理1（W1N1）、2（W1N2）、3（W1N3）、CK平均土壤含水率分别为15.98%、14.97%、15.81%、14.80%，土壤含水率整体趋势还是随着施氮量的增加而减小。且处理1（W1N1）和处理2（W1N2）土壤含水率随着土层深度的加深而减小，处理3（W1N3）土壤含水率随土层深度的加深而增大。说明增加施氮量促进了土壤水分的深层运移。在60～80cm土层，生育期处理1（W1N1）、2（W1N2）、3（W1N3）、CK平均土壤含水率分别为15.46%、14.78%、15.38%、14.78%，土壤含水率随施氮量的增加而减小，各处理间含水率值相差很小。随着土层深度的进一步加深，土壤含水率开始减小。同理在80～100cm土层，处理1（W1N1）、2（W1N2）、3（W1N3）、CK生育期平均土壤含水率依次为13.39%、12.89%、13.79%、13.42%，土壤含水率随着施氮量的增加而增加。说明增加施氮量促进了土壤水分的深层运移。

综上所述，在900$m^3/hm^2$的灌溉定额处理下，土壤水分主要分布在20～60cm土层内。在整个土层内，处理1（W1N1）、处理2（W1N2）、处理3（W1N3）平均土壤含水率依次为14.79%、14.17%、14.52%，观测土层土壤含水率均处在土壤最大有效含水量5.55%～24.42%之间，说明土壤水分能更好被马铃薯植株根系吸收利用。马铃薯观测土层内土壤含水率随施氮量的增加而减小，说明在不考虑深层渗漏的情况下，增施氮肥能提高土壤水分利用效率，促进土壤水分的深层运移。

2. 中灌水量W2处理下土壤水分动态变化

图6.8表示灌溉定额为1350$m^3/hm^2$时，不同土层土壤含水率随施氮量的变化。从图中可以看出在0～20cm土层，处理4（W2N1）、5（W2N2）、6（W2N3）、CK下的平均土壤含水率依次为13.35%、13.13%、14.58%、11.41%，及表层土壤含水率随施氮量的增加先减小后增大，说明在此灌溉定额下增施氮肥能提高表层土壤含水率。生育期20～40cm土层，处理4（W2N1）、5（W2N2）、6（W2N3）、CK的平均土壤含水率分别为14.83%、15.74%、15.37%、14.33%，相比于上层土壤该层土壤含水率明显增大，说明灌水进入土壤后会迅速向下层运移。其中处理5（W2N2）在该层的土壤含水率值最大，说明中水中氮处理有利于土壤水分的下渗。中上层土壤含水率随施氮量的增加而增大，说明增施氮肥能保存土壤水分。在40～60cm土层，处理4（W2N1）、5（W2N2）、6（W2N3）、CK土壤平均含水率依次为16.66%、16.92%、15.39%、14.80%，土壤含水率随施氮量的增加先增大后减小。与上层土壤相比较，处理4（W2N1）和处理5（W2N2）含水率继续增大，说明水分持续向下运移。而对于处理6（W2N3）在该层的土壤含水率与上层土壤基本相同，说明上层水分消耗较大，根系吸收利用比较充分，减弱了土壤水分的深层运移。在60～80cm土层，处理4（W2N1）、5（W2N2）、6（W2N3）、CK所对用的平均土壤含水率依次为16.92%、16.11%、16.01%、14.78%，土壤含水率随施氮量的增加而减小。相比于上层土壤，处理4（W2N2）在该层的土壤含水率持续在

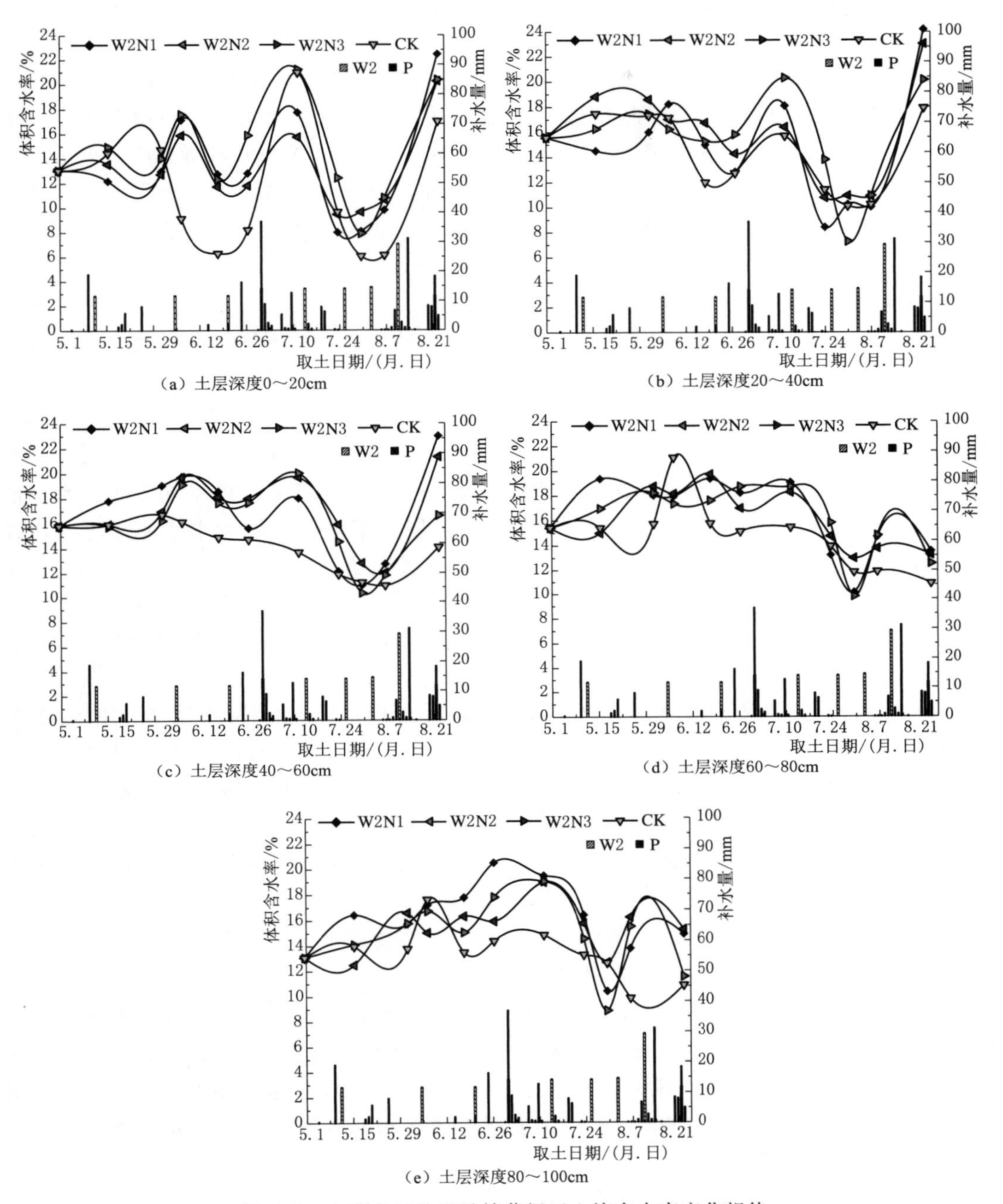


图 6.8 中灌水量处理马铃薯根区土壤含水率变化规律

增大，处理 5（W2N2）和处理 6（W2N3）在该层的土壤含水率与上层含水率值基本相等，说明处理 4（W2N1）更有利于土壤水分向深层运移。对于 80～100cm 土层，处理 4（W2N1）、5（W2N2）、6（W2N3）、CK 土壤平均含水率分别为 15.96%、15.29%、14.72%、13.42%，土壤含水率随施氮量的增加而减小。较上层土壤而言，处理 6

(W2N3)到达底层的水分相对较少，更有利于将土壤水分保存在中、上层土壤，供给马铃薯吸收利用。

综上所述，灌溉定额为1350m³/hm²处理下，马铃薯根区土壤水分主要分布在40～80cm土层内，较低灌溉定额处理，土壤水分含量明显增加且主要水分分布层有明显向下运移的现象。计划深润层内处理4(W2N1)、5(W2N2)、6(W2N3)所对应的生育期平均含水率分别为15.54%、15.44%、15.21%，处在观测土壤有效土壤水分之间。即马铃薯生育期根区土壤含水率随着施氮量的增加而减小，增施氮肥促进了土壤水分的消耗与利用。

3. 高灌水量W3处理下土壤水分动态变化

图6.9表示灌溉定额为1800m³/hm²处理下，马铃薯生育期不同土层土壤含水率随施氮量的变化。从图中可以看出在0～20cm土层，处理7(W3N1)、8(W3N2)、9(W3N3)、CK在生育期土壤平均含水率依次为15.44%、14.83%、14.90%、11.41%，表层土壤含水率基本相等，施氮量对表层土壤含水率影响不大。在20～40cm土层，处理7(W3N1)、8(W3N2)、9(W3N3)、CK在马铃薯全生育期所对应的平均土壤含水率依次为16.87%、16.03%、17.11%、14.33%，较上层土壤该层土壤含水率明显增大，说明土壤水分发生了向下运移。增加施氮量促进了表层土壤水分的下渗。在40～60cm土层，处理7(W3N1)、8(W3N2)、9(W3N3)、CK所对应的生育期土壤平均含水率依次为16.51%、17.25%、17.35%、14.80%，较上层土壤，除了处理7(W3N1)，该层土壤含水率在持续增大。说明增施氮肥促进了土壤水分的深层运移。在60～80cm土层，处理7(W3N1)、8(W3N2)、9(W3N3)、CK所对应的土层土壤平均含水率依次为15.35%、16.26%、15.49%、14.78%，较上层土壤，含水率均有所减小。其中处理8(W3N2)在该层的土壤含水率最大，说明该处理容易出现土壤水分的深层渗漏。在80～100cm土层，处理7(W3N1)、8(W3N2)、9(W3N3)、CK所对应的土壤平均含水率依次为13.34%、14.25%、13.63%、13.42%，较上层土壤含水率明显较小，与初始含水率基本相等。

综上所述，在1800m³/hm²的灌溉定额处理下，马铃薯根区土壤水分主要分布在20～80cm土层内，马铃薯生育期计划湿润层内处理7(W3N1)、8(W3N2)、9(W3N3)土壤平均含水率依次为15.50%、15.57%、15.70%，即马铃薯根区土壤含水率随施氮量的增加而增大，说明增加施氮量促进了土壤水分的深层运移。其中处理8(W3N2)的中下层土壤含水率大于其他处理，说明高水中氮处理不利于上层土壤水分的保持，降低了土壤水分的有效利用。而处理7(W3N1)的中上层土壤含水率较大，说明该处理有利于土壤水分的保持和水分的有效利用。

#### 6.5.1.2 灌水量对马铃薯根区土壤含水量的影响

图6.10～图6.12表示同一施氮量处理下马铃薯生育期不同土层土壤含水率变化，从图中可以看出0～20cm土层土壤含水率曲线随生育节点变化剧烈，20～40cm土层土壤含水率曲线变化相对较小，40～60cm土层土壤含水率曲线变化平稳，60～80cm土层和80～100cm土层含水率值较小，曲线波动最小。说明0～40cm土层是土壤水分变动剧烈的“活跃层”，马铃薯根系主要分布在该土层内。马铃薯整个生育期内，块茎形成期中段

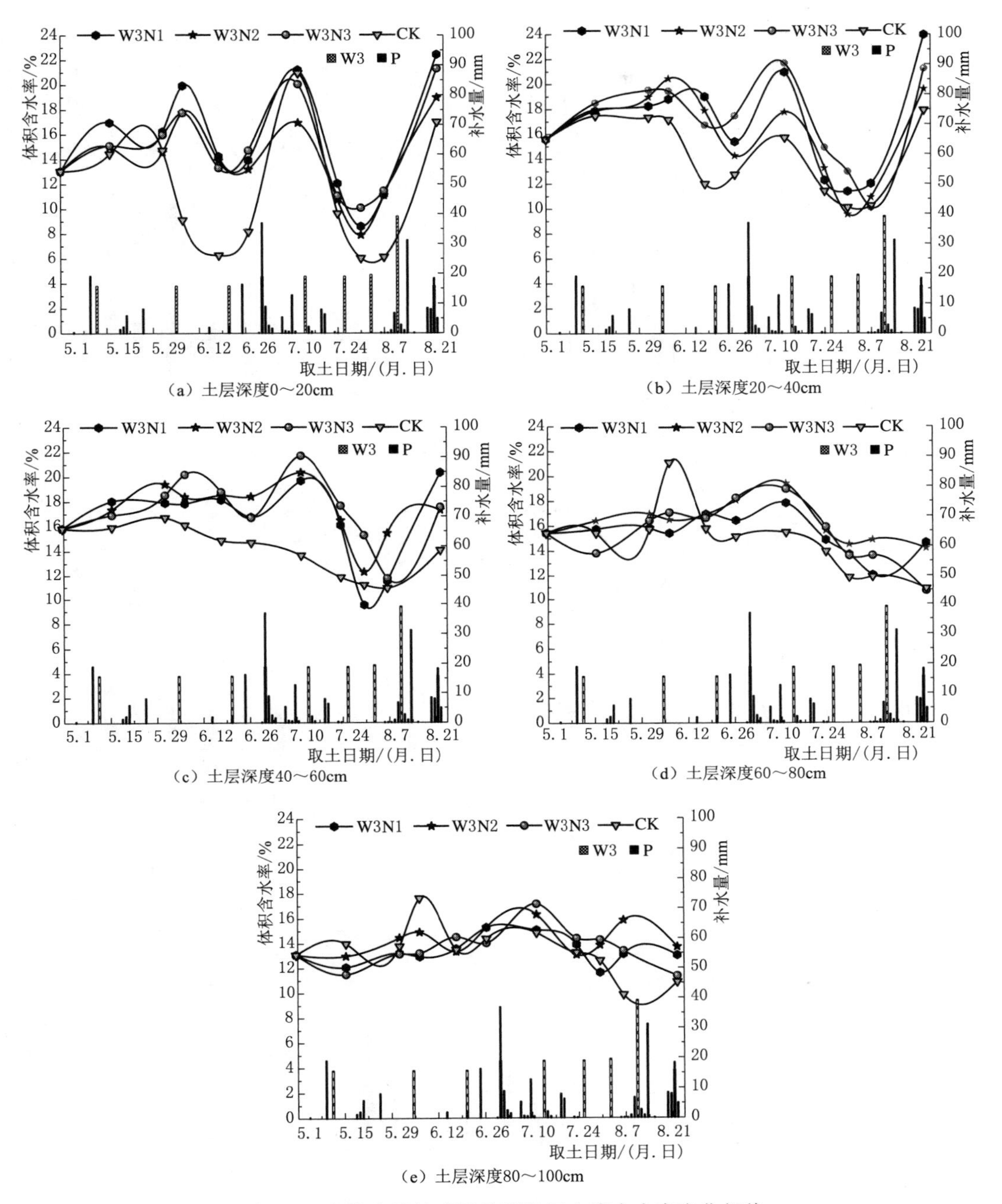


图 6.9 高灌水量处理马铃薯根区土壤含水率变化规律

到整个块茎增长期（7 月 10 日—8 月 21 日）土壤含水率变化幅度最大，幼苗期到块茎形成期中段（6 月 10 日—7 月 10 日）土壤含水率变化幅度次之，淀粉积累期（8 月 21 日后）和牙条生长期（5 月 10 日—6 月 10 日）土壤含水率变化比较稳定。说明马铃薯关键需水期是在 7 月上旬到 8 月下旬之间，及块茎形成期到块茎增长期为马铃薯的关键需水期。

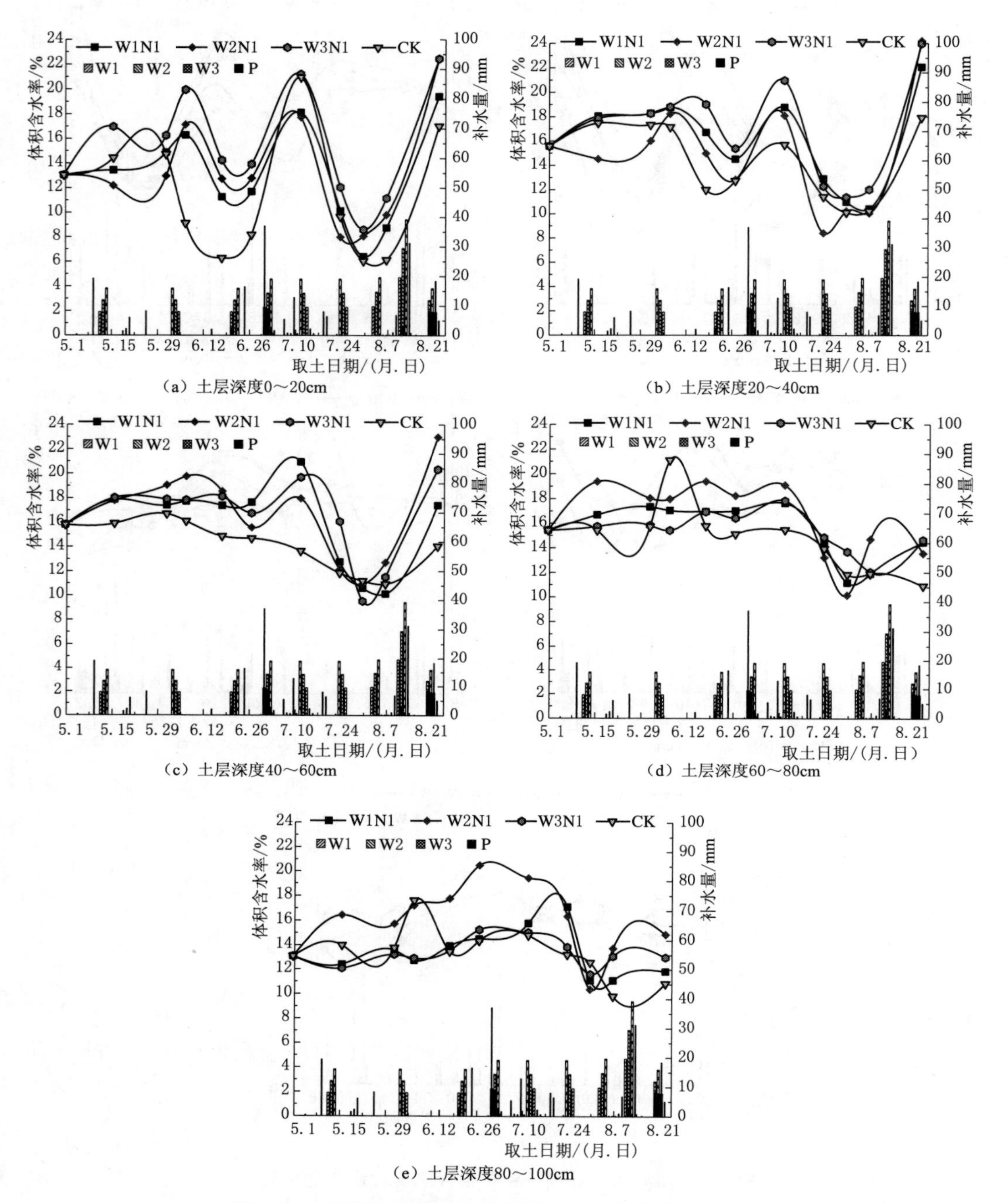


图6.10　低施氮量处理马铃薯根区土壤含水率变化规律

1. 低施氮量N1处理下土壤水分动态变化

图6.10表示施氮量为120kg/hm²处理下，土壤含水率随灌溉定额的动态变化。从图

中可以看出生育期在0～20cm土层，处理1（W1N1）、4（W2N1）、7（W3N1）、CK的土壤平均含水率依次为13.04%、13.35%、15.44%、11.41%，及表层土壤含水率随灌水量的增大而增大。说明增加灌水量会显著影响表层土壤含水率。在20～40cm土层，生育期处理1（W1N1）、4（W2N1）、7（W3N1）、CK的平均土壤含水率依次为16.10%、14.83%、16.87%、14.33%，较上层土壤，该层土壤含水率明显增大，说明在灌溉和降雨过程中土壤水分在向下运移。该层土壤含水率随灌水量的增加而先减小后增大。在40～60cm土层，处理1（W1N1）、4（W2N1）、7（W3N1）、CK在该土层生育期平均土壤含水率分别为15.98%、16.66%、16.51%、14.80%，土壤含水率随灌水量的增加而先增大后减小。说明增加灌水量能显著增大土壤含水率。相比于上层土壤，各处理含水率均有所增大，唯独处理4（W2N1）含水率增值最大，说明该处理试验区中上层土壤容重较小，土层结构疏松不利于保存水分。在60～80cm土层，处理1（W1N1）、4（W2N1）、7（W3N1）、CK生育期土壤平均含水率依次为15.46%、16.92%、15.35%、14.78%，随着灌水量的增大含水率先增大后减小。相比于上层土壤，处理4（W2N1）在该层土壤的含水率值还在持续增大，说明该处理下很有可能会形成土壤水分的深层渗漏。处理1（W1N1）在该层土壤含水率有所减小，但含水率值与上层很接近，只有处理7（W3N1）在该层的土壤含水率有明显的减小。同理在80～100cm土层，处理1（W1N1）、4（W2N1）、7（W3N1）、CK生育期土壤平均含水率依次为13.39%、15.96%、13.34%、13.42%，土壤含水率随灌水量的增加而先增大后减小。处理4（W2N1）含水率值依然较大，说明中水低氮处理不利于上层土壤水分的保存。

综上所述，施氮量为120kg/hm$^2$处理下，处理1（W1N1）和处理7（W3N1）土壤水分主要分布在20～60cm土层，处理4（W2N1）土壤水分主要分布在40～80cm土层。中上层土壤含水率随灌水量增加而增大，中下层土壤含水率受灌水量影响较小。其中处理4（W2N1）土壤水分有明显下渗，水分利用效率较低。处理7（W3N1）深层土壤水分有明显降低，对上层土壤有水分补给。各处理在不同生育期不同土层土壤含水率均小于田间持水量，满足马铃薯的生长。生育期处理1（W1N1）、处理4（W2N1）、处理7（W3N1）计划湿润层土壤平均含水率为14.79%、15.54%、15.50%，说明在低施氮量N1处理下，土壤含水率随灌水量增加而先增大后减小，高水低氮处理更有利于马铃薯植株的生长，产量也较高，耗水量最大。

2. 中施氮量N2处理下土壤水分动态变化

图6.11表示施氮量为180kg/hm$^2$的处理下，马铃薯生育期不同土层土壤含水率随灌溉定额的动态变化。从图中可以看出在0～20cm土层，生育期处理2（W1N2）、5（W2N2）、8（W3N2）、CK平均土壤含水率依次为12.88%、13.13%、14.83%、11.41%，表层土壤含水率随灌水量的增加而增大。说明在此施氮量处理下增加灌水量对表层土壤水分影响显著，大大提高了土壤水分含量。

生育期在20～40cm土层，处理2（W1N2）、5（W2N2）、8（W3N2）、CK的平均土壤含水率依次为15.32%、15.74%、16.03%、14.33%，中上层土壤含水率随灌水量的增加而增大。相比于上层土壤，土壤含水率增值显著，说明增加灌水量促进了土壤水分的运移。在40～60cm土层，处理2（W1N2）、5（W2N2）、8（W3N2）、CK的平均土壤含

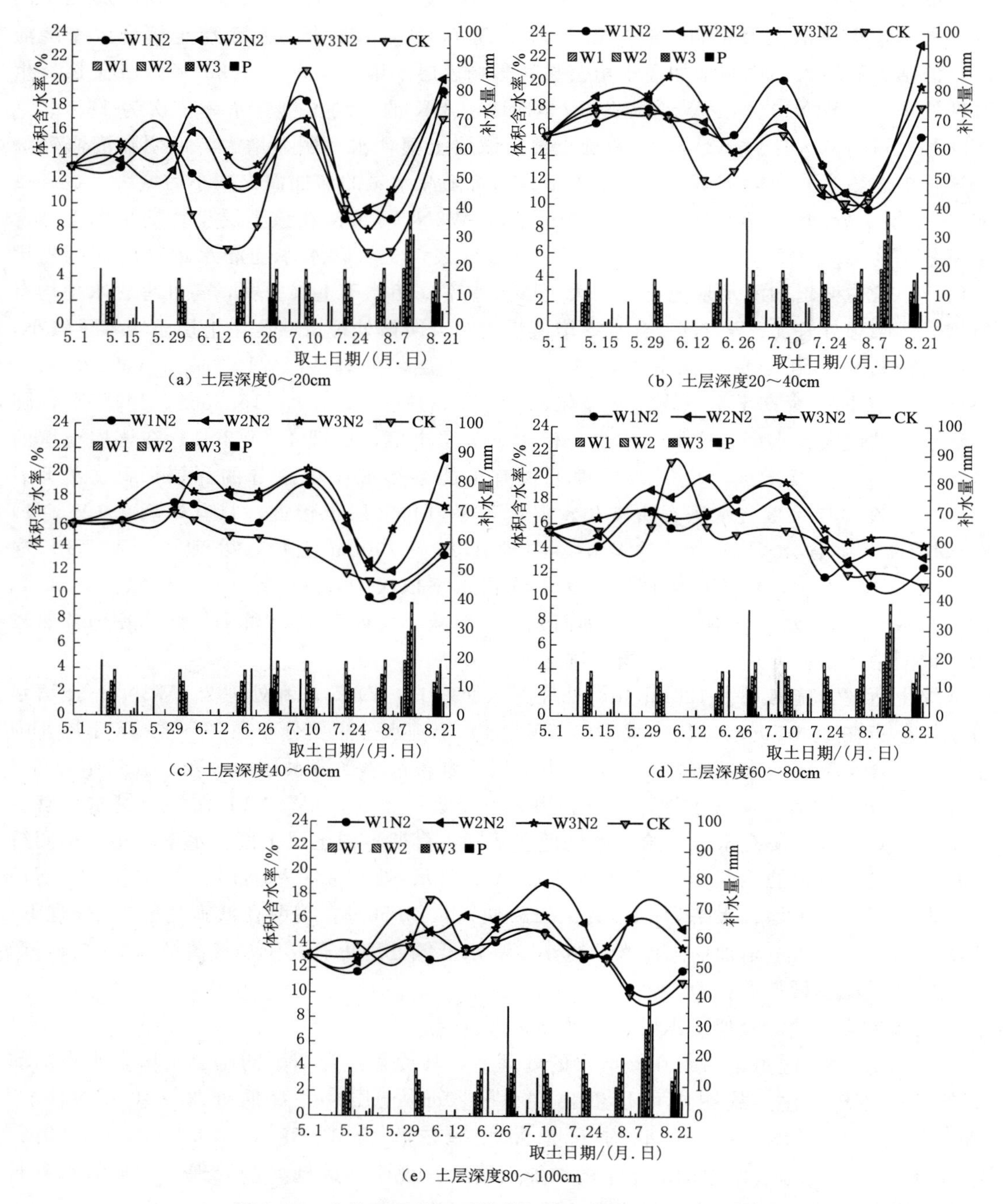


图6.11　中施氮量处理马铃薯根区土壤含水率变化规律

水率依次为14.97%、16.92%、17.25%、14.80%，中层土壤含水率随灌水量的增加而增大。除处理2（W1N2）外其余处理下中层土壤含水率值均有所增大，说明增大灌水量促进了土壤水分的深层运移。在60～80cm土层，处理2（W1N2）、5（W2N2）、8

(W3N2)、CK 的平均土壤含水率依次为 14.78%、16.11%、16.26%、14.78%，中下层土壤含水率随灌水量的增大而增大。较上层土壤含水率值均减小，说明在该层土壤内水分运移有所减弱。在 80～100cm 土层，处理 2（W1N2）、5（W2N2）、8（W3N2）、CK 的平均土壤含水率依次为 12.89%、15.29%、14.25%、13.42%，土壤含水率随灌水量的增加而增大。较上层土壤含水率值急剧减小，说明底层土壤水分运移交替开始减弱。主要

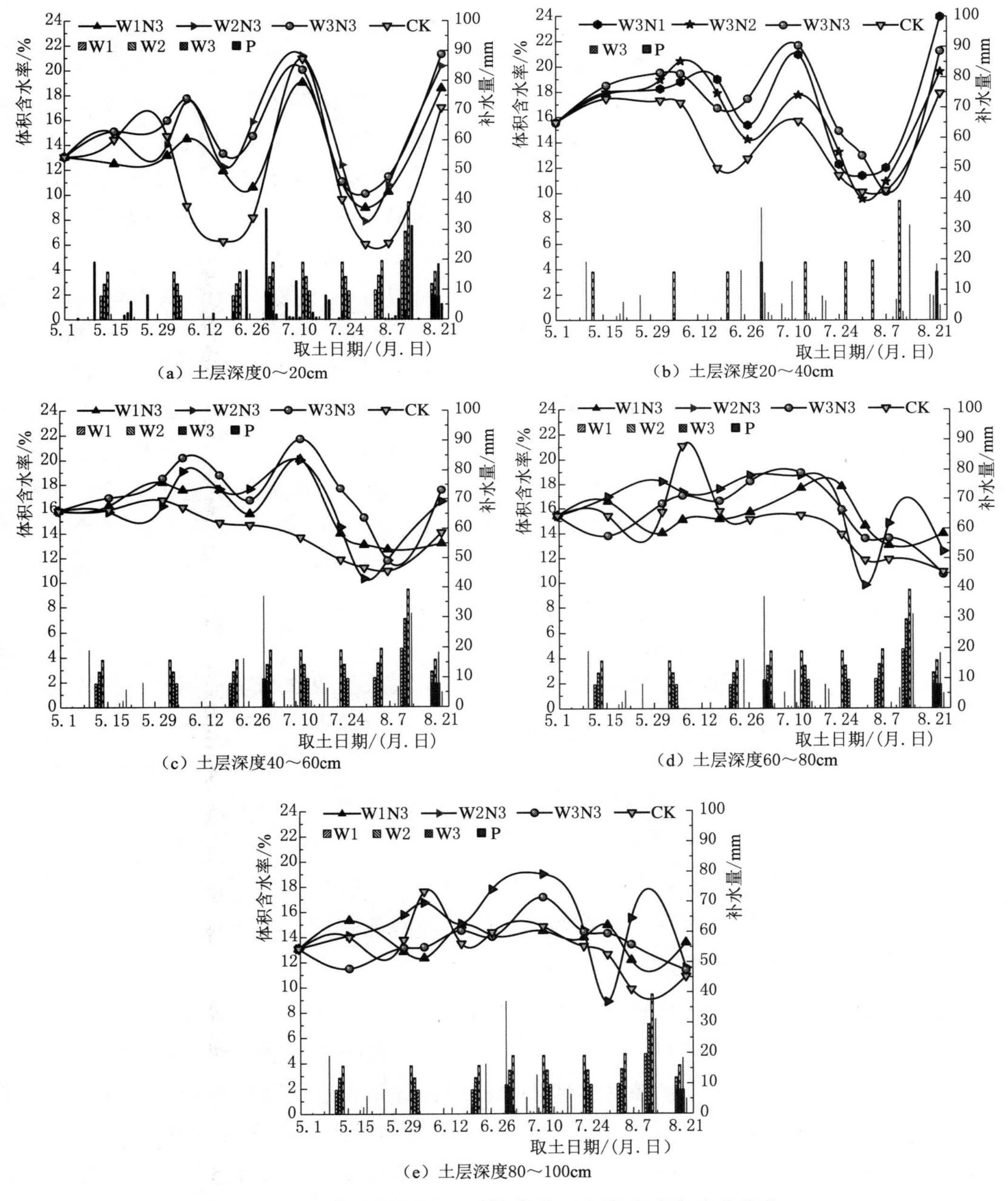


(a) 土层深度0～20cm

(b) 土层深度20～40cm

(c) 土层深度40～60cm

(d) 土层深度60～80cm

(e) 土层深度80～100cm

图 6.12 高施氮量处理马铃薯根区土壤含水率变化规律

是因为80～100cm土层土壤含水率受灌水量的影响较小，其中处理5（W2N2）在80～100cm土层含水率均大于其他处理，加上该处理马铃薯产量也不理想，故说明处理5（W2N2）试验田有深层渗漏现象，土壤水分利用率较低。

综上所述，施氮量为180kg/hm²的处理下，土壤水分主要分布在20～80cm土层。其中处理5（W2N2）土壤水分有深层渗漏现象，土壤水分利用效率低，最终导致产量较低。生育期处理2（W1N2）、5（W2N2）、8（W3N2）计划湿润层土壤平均含水率为14.17%、15.44%、15.57%，土壤含水率随灌水量的增加而增大。

3. 高施氮量N3处理下土壤水分动态变化

图6.12表示施氮量为240kg/hm²的处理下，马铃薯生育期土壤含水率随灌水量的动态变化。从图中可以看出在0～20cm土层，生育期土壤含水率波动较大，其中处理3（W1N3）、6（W2N3）、9（W3N3）、CK的平均土壤含水率依次为13.05%、14.58%、14.90%、11.41%，表层土壤含水率随灌水量的增加而增大。在20～40cm土层，处理3（W1N3）、6（W2N3）、9（W3N3）、CK土壤平均含水率依次为14.56%、15.37%、17.11%、14.33%，土壤含水率随灌水量的增大而增大。较表层土壤含水率值均有所增大，生育期波动变化有所减小。说明土壤水分在土层之间有运移分布。在40～60cm土层，处理3（W1N3）、6（W2N3）、9（W3N3）、CK的土壤平均含水率依次为15.81%、15.39%、17.35%、14.80%，土壤含水率波动较上层有所减小，其含水率值大于上层土壤。中层土壤含水率随着灌水量的增大而增大。其中处理6（W2N3）在该层的土壤含水率较低，说明根系吸水更活跃。在60～80cm土层，土壤含水率波动更趋于平稳，含水率值开始小于上层土壤。处理3（W1N3）、6（W2N3）、9（W3N3）、CK在该层的平均土壤含水率为15.38%、16.01%、15.49%、14.78%，随着土层深度的增加灌水量对中下层土壤含水率的影响逐渐减小。在80～100cm土层，处理3（W1N3）、6（W2N3）、9（W3N3）、CK在该层的平均土壤含水率为13.79%、14.72%、13.63%、13.42%，底层土壤含水率显著减小，土壤含水率值小于上层土壤。底层土壤含水率平均值与初始含水率基本相等，说明在此施氮量下随着灌水量的增加并未造成灌水的深层渗漏。

综上所述，在施氮量为240kg/hm²的处理下，生育期土壤水分主要分布在20～60cm土层，含水率值均在凋萎含水率和田间持水量之间。处理3（W1N3）、6（W2N3）、9（W3N3）计划湿润层内土壤平均含水率分别为14.52%、15.21%、15.70%，及土壤含水率随着灌水量的增大而增大。其中处理6（W2N3）土壤水分主要分布在60～80cm土层，且深层土壤含水率较其他处理较大，说明有深层渗漏的水分。

### 6.5.2　马铃薯根区土壤氮素运移分布规律

#### 6.5.2.1　不同水氮处理对土壤硝态氮分布的影响

图6.13表示不同水氮处理下，马铃薯各生育期土壤硝态氮含量的变化与分布规律，从图中可以看出土壤硝态氮含量随马铃薯生育期的递进呈先增大后减小的变化规律，在幼苗期马铃薯根区土壤硝态氮含量最高。出现这种现象的原因主要是尿素施入土壤后经过96h后开始分解转化[50]，在牙条生长期（5月10日—6月5日）马铃薯依靠块茎本身提供的水分与养分进行发芽生长，对土壤硝态氮的消耗量很少，因此分解形成的土壤硝态氮持

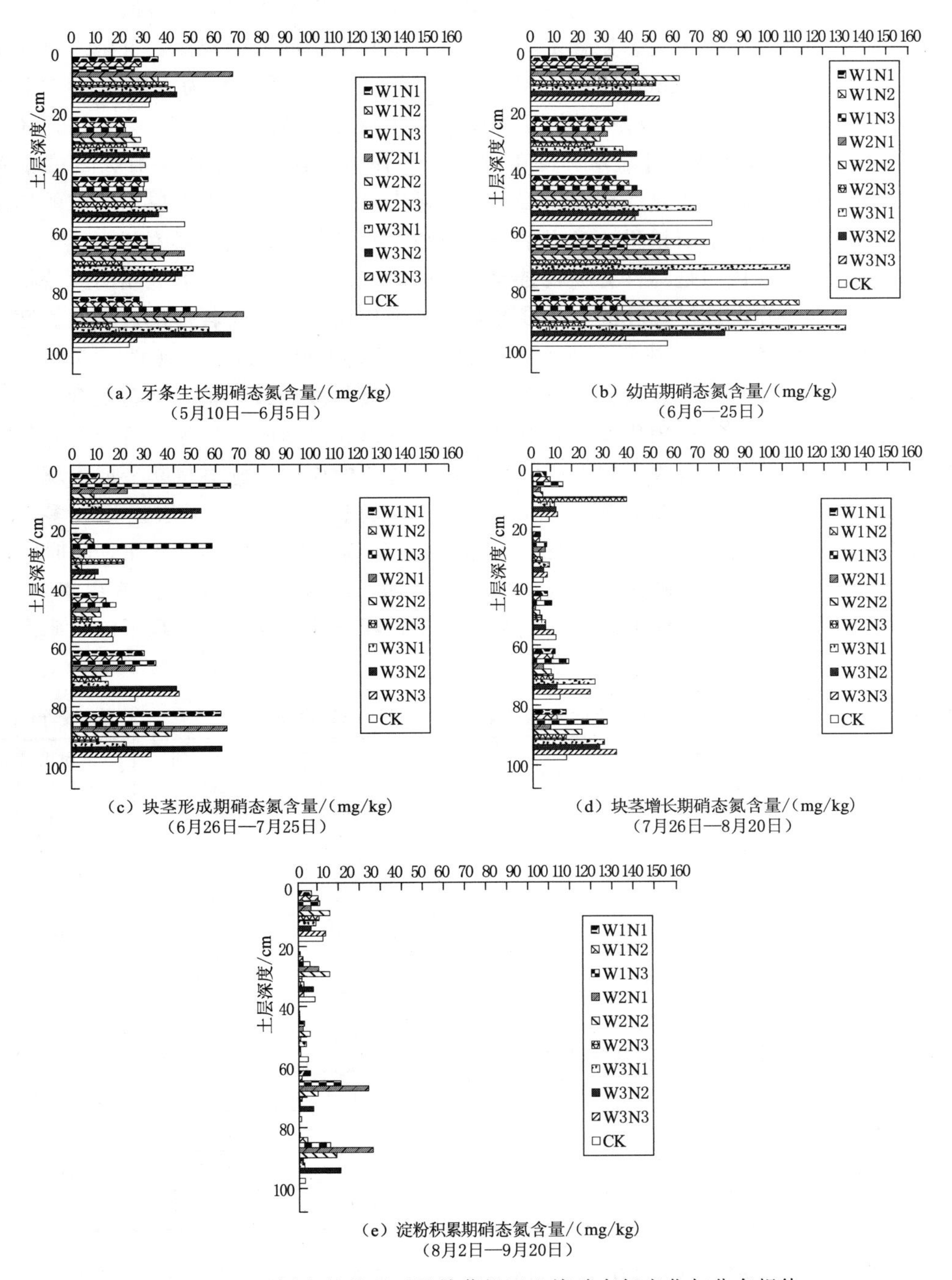


图 6.13 不同水氮处理下马铃薯根区土壤硝态氮变化与分布规律

续累积。到 5 月下旬马铃薯陆续出苗，此时马铃薯新生幼苗逐渐开始消耗土壤中的硝态氮。但随着降雨和灌水以及土壤微生物等的作用，加速了尿素的分解，土壤中的硝态氮含量持续累积，到幼苗期累积量达到最大。之后幼苗植株根系对硝态氮的吸收量大于分解累积量，土壤硝态氮含量开始降低，到淀粉积累期土壤中硝态氮含量降到最低。

生育期内计划湿润土层硝态氮含量均表现为上下高而中间低的规律，且硝态氮含量主要累积在土壤表层（0～20cm）和中下层（60～100cm）。主要是因为尿素撒施在土壤表层，随着灌水和微生物生化分解等作用导致表层土壤硝态氮含量较高。而中层（20～60cm）土壤中的硝态氮是通过灌水和降雨的下渗来补给，且中层土壤中有大量的根系分布，因此根系不断吸收硝态氮，导致中层土壤中硝态氮含量较低。中下层土壤中的硝态氮通过灌水和降雨的淋溶不断累积，且根系分布较少不利于马铃薯直接吸收利用。

研究发现块茎增长期是马铃薯吸收氮素最多的时期。苗期至块茎形成期马铃薯根系开始从土壤中吸收养分来提供茎叶的生长以及叶片光合作用。此期间若提供过多的氮肥，会抑制或延迟块茎形成[51]。淀粉积累期至成熟期，马铃薯茎叶开始衰老死亡，茎叶中的养分开始流向薯块中。此时期，马铃薯对土壤中氮肥的吸收极少或停止。硝态氮含量的变化取决于马铃薯吸收、硝化反硝化及灌溉淋溶量。硝态氮含量随时间呈先增后减的趋势，变化趋势平稳，马铃薯植株吸收对硝态氮的减少起到重要的作用。施氮量是造成土壤中硝态氮累积的主要因素。高施氮量处理各层均有硝态氮累积，在表层和下层累积较多，20～60cm土层硝态氮消耗量较大。土壤中的硝态氮含量随施肥量的增加而增加。同时，高施氮量导致氮素以氨挥发和反硝化等形式的损失量增加，使氮素在土壤中的残留累积显著。灌水量影响硝态氮累积峰的深度。灌水量增加，累积峰下移。这也就解释了深层硝态氮含量高的原因。

**表6.22　生育期不同水氮处理下的土壤硝态氮含量**　　单位：mg/kg

| 处　理 | 牙条生长期（5月10日—6月5日） | 幼苗期（6月6—25日） | 块茎形成期（6月26日—7月25日） | 块茎增长期（7月26日—8月20日） | 淀粉积累期（8月21日—9月20日） |
|---|---|---|---|---|---|
| 1（W1N1） | 34.11 | 42.79 | 20.44 | 7.32 | 2.72 |
| 2（W1N2） | 37.27 | 43.50 | 29.20 | 8.83 | 3.47 |
| 3（W1N3） | 40.28 | 62.82 | 51.12 | 43.33 | 10.55 |
| 4（W2N1） | 58.51 | 66.98 | 31.37 | 17.13 | 4.92 |
| 5（W2N2） | 43.24 | 61.31 | 19.92 | 12.30 | 8.78 |
| 6（W2N3） | 30.56 | 38.96 | 22.66 | 15.76 | 3.11 |
| 7（W3N1） | 53.76 | 83.04 | 17.61 | 15.94 | 3.52 |
| 8（W3N2） | 54.38 | 58.91 | 45.52 | 13.09 | 8.16 |
| 9（W3N3） | 37.91 | 45.00 | 36.66 | 19.15 | 3.22 |
| 10（CK） | 39.41 | 65.58 | 24.91 | 10.59 | 5.61 |

马铃薯生育期计划湿润层（0～100cm）土壤平均硝态氮含量见表6.22，从表中可以看出灌溉定额为900$m^3/hm^2$时，各生育期土壤硝态氮含量随施氮量的增加而增大，随生育期的推进土壤硝态氮先增大后减小。在灌溉定额为1350$m^3/hm^2$时，各生育期土壤硝态氮含量随施氮量的增大而减小，说明在此灌溉定额处理下随着施氮量的增加土壤硝态氮消耗较大。从上节土壤水分运移分布可知，处理5（W2N2）和处理6（W2N3）有水分深层

渗漏现象，对应处理土壤硝态氮淋溶流失严重。在灌溉定额为 1800$m^3/hm^2$时，生育期土壤硝态氮含量随施氮量的增加先增大后减小。说明高水高氮处理下土壤硝态氮流失严重，大大减小了土壤氮素的利用效率。

同理在施氮量为 120$kg/hm^2$时，生育期土壤硝态氮随灌溉定额的增大而增大。说明在此施氮量处理下增加灌水量能显著加速土壤中尿素的分解，增加硝态氮的累积，提高马铃薯产量。施氮量为 180$kg/hm^2$时，土壤硝态氮含量随灌溉定额的增大而增大。说明增加灌水量促进了土壤尿素的分解，增大土壤氮素的累积。同时较低氮处理土壤氮素累积量有所减小，说明有部分氮素的淋溶流失。施氮量为 240$kg/hm^2$时，土壤硝态氮含量随灌溉定额的增大而减小。说明高氮处理下增加灌水量反而增强了土壤硝态氮的深层运移流失，降低了土壤氮素的利用效率。

综上所述，生育期末不同水氮处理下土壤硝态氮量含量由大到小依次为 3（W1N3）＞5（W2N2）＞8（W3N2）＞CK＞4（W2N1）＞7（W3N1）＞2（W1N2）＞9（W3N3）＞6（W2N3）＞1（W1N1）。根据上节土壤水分分布可知处理 6（W2N3）、处理 5（W2N2）和处理 4（W2N1）可能有深层渗漏现象，而处理 1（W1N1）产量低，处理 3（W1N3）早期有烧苗现象，且氮素利用效率较低，土壤硝态氮累积较多。因此按照生育期末期土壤硝态氮含量水平来衡量水氮处理的优劣，推荐高水低氮处理。

#### 6.5.2.2 不同水氮处理对土壤铵态氮分布的影响

图 6.14 表示不同水氮处理下马铃薯根区土壤铵态氮累积量变化规律，从图中可以看出土壤铵态氮含量远小于硝态氮含量。且随着生育期的递进土壤铵态氮含量是先增大后减小。其中幼苗期土壤铵态氮含量最大。主要是由于尿素通过撒施在土壤表面，经过第一次灌水后开始溶解分化形成铵态氮和硝态氮，在硝化作用下铵态氮又逐渐转化成硝态氮。随着马铃薯幼苗的生长，土壤主要无机态氮开始消耗，因此土壤铵态氮含量表现为先增大后减小的累积规律。

在每个生育期表层土壤铵态氮含量均高于下层土壤，相对硝态氮而言，深层土壤硝态氮累积量远大于表层。说明土壤铵态氮主要分布在土壤表层，土壤硝态氮易于淋溶流失主要累积于深层。这是由于 $NH_4^+-N$ 极易被带负电荷的土壤胶体所吸附，向下层土壤的淋失能力较弱。而且表层土壤对 $NH_4^+$ 有着极强的净化能力，这种能力随土层厚度的增大而增强，主要表现在吸附交换。表层土壤对硝态氮的吸附作用比较小，所以硝态氮较容易随土壤水淋溶流失。

在灌溉初期，表层铵氮浓度值较高，同时由于土壤胶体的吸附作用限制了铵氮向深层的进一步运移，60cm 以下明显降低。表层含量较高由于非饱和土壤水分流速不大的情况下铵氮随水分向深层迁移的几率减小，不能造成铵氮向深层的淋溶，整个过程中铵氮含量随深度的增加而减少，80cm 处浓度达到最低。在幼苗期土壤水分消耗量较少，较高的土壤湿度在抑制铵态氮硝化作用的同时却给土壤有机氮的矿化提供了有利条件，矿化速率此时可能大于铵态氮的硝化速率，造成铵态氮的暂时积累。马铃薯根系主要集中在 20～40cm 区域，在此区域土壤吸附和根系吸收作用最强。随着生育期的递进，土壤微生物活性逐渐增强，促进了铵氮的转化和去除，经过上层土壤、马铃薯植株的共同作用，几乎所有的铵氮被利用或转化。总体规律表现为随灌水量的增加，土壤铵态氮含量逐渐减小。随施氮量的增加土壤铵态氮含量逐渐增多。随土层深度的增大，铵态氮含量逐渐减小。

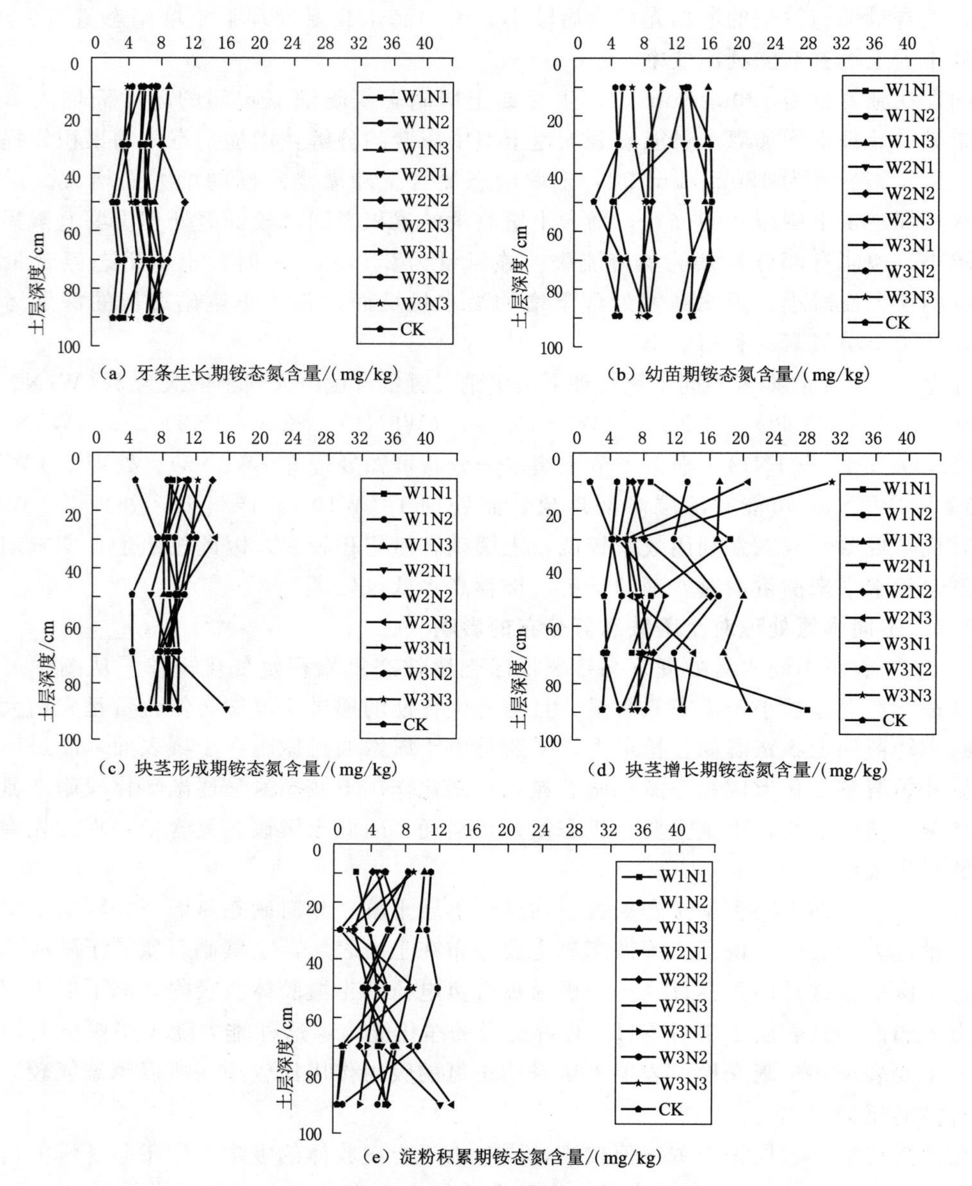


图 6.14 不同水氮处理下马铃薯根区土壤铵态氮变化规律

计划湿润层土壤铵态氮含量如表 6.23 所示，从表中可以看出各生育期灌溉定额为 $900m^3/hm^2$时，土壤铵态氮含量随施氮量的增大而增大。灌溉定额为 $1350m^3/hm^2$时，土壤铵态氮含量也随施氮量的增大而增大。在灌溉定额为 $1800m^3/hm^2$时，土壤铵态氮相对有所减小，也是随施氮量的增加而增大。说明增施氮肥能显著提高土壤肥力。

综上所述，生育期末土壤铵态氮含量由大到小的水氮处理依次为 8（W3N2）＞3（W1N3）＞6（W2N3）＞4（W2N1）＞2（W1N2）＞7（W3N1）＞1（W1N1）＞9

（W3N3）>5（W2N2）>CK。

表 6.23　不同水氮处理下的土壤铵态氮含量　单位：mg/kg

| 处　理 | 芽条生长期（5月10日—6月5日） | 幼苗期（6月6—25日） | 块茎形成期（6月26日—7月25日） | 块茎增长期（7月26日—8月20日） | 淀粉积累期（8月21日—9月20日） |
|---|---|---|---|---|---|
| 1（W1N1） | 5.14 | 14.71 | 8.86 | 13.63 | 4.04 |
| 2（W1N2） | 6.39 | 13.72 | 8.97 | 13.48 | 5.23 |
| 3（W1N3） | 7.48 | 14.98 | 7.96 | 18.25 | 7.48 |
| 4（W2N1） | 6.50 | 13.02 | 9.84 | 6.91 | 5.80 |
| 5（W2N2） | 7.91 | 8.65 | 10.61 | 9.41 | 3.33 |
| 6（W2N3） | 6.75 | 8.61 | 10.25 | 11.91 | 7.26 |
| 7（W3N1） | 6.12 | 9.07 | 8.84 | 6.81 | 4.22 |
| 8（W3N2） | 3.69 | 4.73 | 9.38 | 4.55 | 7.97 |
| 9（W3N3） | 4.35 | 7.50 | 10.07 | 11.85 | 3.68 |
| 10（CK） | 3.39 | 4.73 | 5.46 | 3.32 | 2.26 |

## 6.6 膜下滴灌马铃薯根区土壤水分数值模拟

### 6.6.1 模型选择

目前，土壤水分运移分布模拟研究应用比较成熟的模拟软件主要有 CHAIN-2D/3D、SWMS-2D/3D 和 HYDRUS 土壤物理模拟软件[52]。其中 HYDRUS 软件可以根据不同的研究要求模拟一维至三维非饱和土壤水、热及溶质运移规律。在研究饱和-非饱和土壤水、热和溶质运移、蒸散发和碳循环等时，可供选择的计算模块较多[53]。在研究农田尺度土壤水分动态变化过程中，HYDRUS-1D 模拟软件较应用较 2D 和 3D 广泛，且模拟计算效率和模拟精度更高[54]。模拟软件内提供关于土壤水分运动参数、根系吸水、蒸散发等相关模型，其中土壤水分运动参数设置模型包括 Van-Genuchten 模型、Brooks-Corey 模型等；根系吸水模型包括 Feddes 模型、Van Genuchten 模型等；土壤蒸散发模型有 Penman-Montheith 模型、Hargreaves 模型等[55]。HYDRUS-1D 在模拟过程中可以将降雨、蒸散发、土壤水分运移等过程进行完整模拟，而且边界条件可以进行灵活设置。软件操作简单，模拟精度较高，能避免生产实际中的监测劳动量大，变异因素多的问题[56]。但 HRDRUS-1D 模型并未考虑温度和水分对土壤氮素转化的影响，也未考虑作物生长对土壤水氮变化的影响，HRDRUS-1D 模型只是设置了作物吸水模块，所以该模型不能全面描述作物生长和土壤氮素的变化[57]。因此综合上述 HYDRUS-1D 的优点与缺陷，结合本试验的研究内容，采用 HYDRUS-1D 软件模拟马铃薯生育期土壤水分的变化规律，而土壤氮素迁移转化过程复杂，现不做研究。

### 6.6.2 模型原理

HYDRUS-1D 是美国农业部盐渍土实验室开发，模拟土壤水、热、溶质等运移的软件，它在模拟土壤水分运动，盐分、污染物和养分运移方面得到广泛应用[58]。

#### 6.6.2.1　土壤水分运移模型

土壤中水分运移采用修正后的 Richards 方程来描述，以大田土壤地表为基准面，垂向一维土壤水分运动基本方程可表示为：

$$\frac{\partial\theta}{\partial t}=\frac{\partial}{\partial z}\left[K(h)\left(\frac{\partial h}{\partial z}+1\right)\right]-S \tag{6.10}$$

式中　$h$——土壤压力水头，cm；

$\theta$——土壤体积含水率，%；

$t$——时间，d；

$z$——土壤深度，cm；

$S$——根系吸水项，cm/d；

$K(h)$——非饱和土壤导水率，cm/d。

土壤水分运移方程定解条件：

初始条件：
$$h(z,t)=h_1(z),\ z\geqslant 0,t=0 \tag{6.11}$$

其中，$h_1$ 为初始压力水头，为 $z$ 的已知函数。

在实际模拟过程中，试验田位于宁夏中部旱区，光照强度大，蒸发强烈，降雨量少且降雨主要集中在7—9月。试验田架设了小型气象站，实时监测气象数据。尽管本次试验采用的是膜下滴灌，土壤表面并非与大气直接接触，所以本研究假设当次降雨降雨量大于50mm时，$\alpha$ 为0.7～0.8；当一次降雨量在5～50mm时，$\alpha$ 为1.0～0.8；一次降雨量小于5mm时，$\alpha$ 为0。降雨量并未全部入渗进入土壤，地表无径流产生。其中潜在蒸发量在牙条生长期按实测值的20%计算，出苗后按实测值的70%计算。在 HYDRUS－1D 中选择无产流的大气边界条件（Atmospheric boundary condition with surface layer)。

上边界条件：
$$-K\left[\frac{\partial h}{\partial z}+\cos\beta\right]=q_0(t)-\frac{\mathrm{d}h}{\mathrm{d}t},\ x=0,\ t>0 \tag{6.12}$$

式中　$q_0$——净入渗速率，是降雨量和蒸发量之差，cm/d；

$h$——地表积水深度，cm；

$\beta$——水流方向和垂直轴之间的夹角；

$h$ 随着降雨增加，随着入渗和蒸发降低。

下边界条件：
$$\frac{\partial h}{\partial z}=0,\ z=L,\ t>0 \tag{6.13}$$

#### 6.6.2.2　作物根系吸水模型

作物根系吸水采用 Feddes 模型来描述：

$$S(z,t)=\alpha(h)S_p=\alpha(h)b(z)T_p \tag{6.14}$$

$$\alpha(h)=\begin{cases}\dfrac{h_1-h}{h_1-h_2}, & h_2\leqslant h<h_1\\ 1, & h_3\leqslant h<h_2\\ \dfrac{h-h_4}{h_3-h_4}, & h_4\leqslant h<h_3\end{cases} \tag{6.15}$$

$$b(z)=\frac{b'(z)}{\int_0^L b'(z)\mathrm{d}z} \tag{6.16}$$

式中 $\alpha(h)$——水分胁迫反应模型；

$S_p$——根系最大吸水速率，$d^{-1}$；

$b(z)$——相对根系密度分布函数；

$b'(z)$——实测根系分布密度函数；

$T_p$——作物潜在蒸腾速率，cm/d；

$h$——土壤某一深度处的水势，cm；

$h_1$，$h_2$，$h_3$，$h_4$——水分胁迫参数，其中 $h_1$ 为厌氧点，$h_4$ 为作物凋萎点，$h_2$ 和 $h_3$ 之间为作物根系最佳水头压力范围。

HYDRUS-1D 根系吸水参数界面资料库（Database）中提供了各种作物，其中不同作物对应有各自的根系吸水参数。而根系分布是在土壤剖面编辑窗口中（Root Distribution）设定。因此本研究没有测定马铃薯实际的根系分布，直接调用了资料库中马铃薯根系吸水参数进行模拟。

### 6.6.3 土壤水力参数

非饱和土壤导水率常用 Van Genuchten-Mualem（VGM）模型来描述：

$$K(\theta)=K_s\left(\frac{\theta-\theta_r}{\theta_s-\theta_r}\right)^{\frac{1}{2}}\left\{1-\left[1-\left(\frac{\theta-\theta_r}{\theta_s-\theta_r}\right)^{\frac{1}{m}}\right]^m\right\}^2$$

$$K(h)=K_s\frac{\{1-(\alpha h)^{n-1}[1+(\alpha h)^n]^{-m}\}^2}{[1+(\alpha h)^n]^{\frac{m}{2}}} \tag{6.17}$$

式中 $\theta_r$——残余含水率，$cm^3/cm^3$；

$\theta_s$——饱和含水率，$cm^3/cm^3$；

$K_s$——饱和导水率，cm/d；

$\alpha$——土壤空气进气值倒数，$cm^{-1}$；

$n=1/m$——土壤孔径指数。

以上土壤水力参数中的饱和含水率 $\theta_s$ 和残余含水率 $\theta_r$ 以及饱和导水率 $K_s$ 均可通过实验测得，弯曲度系数为常数，土壤空气进气值倒数 $\alpha$ 和土壤孔径指数 $n$ 通过软件预测模型 Inversion 模块进行初步确定。试验田土壤粒径分级和土壤类型见表 6.24。

由表 6.24 可知，试验区土壤类型均为壤土，其中表层土壤和底层土壤持水性最好。通过以上实测数据，借助 HYDRUS-1D 中的 Neural Network Prediction［Model 5（SSCBDTH33，TH1500）］模块预测土壤水力参数见表 6.25。

**表 6.24** 试验田土壤粒径分级和土壤类型

| 土层/cm | 黏粒 clay/% | 粉砂粒 slit/% | 砂粒 sand/% | 土壤类型 | 凋萎系数 θ/% | 田间持水量/% |
|---|---|---|---|---|---|---|
| 0～20 | 10.29 | 37.93 | 51.78 | 壤土 | 3.00 | 25.12 |
| 20～40 | 11.50 | 40.78 | 47.72 | 壤土 | 5.57 | 23.11 |

续表

| 土层/cm | 黏粒 clay/% | 粉砂粒 slit/% | 砂粒 sand/% | 土壤类型 | 凋萎系数 $\theta$/% | 田间持水量/% |
|---|---|---|---|---|---|---|
| 40～60 | 10.93 | 38.15 | 50.92 | 壤土 | 6.13 | 23.82 |
| 60～80 | 11.41 | 39.78 | 48.81 | 壤土 | 6.50 | 24.11 |
| 80～100 | 11.06 | 38.82 | 50.12 | 壤土 | 6.55 | 25.95 |

**表 6.25　　马铃薯土壤水力参数**

| 土层/cm | $\theta_r$/(cm³/cm³) | $\theta_s$/(cm³/cm³) | $\alpha$/(cm⁻¹) | $n$ | $K_s$/(cm/d) | $\gamma$/(g/cm³) |
|---|---|---|---|---|---|---|
| 0～20 | 0.02 | 0.40 | 0.0057 | 1.55 | 55.78 | 1.21 |
| 20～40 | 0.02 | 0.39 | 0.0093 | 1.45 | 41.15 | 1.30 |
| 40～60 | 0.02 | 0.39 | 0.0085 | 1.47 | 40.47 | 1.33 |
| 60～80 | 0.03 | 0.32 | 0.0078 | 1.48 | 32.33 | 1.37 |
| 80～100 | 0.03 | 0.38 | 0.0049 | 1.57 | 28.83 | 1.37 |

### 6.6.4　模型评价方法

利用 HYDRUS－1D 软件模拟膜下滴灌马铃薯不同土层土壤水分状况，为评价模拟值与实测值的吻合程度，本研究采用决定系数（$R^2$），均方根误差（$RMSE$），纳什系数（$NSE$）3 种指标对模型的模拟效果进行评价：

$$R^2=\frac{\left[\sum_{i=1}^{N}(Q_i-\overline{Q_i})(P_i-\overline{P_i})\right]^2}{\sum_{i=1}^{N}(Q_i-\overline{Q_i})^2\sum_{i=1}^{N}(P_i-\overline{P_i})^2}$$

$$RMSE=\sqrt{\frac{\sum_{i=1}^{N}(Q_i-P_i)^2}{N-1}}$$

$$NSE=1-\frac{\sum_{i=1}^{N}(Q_i-P_i)^2}{\sum_{i=1}^{N}(Q_i-\overline{Q_i})^2} \tag{6.18}$$

式中　$P_i$ 和 $Q_i$——模拟值和观测值；

$\overline{P_i}$ 和 $\overline{Q_i}$——模拟值和观测值的平均值；

$N$——观测数据的个数。

其中，均方根误差（$RMSE$）是用来衡量模拟值同真值之间的偏差，结果越接近 0，表示同真值的差异越小；纳什系数（$NSE$）可用来衡量模型的模拟质量，$NSE$ 越接近 1，表示模型模拟质量越好，可信度越高；决定系数（$R^2$）可用来衡量相关密切程度，$R^2$ 越接近于 1 相关性越好[43]。

## 6.6.5 马铃薯根区土壤水分数值模拟与验证

### 6.6.5.1 $W_1$ 处理下土壤水分模拟结果

利用马铃薯田块水力参数的实测值和预测值，分别对马铃薯生长季的土壤水分运动进行模拟计算。通过比较土壤深度为 10cm、30cm、50cm、70cm 和 90cm 处的实测和模拟土壤含水率，统计模型模拟效果。图 6.15 表示灌溉定额为 900m$^3$/hm$^2$ 处理下的土壤水分模拟结果，从图中可以看出随着土层深度的加深，模拟结果与实测结果相差较大。主要原

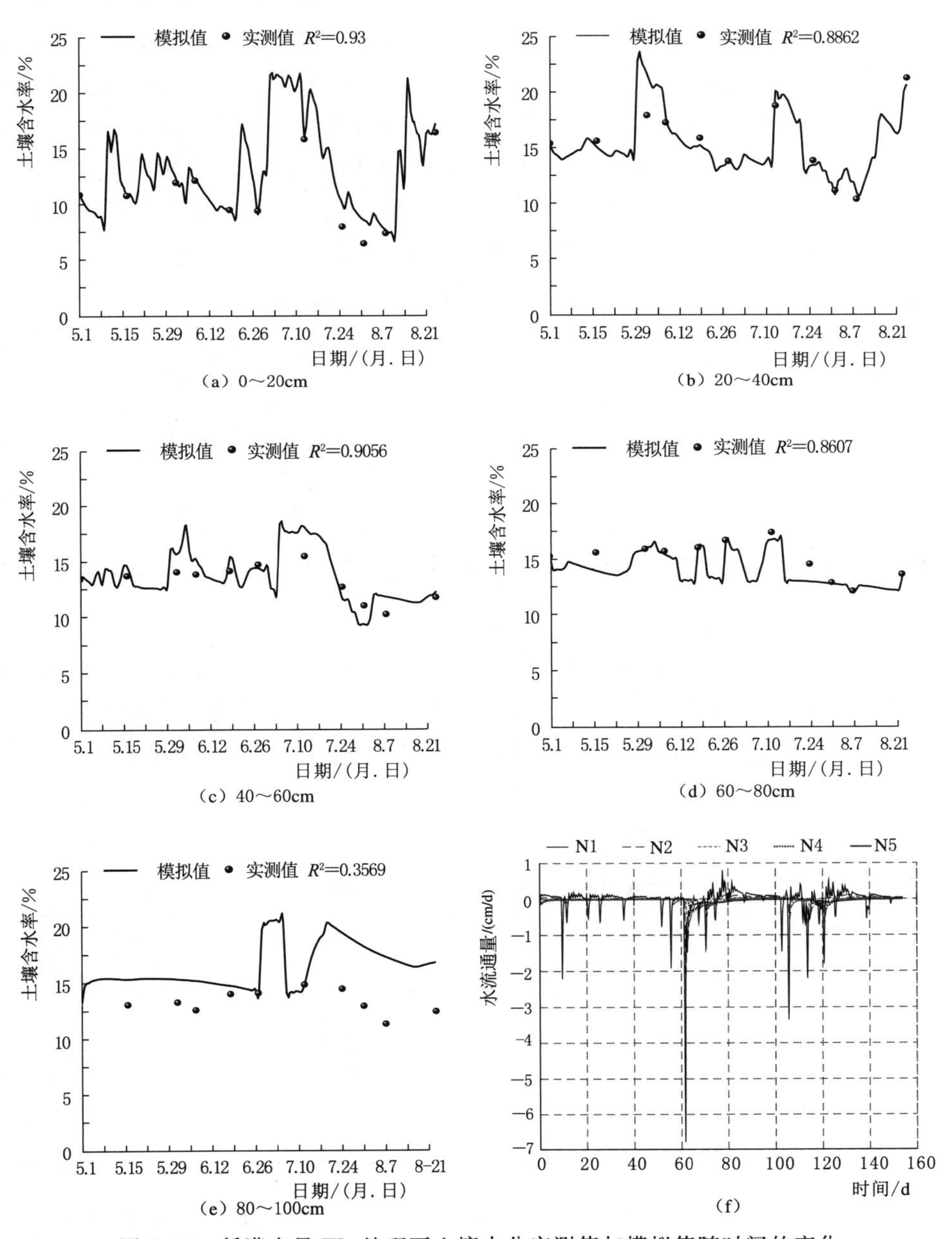


图 6.15 低灌水量 $W_1$ 处理下土壤水分实测值与模拟值随时间的变化

因是在模拟过程中将每20cm厚的土层看成是均质各向同性的刚性基膜，而实际的马铃薯田块土壤空间异质性较大，土层间的土壤水力特性存在差异。且耕作层土壤含水率对降雨和灌溉比较敏感，因为这些水首先通过耕作层慢慢下渗到土壤深层。图6.15（f）表示各观测点的水流通量，其中负值代表下渗而正值代表土壤水通过毛细管上升。深层土壤水通过毛细作用、蒸发蒸腾吸力向上运动，多发生在马铃薯生长期的块茎形成期后期、快净增长期和淀粉积累期。

表6.26表示各土层土壤含水率模拟效果评价，从表中可以看出0～80cm土层土壤含水率模拟效果良好，其中决定系数$R^2$>0.8，纳什系数$NSE$>0.8，接近于1。均方根误差$RMSE$<1.5，模拟值和实测值误差较小，拟合效果不错。而80～100cm土层决定系数$R^2$<0.5，均方根误差$RMSE$>3，纳什系数$NSE$远小于1，模拟效果较差。在模拟过程中发现底层土壤与上层土壤之间水分流通较差，当遇到强降雨或大定额灌水时，底层土壤含水率会持续增大，但并未达到饱和。当补水间隔长而上层土壤有水分消耗时，底层土壤含水率减小较缓慢，因此造成水分累积，模拟值大于实测值。

**表6.26　低灌水量$W_1$处理下模型评价指标统计值**

| 土层/cm | 决定系数（$R^2$） | 均方根误差（$RMSE$） | 纳什系数（$NSE$） |
|---|---|---|---|
| 0～20 | 0.93 | 1.07 | 0.89 |
| 20～40 | 0.89 | 1.47 | 0.87 |
| 40～60 | 0.91 | 0.95 | 0.87 |
| 60～80 | 0.86 | 0.84 | 0.79 |
| 80～100 | 0.36 | 3.79 | −2.53 |

#### 6.6.5.2　$W_2$处理下土壤水分模拟结果

灌溉定额为1350$m^3/hm^2$的灌水处理下马铃薯生育期各土层土壤含水率模拟效果评价值见表6.27，从表中可以看出0～60cm土层模拟值与实测值对应的决定系数$R^2$>0.8，纳什系数$NSE$>0.8，均接近于1。说明根系分布层土壤水分模拟效果良好。而60～100cm土层模拟值与实测值对应的决定系数$R^2$>0.4，纳什系数$NSE$<1，且均方根误差$RMSE$>5，说明深层土壤水分模拟效果很差。

**表6.27　中灌水量$W_2$处理下模型评价指标统计值**

| 土层/cm | 决定系数（$R^2$） | 均方根误差（$RMSE$） | 纳什系数（$NSE$） |
|---|---|---|---|
| 0～20 | 0.98 | 0.60 | 0.97 |
| 20～40 | 0.96 | 1.09 | 0.86 |
| 40～60 | 0.89 | 0.96 | 0.87 |
| 60～80 | 0.38 | 6.00 | −4.61 |
| 80～100 | 0.33 | 5.88 | −0.92 |

马铃薯生育期土壤含水率模拟值与实测值见图6.16，从图中可以看出0～60cm土层土壤含水率模拟效果良好。而60cm以下土壤含水率模拟效果不理想。经过第6章土壤含

水率分布分析可知，在 $1350m^3/hm^2$ 的灌溉处理下，深层土壤出现了水分深层渗漏现象，导致处理 5（$W_2N_2$）产量较低，水氮利用效率不理想。因此可以推断中水处理下的试验田块耕层以下土壤空间结构变异性大，可能有优先流的产生导致实测值远大于模拟值。

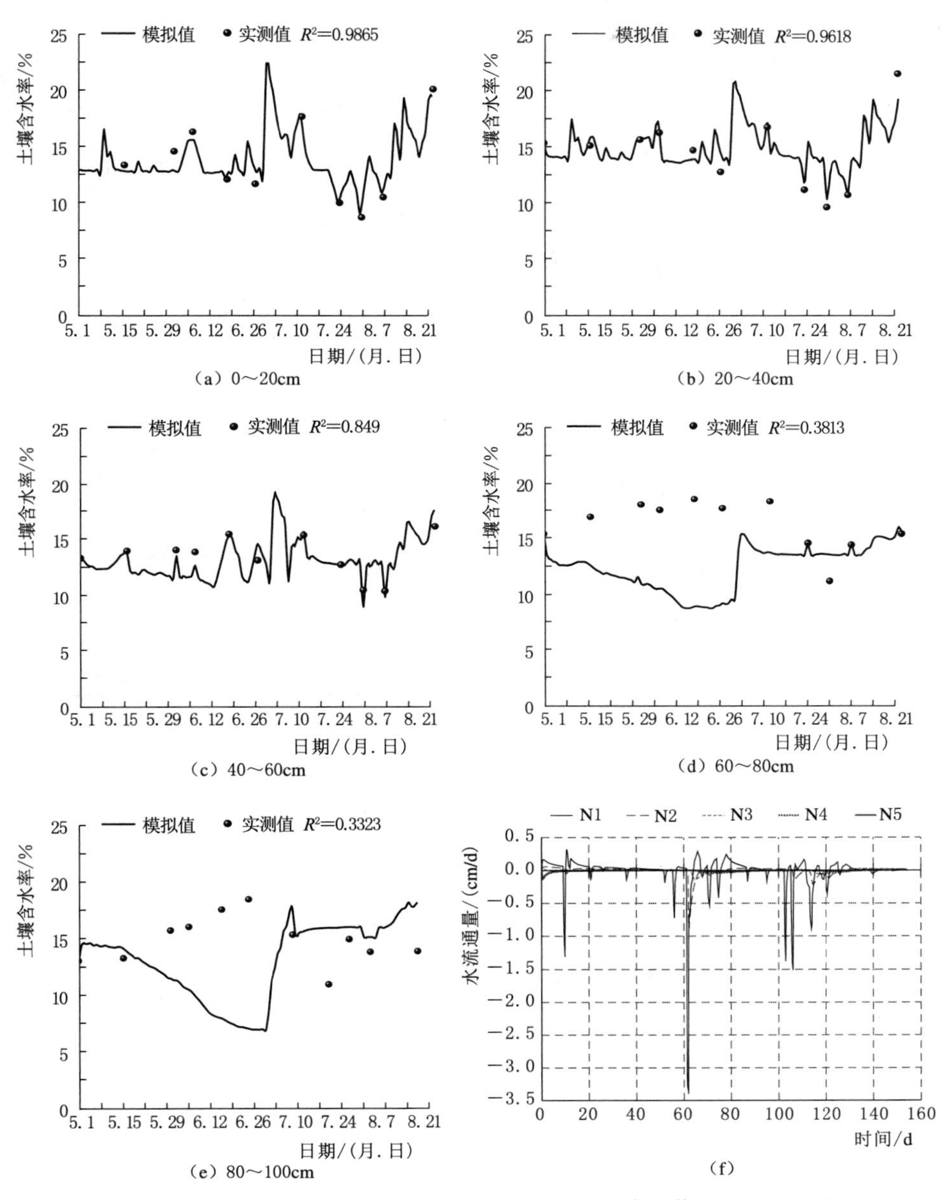


图 6.16 中灌水量 $W_2$ 处理下土壤水分实测值与模拟值随时间的变化

图 6.16（f）表示生育期各观测点水流通量随时间的变化，从图中可以看出表层土壤水流通量变化最为剧烈，与邻近土层发生了强烈的水流交换和流通。相较于表层土壤水流通量，中下层土壤水流通量变化相对缓慢，说明随着土层深度的增大，土壤水分运动逐渐

减缓。此结论与前文分析结论相同。而对于中下层土壤水流通量，整个生育期基本等于0，说明底层土壤与邻近土层之间很少有水分的流通与交换。而实测值表明深层土壤含水率在持续累积，说明邻近土壤对它有水分补给，可能原因是中下层土壤中存在优先流，为底层土壤提供了水分补给，导致实测土壤含水率远大于模拟土壤含水率值。

#### 6.6.5.3　$W_3$ 处理下土壤水分模拟结果

图 6.17 表示灌溉定额为 $1800m^3/hm^2$ 处理下的马铃薯生育期各土层土壤水分模拟结果，从图中可以看出土壤水分模拟结果与实测结果吻合较好。

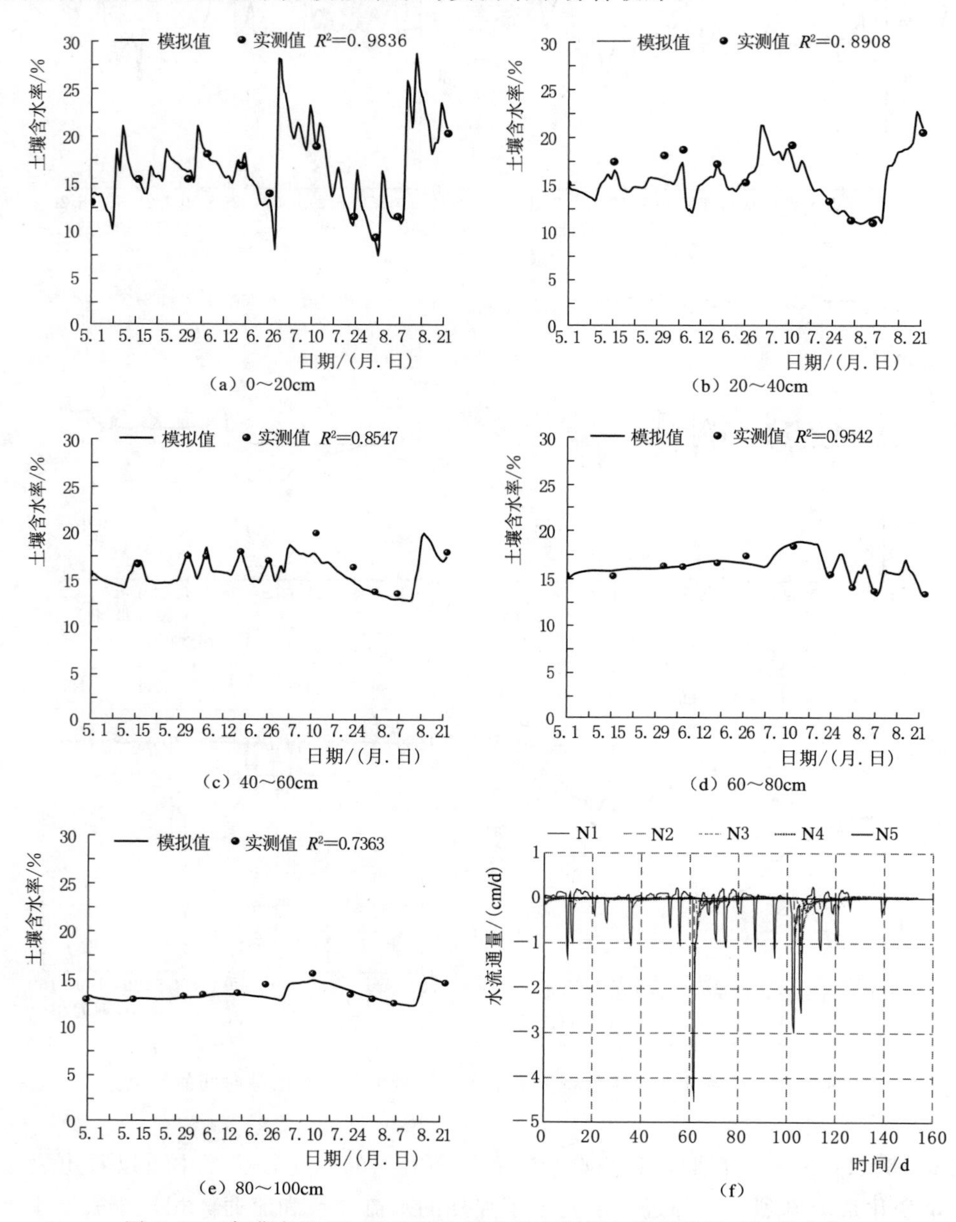


图 6.17　高灌水量 $W_3$ 处理下土壤水分实测值与模拟值随时间的变化

表 6.28 表示高灌水处理下土壤含水率模拟效果评价值，从表中可以看出在 0～100cm 土层土壤水分模拟值与实测值吻合度较高，其中决定系数 $R^2>0.7$，纳什系数 $NSE>0.5$，均方根误差 $RMSE$ 均比较接近于 0。说明高灌水处理下的试验田块土层结构良好，保水性好。未出现土壤水分深层渗漏现象。佐证了 1800$m^3/hm^2$ 灌水处理下高产的微观原因。

**表 6.28　　高灌水量 $W_3$ 处理下模型评价指标统计值**

| 土层深度/cm | 决定系数（$R^2$） | 均方根误差（$RMSE$） | 纳什系数（$NSE$） |
| --- | --- | --- | --- |
| 0～20 | 0.98 | 0.57 | 0.98 |
| 20～40 | 0.89 | 1.38 | 0.80 |
| 40～60 | 0.85 | 1.04 | 0.74 |
| 60～80 | 0.95 | 0.37 | 0.95 |
| 80～100 | 0.74 | 0.59 | 0.53 |

综上所述，利用 HYDRUS-1D 模拟 3 种灌溉定额处理下的马铃薯生长期土壤水分分布状况，对比模拟值与实测值之间的吻合度可以发现，在 0～60cm 土层土壤含水率模拟效果良好。而 60～100cm 土层土壤含水率模拟效果较差。主要原因是深层土壤对短期降水和短期灌溉的敏感性较差，在模拟过程中并未考虑土壤养分溶质对水分分布的影响，且将土壤剖面概化为 5 层均质土壤。而实际是非均质各向异性土壤，且施肥量对土壤水分运移造成了一定影响。测定土壤物理参数所用土壤是在试验田内随机抽取，这样必然存在土壤空间变异性的影响。但就总体而言模拟效果良好。

# 第 7 章　水肥一体化条件下施氮比例分配对马铃薯生长和养分吸收的影响规律试验研究

## 7.1　研究内容及方法

### 7.1.1　研究内容

（1）研究膜下滴灌施肥条件下生育期不同施氮处理对马铃薯生长和生理指标的影响。

通过观测不同生育期各小区马铃薯的 *LAI*、株高、茎粗、叶绿素、净光合速率、蒸腾速率和气孔导度的情况，分析其影响机制，摸清施氮方式与对铃薯生长和生理指标的影响规律。

（2）研究膜下滴灌施肥条件下各生育期不同施氮处理对马铃薯氮素利用率和土壤氮素运移的影响。

通过观测不同生育期各小区马铃薯根茎叶的全氮含量和土壤氮素含量，分析马铃薯根茎叶中氮素的累积特点和土壤氮素转移的特点，探明不同施氮处理对马铃薯氮素利用率和土壤氮素运移的影响规律。

（3）研究膜下滴灌施肥条件下生育期不同施氮处理对马铃薯根区含水率、耗水和产量的影响。

通过测量不同生育期各小区马铃薯根区含水率和产量，并计算各生育阶段的耗水量，分析马铃薯根区的最佳含水率，探明不同施氮处理对马铃薯耗水和产量的影响规律。

（4）研究膜下滴灌施肥条件下生育期不同施氮处理对马铃薯产量构成和品质的影响。

通过主成分分析法对马铃薯的单株块茎大薯重量、单株商品薯重量、单株块茎总重量、干物质含量、还原糖糖含量和淀粉含量 6 个指标综合分析马铃薯的块茎质量，探明不同施氮处理对马铃薯产量构成及品质的影响规律。

（5）研究膜下滴灌施肥条件下生育期不同施氮处理对马铃薯植株干物质累积量和鲜果重的影响。

通过观测不同生育期各小区马铃薯植株干物质累积量和鲜果重，分析马铃薯植株干物质累积特点和鲜果重累积特点，摸清马铃薯的干物质和鲜果重的合理累积规律。

### 7.1.2　研究方法

#### 7.1.2.1　试验区概况

试验研究在宁夏中部干旱带的典型区域同心县开展。试验田设在同心县下马关镇五里墩村，地处宁夏中部干旱区的典型区域，海拔 1730m，年平均降雨量不足 300mm，多集中在 7—9 月之间，属大陆性干旱气候，昼夜温差大，日照时间长。

#### 7.1.2.2 试验处理

实验地点选在宁夏中部干旱带同心县下马关五里墩村，实验内容为滴灌条件下不同施肥方式对宁夏中部地区马铃薯生长和养分吸收影响的试验。按不同生育阶段和施肥比例组合，采用随机区组试验方法，共设置了 8 个施肥处理，每个处理重复 3 次，随机区组排列，共 24 个小区。

供试作物品种为“青薯 9 号”，试验地各小区面积均为 4.5m×5m，四周设保护行，小区间保护行为 0.8m 宽，外围保护行为 1.0～4.5m 宽。栽种方式为垄作，株距 50cm，行距为 55cm，种植密度为 2223 株/亩。水分控制为膜下滴灌，在每垄上安装一条滴灌带，，并且每个小区配一个施肥罐。滴灌施肥采用 1/4－1/2－1/4 模式，即前 1/4 通过输水管道灌清水，中间 1/2 打开施肥灌阀门施肥，后 1/4 的时间灌清水冲洗。根据 2015 年宁夏回族自治区水利厅发布的《宁夏马铃薯滴灌种植技术规程》[36]，选用以过磷酸钙（$P_2O_5$5kg/亩）、硫酸钾（$K_2O_2$10kg/亩）为基肥，尿素（纯氮 12kg/亩）多次施加的方式施肥，补水量为 84$m^3$/亩。补水时期因素水平见表 7.1，马铃薯室外大田试验生育期施氮处理见表 7.2。幼苗期灌灌溉定额 25%的水量，块茎形成期灌灌溉定额 25%的水量，块茎增长期灌灌溉定额 50%的水量。

**表 7.1　补水时期因素水平**

| 生育期 | 灌水日期 | 灌水定额/$m^3$ | 灌水量占总灌水量比例/% | 灌水量/$m^3$ |
|---|---|---|---|---|
| 幼苗期 | 5 月初 | 84.00 | 9.00 | 7.56 |
| 幼苗期 | 5 月中旬 | | 8.00 | 6.72 |
| 幼苗期 | 5 月末 | | 8.00 | 6.72 |
| 块茎形成期 | 6 月中上旬 | | 9.00 | 7.56 |
| 块茎形成期 | 6 月末 | | 8.00 | 6.72 |
| 块茎形成期 | 7 月中上旬 | | 8.00 | 6.72 |
| 块茎增长期 | 7 月下旬 | | 16.00 | 13.44 |
| 块茎增长期 | 8 月初 | | 17.00 | 14.28 |
| 块茎增长期 | 8 月中旬 | | 17.00 | 14.28 |

**表 7.2　马铃薯室外大田试验生育期施氮处理**

| 处　理 | 生育期施氮量占总施氮量的比例/% | | | | 施氮总量/kg |
|---|---|---|---|---|---|
| | 苗期 | 块茎形成期 | 块茎增长期 | 淀粉积累期 | |
| 1 | 0 | 20 | 55 | 25 | 12 |
| 2 | 0 | 30 | 50 | 20 | |
| 3 | 10 | 20 | 50 | 20 | |
| 4 | 10 | 20 | 45 | 25 | |
| 5 | 10 | 30 | 40 | 20 | |
| 6 | 20 | 20 | 40 | 20 | |

续表

| 处 理 | 生育期施氮量占总施氮量的比例/% | | | | 施氮总量/kg |
|---|---|---|---|---|---|
| | 苗期 | 块茎形成期 | 块茎增长期 | 淀粉积累期 | |
| 7 | 20 | 30 | 40 | 10 | 12 |
| 8 | 20 | 30 | 30 | 20 | |
| CK | 0 | 0 | 0 | 0 | |

### 7.1.3 测定项目与方法

#### 7.1.3.1 测定项目

1. 氮素的测定

1）各生育期土壤硝态氮和铵态氮的含量。

2）试验小区马铃薯根、茎、叶和块茎的氮素含量。

3）保护区马铃薯根、茎、叶和块茎的氮素含量。

2. 马铃薯生长、品质等指标

1）马铃薯生长量（株高、茎粗、叶面积）。

2）马铃薯植株光合性能：净光合速率、蒸腾速率、气孔导度、胞间二氧化碳、叶绿素。

3）马铃薯产量及产量构成。

4）马铃薯品质：干物质、淀粉和还原糖。

5）马铃薯植株干物质、鲜果重。

#### 7.1.3.2 测定方法

（1）土壤氮素的测定：于马铃薯苗期、块茎形成期、块茎增长期、淀粉积累期和成熟期5个生育阶段测定。沿垂直滴灌带方向每隔10cm取土，取至1m。土样带回实验室使用紫外分光度计法测定土壤硝态氮和铵态氮含量。

（2）实验小区、保护区的马铃薯根茎叶氮素含量的测定：于马铃薯苗期、块茎形成期、块茎增长期、淀粉积累期和成熟期5个生育阶段测定。每次测量前，在24个实验小区中心区域和保护区选择有代表性的马铃薯植株1株装袋。植株样本带回实验室使用凯式定氮法测定其根茎叶和块茎的氮素含量。

（3）株高的测定：茎基部到生长点的自然高度，用卷尺测量。全生育期每隔10天测量一次。

（4）茎粗的测定：取茎基部最粗处的纵横二向直径的平均值，用游标卡尺测量。全生育期每个生育期测量一次。

（5）光合指标的测定：采用Li-6400便携式光合测定系统测定了马铃薯每个生育时期的光合性能（包含蒸腾速率、气孔导度和光合速率3项指标）。为保持光和性能在生育期的一致性，3项指标都在每个生育阶段中选一天从9：00到17：00时测定，测定植株顶三叶中的顶小叶。

（6）叶绿素的测定：在晴天11：00左右，采用叶绿素仪测定马铃薯3叶顶小叶的叶绿素值，每一叶片测定3个位点。全生育期每个生育期测量一次。

(7) 叶面积的测定：用已知面积的打孔器打孔，进行烘干、称量干重。再通过面积重量比计算马铃薯叶面积。全生育期内每个生育期测量一次。

(8) 产量的测定：成熟期收获时，在每个重复的各小区中部取 5 株，用电子天平逐个称重法进行测产计算。

(9) 产量构成：先测出单株薯重，记录数据，再分为小薯（块茎重量小于 50g）、中薯（块茎重量为 50～150g）、大薯（块茎重量大于 150g），记录每类薯的个数和重量。

(10) 植株干物质和鲜果重的测定：全生育期马铃薯幼苗期、块茎形成期、块茎增大期共取样 4 次。按器官不同部位分根、茎、叶和块茎称鲜重后于 105℃杀青 30min，然后 80℃下烘干至恒重后称干重。

(11) 由于马铃薯生育后期生物量增加较大，为保证含水率测量的准确性，不采用传统的称重法。本试验采用土钻法，分 20cm、40cm、60cm、80cm、100cm 共 5 个深度取土。土壤含水率每个生育期测一次，使用烘干法测定土壤各土层的含水率。

#### 7.1.3.3 生育期记录

根据马铃薯生长发育规律，把马铃薯的生育时期分为幼苗期、块茎形成期、块茎增大期、淀粉积累期和成熟期 5 个生育阶段。每年 4 月底 5 月初播种；5 月 7 日至 7 月 1 日为幼苗期；7 月 1 日至 8 月 1 日为块茎形成期；8 月 1 日至 9 月 1 日为块茎增长期；9 月 1 日以后进入淀粉积累期；10 月初进入成熟期进行测产收获；生育期大约 150 天。各时期记录以该期植株达到全部植株的 75％以上。

#### 7.1.3.4 公式

(1) 作物耗水量根据农田水量平衡法计算，水量平衡法计算公式为

$$ET_c = I + P - \Delta S - R - D$$

式中 $ET_c$——实际作物腾发量，mm；

$I$——灌水量，mm；

$P$——降水量，mm；

$R$——地表径流量，mm；

$D$——深层渗漏量，mm；

$\Delta S$——土体贮水量变化量，mm。

(2) 水分利用效率计算公式为

水分利用效率＝产量/腾发量

其中，产量单位为 $kg/hm^2$，腾发量单位为 mm。在本试验中土壤储水量及耗水量均以 1m 土层含水量计算。

氮素积累量(kg)＝干物质积累量(kg)×氮素含量(％)

氮肥农学利用率(％)＝[施氮区块茎产量(kg)－空白区块茎产量(kg)]/施氮量×100

氮肥吸收利用率(％)＝[施氮区马铃薯吸氮量(kg)－空白区马铃薯吸氮量(kg)]/施氮量×100

氮肥偏生产力(kg/kg)＝施氮区产量(kg)/施氮量(kg)

氮素块茎生产效率(kg/kg)＝块茎产量(kg)/植株氮积累量(kg)

氮素收获指数($HI$)＝成熟期植株块茎中氮素积累量($kg/hm^2$)/植株氮素积累量($kg/hm^2$)

土壤硝态氮积累量($kg/hm^2$)=[土层厚度(cm)×容重($g/cm^3$)×硝态氮含量(mg/kg)]/10

土壤铵态氮积累量($kg/hm^2$)=[土层厚度(cm)×容重($g/cm^3$)×铵态氮含量(mg/kg)]/10

成熟期0—100cm土层土壤矿质氮残留量($kg/hm^2$)=0—100cm土层土壤硝态氮积累量($kg/hm^2$)+0—100cm土层土壤铵态氮积累量($kg/hm^2$)

氮肥表观残留率(%)=[施氮区成熟期0—100cm土层土壤矿质氮残留总量($kg/hm^2$)—不施氮区成熟期0—100cm土层土壤矿质氮残留总量($kg/hm^2$)]/施氮量($kg/hm^2$)×100%

氮肥表观损失率(%)=土壤矿质氮损失量($kg/hm^2$)/[施氮量($kg/hm^2$)+底施氮肥前土壤矿质氮量($kg/hm^2$)+土壤氮素表观矿化量($kg/hm^2$)]×100%

氮素表观盈亏量($kg/hm^2$)=[施氮肥前土壤矿质氮量($kg/hm^2$)+施氮量($kg/hm^2$)]—[成熟期0—100cm土层土壤矿质氮残留总量($kg/hm^2$)+成熟期植株氮素积累量($kg/hm^2$)]

#### 7.1.3.5　数据处理

采用Microsoft Excel 2007和Origin进行数据的处理和图表绘制。采用DPS（7.5）进行数据的方差分析和回归。

## 7.2　不同施氮处理对马铃薯生长指标和生理指标的影响

### 7.2.1　不同施氮处理对马铃薯生长指标的影响

图7.1反映了不同施氮处理后马铃薯生长指标的变化情况。由马铃薯全生育期株高变化图可知，马铃薯全生育期株高呈现了不断增大的趋势，各处理株高在幼苗期增长幅度最高，在淀粉积累期增长幅度较少并趋于稳定。各处理在淀粉积累期的株高由高到低，分别是T7>T5>T6>T1>T8>T3>T4>T2>CK，后期施氮多的处理的株高明显大于前期施氮多的处理的株高。从马铃薯全生育期茎粗变化图来看，马铃薯全生育期茎粗先增大再减小，在幼苗期增长幅度最大，除CK外各处理的茎粗都在块茎增长期达到最大值，表现为T4>T5>T2>T1>T8>T7>T3>T6>CK，各处理之间规律不明显。由马铃薯全生育期叶面积变化图可知，施氮对马铃薯叶面积影响较大，各处理叶面积之间变化规律不一致，在幼苗期、块茎形成期和块茎增长期都是呈现增长的趋势，但在淀粉积累期，T2、T3、T5、T7和CK处理的叶面积出现了下降的现象，而T1处理的叶面积出现了上升的趋势，T4、T6和T8处理的叶面积则趋于平稳，各处理之间规律也不明显。从各处理叶面积最大值看，T5处理叶面积最大值大于其他处理的叶面积最大值。综上所述，施氮比例分配对马铃薯的株高、茎粗和叶面积都有影响，后期施氮越多，马铃薯株高越高，而最优的茎粗和叶面积则需要合理的施氮比例，并且施氮处理的生长指标明显优于不施氮处理的生长指标，说明施氮有利于马铃薯的生长。

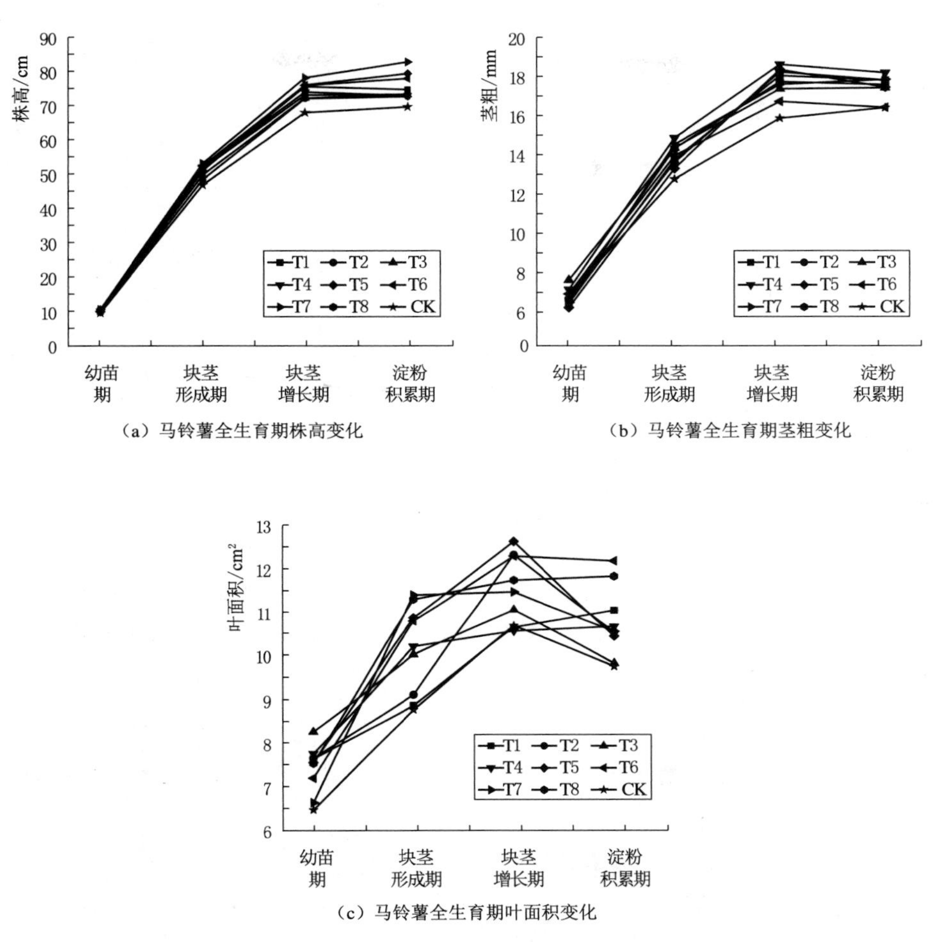

（a）马铃薯全生育期株高变化

（b）马铃薯全生育期茎粗变化

（c）马铃薯全生育期叶面积变化

图 7.1 不同施氮处理对马铃薯生长指标影响

### 7.2.2 不同施氮处理对马铃薯生理指标的影响

#### 7.2.2.1 不同施氮处理对马铃薯叶片叶绿素的影响

光合作用是指作物利用二氧化碳和水合成有机物的生化过程，它对马铃薯产量的形成有着至关重要的影响。表 7.3 显示了马铃薯各生育期施氮处理对马铃薯叶片叶绿素的影响。马铃薯全生育期叶绿素含量呈现一个逐渐下降的趋势，除 T1 处理以外，各处理都是在成熟期叶绿素达到最小值，不施氮 CK 处理的叶绿素含量在种植前期与施氮处理各处理的叶绿素含量差距不明显，但是在种植后期 CK 处理马铃薯叶片叶绿素含量明显低于其他施氮处理的叶绿素含量，说明施氮有利于增加马铃薯叶片的叶绿素。从差异性分析来看，各处理之间差异性明显，在幼苗期、块茎形成期、淀粉积累期和成熟期无明显规律，而在施氮肥主要时期块茎增长期来看，施氮较多的 T5、T6、T7 和 T8 处理的马铃薯叶片叶绿素含量大于施氮较少的 T1、T2、T3 和 T4 处理的马铃薯叶片叶绿素含量。

表7.3　施氮处理对马铃薯叶片叶绿素的影响

| 处理 | 幼苗期 | 块茎形成期 | 块茎增长期 | 淀粉积累期 | 成熟期 | 平均值 |
|---|---|---|---|---|---|---|
| T1 | 53.09[b] | 30.11[e] | 30.16[f] | 26.52[d] | 26.84[a] | 33.34[b] |
| T2 | 51.31[d] | 29.54[g] | 30.50[e] | 26.92[c] | 22.02[f] | 32.06[g] |
| T3 | 52.06[c] | 31.32[a] | 28.78[g] | 28.22[a] | 23.98[e] | 32.87[d] |
| T4 | 48.93[f] | 30.89[c] | 30.28[ef] | 26.92[c] | 25.10[b] | 32.42[e] |
| T5 | 53.01[b] | 30.16[e] | 32.90[a] | 25.98[e] | 24.69[c] | 33.35[b] |
| T6 | 52.29[c] | 29.98[f] | 30.87[d] | 27.66[b] | 24.19[de] | 33.00[c] |
| T7 | 49.40[e] | 30.42[d] | 32.37[c] | 26.70[cd] | 22.14[f] | 32.21[f] |
| T8 | 53.14[b] | 31.00[b] | 32.66[b] | 26.61[d] | 24.53[cd] | 33.59[a] |
| CK | 53.67[a] | 29.93[f] | 30.77[d] | 23.27[f] | 20.07[g] | 31.54[h] |

注　相同字母的平均值之间差异没有达到5%的显著水平。

#### 7.2.2.2　不同施氮处理对马铃薯叶片光合性能的影响

早期研究证实，马铃薯块茎产量形成完全依赖于花后同化产物的直接输入，因此在马铃薯花后阶段，植物能否继续维持高效的光合生产是保证块茎产量的物质基础。本次试验在花后阶段随机选择一天测量了试验各处理的日光合情况，来探究不同施氮处理对马铃薯花后阶段的光合作用的影响，马铃薯大田试验各处理下的日光合性能指标见图7.2。气孔

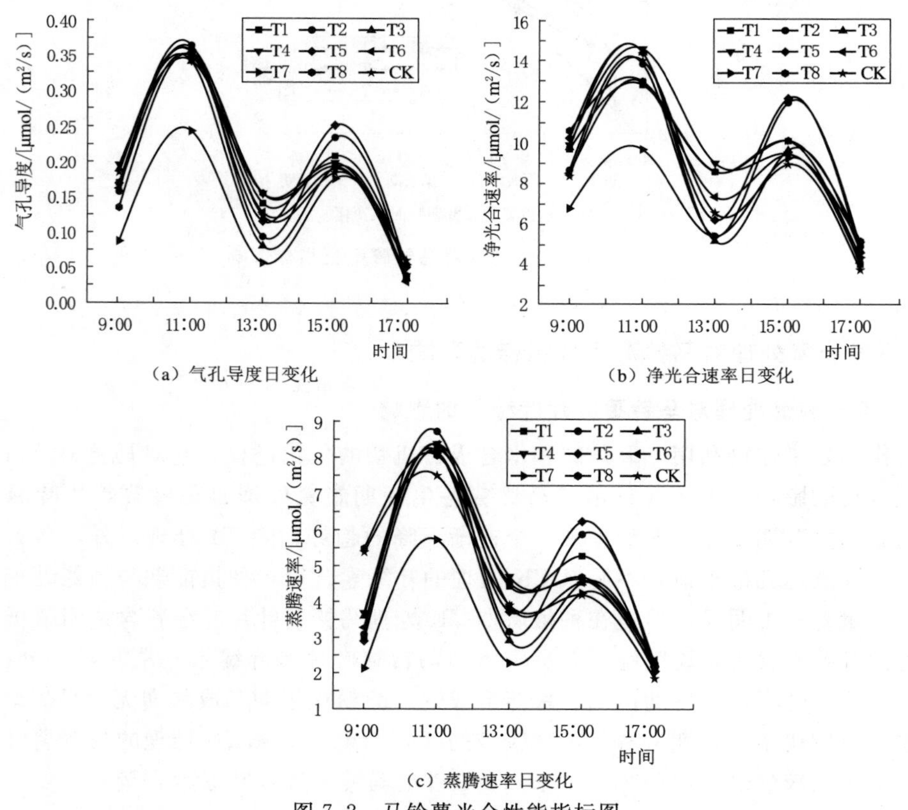

（a）气孔导度日变化

（b）净光合速率日变化

（c）蒸腾速率日变化

图7.2　马铃薯光合性能指标图

导度、净光合速率和蒸腾速率都是呈现一个先变大，再变小，最后变大的双峰曲线趋势，上午 11：00 的峰值大于下午 15：00 的峰值。气孔导度各处理表现为 T5＞T2＞T1＞T4＞T8＞T3＞T6＞CK＞T7；净光合速率表现为 T5＞T2＞T8＞T1＞T3＞T4＞T6＞T7＞CK；蒸腾速率表现为 T5＞T2＞T1＞T8＞T4＞T6＞T3＞T7＞CK。马铃薯各施氮处理的光合指标无明显规律，但施氮处理的光合性能明显优于不施氮处理的光合性能，说明施氮有利于马铃薯的光合作用。

## 7.3 不同施氮处理对马铃薯氮素利用率和土壤氮素含量的影响

### 7.3.1 不同施氮处理后马铃薯氮素利用规律

#### 7.3.1.1 不同施氮处理对马铃薯各器官全氮含量的影响

表 7.4 为不同施氮处理马铃薯各器官氮素含量变化表。由表 7.4 可知，各处理的马铃薯根、茎和叶的氮素含量随生育进程而逐渐降低，至淀粉积累期达到最小值；而马铃薯块茎氮素含量除 CK 处理外各处理均呈现先减小再增加的趋势。同时，各处理同一器官氮素含量有明显差距，其中不施氮的 CK 对照组的马铃薯根、茎和叶的氮素含量明显低于施氮处理的马铃薯根、茎和叶的氮素含量，而不施氮的 CK 对照组马铃薯块茎的氮素含量前期高于施氮处理的马铃薯块茎的氮素含量，后期则低于施氮处理的马铃薯块茎的氮素含量。从各器官氮素含量上来看，T6 处理的根、T6 处理的茎、T3 处理的叶和 T5 处理的块茎的全生育期平均氮素含量高于其他处理。从各器官的氮素含量变化幅度上来看，T3 和 T5 处理根的氮素含量下降幅度最大，达到了 1.27%，T1 处理下降幅度最小，最小值为 0.25%；T3 处理茎的氮素含量下降幅度最大，达到了 1.91%，T2 处理下降幅度最小，最小值为 0.62%；T6 处理叶的氮素含量下降幅度最大，达到了 1.72%，T1 处理下降幅度最小，最小值为 0.92%；CK 处理块茎的氮素含量下降幅度最大，达到了 1.21%，T4 处理下降幅度最小，最小值为 0.62%。综上所述，施加氮肥可有效提高马铃薯各器官的氮素含量，而种植前期（幼苗期+块茎形成期）施加过多或过少的氮肥都不利于马铃薯各器官氮素含量的提高；幼苗期不施加氮肥，对马铃薯地上部分各器官氮素含量变化幅度影响较小。

**表 7.4　不同处理马铃薯各器官全氮含量变化**　%

| 器官 | 处理 | 幼苗期 | 块茎形成期 | 块茎增长期 | 淀粉积累期 |
|---|---|---|---|---|---|
| 根 | T1 | 1.69 | 1.51 | 1.37 | 1.34 |
| | T2 | 1.96 | 1.96 | 1.5 | 1 |
| | T3 | 2.21 | 1.6 | 1.5 | 0.94 |
| | T4 | 1.84 | 1.59 | 1.36 | 0.94 |
| | T5 | 1.82 | 1.95 | 1.54 | 0.87 |
| | T6 | 2.35 | 2.03 | 1.58 | 1.08 |
| | T7 | 1.47 | 1.87 | 1.81 | 0.83 |
| | T8 | 1.72 | 1.55 | 1.44 | 1.27 |
| 根 | CK | 1.83 | 1.51 | 1.01 | 0.92 |

续表

| 器官 | 处理 | 幼苗期 | 块茎形成期 | 块茎增长期 | 淀粉积累期 |
|---|---|---|---|---|---|
| 茎 | T1 | 2.15 | 1.42 | 1.53 | 0.98 |
| | T2 | 1.75 | 1.42 | 1.37 | 1.13 |
| | T3 | 2.87 | 1.62 | 1.58 | 0.96 |
| | T4 | 2.33 | 1.41 | 1.36 | 0.87 |
| | T5 | 2.28 | 2.02 | 1.34 | 0.87 |
| | T6 | 2.37 | 2.16 | 1.64 | 1.08 |
| | T7 | 2.34 | 2.33 | 1.44 | 0.85 |
| | T8 | 2.53 | 1.65 | 1.52 | 1.44 |
| | CK | 1.95 | 1.40 | 1.19 | 0.8 |
| 叶 | T1 | 3.13 | 2.84 | 2.55 | 2.21 |
| | T2 | 3.39 | 2.94 | 2.54 | 2.19 |
| | T3 | 3.99 | 2.79 | 2.79 | 2.56 |
| | T4 | 3.17 | 3.13 | 2.33 | 2.23 |
| | T5 | 3.82 | 2.96 | 2.59 | 2.2 |
| | T6 | 3.66 | 2.74 | 2.65 | 2.56 |
| | T7 | 3.68 | 3.11 | 2.58 | 1.96 |
| | T8 | 3.58 | 3.04 | 2.49 | 2.63 |
| | CK | 3.26 | 2.88 | 2.31 | 2.3 |
| 块茎 | T1 | — | 2.08 | 1.3 | 1.39 |
| | T2 | — | 2.32 | 1.26 | 1.39 |
| | T3 | — | 1.59 | 1.24 | 1.45 |
| | T4 | — | 1.62 | 1.14 | 1.36 |
| | T5 | — | 2.46 | 1.18 | 1.46 |
| | T6 | — | 1.89 | 1.02 | 1.55 |
| | T7 | — | 1.87 | 1.07 | 1.48 |
| | T8 | — | 2.03 | 1.15 | 1.3 |
| | CK | — | 2.45 | 1.39 | 1.24 |

#### 7.3.1.2 不同施氮量对各器官全氮积累的影响

表7.5为不同施氮处理下马铃薯各器官全氮累积量变化，表7.6为不同施氮处理下马铃薯植株全氮累积量变化。由表7.5和表7.6可知，马铃薯的根、茎和叶的氮素累积量随生育期的进程逐渐下降，而马铃薯的块茎氮素累积量则随生育期的进程逐渐上升，马铃薯的植株总体氮素累积量也随马铃薯生育期的进程而随之增加。不同施氮处理各器官氮素累积量在同一生育时期有明显差异，并且不施氮的CK处理各器官氮素累积量明显小于施氮处理的氮素累积量。从各器官氮素累积量贡献率来看，块茎＞叶＞茎＞根，说明块茎是氮素吸收最多的器官，所以马铃薯块茎形成后，需要大量的氮素供应。从根的氮素累积量上

来看，前期施氮多的 T1、T2、T3 和 T4 处理和后期施氮多的 T5、T6、T7 和 T8 处理没有明显区别；从茎的氮素累积量上来看，前期施氮多的 T1、T2、T3 和 T4 处理少于后期施氮多的 T5、T6、T7 和 T8 处理；从叶的氮素累积量上来看，前期施氮多的 T1、T2、T3 和 T4 处理少于后期施氮多的 T5、T6、T7 和 T8 处理。从差异性分析来看，前期施氮多和后期施氮多都会对块茎氮素累积量产生影响。综合分析发现，种植前期（幼苗期+块茎形成期）施氮量为 40%的 T5 和 T6 处理的植株氮素累积量最高。

**表 7.5　不同施氮处理下马铃薯各器官全氮累积量变化**　单位：kg

| 器官 | 处理 | 幼苗期 | 块茎形成期 | 块茎增长期 | 淀粉积累期 |
|---|---|---|---|---|---|
| 根 | T1 | 0.54 | 0.69 | 0.51 | 0.44 |
| | T2 | 0.69 | 0.50 | 0.55 | 0.30 |
| | T3 | 0.62 | 0.52 | 0.54 | 0.40 |
| | T4 | 0.80 | 0.48 | 0.44 | 0.34 |
| | T5 | 0.65 | 1.03 | 0.53 | 0.35 |
| | T6 | 0.67 | 0.90 | 0.66 | 0.52 |
| | T7 | 0.84 | 0.85 | 0.87 | 0.37 |
| | T8 | 0.56 | 0.66 | 0.65 | 0.61 |
| | CK | 0.53 | 0.71 | 0.39 | 0.37 |
| 茎 | T1 | 3.42 | 2.75 | 1.69 | 1.09 |
| | T2 | 3.09 | 1.55 | 1.49 | 1.15 |
| | T3 | 4.03 | 2.26 | 1.66 | 1.40 |
| | T4 | 5.06 | 1.80 | 1.29 | 1.05 |
| | T5 | 4.07 | 4.53 | 1.36 | 1.18 |
| | T6 | 3.38 | 4.06 | 2.02 | 1.75 |
| | T7 | 6.68 | 4.52 | 2.03 | 1.28 |
| | T8 | 4.14 | 3.00 | 2.01 | 2.34 |
| | CK | 2.84 | 2.80 | 1.34 | 1.11 |
| 叶 | T1 | 19.94 | 22.04 | 15.97 | 10.27 |
| | T2 | 23.98 | 12.83 | 15.66 | 9.29 |
| | T3 | 22.39 | 15.56 | 16.63 | 15.52 |
| | T4 | 27.53 | 15.94 | 12.48 | 11.27 |
| | T5 | 27.31 | 26.56 | 14.94 | 12.45 |
| | T6 | 20.87 | 20.60 | 18.48 | 17.33 |
| | T7 | 22.01 | 24.13 | 20.59 | 12.28 |
| | T8 | 23.41 | 22.12 | 18.62 | 17.80 |
| | CK | 18.97 | 23.05 | 14.70 | 13.25 |

续表

| 器官 | 处理 | 幼苗期 | 块茎形成期 | 块茎增长期 | 淀粉积累期 |
|---|---|---|---|---|---|
| 块茎 | T1 | — | 53.99 | 135.72 | 163.91 |
| 块茎 | T2 | — | 59.54 | 139.25 | 177.91 |
| | T3 | — | 55.61 | 135.7 | 211.2 |
| | T4 | — | 53.24 | 135.79 | 205.2 |
| | T5 | — | 47.72 | 150.61 | 215.21 |
| | T6 | — | 50.7 | 138.67 | 211.39 |
| | T7 | — | 43.25 | 135.48 | 194.51 |
| | T8 | — | 59.32 | 148.5 | 196.8 |
| | CK | — | 39.62 | 123.71 | 158.98 |

**表7.6** 不同施氮处理下马铃薯植株全氮累积量变化 单位：kg

| 处理 | 幼苗期 | 块茎形成期 | 块茎增长期 | 淀粉积累期 |
|---|---|---|---|---|
| T1 | 23.90[de] | 79.47[ab] | 153.89[abc] | 175.71[e] |
| T2 | 27.76[bc] | 74.42[bc] | 156.95[abc] | 188.65[d] |
| T3 | 27.04[c] | 73.95[bc] | 154.53[abc] | 228.52[a] |
| T4 | 33.39[a] | 71.46[bc] | 150.00[bc] | 217.86[b] |
| T5 | 32.03[a] | 79.84[ab] | 167.44[ab] | 229.19[a] |
| T6 | 24.92[d] | 76.26[ab] | 159.83[ab] | 230.99[a] |
| T7 | 29.53[b] | 72.75[bc] | 158.97[abc] | 208.44[c] |
| T8 | 28.11[bc] | 85.10[a] | 169.78[a] | 217.55[b] |
| CK | 22.34[e] | 66.18[c] | 140.14[c] | 173.71[e] |

**注** 表中同行上标小写字母不同表示差异显著（$P<0.05$）。

#### 7.3.1.3 不同施氮量对马铃薯氮肥吸收速率的影响

图7.3为不同施氮处理下马铃薯氮素累积速率图。从图7.3可以看出，马铃薯氮素吸收速率总体上保持一个先增加再减小的趋势，在块茎增大期达到最大值。幼苗期时，马铃薯植株矮小且只有少量叶片，氮素吸收较少，所以各处理氮素吸收速率之间差异很小，在0.5～1kg/hm²之间；块茎形成期时，随着植株的生长和块茎的形成，马铃薯的氮素吸收速率也因此升高，此生育阶段施氮较多的T8处理大于其他处理；块茎增长期时，马铃薯块茎快速膨大，此阶段主要是马铃薯的耗水阶段，氮素也随水分被马铃薯块茎大量吸收，所以这时氮素累积速率在全生育期达到最大值，此时各处理间马铃薯氮素吸收速率差异明显，表现为T5＞T7＞T8＞T6＞T2＞T3＞T4＞T1＞CK，

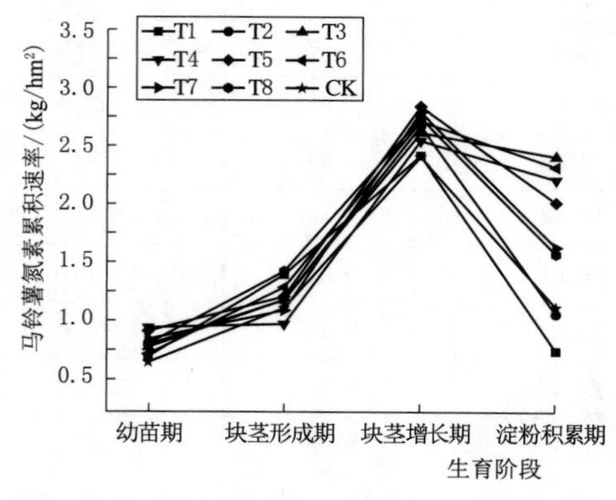

图7.3 不同施氮处理下马铃薯氮素累积速率

此时最优处理为T5。进入淀粉积累期，叶片逐渐凋零，地上部分的根、茎和叶的氮素随之转移到马铃薯块茎中，马铃薯氮素累积速率下降。

#### 7.3.1.4 不同施氮量对马铃薯氮肥吸收利用效率的影响

表7.7为不同施氮处理下马铃薯氮肥吸收利用率变化。氮肥农学利用率体现了产量对氮肥的敏感程度，由表7.7可知，各处理间农学利用率有明显差异，T5的氮肥农学利用率最高，达到了91.76，比最小值T1的38.30高了139.6%，说明过高或过低的前期施氮用量都会导致氮肥农学利用率下降；氮肥吸收利用率是判断马铃薯植株氮素利用率高低的标准，从表7.7可以看出T6氮肥吸收利用率最高，达到了30.82%，T5次之，从显著性分析来看，过高或过低的前期施氮用量对氮肥吸收利用率影响较大；氮肥偏生产力是衡量水稻生产过程中氮肥产出效率的重要指标，由表7.7可知，T5的氮肥偏生产力最高，达到了374.82，前期施氮较少的T1和T2较其他处理差异性显著，说明前期施氮越少对氮肥偏生产力影响越大；氮素块茎生产效率反映了植株氮素累积量与块茎产量之间的关系，由表7.7可知，各处理间没有明显差异，说明不同生育期施氮比例的不同对马铃薯氮素块茎生产效率影响不大；氮素收获指数是综合判断作物光合作用产物转化为经济产量的通用指标，由表7.7可知，各处理间没有明显差异，T5处理的氮素生产指数最高，再从比例上看，马铃薯的块茎氮素累积量占马铃薯植株氮素累积量普遍达到了90%以上，说明马铃薯的氮素主要靠马铃薯块茎吸收。综合以上各项指标，发现T5处理氮肥利用效率最高。

表7.7 不同施氮处理下马铃薯氮肥吸收利用率变化

| 处理 | 氮肥农学利用率/% | 氮肥吸收利用率/% | 氮肥偏生产力/(kg/kg) | 氮素块茎生产效率/(kg/kg) | 氮素收获指数 |
|---|---|---|---|---|---|
| T1 | 38.30[g] | 1.11[e] | 321.37[d] | 329.21[a] | 0.93[ab] |
| T2 | 46.47[f] | 8.30[d] | 329.53[cd] | 314.42[a] | 0.94[a] |
| T3 | 84.84[b] | 30.45[a] | 367.91[a] | 289.79[b] | 0.92[b] |
| T4 | 73.36[d] | 24.53[b] | 356.42[ab] | 294.48[b] | 0.94[a] |
| T5 | 91.76[a] | 30.82[a] | 374.82[a] | 294.38[b] | 0.94[a] |
| T6 | 62.06[e] | 31.82[a] | 345.12[bc] | 268.94[c] | 0.92[b] |
| T7 | 83.73[b] | 19.29[c] | 366.80[a] | 316.75[a] | 0.93[ab] |
| T8 | 75.46[c] | 24.36[b] | 358.52[ab] | 296.64[b] | 0.90[c] |
| CK | — | — | — | — | — |

注 表中同行上标小写字母不同表示差异显著（$P<0.05$）。

### 7.3.2 不同施氮处理后土壤氮素变化规律

#### 7.3.2.1 不同施氮处理对马铃薯成熟期0～100cm土层土壤硝态氮和铵态氮含量的影响

由图7.4可知，种植前，除CK外不同施氮处理各土层硝态氮含量无明显差异，而CK处理在铵态氮含量上比其他处理高，硝态氮含量差异不大。从收获期硝态氮各土层含量变化图来看，CK处理在0～100cm土层明显小于其他施氮处理，且各土层硝态氮含量分布均匀，施氮处理的硝态氮主要分布在40～60cm土层，在0～60cm土层的T1处理的硝态氮含量最大，60～80cm 处 T5 处理的硝态氮含量最大，而在 80～100cm 处 T3 处理的硝态氮含量最大，这说明后期施氮越多，种植后的土层硝态氮含量残留越多；从收获期铵态氮各土层含量变化图来看，CK 处理的铵态氮含量在 20～80cm 土层最高，而 T1 处理的铵态氮含量在 0～20cm 和 80～100cm 土层上最大，从 8 个施氮处理来看，后期施氮多的 T1、T2、T3 和 T4 处理铵态氮含量在 0～100cm 土层大于后期施氮少的 T5、T6、T7 和 T8 处理铵态氮含量。

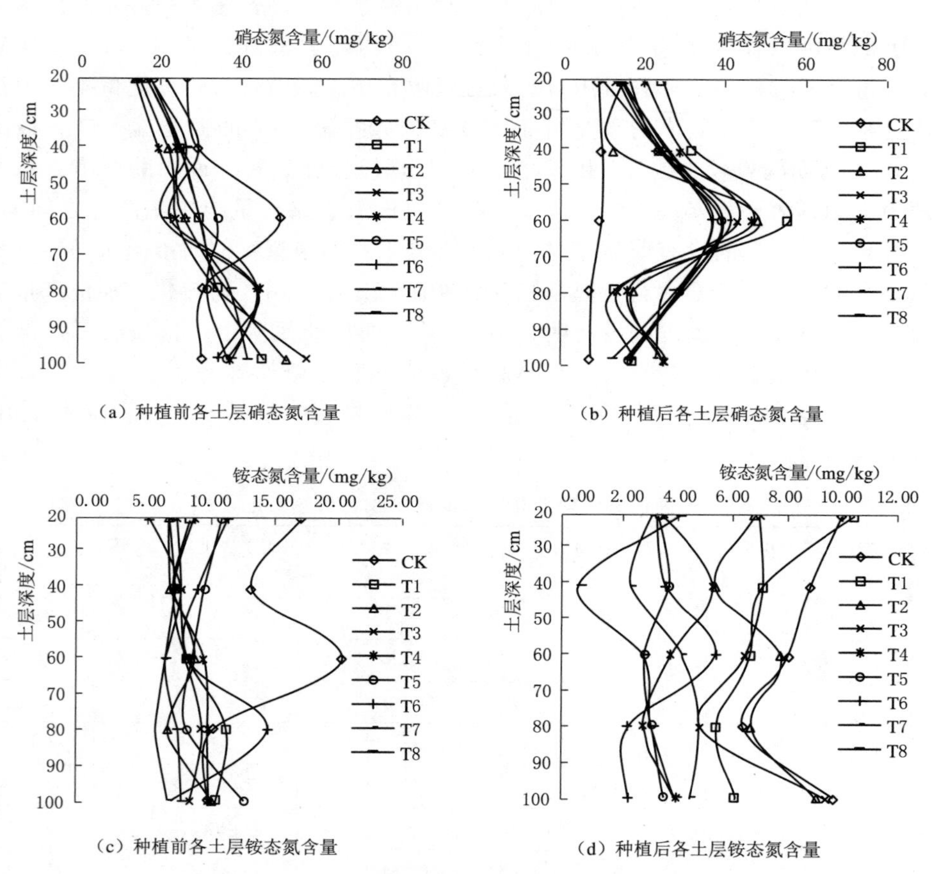


图 7.4 不同施氮处理下土壤氮素变化

由图 7.4 可知，种植前，除 CK 外不同施氮处理各土层硝态氮含量无明显差异，而 CK 处理在铵态氮含量上比其他处理高，硝态氮含量差异不大。从收获期硝态氮各土层含量变化图来看，CK 处理在 0～100cm 土层明显小于其他施氮处理，且各土层硝态氮含量分布均匀，施氮处理的硝态氮主要分布在 40～60cm 土层，在 0～60cm 土层的 T1 处理的硝态氮含量最大，60～80cm 处 T5 处理的硝态氮含量最大，而在 80～100cm 处 T3 处理的硝态氮含量最大，这说明后期施氮越多，种植后的土层硝态氮含量残留越多。从收获期铵态氮各土层含量变化图来看，CK 处理的铵态氮含量在 20～80cm 土层最高，而 T1 处理的铵态氮含量在 0～20cm 和 80～100cm 土层上最大，从 8 个施氮处理来看，后期施氮多的 T1、T2、T3 和 T4 处理铵态氮含量在 0～100cm 土层大于后期施氮少的 T5、T6、T7 和 T8 处理铵态氮含量。

#### 7.3.2.2 不同施氮处理对土壤氮素累积量的影响

表 7.8 和表 7.9 为不同施氮处理对土壤剖面硝态氮和铵态氮含量变化。由表 7.8 可知，种植前后 CK 处理的硝态氮含量分别是最大值和最小值，而其他处理硝态氮含量变化无明显规律，说明不施氮的 CK 处理主要是从土壤中吸收氮素。而从表 7.9 可知，CK 处理的铵态氮含量在种植前后都是最大值，且后期施氮少的 T5、T6、T7 和 T8 处理铵态氮累积量下降明显，说明种植后期施氮过少会导致土壤铵态氮含量下降。

**表 7.8　不同施氮处理对土壤剖面硝态氮含量**　单位：kg/hm$^2$

| 处理 | 0～20cm | | 20～40cm | | 40～60cm | | 60～80cm | | 80～100cm | | 合计 | |
|---|---|---|---|---|---|---|---|---|---|---|---|---|
| | 种前 | 种后 | 种前 | 种后 | 种前 | 种后 | 种前 | 种后 | 种前 | 种后 | 种前 | 种后 |
| T1 | 39.9 | 59.0 | 69.6 | 86.8 | 83.6 | 154.8 | 97.9 | 31.2 | 134.6 | 45.6 | 425.5 | 377.4 |
| T2 | 33.7 | 32.3 | 60.8 | 30.3 | 72.5 | 133.6 | 104.2 | 44.8 | 153.4 | 65.5 | 424.6 | 306.4 |
| T3 | 40.7 | 30.0 | 67.1 | 62.3 | 66.3 | 129.1 | 96.3 | 33.0 | 169.0 | 70.5 | 439.5 | 325.0 |
| T4 | 33.7 | 48.3 | 53.9 | 77.9 | 82.3 | 118.5 | 126.9 | 40.9 | 109.7 | 69.9 | 406.5 | 355.5 |
| T5 | 44.8 | 32.5 | 70.6 | 62.9 | 95.9 | 107.2 | 89.2 | 77.5 | 108.3 | 43.0 | 408.8 | 323.1 |
| T6 | 54.5 | 36.9 | 83.1 | 60.4 | 62.1 | 112.5 | 126.0 | 66.7 | 100.1 | 61.5 | 425.8 | 337.9 |
| T7 | 42.0 | 31.9 | 74.2 | 66.5 | 56.7 | 99.8 | 124.8 | 76.8 | 112.2 | 41.2 | 409.9 | 316.1 |
| T8 | 36.3 | 19.6 | 60.6 | 60.6 | 72.7 | 100 | 106.0 | 75.0 | 123.2 | 29.4 | 398.8 | 284.6 |
| CK | 68.6 | 17.3 | 82.4 | 21.6 | 141.8 | 20.7 | 87.2 | 13.4 | 89.2 | 14.0 | 469.2 | 87.0 |

**表 7.9　不同施氮处理对土壤剖面铵态氮含量**　单位：kg/hm$^2$

| 处理 | 0～20cm | | 20～40cm | | 40～60cm | | 60～80cm | | 80～100cm | | 合计 | |
|---|---|---|---|---|---|---|---|---|---|---|---|---|
| | 种前 | 种后 | 种前 | 种后 | 种前 | 种后 | 种前 | 种后 | 种前 | 种后 | 种前 | 种后 |
| T1 | 21.1 | 27.4 | 19.1 | 19.9 | 22.6 | 18.4 | 31.4 | 15.0 | 30.1 | 17.7 | 124.4 | 98.4 |
| T2 | 16.8 | 17.5 | 18.7 | 14.8 | 24.1 | 21.8 | 18.2 | 18.7 | 29.3 | 26.8 | 107.1 | 99.7 |
| T3 | 18.4 | 18.0 | 21.0 | 19.9 | 22.0 | 18.1 | 25.9 | 13.3 | 24.2 | 27.8 | 111.5 | 97.1 |
| T4 | 21.8 | 8.4 | 19.8 | 14.6 | 26.0 | 9.9 | 27.4 | 7.1 | 28.4 | 10.9 | 123.3 | 50.8 |
| T5 | 27.8 | 7.9 | 26.3 | 9.7 | 23.4 | 7.0 | 22.4 | 7.9 | 36.8 | 9.6 | 136.7 | 42.2 |
| T6 | 29.3 | 7.6 | 24.9 | 9.5 | 22.6 | 14.7 | 40.9 | 5.4 | 20.1 | 5.6 | 137.9 | 42.9 |
| T7 | 17.0 | 7.2 | 19.5 | 5.8 | 17.7 | 11.3 | 15.6 | 13.1 | 18.9 | 12.6 | 88.7 | 49.9 |
| T8 | 12.9 | 10.2 | 20.9 | 0 | 17.6 | 7.0 | 20.3 | 7.9 | 22.2 | 11.0 | 93.9 | 36.0 |
| CK | 44.5 | 26.2 | 37.0 | 25.0 | 57.2 | 22.6 | 28.7 | 17.8 | 28.2 | 28.7 | 195.6 | 120.4 |

#### 7.3.2.3 不同处理对土壤氮素表观盈亏的影响

表 7.10 显示了不同施氮处理后土壤 0～100cm 土层的氮素变化情况。从土壤矿质氮残留总量上看，前期施氮少的处理和前期施氮多的处理差异性显著，说明后期施氮越多，

土壤矿质氮残留总量越多。氮肥表观残留率与土壤矿质氮残留总量有着相同的变化情况。从氮肥表观损失率上看，各处理之间差异性显著，T8处理氮肥表观损失率最大，最大值为19.9%，可以看出后期施氮越多，土壤氮素损失越少。在氮素表观盈亏量方面，前期施氮多的T5、T6、T7和T8处理明显大于前期施氮小的T1、T2、T3和T4处理，也可以看出后期施氮越多，土壤氮素损失越少。综上所述，在马铃薯种植后期增大施氮比例，有利于减少土壤氮素的表观损失，保持土壤的肥力。

表7.10　不同处理土壤氮素表观盈亏变化

| 处理 | 土壤矿质氮残留总量 /（$kg/hm^2$） | 氮肥表观残留率 /% | 氮肥表观损失率 /% | 氮素表观盈亏量 /（$kg/hm^2$） |
|---|---|---|---|---|
| T1 | 475.81[a] | 149.12[a] | 10.74[d] | 78.38[e] |
| T2 | 406.09[b] | 110.39[b] | 16.44[bc] | 116.98[b] |
| T3 | 422.07[b] | 119.27[b] | 11.00[d] | 80.37[de] |
| T4 | 406.25[b] | 110.48[b] | 12.07[d] | 85.68[d] |
| T5 | 365.29[c] | 87.72[c] | 18.06[b] | 131.02[a] |
| T6 | 380.83[c] | 96.35[c] | 17.73[b] | 131.85[a] |
| T7 | 366.05[c] | 88.14[c] | 15.34[c] | 104.12[c] |
| T8 | 320.63[d] | 62.91[d] | 19.99[a] | 134.47[a] |
| CK | — | — | — | — |

注　表中同行上标小写字母不同表示差异显著（$P<0.05$）。

## 7.4　不同施氮处理对马铃薯块茎产量构成及品质的影响

### 7.4.1　不同施氮处理对马铃薯块茎产量构成的影响

不同施氮处理对马铃薯产量构成的影响见表7.11和图7.5。从单株大薯产量方面来看，各施氮处理单株大薯产量由大到小，分别为T5、T3、T4、T8、T7、T6、T2、T1和CK处理。T5处理大薯产量最高，为1702.67g/株，T3、T4、T8、T7、T6、T2、T1和CK处理大薯产量分别比T5处理大薯产量低5.01%、9.75%、10.30%、16.76%、20.41%、22.22%、26.13%和47.49%。从单株商品薯产量方面来看，各施氮处理之间差异明显，各处理单株商品薯产量由大到小，分别为T5、T3、T8、T7、T4、T6、T2、T1和CK处理。T5处理单株商品薯产量最高，为1978.00g/株，T3、T8、T7、T4、T6、T2、T1和CK处理单株商品薯产量分别比T5处理单株商品薯产量低3.71%、8.66%、9.13%、10.48%、12.00%、16.37%、19.57%和34.48%。在单株块茎产量方面来看，各施氮处理之间差异也明显，各处理单株块茎产量由大到小，分别为T5、T3、T7、T8、T4、T6、T2、T1和CK处理。T5处理单株块茎产量最高，为2091.33g/株，T3、T8、T7、T4、T6、T2、T1和CK处理单株块茎产量分别比T5处理单株块茎产量低0.70%、6.09%、7.87%、8.22%、10.18%、14.94%、16.84%和27.03%。从单株大薯产量、单株商品薯产量和块茎产量来看，不施肥的CK处理都小于施氮肥的其他处理，说明氮肥有助于提高马铃薯的大薯率、商品薯率和产量。从差异性分析来看，种植前期施过多的氮肥和过少的氮肥都不利于马铃薯薯率、商品薯率和产量的提高。综上所述，合理的施氮制度有利于提高马铃薯的产量构成。

**表 7.11　不同施氮处理下马铃薯块茎产量构成**

| 处理 | 单株大薯重量/g | 单株商品薯重量/g | 单株块茎总重量/g |
|---|---|---|---|
| T1 | 1257.83[f] | 1590.83[f] | 1738.83[f] |
| T2 | 1324.33[e] | 1654.17[e] | 1778.83[e] |
| T3 | 1617.33[b] | 1904.67[b] | 2076.67[a] |
| T4 | 1536.67[c] | 1770.67[cd] | 1919.33[e] |
| T5 | 1702.67[a] | 1978.00[a] | 2091.33[a] |
| T6 | 1355.17[e] | 1740.67[d] | 1878.33[d] |
| T7 | 1417.33[d] | 1797.33[c] | 1964.00[b] |
| T8 | 1527.33[c] | 1806.67[c] | 1926.67[c] |
| CK | 894.00[g] | 1296.00[g] | 1526.00[g] |

**注**　表中同行上标小写字母不同表示差异显著（$P<0.05$）。

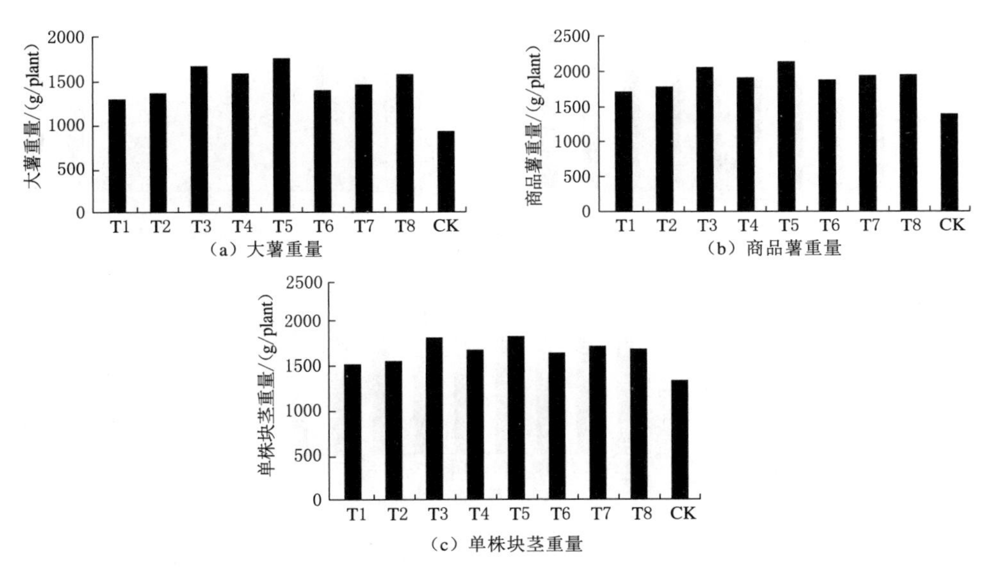


图 7.5　不同施氮处理下马铃薯产量构成

### 7.4.2　不同施氮处理对马铃薯品质的影响

表 7.12 是不同施氮处理对马铃薯品质的影响情况，图 7.6 反映了不同施氮对马铃薯品质各项指标的影响。从干物质含量图和差异性分析来看，种植前期施过多或过少的氮肥会对马铃薯的块茎干物质含量造成影响，CK 处理的马铃薯干物质含量最高，为 23.07%，T4、T8、T3、T6、T5、T2、T1 和 T7 处理分别比 CK 处理低 6.54%、10.20%、12.59%、12.76%、13.17%、14.25%、18.99%、20.89%；从还原糖含量图和差异性分

析来看，种植前期施氮肥越多，马铃薯块茎的还原糖含量越大，T8处理的马铃薯还原糖含量最高，为0.071%，T5、T7、T6、T4、CK、T3、T2和T1处理分别比T8处理低11.27%、19.72%、22.54%、29.58%、29.58%、30.99%、36.62%、56.34%；从淀粉含量图和差异性分析来看，各处理之间无明显规律，T7处理的马铃薯淀粉含量最高，为11.9%，CK、T6、T4、T1、T5、T8、T3和T2处理分别比T7处理低2.56%、5.13%、5.98%、6.84%、10.26%、13.68%、17.95%、23.08%。

**表7.12　　不同施氮处理对马铃薯品质影响情况**　　%

| 处理 | 干物质 | 还原糖 | 淀粉 | 处理 | 干物质 | 还原糖 | 淀粉 |
|---|---|---|---|---|---|---|---|
| T1 | 18.69$^{f}$ | 0.041$^{d}$ | 11.10$^{d}$ | T2 | 19.78$^{e}$ | 0.055$^{a}$ | 9.20$^{h}$ |
| T3 | 20.16$^{d}$ | 0.049$^{b}$ | 9.80$^{g}$ | T4 | 21.56$^{b}$ | 0.030$^{ef}$ | 11.20$^{cd}$ |
| T5 | 20.03$^{d}$ | 0.043$^{c}$ | 10.70$^{e}$ | T6 | 20.12$^{d}$ | 0.029$^{f}$ | 11.30$^{c}$ |
| T7 | 18.25$^{g}$ | 0.027$^{ef}$ | 11.90$^{a}$ | T8 | 20.71$^{c}$ | 0.031$^{e}$ | 10.30$^{f}$ |
| CK | 23.07$^{a}$ | 0.055$^{a}$ | 11.60$^{b}$ | | | | |

**注**　表中同行上标小写字母不同表示差异显著（$P<0.05$）。

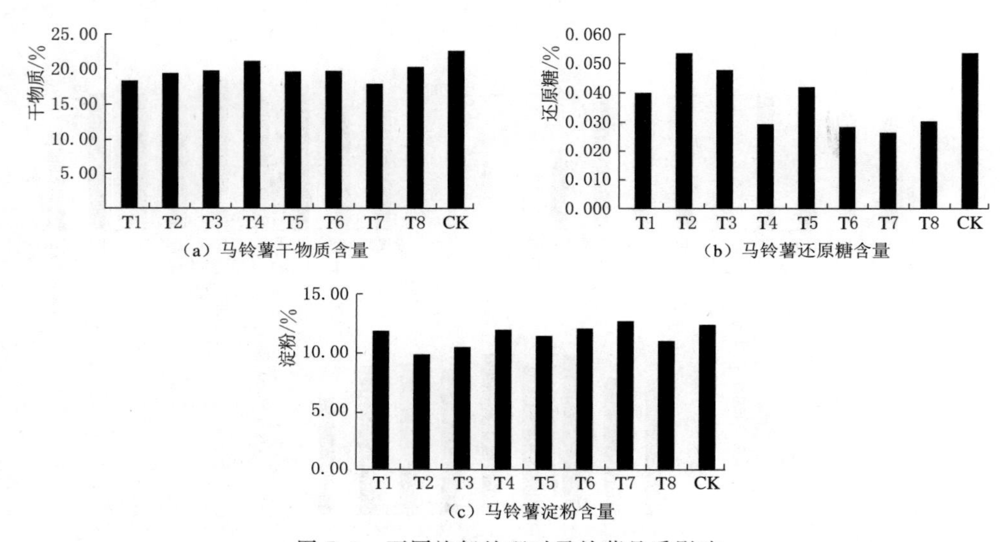

(a) 马铃薯干物质含量

(b) 马铃薯还原糖含量

(c) 马铃薯淀粉含量

图7.6　不同施氮处理对马铃薯品质影响

### 7.4.3　马铃薯块茎品质的综合评价

选取马铃薯单株块茎大薯重量（X1）、单株商品薯重量（X2）、单株块茎总重量（X3），干物质含量（X4）、还原糖含量（X5）和淀粉含量（X6）6个指标用主成分分析法对马铃薯的块茎品质进行综合评价。经过DPS软件分析，选取2个主成分，分别为

$$F1=0.5172X1+0.5290X2+0.5196X3-0.3048X4-0.2642X5-0.1413X6$$

$$F2=0.1016X1+0.0537X2+0.0379X3+0.1160X4+0.6456X5-0.7450X6$$

从2个主成分可以看出：第一个主成分主要综合了马铃薯单株块茎大薯重量（X1）、

单株商品薯重量（X2）、单株块茎总重量（X3）的信息，可以反映马铃薯的块茎产量构成变化规律；第二个主成分主要综合了马铃薯干物质含量（X4）、还原糖含量（X5）和淀粉含量（X6）的信息，反映了马铃薯的大部分品质情况。综合来看，2个主成分可以合理的对马铃薯块茎品质进行评价。

表7.13为主成分分析各处理得分。不同施氮处理下第一主成分贡献率为58.25%，第二主成分贡献率为24.84%。第二主成分的品质指标得分与淀粉含量为负相关，且与还原糖含量为正相关，这与马铃薯优良品质规律不符，所以取第二主成分得分的负数更适宜反映马铃薯的优良品质。由表5.3可知，综合得分由高到低分别为T5、T7、T8、T3、T4、T6、T1、T2和CK处理。不施氮的CK处理的马铃薯块茎评价都小于施氮的其他处理，说明施氮明显可以提高马铃薯的产量构成和品质。

**表7.13　　主成分分析各处理得分**

| 处　理 | 第一主成分 | 第二主成分 | 总得分 | 排　名 |
|---|---|---|---|---|
| T1 | −0.82 | −0.48 | −0.43 | 7 |
| T2 | −0.65 | 2.11 | −1.08 | 8 |
| T3 | 1.49 | 1.53 | 0.58 | 4 |
| T4 | 0.44 | −0.78 | 0.54 | 5 |
| T5 | 1.94 | 0.46 | 1.22 | 1 |
| T6 | 0.16 | −1.14 | 0.45 | 6 |
| T7 | 0.97 | −1.68 | 1.17 | 2 |
| T8 | 0.84 | −0.02 | 0.59 | 3 |
| CK | −4.36 | 0.00 | −3.04 | 9 |

### 7.4.4 马铃薯块茎品质指标的相关性分析

表7.14为马铃薯块茎品质各指标相关系数。从马铃薯产量构成方面来看，单株块茎大薯重量、单株商品薯重量和单株块茎总重量三个指标之间相关性极为显著。从品质指标方面来看，还原糖含量和干物质含量相关性不大，淀粉含量和干物质含量呈正相关关系，而还原糖含量与淀粉含量之间呈负相关关系，这可能是因为后期氮代谢过程在一定程度上抑制了碳代谢，阻碍了还原糖和可溶性糖形成淀粉的原因。

**表7.14　　马铃薯块茎品质各指标相关系数**

| | 单株块茎大薯重量 | 单株商品薯重量 | 单株块茎总重量 | 干物质 | 还原糖 | 淀粉 |
|---|---|---|---|---|---|---|
| 单株块茎大薯重量 | 1 | 0.9815 | 0.9658 | −0.3798 | −0.3486 | −0.3952 |
| 单株商品薯重量 | 0.9815 | 1 | 0.9892 | −0.4740 | −0.2930 | −0.4248 |
| 单株块茎总重量 | 0.9658 | 0.9892 | 1 | −0.4368 | −0.2400 | −0.4039 |
| 干物质 | −0.3798 | −0.4740 | −0.4368 | 1 | 0.0674 | 0.2908 |
| 还原糖 | −0.3486 | −0.2930 | −0.2400 | 0.0674 | 1 | −0.4849 |
| 淀粉 | −0.3952 | −0.4248 | −0.4039 | 0.2908 | −0.4840 | 1 |

## 7.5 不同施氮处理对马铃薯根区含水率和耗水产量的影响

### 7.5.1 不同施氮处理对马铃薯根区含水率的影响

从图7.7中可以看出，全生育期除CK处理外各处理马铃薯根系分布区（20～80cm）土壤土层含水率变化规律基本相似，都呈现着先下降再上升的趋势，而CK处理而是呈现先变大再变小的规律。从20～40cm土层来看，T1处理含水率为12.33%～19.24%，T2处理含水率在12.90%～19.89%之间，T3处理含水率在13.87%～23.80%之间，T4处理含水率在15.58%～19.60%之间，T5处理含水率在15.78%～19.50%之间，T6处理含水率在13.47%～19.06%之间，T7处理含水率在15.22%～18.09%之间，T8处理含水率在15.37%～20.74%之间，CK处理含水率在17.45%～22.76%之间；从40～60cm土层来看，T1处理含水率在15.14%～22.19%之间，T2处理含水率在13.18%～18.94%之间，T3处理含水率在12.64%～20.46%之间，T4处理含水率在17.11%～19.90%之间，T5处理含水率在14.88%～19.46%之间，T6处理含水率在14.35%～21.48%之间，T7处理含水率在14.94%～22.08%之间，T8处理含水率在15.19%～23.71%之间，CK处理含水率在19.93%～28.58%之间；从60～80cm土层来看，T1

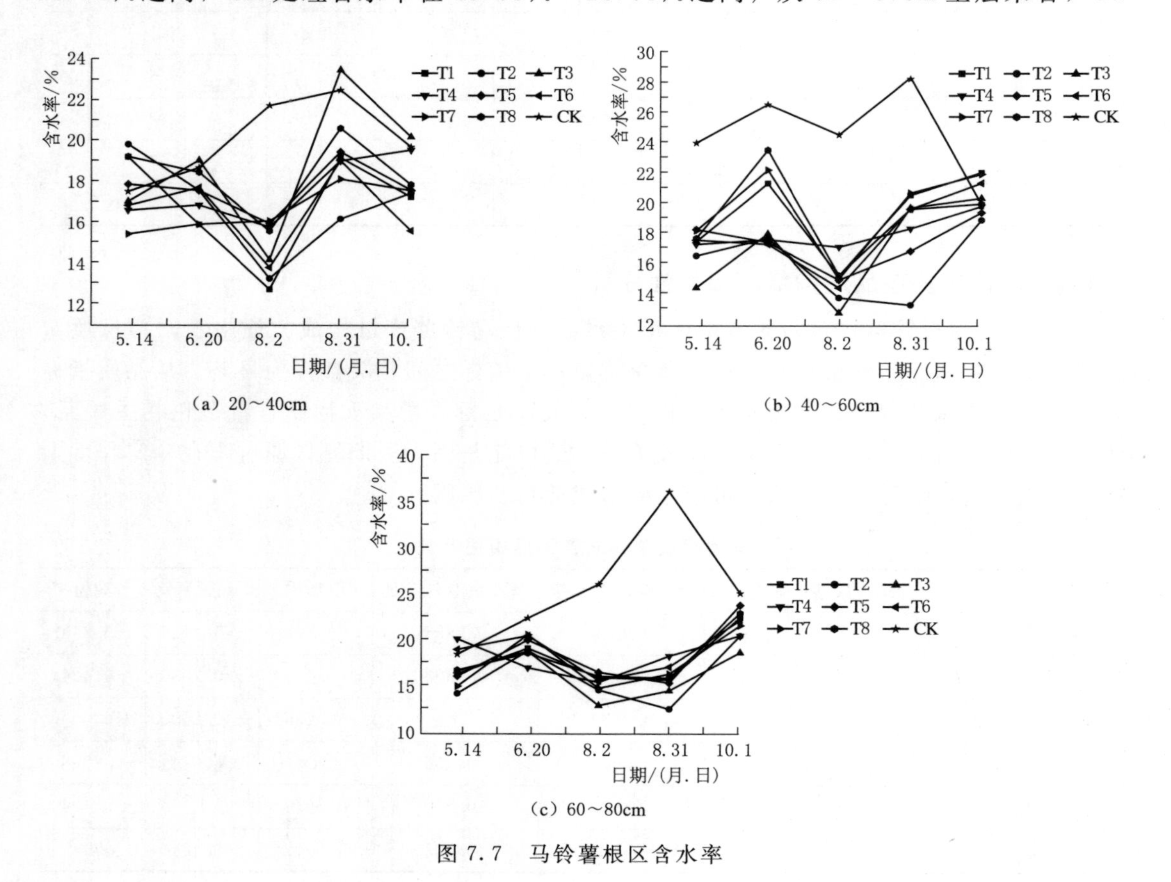


(a) 20～40cm

(b) 40～60cm

(c) 60～80cm

图7.7 马铃薯根区含水率

处理含水率在15.27%～22.28%之间，T2处理含水率在12.00%～20.21%之间，T3处理含水率在12.41%～18.48%之间，T4处理含水率在15.02%～20.23%之间，T5处理含水率在14.92%～23.67%之间，T6处理含水率在15.23%～21.96%之间，T7处理含水率在14.36%～21.39%之间，T8处理含水率在15.48%～22.78%之间，CK处理含水率在18.14%～36.42%之间。马铃薯对土壤水分要求较高，因此要求全生育期马铃薯根区（20～80cm）土壤水分充足，为马铃薯生长提供合适的湿度和温度环境。根据秦军红等人的研究表明[66]，马铃薯的主要耗水层在0～40cm土层，且土壤体积含水率保持在20%左右可保证马铃薯较好生长，获得较高产量；而土壤含水率低于15%时，马铃薯植株生长和产量均受到影响。本次试验中，T5处理的马铃薯根区含水率最优。

### 7.5.2 不同施氮处理对马铃薯耗水规律的影响

#### 7.5.2.1 不同施氮处理下马铃薯的耗水模系数

耗水模系数$k$是指作物在某一生育阶段耗水量占整个生育期总耗水量的比例。日耗水强度和生育阶段长短是影响$k$大小的2个主要因素。

表7.15 马铃薯在不同灌水条件下各生育阶段的耗水量和耗水模系数

| 处理 | 生育阶段 | 生育期天数/d | 全生育期耗水量/mm | 阶段耗水量/mm | 模系数/% |
|---|---|---|---|---|---|
| T1 | 幼苗期 | 37 | 387.57[e] | 70.53 | 18.20 |
| | 块茎形成期 | 42 | | 122.62 | 31.64 |
| | 块茎增长期 | 30 | | 130.73 | 33.73 |
| | 淀粉积累期 | 30 | | 68.69 | 16.43 |
| T2 | 幼苗期 | 37 | 411.46[a] | 77.33 | 17.58 |
| | 块茎形成期 | 42 | | 127.22 | 30.92 |
| | 块茎增长期 | 30 | | 166.30 | 40.42 |
| | 淀粉积累期 | 30 | | 45.60 | 11.08 |
| T3 | 幼苗期 | 37 | 391.53[d] | 66.18 | 16.90 |
| | 块茎形成期 | 42 | | 135.16 | 34.52 |
| | 块茎增长期 | 30 | | 116.77 | 29.82 |
| | 淀粉积累期 | 30 | | 73.42 | 18.75 |
| T4 | 幼苗期 | 37 | 383.45[f] | 75.45 | 19.68 |
| | 块茎形成期 | 42 | | 96.26 | 25.10 |
| | 块茎增长期 | 30 | | 147.36 | 38.43 |
| | 淀粉积累期 | 30 | | 64.38 | 16.79 |
| T5 | 幼苗期 | 37 | 370.67[g] | 55.12 | 14.87 |
| | 块茎形成期 | 42 | | 112.55 | 30.36 |
| | 块茎增长期 | 30 | | 159.70 | 43.09 |
| | 淀粉积累期 | 30 | | 43.30 | 11.68 |

续表

| 处理 | 生育阶段 | 生育期天数/d | 全生育期耗水量/mm | 阶段耗水量/mm | 模系数/% |
|---|---|---|---|---|---|
| T6 | 幼苗期 | 37 | $398.02^{c}$ | 71.33 | 17.92 |
| | 块茎形成期 | 42 | | 116.29 | 29.22 |
| | 块茎增长期 | 30 | | 135.34 | 34.00 |
| | 淀粉积累期 | 30 | | 75.06 | 18.86 |
| T7 | 幼苗期 | 37 | $387.31^{e}$ | 63.01 | 16.27 |
| | 块茎形成期 | 42 | | 123.25 | 31.82 |
| | 块茎增长期 | 30 | | 138.95 | 35.88 |
| | 淀粉积累期 | 30 | | 62.10 | 16.03 |
| T8 | 幼苗期 | 37 | $403.12^{b}$ | 65.47 | 16.24 |
| | 块茎形成期 | 42 | | 122.79 | 30.46 |
| | 块茎增长期 | 30 | | 152.52 | 37.84 |
| | 淀粉积累期 | 30 | | 62.34 | 15.46 |
| CK | 幼苗期 | 37 | $370.32^{g}$ | 66.33 | 17.91 |
| | 块茎形成期 | 42 | | 75.78 | 20.46 |
| | 块茎增长期 | 30 | | 118.83 | 32.09 |
| | 淀粉积累期 | 30 | | 109.38 | 29.54 |

**注** 表中同行上标小写字母不同表示差异显著（$P<0.05$）。

从表7.15可知，马铃薯全生育阶段除CK处理外耗水模系数呈现块茎增长期>块茎形成期>幼苗期>淀粉积累期的现象，而CK处理则是出现了块茎增长期>淀粉积累期>块茎形成期>幼苗期的现象，所有处理的耗水规律随生育期的进程呈现先增大再减小的趋势。幼苗期时，气温低，植物蒸腾作用较小，所以耗水量低；块茎形成期时，主要是植物根系生长和枝叶生长，耗水量少；块茎增长期，是马铃薯块茎的主要生长阶段，耗水量比较大，平均要占总耗水量的30%～45%之间；淀粉积累期，马铃薯块茎膨大结束，需水量较块茎增长期少。各阶段耗水量呈现出先增大再减小的趋势。相同生育阶段呈现出来的规律是，种植前期过多或者过少的施氮量都会增加马铃薯的耗水。施氮处理中T5处理马铃薯总耗水量最小，为370.67mm，在块茎增长期耗水模系数达到了43.09%。其他施氮处理由高到低，为T2>T8>T6>T3>T1>T7>T4，分别比T5处理的含水率大11.00%、8.76%、7.38%、5.63%、4.56%、4.49%和3.45%。不施氮的CK处理全生育期马铃薯耗水量小于施氮的其他处理，说明施氮肥会提高马铃薯幅度耗水，但到了淀粉积累期耗水模系数明显降低，这是因为灌溉定额较小，淀粉积累期出现了水分亏欠的原因。

#### 7.5.2.2 不同灌水量对马铃薯的日耗水强度的影响

从图7.8可以看出，马铃薯日耗水强度总体上保持一个先增大后减小的趋势。幼苗期时，温度低，马铃薯植株矮小且只有少量叶片，田间耗水主要以株间蒸发为主。块茎形成期时，随着温度升高和植株的生长，日耗水强度也因为叶片的增加而升高，这时田间耗水转变为以叶片蒸腾为主。块茎增长期时，马铃薯块茎快速膨大，株间蒸发和叶面蒸腾均达到最大值，日平均耗水强度达到3mm/d以上，此期为马铃薯的关键耗水期。进入淀粉积累期，叶片也逐渐凋零，日耗水强度也逐渐下降。受土壤水分的影响，自块茎形成期起，各测定时期处理间的耗水强度均存在较大差异。T4处理的日耗水强度在幼苗期时最高，为2.03mm/d；T3处理的日耗水强度在块茎形成期时最高，为3.21mm/d；T2处理的日耗水强度在块茎增长期时最高，为5.54mm/d；CK处理的日耗水强度在淀粉积累期时最高，为3.64mm/d。在马铃薯的关键生育时期-块茎增长期，日耗水强度由高到低分别为T2、T5、T8、T4、T7、T6、T1、CK和T3处理，T5、T8、T4、T7、T6、T1、CK和T3处理比T2处理低3.97%、8.29%、11.39%、16.45%、18.62%、21.39%、28.54%和29.78%。

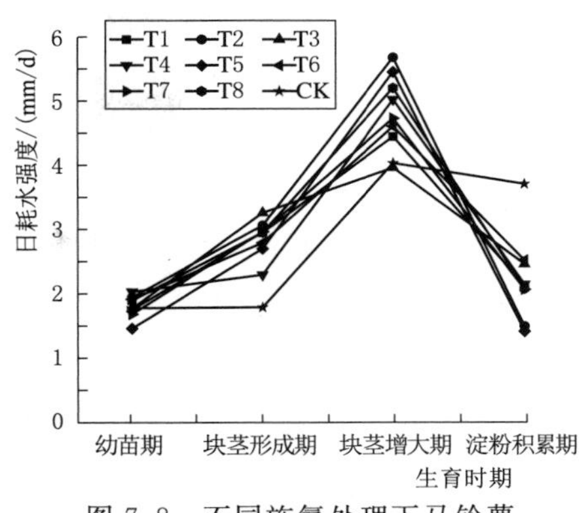


图7.8 不同施氮处理下马铃薯日耗水强度变化过程

#### 7.5.2.3 不同灌水量对马铃薯的水分利用效率的影响

水分利用效率反映了作物耗水与干物质生产之间的关系，它是衡量节水与否的重要指标。

表7.16反映了不同施氮处理下的马铃薯生育期的耗水量、产量及水分利用率。由表可知，耗水量高的处理马铃薯产量不一定高。T5处理是各处理间耗水最少的处理，但却是马铃薯产量最高的处理，水分利用率最高，为18.20kg/m$^2$。同时，不施氮的CK处理明显小于施氮的其他处理，说明生育期施氮肥有利于提高马铃薯的水分利用效率。从差异性分析来看，T1和T2处理在各处理水分利用效率中极显著，说明幼苗期不施氮对马铃薯的水分利用效率影响较大。

**表7.16 覆膜马铃薯生育期的耗水量、产量及水分利用率**

| 处理 | 耗水量 $W_c$/mm | 产量 $Y$/(kg/hm$^2$) | 水分利用率 $WUE$/(kg/m$^2$) |
|---|---|---|---|
| T1 | 387.57$^e$ | 57845.79$^c$ | 14.93$^f$ |
| T2 | 411.46$^a$ | 59315.20$^{bc}$ | 14.42$^g$ |
| T3 | 391.53$^d$ | 66223.17$^a$ | 16.91$^{bc}$ |
| T4 | 383.45$^f$ | 64155.78$^{ab}$ | 16.73$^c$ |
| T5 | 370.67$^g$ | 67468.05$^a$ | 18.20$^a$ |
| T6 | 398.02$^c$ | 62121.74$^{abc}$ | 15.61$^e$ |
| T7 | 387.31$^e$ | 66023.10$^a$ | 17.05$^b$ |
| T8 | 403.12$^b$ | 64533.69$^{ab}$ | 16.01$^d$ |
| CK | 370.32$^g$ | 50951.16$^d$ | 13.76$^h$ |

注 表中同行上标小写字母不同表示差异显著（$P<0.05$）。

### 7.5.3 不同施氮处理对马铃薯产量的影响

由表 7.17 方差分析可知，各区组内无明显差异，各区组间有明显差异。对试验点不同施氮处理下的马铃薯进行测产，依据测产结果绘制产量分布图（图 7.9）。从图 7.9 可以看出，不同施氮处理下马铃薯产量不同，其中 CK 产量最小且产量为 50.95t/hm²，T5 产量最高，为 67.47t/hm²，其他 T1、T2、T3、T4、T6、T7 和 T8 处理产量较之小 14.26%、12.08%、1.85%、4.91%、7.82、2.14%和 4.35%。说明合理的施肥制度有利于马铃薯产量的提高。

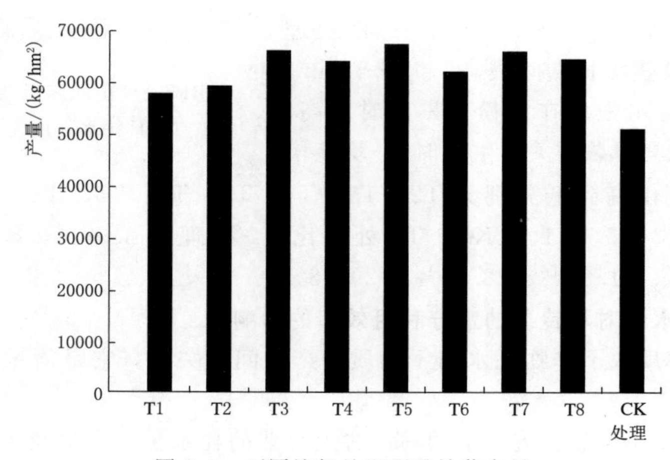


图 7.9 不同施氮处理下马铃薯产量

表 7.17 方差分析表

| 变异来源 | 平方和 | 自由度 | 均方 | *F* 值 | *P* 值 |
|---|---|---|---|---|---|
| 区组间 | 1130054.35 | 2 | 565027.18 | 0.0540 | 0.9477 |
| 处理间 | 664497442.60 | 8 | 83062180.33 | 7.9280 | 0.0002 |
| 误差 | 167640915.51 | 16 | 10477557.22 | | |
| 总变异 | 833268412.47 | 26 | | | |

## 7.6 不同施氮处理对马铃薯干物质和鲜果重的影响

### 7.6.1 不同施氮处理对马铃薯植株干物质的影响

#### 7.6.1.1 不同施氮处理对马铃薯的各生育期干物质累积量的影响

表 7.18 和图 7.10 都反映了不同施氮处理下马铃薯各生育期干物质累积量的变化规律，随着生育期的推进，不同施肥比例分配下马铃薯干物质积累量总体趋势表现为：马铃薯幼苗期干物质积累缓慢，块茎形成期和块茎增长期时迅速加快，淀粉积累期时积累变缓，在淀粉积累期各处理的总干物质积累量达到最大值。幼苗期各施肥处理干物质积累量和生长规律无明显差别。块茎形成期时，T5 处理植株干物质量明显大于其他处理植株干

物质量。马铃薯干物质积累量有随着苗期和块茎形成期总施肥比例增加而增加的趋势。块茎增大期，马铃薯的植株干物质增长量除 T5 处理外都远远大于其他生育期，说明在试验条件下，马铃薯生长不仅受前期施肥比例的影响，同时，同一施肥时期施肥比例分配特点也影响马铃薯的生长。在马铃薯地上部分生长重要时期块茎形成期，即花期阶段，T5 处理马铃薯植株干物质植株增长最快，占整个生育期的 50%，明显大于其他处理；从植株总干物质来看 T8 处理干物质积累量最大，T1、T2、T3、T4、T5、T6、T7 和 CK 处理植株总干物质分别比 T8 处理植株总干物质小 5.26%、17.10%、21.05%、25.00%、26.31%、7.89%、10.53%和 25%。马铃薯在块茎形成期基本结束地上部分的生长，开始地下块茎的增长，所以在种植后期应该以马铃薯地下块茎增长为主，而不是以地上植株增长为主。T5 处理在马铃薯种植前期干物质量明显大于其他处理，说明 T5 处理在种植前期生长最好，而在种植后期地上植株干物质增长缓慢，说明 T5 处理把大部分吸收的土壤养分用在了地下部分的生长上，所以 T5 处理从植株干物质量上看是本次试验的最优处理。

**表 7.18　　　　不同施氮处理下马铃薯各生育期干物质累积量**

| 处理 | 幼苗期/g | 块茎形成期/g | 块茎增长期/g | 幼苗期/g |
|---|---|---|---|---|
| T1 | 8.76 | 64.57 | 131.67 | 35.00 |
| T2 | 9.72 | 70.28 | 123.33 | 6.67 |
| T3 | 7.71 | 68.96 | 120.00 | 3.33 |
| T4 | 11.94 | 58.06 | 90.00 | 30.00 |
| T5 | 9.83 | 93.50 | 70.00 | 13.33 |
| T6 | 7.84 | 95.49 | 126.67 | 3.33 |
| T7 | 15.69 | 90.98 | 113.33 | 6.67 |
| T8 | 8.99 | 91.01 | 126.67 | 26.67 |
| CK | 8.00 | 72.00 | 100.00 | 10.00 |

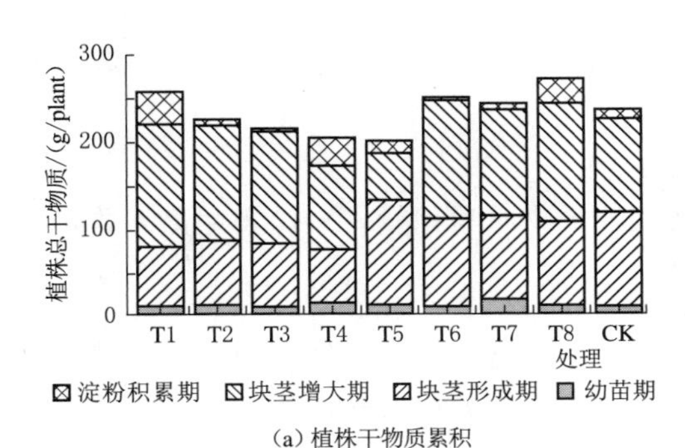

(a) 植株干物质累积

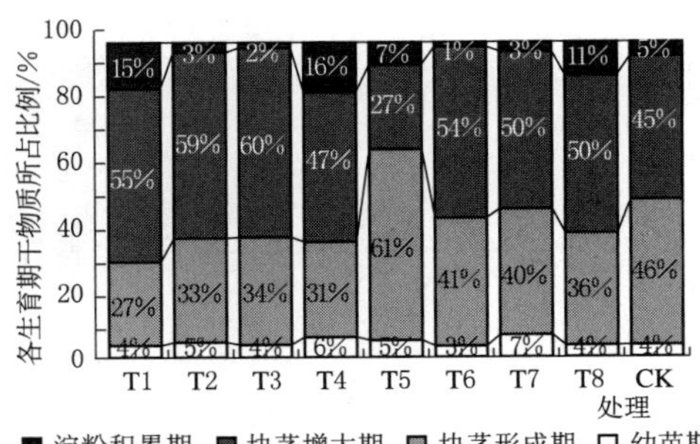

(b) 植株各生育期干物质所占比例

图 7.10　马铃薯植株干物质情况

#### 7.6.1.2　不同施氮处理下马铃薯的干物质变化规律

皮尔生长曲线是 1938 年比利时数学家哈尔斯特（P. F Verhulst）首先提出的一种特

殊曲线（图 7.11）。皮尔生长曲线的一般模型为

$$y=\frac{k}{1+a\mathrm{e}^{f(x)}}$$

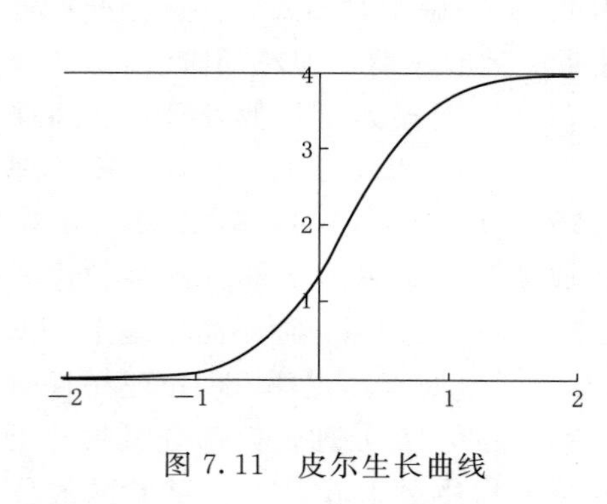


图 7.11　皮尔生长曲线

本次试验马铃薯植株生长量采用皮尔生长曲线进行拟合：

T1：$y=\frac{244.68}{1+694.33\mathrm{e}^{-0.0816x}}$（$y$ 代表处理植株干物质累积量，$x$ 代表生育天数，$R$ =0.999657）

T2：$y=\frac{211.63}{1+5872.63\mathrm{e}^{-0.0117x}}$（$y$ 代表处理植株干物质累积量，$x$ 代表生育天数，$R$ =0.998657）

T3：$y=\frac{201.04}{1+21555.44\mathrm{e}^{-0.1357x}}$（$y$ 代表处理植株干物质累积量，$x$ 代表生育天数，$R$ =0.999004）

T4：$y=\frac{197.60}{1+169.18\mathrm{e}^{-0.0653x}}$（$y$ 代表处理植株干物质累积量，$x$ 代生育天数，$R$ = 0.999441）

T5：$y=\frac{187.98}{1+175.27\mathrm{e}^{-0.0766x}}$（$y$ 代表处理植株干物质累积量，$x$ 代表生育天数，$R$ = 0.999994）

T6：$y=\frac{235.06}{1+8257.73\mathrm{e}^{-0.1251x}}$（$y$ 代表处理植株干物质累积量，$x$ 代表生育天数，$R$ = 0.998309）

T7：$y=\frac{244.68}{1+694.33\mathrm{e}^{-0.0816x}}$（$y$ 代表处理植株干物质累积量，$x$ 代表生育天数，$R$ = 0.999657）

T8：$y=\frac{257.11}{1+435.60\mathrm{e}^{-0.0805x}}$（$y$ 代表处理植株干物质累积量，$x$ 代表生育天数，$R$ = 0.999895）

CK：$y=\frac{192.18}{1+1131.10\mathrm{e}^{-0.0958x}}$（$y$ 代表处理植株干物质累积量，$x$ 代表生育天数，$R$ = 0.999321）

由上面 9 个拟合的公式可以看出，本次试验 8 个施氮处理和不施氮的 CK 处理干物质累积量都符合选定的皮尔生长模型，且 $R$ 都大于 0.99，说明拟合情况很好，拟合方程可以很好地反映各处理植株干物质累积量变化规律。

据 8 个施氮处理的平均值，统计分析了施氮处理马铃薯干物质累积量的变化趋势，结果（表 7.19）表明，马铃薯全生育期总干物质累积量变化在 186.67～253.33g/plant 之间，平均为 2417.50g/plant，其变异系数为 11.25%，95%估计区间为 197.04～237.96g/plant。

表 7.19　　施氮处理马铃薯不同生育期干物质累积量统计特征值

| 出苗后天数 | 平均值 | 最大值 | 最小值 | 变异系数 | 95%估计区间 |
|---|---|---|---|---|---|
| 30 | 10.06 | 15.69 | 7.71 | 26.22% | 7.86～12.26 |
| 70 | 89.17 | 106.67 | 70.00 | 17.39% | 76.20～102.13 |
| 100 | 201.88 | 230.00 | 160.00 | 12.34% | 181.05～222.70 |
| 130 | 217.50 | 253.33 | 186.67 | 11.25% | 197.04～237.96 |

从整个生育期来看，马铃薯干物质累积量随生育进程呈近似“S”形变化（图 7.12）。经回归分析和曲线拟合选优，完全符合皮尔生长函数 $y=\frac{220.60}{1+673.640\ e^{-0.0878x}}$，其干物质实测值与由皮尔方程得出的模拟值之间呈极显著正相关($r=0.999331$)。

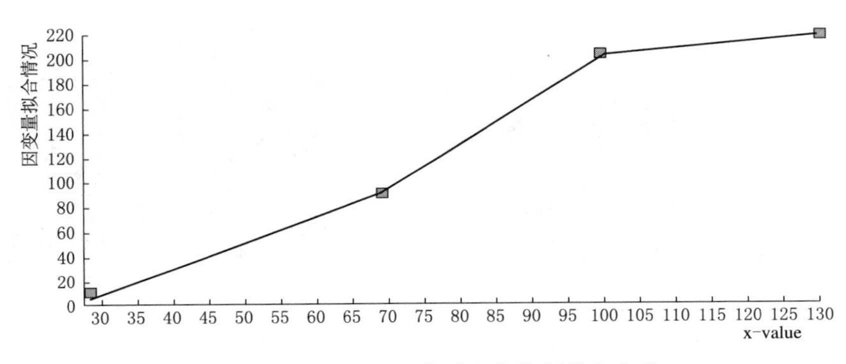


图 7.12　施氮处理干物质变化数据拟合曲线

由 CK 处理和施氮平均处理的干物质皮尔生长方程比较，CK 处理的植株干物质量在各生育期都低于施氮的马铃薯植株干物质量，且根据表 7.18 和表 7.19 可知，CK 处理的干物质量都接近于施氮处理的马铃薯各生育期植株干物质 95%估计区间下限，说明，施氮肥有利于增加植株的干物质量。

### 7.6.2 不同施氮处理对马铃薯鲜果重的影响

表 7.20 和图 7.13 反映了马铃薯块茎鲜重的变化规律。块茎形成期时，各处理的马铃薯的块茎较小且重量无明显差异；在块茎增长期块茎鲜重增速加快，T5 处理的马铃薯块茎鲜重增加最大，达到了 986.67g，其次分别是 T8、T2、T1、T7、T6、T4、T3 和 CK 处理，T8、T2、T1、T7、T6、T4、T3 和 CK 处理分别比 T5 处理小 6.42%、14.87%、29.39%、31.42%、45.27%、48.31%、55.01%和 69.59%。淀粉积累期依然是马铃薯块茎增长较快的生育期，各处理增长了 723.33～1326.00g。生育阶段施氮肥比例的不同，也导致了各生育阶段增长规律的不同，T2、T5 和 T8 处理的马铃薯块茎增大期的块茎鲜重增长量大于淀粉积累期的块茎鲜重增长量，而其他处理的马铃薯块茎增大期的块茎鲜重增长量小于淀粉积累期的块茎鲜重增长量。马铃薯块茎主要增长期为块茎增长期，所以块茎增长期的马铃薯块茎鲜重增长量应该大于淀粉积累期的块茎鲜重增长量，如果块茎增长

期的马铃薯块茎鲜重增长量小于淀粉积累期的块茎鲜重增长量，那则会导致产量下降，品质也会下降。本次试验中，T2、T5和T8处理块茎增长期的马铃薯块茎鲜重增长量大于淀粉积累期的块茎鲜重增长量，且T5处理在块茎增长期的马铃薯块茎鲜重增长量最大。因此本次实验中，T5处理是最优处理。

**表7.20　不同施氮处理下马铃薯各生育期块茎鲜重量**

| 处理 | 块茎形成期/g | 块茎增长期/g | 淀粉积累期/g | 处理 | 块茎形成期/g | 块茎增长期/g | 淀粉积累期/g |
|---|---|---|---|---|---|---|---|
| T1 | 260.00 | 696.67 | 778.10 | T6 | 256.67 | 540.00 | 1066.33 |
| T2 | 310.00 | 840.00 | 628.83 | T7 | 226.67 | 676.67 | 1076.67 |
| T3 | 216.67 | 443.33 | 1326.00 | T8 | 260.00 | 923.33 | 752.00 |
| T4 | 243.33 | 510.00 | 1170.67 | CK | 200.00 | 300.00 | 1028.00 |
| T5 | 313.33 | 986.67 | 723.33 | | | | |

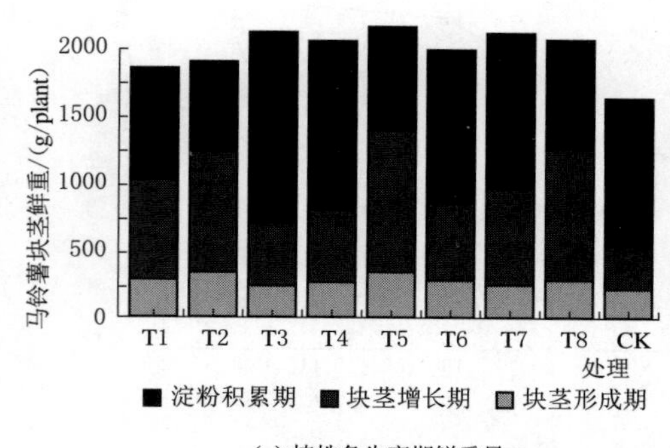

(a) 植株各生育期鲜重量

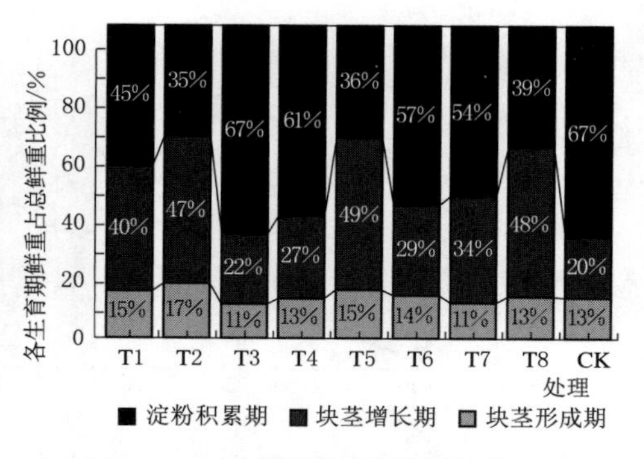

(b) 植株各生育期鲜重所占比例

图7.13　马铃薯块茎鲜重情况

# 第8章 宁夏中部旱区不同灌溉定额下马铃薯生长及土壤水氮运移模拟研究

## 8.1 室内一维水分入渗土壤水氮运移研究

### 8.1.1 材料与方法

#### 8.1.1.1 试验基本概况

供试土壤取自宁夏中部干旱区吴忠市同心县下马关镇马铃薯种植基地，土壤类型为砂壤土，其中砂粒含量占45.24%，粉砂粒含量占43.87%，黏粒含量占10.89%，实测土壤容重1.41g/cm$^3$。采用直径为10cm，高为100cm的有机玻璃土柱模拟研究滴灌施肥土壤水氮运移试验，用马氏瓶系统供水，施氮肥料用硝酸铵来代替。

#### 8.1.1.2 试验设计

将供试土壤自然风干，过2mm筛，按大田实测土壤容重将风干土壤分层装于有机玻璃土柱，每层土壤厚度为20cm，每层土壤容重不同，即0～20cm土层土壤容重为1.24g/cm$^3$，20～40cm土层为1.35g/cm$^3$，40～60cm土层为1.34g/cm$^3$，60～80cm土层为1.35g/cm$^3$。装完土后将土柱静置24h，使土壤均匀沉降，以获得均匀的土壤初始含水率。灌水用马氏瓶提供，滴头采用橡胶软管来代替，滴头流量通过调节马氏瓶进气口开度来控制。试验变量设为灌水量，施肥方式为滴灌施肥，滴头流量为0.2L/h。其因素水平设计见表8.1。

表8.1 滴灌施肥下因素水平设计

| | |
|---|---|
| 灌水量 $Q$/L | F1 0.71 |
| | F2 0.99 |
| | F3 1.27 |
| 施肥浓度 $C$/(mg/L) | 500 |

在正式试验前先进行空白试验，测定积水入渗时的滴头流量以及积水深度，每组滴头流量一致。灌水量是根据大田设计灌溉定额折算得出。

#### 8.1.1.3 测定指标及方法

(1) 试验前测定土壤的基本物理化学性质，包括土壤质地、不同土层土壤干容重、灌水开始前的土壤初始含水量、土壤初始含氮量。土壤干容重：采用环刀法测定，在试验田选择代表性地块，把表面土壤铲平，开挖剖面，分层采样。将容积一定的环刀垂直压入土中，直至环刀筒内充满土样为止。每层土取样不少于三个重复。土壤初始含水率用烘干法测定。

(2) 测定湿润峰：灌水开始后相同时间间隔内的湿润深度通过粘贴在土柱壁的刻度尺读取，时间间隔采用先密后疏的原则的设定，灌水开始后1～2h内每10min记录一次湿润深度，3～10h内每30min记录一次湿润深度，之后每60min记录一次湿润深度。

（3）不同土层含水率值：灌水结束后1d、3d、5d、7d在垂直方向上用小土钻每隔10cm进行取土，用烘干法测定。

（4）不同土层硝态氮含量：灌水结束后1d、3d、5d、7d在垂直方向上用小土钻每隔10cm进行取土，用紫外分光光度法来测定。

### 8.1.2 不同灌水处理下土壤湿润峰运移规律

图8.1表示不同灌水处理下，湿润峰的垂直湿润距离随时间的变化过程。由图可知，各个处理的湿润峰随着时间的推移不断增加，灌水量越大，湿润峰值越高且湿润峰运移时间越长。F1处理湿润峰峰值为23.7cm，F2处理为29.85cm，F3处理为36.05cm，灌水量越大，湿润峰值越大，10～120min各处理无显著差异，120min之后差异显著。

将不同灌水处理下垂直湿润峰距离和时间的关系用式幂函数进行拟合，拟合参数见表8.2。相关系数$R^2$最小值为0.968，表明垂直湿润峰距离与时间呈显著幂函数关系，拟合参数$a$随着灌水量的增加而增大，拟合参数$b$随着灌水量的增加而减小。

$$H(t)=a\,t^{b} \tag{8.1}$$

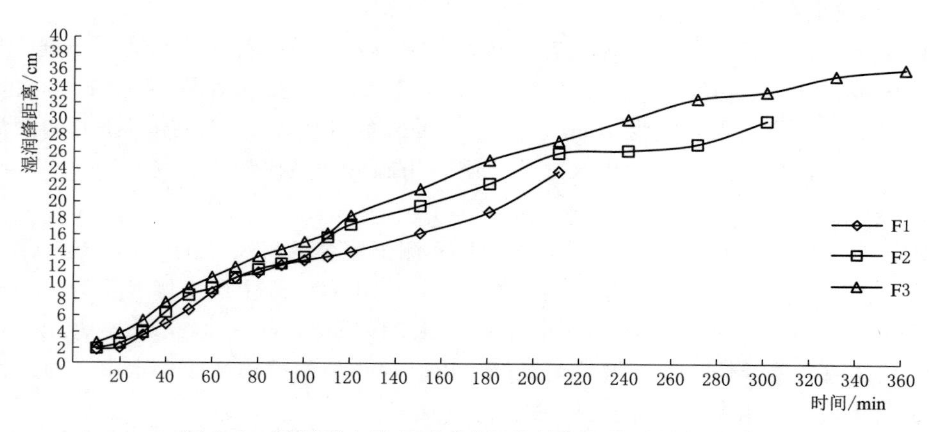


图8.1 不同灌水处理下垂直湿润峰与入渗时间的关系

表8.2 不同灌水处理下垂直湿润峰与入渗时间的拟合参数

| 灌水量 | $H(t)=at^b$ | | |
|---|---|---|---|
| | $a$ | $b$ | $R^2$ |
| F1 | 0.194 | 0.900 | 0.968 |
| F2 | 0.264 | 0.851 | 0.981 |
| F3 | 0.445 | 0.765 | 0.993 |

### 8.1.3 不同灌水处理下不同深度土壤含水率变化规律

图8.2为不同灌后天数下各处理土层土壤含水率变化过程，由图可知：F1处理不同灌后天数土壤含水率均呈现土壤越深，含水率越低的现象。灌后立测0～40cm土层土壤含水率最高，峰值为31.18%，对50～80cm土层土壤含水率影响不大；灌后1d 0～40cm土层土壤含水率比灌后立测值低，而60～80cm土层土壤含水率比灌后立测值高，灌后

3d、5d、7d各土层土壤含水率无显著差异，且变化规律一致，随着灌后时间的推移，0～40cm土层土壤含水率不断降低，60～80cm土层土壤含水率不断增加。

F2处理灌后立测0～50cm土层土壤含水率最高，峰值为33.28%，下降幅度最大，60～80cm土层土壤含水率逐渐降低；灌后1d、3d、5d、7d 0～60cm土层土壤含水率虽呈下降趋势，但下降幅度不大，随着灌后天数的推移，该土层含水率不断减小，灌后5d和灌后7d差别不大；60～80cm土层土壤含水率随着灌后时间的推移不断降低，灌水7d后，该土层有增加的趋势。

F3处理灌后立测0～70cm土层土壤含水率最高，峰值为34.82%，70～80cm土层土壤含水率最低；灌后1d和灌后3d各土层土壤含水率变化规律一致，均呈下降趋势，灌后3d 0～50cm土层土壤含水率低于灌后1d，60～80cm土层土壤含水率高于灌后1d；灌后5d和灌后7d各土层土壤含水率变化规律一致，虽呈下降趋势但随着时间的推移下降幅度不断降低，灌后7d 0～50cm土壤含水率低于灌后5d，60～80cm土层土壤含水率高于灌后5d；随着灌后时间的推移，深层土壤含水率不断增加，这是由于灌水量过多的原因。

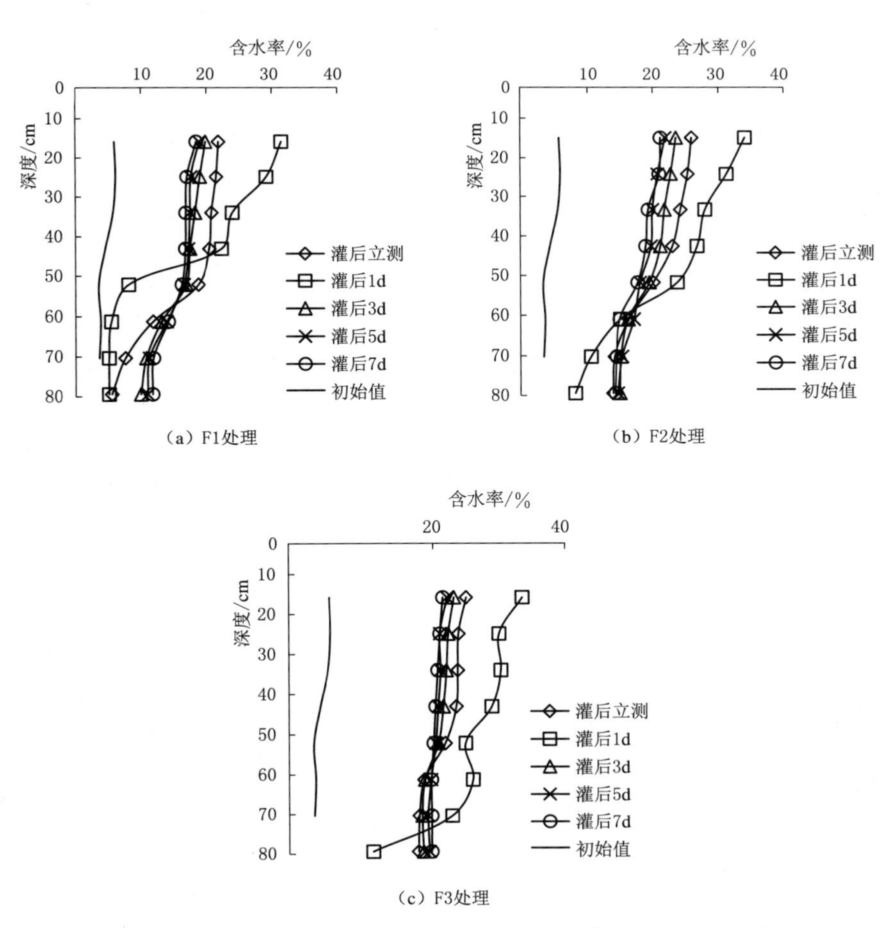


图8.2　不同灌后天数下各处理不同土层土壤含水率变化过程

### 8.1.4　不同灌水处理下不同深度土壤硝态氮运移规律

图 8.3 为不同处理下不同灌后天数不同深度土层硝态氮含量的变化过程，由图可知：F1 处理总体呈现先减少后增加再减少的变化规律，0～20cm 土层硝态氮含量逐渐减少，20～50cm 土层硝态氮含量逐渐增加，50～80cm 土层硝态氮含量逐渐减少；灌后立测的 20～40cm 土层硝态氮含量最大，峰值为 158.9mg/kg，灌后 1d 不同深度土层硝态氮含量均比灌后立测值低，灌后 3d、5d、7d 20～50cm 土层硝态氮含量无显著差异，0～20cm 土层和 50～80cm 土层硝态氮含量随着灌后时间的推移不断增加，且均比灌后立测值大。

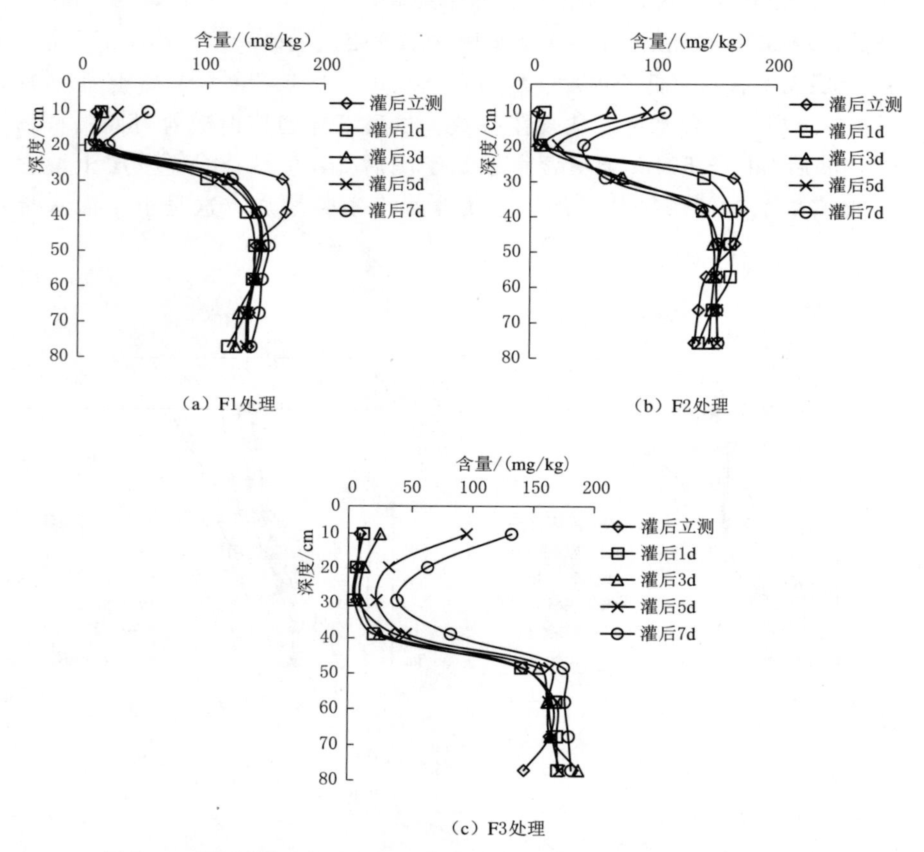


图 8.3　不同处理下不同灌后天数不同深度土层硝态氮含量变化过程

F2 处理灌后立测值和灌后 1d 变化规律一致，均表现为 0～20cm 土层硝态氮含量不断降低，灌后立测值低于灌后 1d，20～50cm 土层硝态氮含量不断增加，灌后立测值高于灌后 1d，峰值为 166.65mg/kg，50～80cm 土层硝态氮含量不断减少，灌后立测值低于灌后 1d；灌后 3d、5d、7d 硝态氮变化规律一致，均表现为 0～20cm 土层硝态氮含量不断减少，随着灌后天数的推移不断增加，20～40cm 土层硝态氮含量不断增加，40cm 以下土层硝态氮含量趋于稳定。

F3 处理不同灌后天数下不同土层硝态氮含量均表现为：0～30cm 土层硝态氮含量不

断减少，30～50cm土层硝态氮含量不断增加，50～80cm土层硝态氮含量不断增加且增加幅度小，但灌后立测值0～30cm土层硝态氮含量不断增加，30～60cm土层不断增加，60～80cm土层不断减少；随着灌后时间的推移不同深度土层硝态氮含量不断增加，灌后7d各土层硝态氮含量均为最大值。

## 8.2 室内土壤水氮运移模型模拟研究

### 8.2.1 不同灌水处理下土壤含水率分布的数学模型

#### 8.2.1.1 利用拟合模型模拟不同灌水处理下土壤含水率

以含水率为因变量，以土层深度为自变量，可得回归方程见式8.2（$P<0.01$），表明含水率与土层深度之间存在极显著的回归关系。经分析得不同灌水处理下不同灌后天数土壤质量含水率与土层深度之间呈五次多项式关系，对图8.2利用式（8.2）进行拟合，拟合参数见表8.3～表8.5。

$$\theta = a_1x^5 + a_2x^4 + a_3x^3 + a_4x^2 + a_5x + a_6 \tag{8.2}$$

表8.3　F1不同处理下不同灌后天数土壤含水率与土层深度的拟合参数

| 时间 | $a_1$ | $a_2$ | $a_3$ | $a_4$ | $a_5$ | $a_6$ | $R^2$ |
|---|---|---|---|---|---|---|---|
| 灌后立测 | $-5\times10^{-7}$ | 0.0001 | −0.0081 | 0.2806 | −4.4173 | 54.568 | 0.9782 |
| 灌后1d | $8\times10^{-8}$ | $-1\times10^{-5}$ | 0.0005 | −0.0032 | −1.514 | 24.271 | 0.9926 |
| 灌后3d | $7\times10^{-8}$ | $-1\times10^{-5}$ | 0.0007 | −0.0182 | 0.1063 | 21.119 | 0.9930 |
| 灌后5d | $6\times10^{-8}$ | $-1\times10^{-5}$ | 0.0004 | −0.0035 | −0.1925 | 22.026 | 0.9991 |
| 灌后7d | $5\times10^{-8}$ | $-8\times10^{-6}$ | 0.0003 | 0.0010 | −0.2788 | 22.158 | 0.9996 |

表8.4　F2处理下不同灌后天数土壤含水率与土层深度的拟合参数

| 时间 | $a_1$ | $a_2$ | $a_3$ | $a_4$ | $a_5$ | $a_6$ | $R^2$ |
|---|---|---|---|---|---|---|---|
| 灌后立测 | $8\times10^{-8}$ | $-1\times10^{-5}$ | 0.0004 | 0.0041 | −0.4563 | 38.228 | 0.9930 |
| 灌后1d | $-1\times10^{-8}$ | $5\times10^{-6}$ | −0.0006 | 0.0252 | −0.4742 | 29.055 | 0.9986 |
| 灌后3d | $-1\times10^{-8}$ | $5\times10^{-6}$ | −0.0006 | 0.0281 | −0.5735 | 27.725 | 0.9933 |
| 灌后5d | $3\times10^{-9}$ | $6\times10^{-7}$ | −0.0002 | 0.0115 | −0.3347 | 25.139 | 0.9945 |
| 灌后7d | $2\times10^{-8}$ | $-4\times10^{-6}$ | 0.0003 | −0.0099 | 0.1046 | 21.890 | 0.9809 |

表8.5　F3不同处理下不同灌后天数土壤含水率与土层深度的拟合参数

| 时间 | $a_1$ | $a_2$ | $a_3$ | $a_4$ | $a_5$ | $a_6$ | $R^2$ |
|---|---|---|---|---|---|---|---|
| 灌后立测 | $-4\times10^{-7}$ | $8\times10^{-5}$ | −0.006 | 0.216 | −3.6148 | 54.587 | 0.9912 |
| 灌后1d | $-7\times10^{-8}$ | $2\times10^{-5}$ | −0.0019 | 0.0789 | −1.4400 | 35.454 | 0.9916 |
| 灌后3d | $-2\times10^{-8}$ | $7\times10^{-6}$ | −0.0007 | 0.0326 | −0.6456 | 29.435 | 0.9902 |
| 灌后5d | $-2\times10^{-8}$ | $6\times10^{-6}$ | −0.0006 | 0.0295 | −0.6117 | 28.392 | 0.9961 |
| 灌后7d | $-1\times10^{-8}$ | $3\times10^{-6}$ | −0.0002 | 0.0083 | −0.1739 | 25.164 | 0.9979 |

由以上3个表可知，各个处理拟合的相关系数 $R^2$ 均比0.95高，说明该模型能够较好地拟合不同灌后天数下各处理土壤质量含水率与土层深度之间的变化曲线，且相关关系显著。F1处理随着灌后时间的推移拟合参数 $a_1$、$a_3$ 和 $a_5$ 呈先增大后减小的规律，参数 $a_2$、$a_4$ 和 $a_6$ 呈先减小后增大的规律；F2处理随着灌后时间的推移拟合参数 $a_1$、$a_3$ 和 $a_5$ 先减小后增大，参数 $a_2$ 和 $a_4$ 先增大后减小，参数 $a_6$ 逐渐减小；F3处理随着灌后时间的推移拟合参数 $a_1$、$a_3$ 和 $a_5$ 逐渐增大，参数 $a_2$、$a_4$ 和 $a_6$ 逐渐减小。

采用F2处理灌后3d的模型拟合不同深度土层土壤质量含水率来验证模型的模拟精度，计算结果见表8.6。由表可知，不同深度土层土壤质量含水率模型拟合值与实测值相对误差均在5%以内，说明该模型有较高的精度，能够准确的反应实际不同深度土层土壤质量含水率分布情况。

表8.6　F2处理灌后3天模型拟合不同深度土壤含水率与实测值对比

| 深　度 | 10 | 20 | 30 | 40 | 50 | 60 | 70 | 80 |
|---|---|---|---|---|---|---|---|---|
| 实测值 | 24.889 | 24.351 | 23.338 | 23.098 | 23.136 | 22.424 | 19.855 | 16.703 |
| 拟合值 | 24.885 | 24.368 | 23.312 | 23.093 | 23.188 | 22.364 | 19.884 | 16.698 |
| 相对误差/% | 0.149 | 0.733 | 1.241 | 0.367 | 1.493 | 2.340 | 1.287 | 0.251 |

#### 8.2.1.2　利用HYDRUS模型模拟不同灌水处理下土壤含水率

利用所获得的土壤水分参数构建HYDRUS模型，模拟一维积水入渗，根据模拟结果获得各个处理重分布后不同深度土壤体积含水率的变化趋势，将模拟数据值与相对应的实测值进行对比，如图8.4所示。由图可知，随着灌后时间的推移，不同深度土壤体积含水

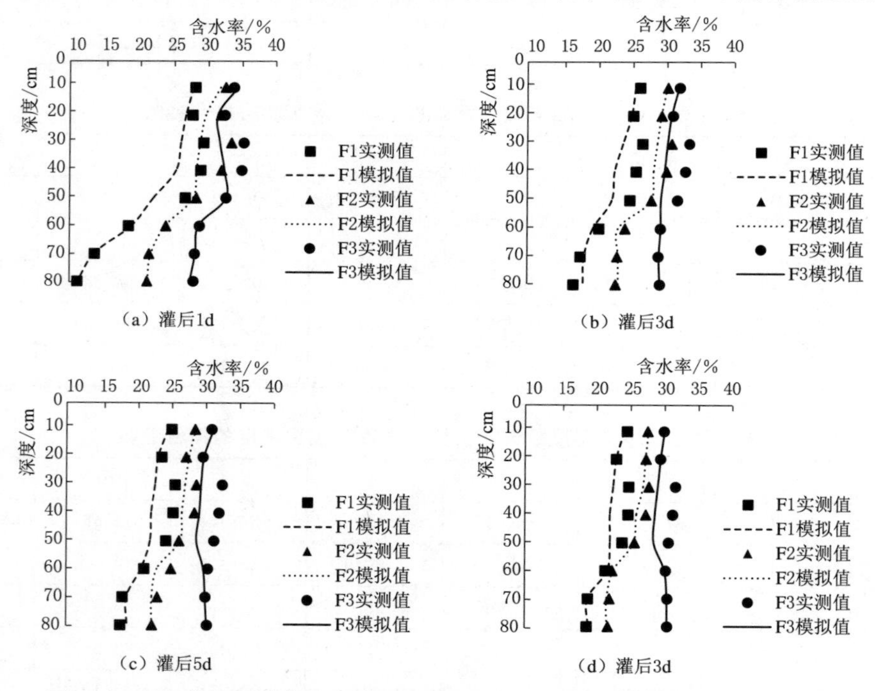


图8.4　各个处理不同灌后天数下不同深度土壤体积含水率实测值与模拟值

率实测值与模拟值较好吻合，各个处理均出现 20～60cm 土层土壤体积含水率高于模拟值，可能是由于该土层没有夯实，造成含水率增大。通过对实测值和模拟值进行 T 检验，见表 8.7～表 8.9，结果表明：F1 和 F2 处理不同深度土壤体积含水率均成正相关关系，且相关性强，F3 处理灌后 1d 和 3d 成正相关关系，灌后 3d 相关性较弱，灌后 5d 和 7d 呈负相关关系，相关性较弱，灌后 3.5d 和 7d 无显著性差异。各个处理土壤体积含水率配对 T 检验的概率 $P$ 值均比 0.05 大，说明模拟值与实测值无显著差异，模型可以较好的模拟一维土壤水分入渗，可应用于实际模拟。

**表 8.7　F1 处理含水率实测值与模拟值 T 检验结果**

| 时间 | 平均数 | 标准偏差 | 自由度 | T 检验概率 | 相关系数 |
|---|---|---|---|---|---|
| 灌后 1d | 1.531 | 1.939 | 7 | 0.061 | 0.973 |
| 灌后 3d | 1.054 | 1.641 | 7 | 0.112 | 0.935 |
| 灌后 5d | 1.023 | 1.538 | 7 | 0.102 | 0.914 |
| 灌后 7d | 0.841 | 1.197 | 7 | 0.087 | 0.897 |

**表 8.8　F2 处理含水率实测值与模拟值 T 检验结果**

| 时间 | 平均数 | 标准偏差 | 自由度 | T 检验概率 | 相关系数 |
|---|---|---|---|---|---|
| 灌后 1d | 1.413 | 1.809 | 7 | 0.063 | 0.956 |
| 灌后 3d | 0.599 | 0.948 | 7 | 0.117 | 0.964 |
| 灌后 5d | 0.699 | 0.972 | 7 | 0.081 | 0.922 |
| 灌后 7d | 0.351 | 0.531 | 7 | 0.103 | 0.981 |

**表 8.9　F3 处理含水率实测值与模拟值 T 检验结果**

| 时间 | 平均数 | 标准偏差 | 自由度 | T 检验概率 | 相关系数 |
|---|---|---|---|---|---|
| 灌后 1d | 0.882 | 1.388 | 7 | 0.116 | 0.889 |
| 灌后 3d | 1.109 | 1.466 | 7 | 0.070 | 0.537 |
| 灌后 5d | 1.072 | 1.410 | 7 | 0.068 | −0.430 |
| 灌后 7d | 0.946 | 1.254 | 7 | 0.070 | −0.462 |

### 8.2.2 不同灌水处理下土壤硝态氮运移的数学模型

以硝态氮含量为因变量，以土层深度为自变量，可得回归方程见式 8.3（$P<0.05$），表明硝态氮含量与土层深度之间存在显著的回归关系。经分析得不同灌后天数下各处理土壤硝态氮含量与土层深度之间呈五次多项式关系，对图 8.3 利用下式进行拟合，拟合参数见表 8.10～表 8.12。

$$y=a_1x^5+a_2x^4+a_3x^3+a_4x^2+a_5x+a_6 \tag{8.3}$$

表 8.10　　F1 处理不同灌后天数下土壤硝态氮含量与土层深度的拟合参数

| 时间 | $a_1$ | $a_2$ | $a_3$ | $a_4$ | $a_5$ | $a_6$ | $R^2$ |
|---|---|---|---|---|---|---|---|
| 灌后立测 | $-8\times10^{-6}$ | 0.0019 | 0.1644 | 6.305 | 98.507 | 513.16 | 0.9518 |
| 灌后 1d | $-4\times10^{-6}$ | 0.001 | −0.0941 | 3.8235 | −63.315 | 351.98 | 0.9902 |
| 灌后 3d | $-4\times10^{-6}$ | 0.001 | −0.095 | 3.8418 | −62.571 | 344 | 0.9792 |
| 灌后 5d | $-5\times10^{-6}$ | 0.0012 | −0.1056 | 4.312 | −72.446 | 417.01 | 0.9858 |
| 灌后 7d | $-5\times10^{-6}$ | 0.0012 | −0.1127 | 4.6056 | −78.575 | 478.49 | 0.9767 |

表 8.11　　F2 处理不同灌后天数下土壤硝态氮含量与土层深度的拟合参数

| 时间 | $a_1$ | $a_2$ | $a_3$ | $a_4$ | $a_5$ | $a_6$ | $R^2$ |
|---|---|---|---|---|---|---|---|
| 灌后立测 | $-8\times10^{-6}$ | 0.0019 | 0.167 | 6.5187 | 103.15 | 532.05 | 0.9626 |
| 灌后 1d | $-6\times10^{-6}$ | 0.0015 | −0.1314 | 5.2107 | −83.781 | 443.82 | 0.9718 |
| 灌后 3d | $-3\times10^{-6}$ | 0.0009 | −0.0867 | 3.8871 | −73.343 | 486.58 | 0.9896 |
| 灌后 5d | $-3\times10^{-6}$ | 0.0008 | −0.0823 | 3.7499 | −71.765 | 489.52 | 0.9830 |
| 灌后 7d | $-2\times10^{-6}$ | 0.0006 | −0.0616 | 3.0505 | −64.807 | 500.23 | 0.9789 |

表 8.12　　F3 处理不同灌后天数下土壤硝态氮含量与土层深度的拟合参数

| 时间 | $a_1$ | $a_2$ | $a_3$ | $a_4$ | $a_5$ | $a_6$ | $R^2$ |
|---|---|---|---|---|---|---|---|
| 灌后立测 | $5\times10^{-6}$ | 0.0011 | 0.0854 | 2.9398 | 42.864 | 202.62 | 0.9881 |
| 灌后 1d | $6\times10^{-6}$ | −0.0013 | 0.1044 | −3.6535 | 53.995 | −257.48 | 0.9811 |
| 灌后 3d | $6\times10^{-6}$ | −0.0014 | 0.1109 | −3.7815 | 54.055 | −238.09 | 0.9674 |
| 灌后 5d | $5\times10^{-6}$ | −0.001 | 0.0741 | −2.193 | 21.898 | 21.762 | 0.9601 |
| 灌后 7d | $4\times10^{-6}$ | −0.0009 | 0.0615 | −1.6915 | 12.738 | 108.28 | 0.9751 |

由以上 3 个表可知，各个处理拟合的相关系数 $R^2$均比 0.95 高，说明该模型能够较好的拟合不同灌后天数下各处理土壤硝态氮含量与土层深度之间的变化曲线，且相关关系显著。F1 处理灌后 1d 和灌后 3d 各个拟合参数无明显差异，灌后 5d 和灌后 7d 也无明显差异，随着灌后天数的推移拟合参数 $a_1$ 呈先增大后减小的规律，拟合参数 $a_2$、$a_4$ 和 $a_6$ 呈先减小后增大的规律，参数 $a_3$ 和 $a_5$ 呈逐渐减小的规律；F2 处理灌后 3d 和灌后 5d 各个拟合参数无明显差异，随着灌后天数的推移拟合参数 $a_1$ 呈不断增大的规律，参数 $a_2$ 和 $a_4$ 不断减小，参数 $a_3$、$a_5$ 和 $a_6$ 先减小后增大；F3 处理灌后 1d 和灌后 3d 各个拟合参数无明显差异，随着灌后天数的推移拟合参数 $a_1$、$a_3$ 和 $a_5$ 呈先增大后减小的规律，参数 $a_2$、$a_4$ 和 $a_6$ 先减小后增大。随着灌水量的增加，拟合参数 $a_1$、$a_3$ 和 $a_5$ 呈增大的趋势，参数 $a_2$、$a_4$ 和 $a_6$ 不断减小，F3 处理为高灌水量，拟合参数 $a_1$ 为正值，与 F1 和 F2 处理相反。

采用 F2 处理灌后 3d 的模型拟合不同深度土壤的硝态氮含量来验证模型的模拟精度，计算结果见表 8.13。由表可知，不同深度土层硝态氮含量模型拟合值与实测值相对误差均在 5%以内，说明该模型有较高的精度，能够准确地反应实际不同深度土壤硝态氮运移情况。

表 8.13 F2 处理灌后 3d 模型拟合不同深度土壤硝态氮含量与实测值对比

| 土层深度/cm | 10 | 20 | 30 | 40 | 50 | 60 | 70 | 80 |
|---|---|---|---|---|---|---|---|---|
| 实测值 | 63.041 | 11.51 | 73.088 | 135.405 | 143.862 | 144.452 | 142.447 | 140.909 |
| 拟合值 | 63.642 | 11.083 | 75.022 | 132.096 | 149.258 | 143.543 | 141.961 | 141.090 |
| 相对误差/% | 0.953 | 3.710 | 2.646 | 2.444 | 3.751 | 0.629 | 0.341 | 0.128 |

## 8.3 滴灌下不同灌水处理对马铃薯生长发育研究

### 8.3.1 材料与方法

#### 8.3.1.1 试验地概况

本试验实验点位于宁夏中部干旱带典型区域同心县下马关镇，地处鄂尔多斯台地与黄土高原北部的衔接地带[59]。北纬 37°18′～38°23′，东经 106°27′～105°35′，海拔 1730～1950m。试验地属温带大陆性气候，日照时间长，昼夜温差大。年内平均降水量 200～250mm，蒸发量为 2200～2315mm，地表蒸发剧烈且紫外线强度大。降雨主要集中在夏季的 7、8 月，占全年降雨量的 80%以上，无霜期 6 个月左右，有效积温 3915.3℃，地下水埋深在 10m 以下。试验点土壤类型为砂壤土，容重为 1.41g/cm$^3$，前茬歇地，肥力中上等，且播种前土壤的理化性质见表 8.14。

表 8.14 土壤理化性质

| pH 值 | 全盐量/(g/kg) | 有机量/(g/kg) | 水解氮量/(mg/kg) | 有效磷量/(mg/kg) | 速效钾量/(mg/kg) | 全氮量/(g/kg) | 全磷量/(g/kg) | 全钾量/(g/kg) |
|---|---|---|---|---|---|---|---|---|
| 8.07 | 0.13 | 5.68 | 25 | 5 | 140 | 0.27 | 0.555 | 16.2 |

#### 8.3.1.2 试验设计

马铃薯供试品种为克新 1 号。试验地各小区面积均为 3m×5m，四周设保护行，小区间保护行为 1.0m 宽，外围保护行为 1.0～4.5m 宽。株行距为 0.55m×0.60m，每株面积为 0.33m$^2$，每 60 株为一个小区。水分控制为滴灌，在每垄上安装一条旁壁式滴灌带。采用随机区组试验方法，以灌溉定额和氮肥施量为试验因素，过磷酸钙和硫酸钾分别施用 11kg/667m$^2$、5kg/667m$^2$，全部基施，尿素（纯氮 15kg/亩）多次施加的方式施肥，分别在幼苗期施 30%的尿素，块茎形成期施 30%的尿素，块茎增长期施 40%的尿素。根据马铃薯需水要求，本试验全生育期共灌水 3 次，每次灌水分为 3 次，幼苗期灌灌溉定额 25%的水量，块茎形成期灌灌溉定额 25%的水量，块茎

表 8.15 试验水平和因素设计

| 处理 | 因素 | |
|---|---|---|
| | X1 | X2 |
| | 灌溉定额/(m$^3$/hm$^2$) | 氮肥施量/(kg/hm$^2$) |
| F1 | 900 | 225 |
| F2 | 1260 | 225 |
| F3 | 1620 | 225 |

增长期灌溉定额50%的水量[60]。试验共3个处理，每处理设3次重复。该试验水平和因素设计见表8.15。

#### 8.3.1.3　测定指标及方法

（1）土壤养分本底值。在播种之前和试验结束后从试验小区取土壤原状土测定土壤的水解氮、有效磷、速效钾、全氮、全磷、全钾、土壤pH值。

（2）土壤容重和地温。从试验区取原状土采用环刀法测定土壤容重；采用直角地温计分别测定5cm、10cm、15cm、20cm、25cm深度的土壤温度。

（3）生长指标。在马铃薯生育期内每隔10d测定株高、茎粗、叶面积和冠幅；测量株高采用卷尺测量从地面到植株顶部的高度；茎粗用游标卡尺来测定；测定马铃薯叶面积需用直尺标定叶片的长度与宽度，再通过马铃薯叶面积指数计算得出；冠幅为冠层横纵两个方向的最大直径。

（4）品质指标。取各个处理一颗植株的根、茎、叶、块茎的样本，在105℃的烘箱中杀青后再在温度为70℃下烘干8h，进而测得干物质；运用碘比色法测定淀粉含量；运用比色法测定还原糖含量。

（5）产量。测产时挖出的植株必须是完整的。每个小区为一个测产单元，共30个单元，每个单元随机取样3株马铃薯，共90株马铃薯。先测出单株薯重，记录数据，再分为小薯（块茎重量小于50g）、中薯（块茎重量介于50～150g）、大薯（块茎重量大于150g），记录每类薯的个数和重量。

（6）土壤含水率和硝态氮。沿垂直于滴灌带方向每隔10cm取土，取至1m，水平方向距根部8.3cm、16.6cm和25cm处取土，观测并记录灌水后1d、3d、5d、7d的数据。将土样分成两份，一份用于测定土壤含水率，一份用于测定硝态氮含量；土壤含水率采用烘干法和使用TDR仪器测定；土壤硝态氮含量利用紫外分光光度计测定。

### 8.3.2　不同灌水处理对马铃薯生长量的影响

#### 8.3.2.1　不同灌水处理对马铃薯冠幅的影响

不同灌水处理下马铃薯冠幅的变化过程如图8.5所示。由方差分析表8.16可知，不同灌水处理对马铃薯冠幅的影响极显著（$p<0.01$）。由图8.5可知，各个处理马铃薯冠幅随着生育期的延长呈逐渐增加的变化规律；苗期至块茎生长期冠幅增长迅速，块茎生长期后增长缓慢，其主要原因是马铃薯在苗期至块茎生长期以地上茎叶的生长为主，各个处理苗期至块茎生长期的增长速率分别为30.14%、33.33%、32.79%，说明随着灌水量的增加马铃薯生育期内冠幅不断增加，但高灌水量会抑制冠幅的增长。最大的冠幅值出现在F2处理的淀粉积累期，峰值为50.94cm，F3处理冠幅值最低，各个处理分别比CK高33.33%、41.51%、26.08%。整体来看，马铃薯冠幅生长变化规律呈现为CK<F3<F1<F2。

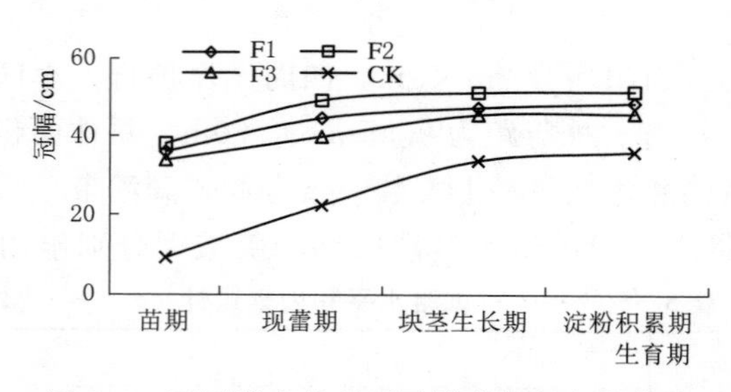

图8.5　不同灌水处理下马铃薯冠幅变化曲线

由表8.17可知，苗期和现蕾期F1和F3处理冠幅生长有显著性差异，受水分的影响较大。块茎生长期和淀粉积累期各处理冠幅生长无显著性差异。

表 8.16　不同灌水处理马铃薯冠幅方差分析

| 变异来源 | 平方和 | 自由度 | 均方 | $F$ 值 | $P$ 值 |
|---|---|---|---|---|---|
| 处理间 | 730.9959 | 2 | 365.4979 | 8.995 | 0.0003 |
| 处理内 | 3169.4733 | 78 | 40.6343 | | |
| 总变异 | 3900.4691 | 80 | | | |

表 8.17　马铃薯冠幅显著性分析

| 处理 | 苗期 | 现蕾期 | 块茎生长期 | 淀粉积累期 |
|---|---|---|---|---|
| F1 | 36±1.01[a] | 44.22±1.50[a] | 46.85±4.64[a] | 48.06±2.94[a] |
| F2 | 38.39±1.64[ab] | 48.67±0.87[ab] | 50.67±2.22[a] | 50.94±4.02[a] |
| F3 | 33.94±1.58[b] | 39.67±5.13[b] | 45.07±3.68[a] | 45.39±1.17[a] |

**注**　表中同列数据肩标小写字母不同表示差异显著（$P<0.05$）。

### 8.3.2.2　不同灌水处理对马铃薯株高的影响

不同灌水处理下马铃薯生育期内株高的变化过程如图 8.6 所示。由方差分析表 8.18 可知，不同灌水处理对马铃薯株高的影响极显著（$P<0.01$）。由图 8.6 可知，各个处理马铃薯株高的整体变化趋势一致，呈先增加后减少的变化趋势，即马铃薯在苗期至块茎生长期以地上茎叶的生长为主，因此株高先增加，随着生育期的推进，养分不断向块茎输送，株高达到峰值并趋于平衡，因此到淀粉积累期开始稳定并呈减少的趋势。株高峰值出现在 F2 块茎生长期，峰值为 40.16cm，F3 处理次之，其值为 34.79cm，最低值为 F1 处理，其值为 32.59cm。整体来看，马铃薯株高生长变化规律呈现为 CK<F1<F3<F2。

由表 8.19 可知，苗期，F2 和 F3 处理显著高于 F1 处理；现蕾期，各个处理均有显著性差异；块茎生长期，F2 处理显著高于 F1 和 F3 处理；淀粉积累期各个处理差异不显著。其原因是在实验条件下，苗期灌水量越多越有利于植株的生长，现蕾期和块茎生长期由于植株的快速生长，对水分的需求越来越大，出现显著性差异，在淀粉积累期，株高出现衰减，各处理间差异不显著。可见不同灌水量对马铃薯株高有促进作用，但不是灌水越多株高越大。

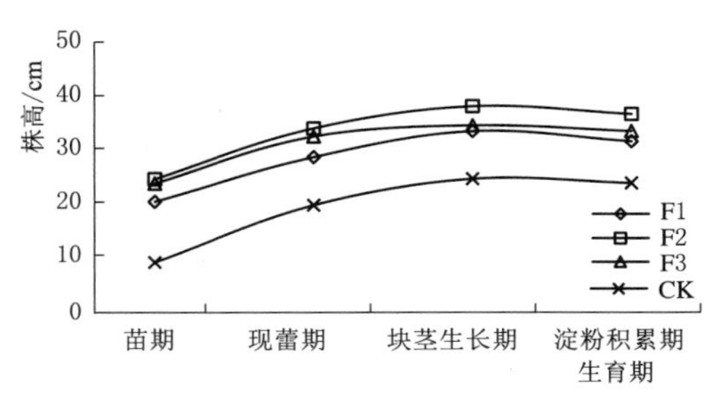


图 8.6　不同灌水处理下马铃薯株高变化曲线

表 8.18　不同灌水处理马铃薯株高方差分析

| 变异来源 | 平方和 | 自由度 | 均方 | $F$ 值 | $P$ 值 |
|---|---|---|---|---|---|
| 处理间 | 406.9244 | 2 | 203.4622 | 6.1190 | 0.0033 |
| 处理内 | 2892.6514 | 87 | 33.2489 | | |
| 总变异 | 3299.5758 | 89 | | | |

表 8.19 马铃薯株高显著性分析

| 处理 | 苗期 | 现蕾期 | 块茎生长期 | 淀粉积累期 |
|---|---|---|---|---|
| F1 | 19.91±0.82[b] | 29.25±0.33[c] | 34.77±0.70[b] | 32.59±1.94[a] |
| F2 | 24.67±0.98[a] | 35.39±0.38[a] | 40.12±0.71[a] | 37.45±2.74[a] |
| F3 | 23.76±0.13[a] | 33.64±0.21[b] | 36.02±0.66[b] | 34.79±0.93[a] |

注 表中同列数据肩标小写字母不同表示差异显著（$P<0.05$）。

#### 8.3.2.3 不同灌水处理对马铃薯茎粗的影响

不同灌水处理下马铃薯生育期内茎粗的变化过程如图 8.7。由方差分析表 8.20 可知，不同灌水处理对马铃薯茎粗的影响极显著（$P<0.01$）。由图 8.7 可知，各个处理马铃薯茎粗的变化规律与株高的变化规律基本一致，也呈现为先增加后减少的趋势，由于马铃薯在苗期至块茎生长期以地上茎叶的生长为主，因此茎粗先增加，随着生育期的推进，养分不断向块茎输送，茎粗达到峰值并趋于平衡，因此到淀粉积累期开始稳定并呈减少的趋势。茎粗峰值出现在 F2 处理块茎生长期，峰值为 14.96mm，F3 处理次之，其值为 13.71mm，最低值为 F1 处理，其值为 12.63mm。整体来看，马铃薯茎粗生长变化规律呈现为 CK<F1<F3<F2。

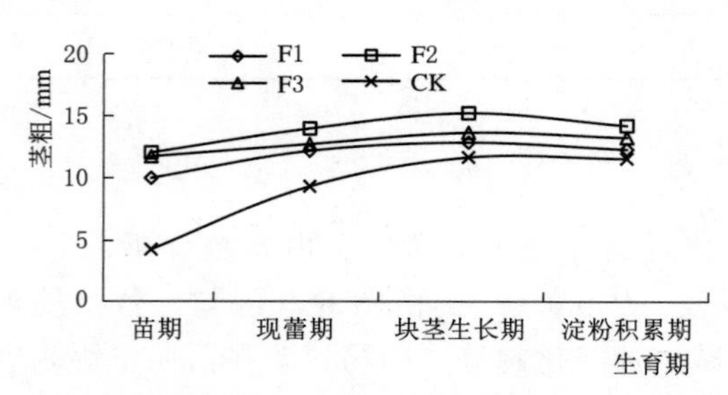

图 8.7 不同灌水处理下马铃薯茎粗变化曲线

由表 8.21 可知，苗期，F2 和 F3 处理显著高于 F1 处理；现蕾期和块茎生长期，F2 处理显著高于 F1 和 F3 处理；淀粉积累期各个处理差异不显著。其原因是在试验条件下，苗期灌水量越多越有利于植株的生长，现蕾期和块茎生长期由于植株的快速生长，对水分的需求越来越大，出现显著性差异，在淀粉积累期，茎粗出现衰减，各处理间差异不显著。可见 F1 和 F2 处理对马铃薯茎粗有促进作用，但 F3 处理是高灌水量，抑制了茎粗的生长。

表 8.20 不同灌水处理马铃薯茎粗方差分析

| 变异来源 | 平方和 | 自由度 | 均方 | $F$ 值 | $P$ 值 |
|---|---|---|---|---|---|
| 处理间 | 56.3774 | 2 | 28.1887 | 13.9380 | 0 |
| 处理内 | 157.7451 | 78 | 2.0224 | | |
| 总变异 | 214.1225 | 80 | | | |

表 8.21 马铃薯茎粗显著性分析

| 处理 | 苗期 | 现蕾期 | 块茎生长期 | 淀粉积累期 |
|---|---|---|---|---|
| F1 | 9.81±0.61[b] | 11.96±0.04[b] | 12.63±0.50[b] | 12.07±0.11[a] |
| F2 | 11.83±0.60[a] | 13.74±0.46[a] | 14.96±0.56[a] | 13.96±0.67[ab] |
| F3 | 11.52±0.19[a] | 12.50±0.47[b] | 13.71±0.21[b] | 13.01±0.82[a] |

注 表中同列数据肩标小写字母不同表示差异显著（$P<0.05$）。

#### 8.3.2.4 不同灌水处理对马铃薯叶面积的影响

不同灌水处理下马铃薯生育期内叶面积的变化过程如图 8.8。由方差分析表 8.22 可知，不同灌水处理对马铃薯叶面积的影响极显著（$P<0.01$）。由图 8.8 可知，各个处理马铃薯叶面积的整体变化规律呈现为先增后减再增的趋势，即从苗期到现蕾期呈现为增长趋势，到块茎生长期逐渐变小，淀粉积累期叶面积又开始逐渐增加。这是由于马铃薯在苗期和现蕾期以地上茎叶的生长为主，因此叶面积呈增加的现象；而在块茎生长期，该地区降雨时间集中，马铃薯叶子有所萎缩，所以叶面积有所减小；淀粉积累期叶面积增加因为降雨土壤吸收大量的水分，足以满足马铃薯叶片生长所需的水分，故叶面积会有所增加。各个处理叶面积最大值均出现在淀粉积累期，F2 处理叶面积峰值值为 28.74$cm^2$，次之为 F3 处理，其值为 27.53$cm^2$，F1 处理叶面积值最小，其值为 26.42$cm^2$。整体来看，马铃薯叶面积生长变化规律呈现为 CK＜F1＜F3＜F2。可见 F1 和 F2 处理对马铃薯叶面积有促进作用，但 F3 处理是高灌水量，抑制了叶面积的生长。

由表 8.23 可知，苗期，各个处理均有显著性差异；现蕾期，F2 处理显著高于 F1 和 F3 处理，F1 和 F3 处理差异性不显著；块茎生长期，各个处理均有显著性差异；淀粉积累期，F2 处理显著高于 F1 处理，F3 处理与 F1 和 F2 处理差异性不显著。其原因是在苗期灌水量越多越有利于植株的生长，随着生育期的推进，对水分的需求越来越大，出现显著性差异，而在淀粉积累期，植株的生长基本停止，主要进入淀粉储藏期，养分与水分基本都输送给块茎[61]，因此各处理间差异不显著。

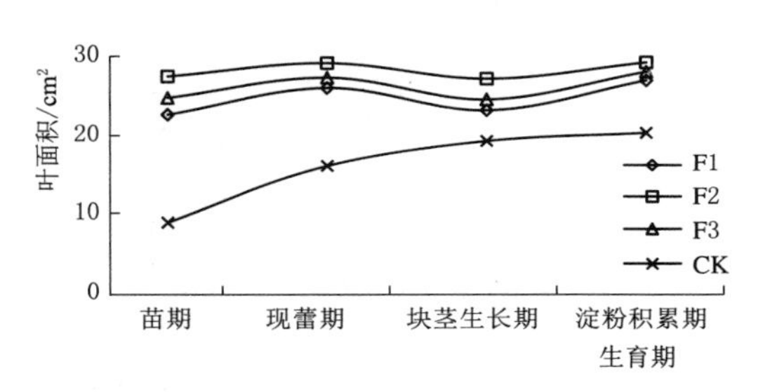

图 8.8 不同灌水处理下马铃薯叶面积变化曲线图

**表 8.22 不同灌水处理马铃薯叶面积方差分析**

| 变异来源 | 平方和 | 自由度 | 均方 | *F* 值 | *P* 值 |
|---|---|---|---|---|---|
| 处理间 | 188.3913 | 2 | 94.1956 | 19.3560 | 0 |
| 处理内 | 423.3920 | 87 | 4.8666 | | |
| 总变异 | 611.7833 | 89 | | | |

**表 8.23 马铃薯叶面积显著性分析表**

| 处理 | 苗期 | 现蕾期 | 块茎生长期 | 淀粉积累期 |
|---|---|---|---|---|
| F1 | $22.04\pm0.31^{c}$ | $25.47\pm1.00^{b}$ | $22.59\pm0.21^{c}$ | $26.42\pm0.11^{b}$ |
| F2 | $26.94\pm0.15^{a}$ | $28.66\pm0.37^{a}$ | $26.63\pm0.32^{a}$ | $28.74\pm0.67^{a}$ |
| F3 | $24.20\pm0.08^{b}$ | $26.78\pm0.26^{b}$ | $23.98\pm0.13^{b}$ | $27.53\pm0.82^{ab}$ |

注 表中同列数据肩标小写字母不同表示差异显著（$P<0.05$）。

### 8.3.3 不同灌水处理对马铃薯品质的影响

#### 8.3.3.1 不同灌水处理对马铃薯还原糖含量的影响

图 8.9 为不同灌水处理下马铃薯还原糖的含量。由图可知，随着灌水量的增加，马铃

薯还原糖的含量不断减少；F1处理还原糖含量最高，峰值为0.452%，次之为F2处理，其值为0.43%，F3处理还原糖含量最低，最小值为0.42%；马铃薯块茎还原糖含量整体呈现的规律为F3<F2<F1。说明灌溉定额越小越有利于还原糖的积累。

#### 8.3.3.2　不同灌水处理对马铃薯淀粉含量的影响

图8.10为不同灌水处理下马铃薯成熟期淀粉的含量。由图可知，马铃薯淀粉含量随着灌水量的增加呈先增加后减少的趋势；F2处理淀粉含量最高，峰值为13.22%，F1处理次之，其值为12.11%，F3处理淀粉含量最低，最小值为10.54%；马铃薯淀粉含量整体呈现的规律为F3<F1<F2。说明适量的灌水有利于马铃薯块茎淀粉的积累，灌水量过大或过小均对马铃薯块茎淀粉的积累起负效应[62]。

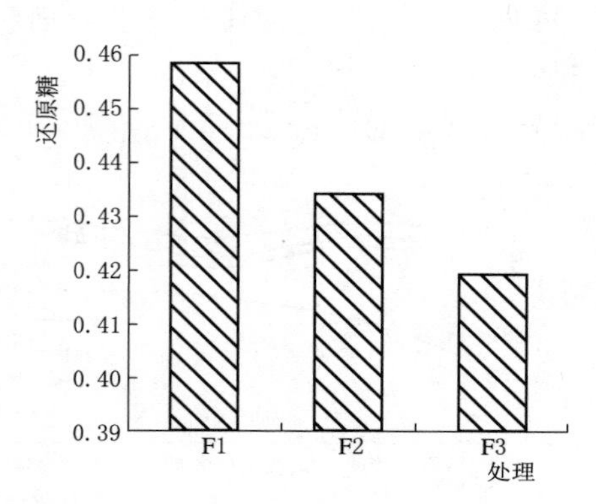


图8.9　不同灌水处理下马铃薯还原糖含量

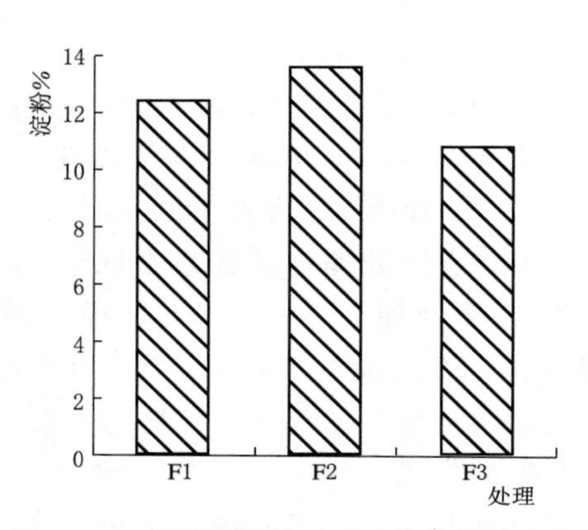


图8.10　不同灌水处理下马铃薯淀粉含量

#### 8.3.3.3　不同灌水处理对马铃薯干物质的影响

图8.11为不同灌水处理下马铃薯干物质的含量。由图可知，马铃薯干物质量随着灌水量的增加表现为先增加后降低规律；F2处理干物质含量最高，峰值为19.93%，F1处理次之，其值为18.53%，F3处理最低，最小值为18.1%；马铃薯干物质含量整体变化规律呈F3<F1<F2。说明灌溉定额过大或过小均不利于干物质的积累。

#### 8.3.3.4　不同灌水处理对马铃薯品质方差分析

由表8.24可知，F1处理还原糖含量显著高于F3处理还原糖含量，F2处理还原糖含量与F1、F3处理差异不显著；F2处理淀粉含量及干物质量显著高于F3处理，而F1处理淀粉含量和干物质量与F2、F3处理差异不显著。说明低灌水量有利于马铃薯块茎还原糖的积累，灌水量过高或过低均不利于马铃薯淀粉量和干物质量的积累。

**表8.24　马铃薯品质显著性分析**　%

| 处　理 | 还原糖量 | 淀　粉　量 | 干物质量 |
|---|---|---|---|
| F1 | 0.452±0.013[a] | 12.107±1.414[ab] | 18.533±0.808[b] |
| F2 | 0.430±0.010[ab] | 13.217±0.202[a] | 19.933±0.416[a] |
| F3 | 0.417±0.005[b] | 10.537±0.545[b] | 18.100±0.300[b] |

**注**　表中同列数据肩标小写字母不同表示差异显著（$P<0.05$）。

### 8.3.4 不同灌水处理对马铃薯产量的影响

表8.25方差分析可知，不同灌溉定额对马铃薯产量的影响极显著（$P<0.01$）。对试验点不同灌水处理下的马铃薯进行测产，依据测产结果绘制产量分布图，见图8.12。由图8.12得出不同灌水处理下马铃薯产量不同，其中F1处理灌溉定额最小且产量为16.27t/hm$^2$，F2处理产量最高，为25.88t/hm$^2$，F3处理产量最低，仅为11.71t/hm$^2$，且F3处理的灌溉定额最大。说明灌溉定额在一定范围内可以促进马铃薯产量的增加，但是当灌溉定额超过1260m$^3$/hm$^2$时，产量与灌溉定额呈负相关关系[63]。

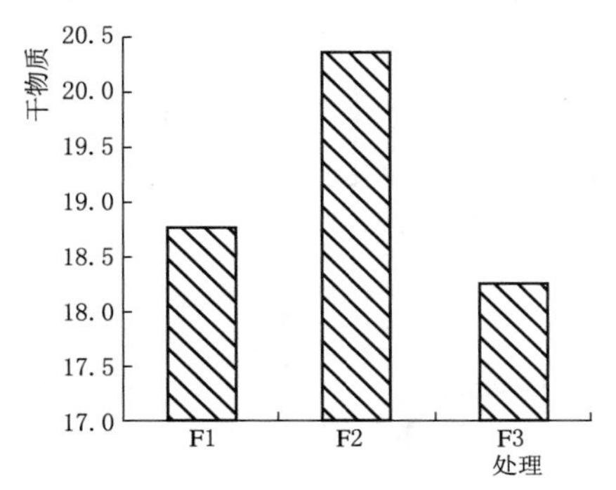


图8.11 不同灌水处理下马铃薯干物质含量

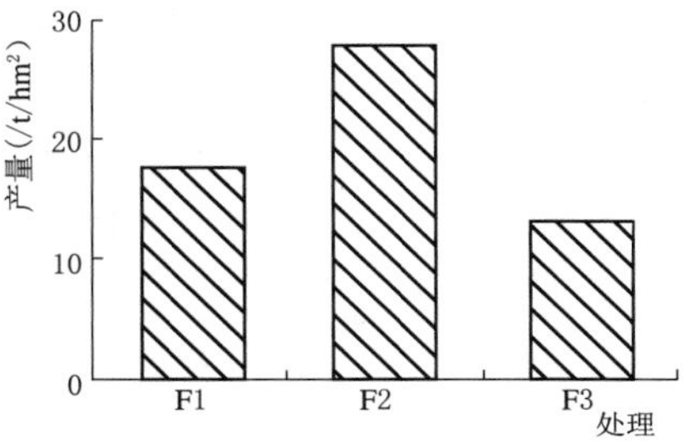

图8.12 不同灌水处理下马铃薯产量变化

表8.25 马铃薯产量方差分析

| 变异来源 | 平方和 | 自由度 | 均方 | $F$值 | $P$值 |
|---|---|---|---|---|---|
| 处理间 | 1291485.292 | 2 | 645742.6459 | 24.23 | 0.001 |
| 处理内 | 639618.9981 | 24 | 26650.7916 | | |
| 总变异 | 1931104.29 | 26 | 645742.6459 | | |

## 8.4 不同灌水处理对马铃薯根区土壤水氮运移研究

### 8.4.1 不同灌水处理对马铃薯含水率的影响

#### 8.4.1.1 不同灌水处理对马铃薯生育期内含水率的影响

马铃薯不同灌水处理下全生育期内不同土层土壤含水率变化过程见图8.13。由图可知，苗期马铃薯植株小，生长较慢，对水分的需求不大，故0～40cm土层土壤含水率随着灌水量的增加而增加；40cm以下土层土壤含水率趋于稳定状态；F1处理各土层土壤含水率在1.92%～15.12%之间变化，F2处理在2.36%～16.83%之间变化，F3处理在6.9%～16.02%之间变化，均比不灌水处理各土层土壤含水率高。

现蕾期，各处理0～20cm土层土壤含水率均呈上升趋势；F1处理20～60cm土层土壤含水率呈下降趋势，主要是由于马铃薯根部主要分布在20～40cm土层，吸收了该土层附近的水分，F2和F3处理在该土层呈先增加后减少的趋势，在40cm土层土壤含水率达到峰值，其峰值分别为15.32%和16.32%，该生育期马铃薯对水分的需求不高，因为灌水量越多，该土层含水率越大；各处理 60～80cm 土层土壤含水率不断增加，且灌水量越多，含水率越大，是由于土壤中的水分不断下渗导致。

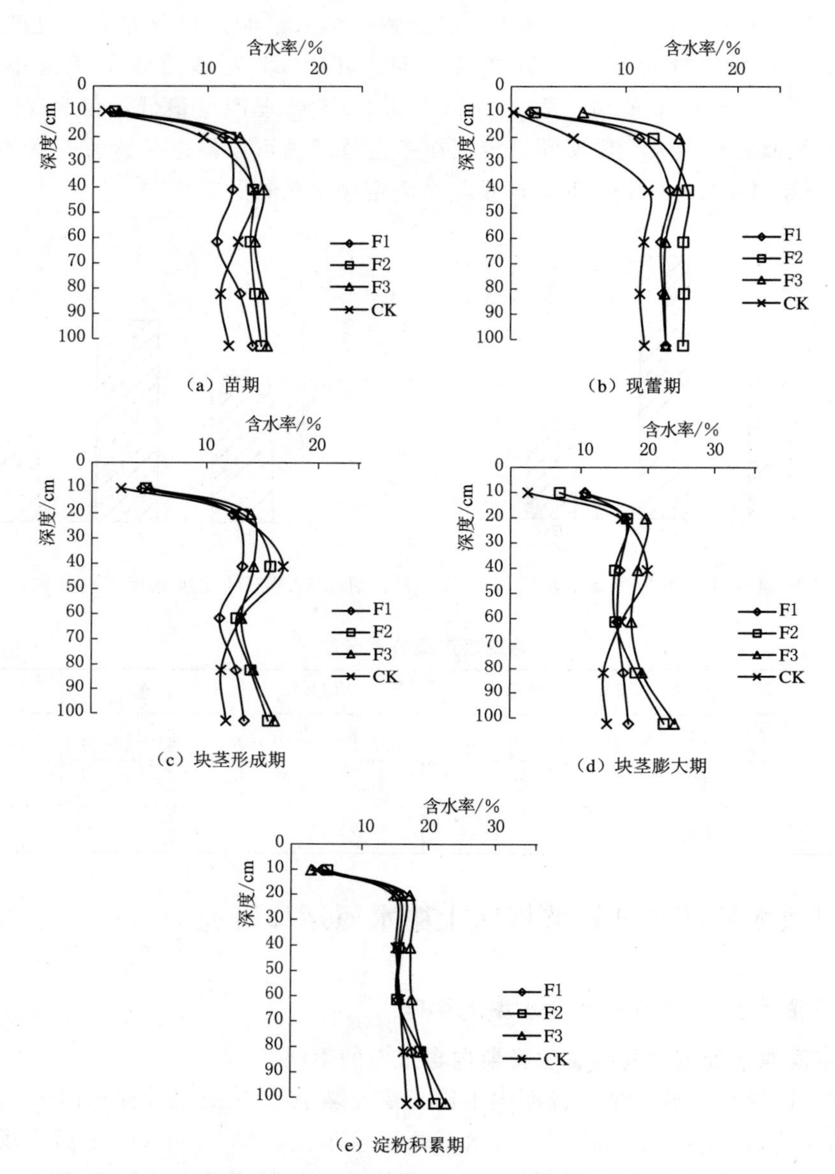


图 8.13　不同灌水处理下全生育期内马铃薯各土层含水率变化

块茎形成期，各处理 0～20cm 土层土壤含水率均呈上升趋势，20～60cm 土层土壤含水率呈先增加后减少的趋势，且比 CK 值低，60～80cm 土层土壤含水率不断增加，比 CK 值高。其原因是马铃薯生长速度加快，根系需水量增加，马铃薯根部主要分布在 20～40cm 土层，大量吸收了该土层附近的水分，壤中的水分不断下渗导致 60～80cm 土层土壤含水率不断增加。

块茎膨大期，整体的变化趋势呈V形。各处理0～20cm土层土壤含水率均呈上升趋势，20～60cm土层土壤含水率呈下降的趋势，F1处理降幅为6.31%，F2处理降幅为9.43%，F3处理降幅为12.58%，60～80cm土层土壤含水率呈增加的趋势，这是由于该生育期为马铃薯生长最旺盛的阶段，水分需求量大，根系吸收的水分多集中在20～60cm土层，灌水量越多，下降的幅度越大。

淀粉积累期，各处理0～20cm土层土壤含水率均呈上升趋势，20～60cm土层土壤含水率呈下降的趋势，下降幅度比块茎膨大期降低，60～80cm土层土壤含水率呈增加的趋势，其原因是该生育阶段马铃薯根系需水量减少，因而20～60cm土层土壤含水率下降幅度小。F1和F2处理在20～60cm土层土壤含水率比CK处理低，F3处理比CK处理高，F1、F2和F3处理60～80cm土层土壤含水率均比CK处理高，说明高灌水量F3处理有多余的水分存在。

**8.4.1.2 距根部相同距离不同灌水处理对不同土层含水率的影响**

以第二次灌水、距根部16.6cm为例，分析不同灌水量对各土层含水率的影响。图8.14表示不同灌水天数下马铃薯根区各处理0～100mm土层土壤含水率变化过程。由图可知：F1处理不同深度土壤的初始含水率值在5%～10%之间，F2处理的在5%～12%之间，F3处理的在5%～13%之间，各个处理不同深度土壤的初始含水率均不一致，其原因是各个处理试验区域存在差异性。灌水1d后，F1处理0～40cm土层土壤含水率不断降低，降幅为26.2%，50～100cm土层土壤含水率以2%的幅度上下波动，其原因是马铃薯根系主要分布在20～40cm土层，吸收了该土层附近的水分，对50cm以下的土层含水率影响小。F2处理0～40cm土层土壤含水率先增加后减少，50～100cm土层土壤含水率不断降低，降幅为50.1%，其原因是表层土壤（0～20cm）含水率随着灌溉定额的增加而增加，而马铃薯根系主要分布在20～40cm土层，吸收了该土层附近的水分，因而含水率降低，马铃薯次要根系分布在60～80cm土层，吸收该土层附近的水分，因此50～100cm土壤含水率不断降低。F3处理0～20cm土层土壤含水率降低，降幅为5%，20～40cm土层土壤含水率不断增加，增幅为18.1%，50～100cm土层土壤含水率不断降低，降幅为24%，其原因是F3处理为高灌溉定额，不仅满足了马铃薯根部对水分的需求，还有多余的水分，因此在20～40cm土层土壤含水率增加，0～20cm土层土壤含水率由于蒸发而降低，50～100cm土层土壤含水率减少的原因是马铃薯次要根系吸收了该土层附近的水分，灌溉定额越大，降幅越小。

灌水3d后，F1处理0～40cm土层土壤含水率以2%的幅度上下波动，50～100cm土层土壤含水率不断降低，降幅为39.3%，其原因是灌溉定额较小，不能满足马铃薯根部对水分的需求，因此0～40cm土壤含水率变化幅度不大，50～100cm土层土壤含水率降低是由于土壤中的水分不断下渗。F2处理土壤越深，含水率越小，其原因是随着时间推移，土壤中的水分不断下渗、蒸发或被马铃薯根部吸收利用，使含水率降低。F3处理0～30cm土层土壤含水率变化不大，30～40cm土层土壤含水率增加，50～100cm土层土壤含水率不断降低，其原因是随着时间推移不同深度土壤水分不断下渗；灌水5d后，F1处理不同深度土壤含水率不断降低，降幅为42.6%，F2处理不同深度土壤含水率也呈下降趋势，降幅为37.3%，F3处理不同深度土壤呈先增大后减少的趋势，其原因是随着灌溉定额的增加，马铃薯根区需要的水分不断满足，因此含水率降低的幅度不断降低，F3处理为高灌溉定额，在马铃薯根部有多余水分存在；灌水7d后，F1和F2处理不同深度土壤含水率呈下降趋势，降幅分别为34.9%和46.0%，F3处理不同深度土壤含水率呈上升的趋势，其原因是F1处理为低灌溉定额，入渗一定时间后，入渗率趋于一稳定值，F2处理因随着入渗时间的推移，入渗速率逐渐降低，F3处理由于灌溉定额最大，地表形成了积水，从无压入渗变成有压入渗，入渗速率增大。

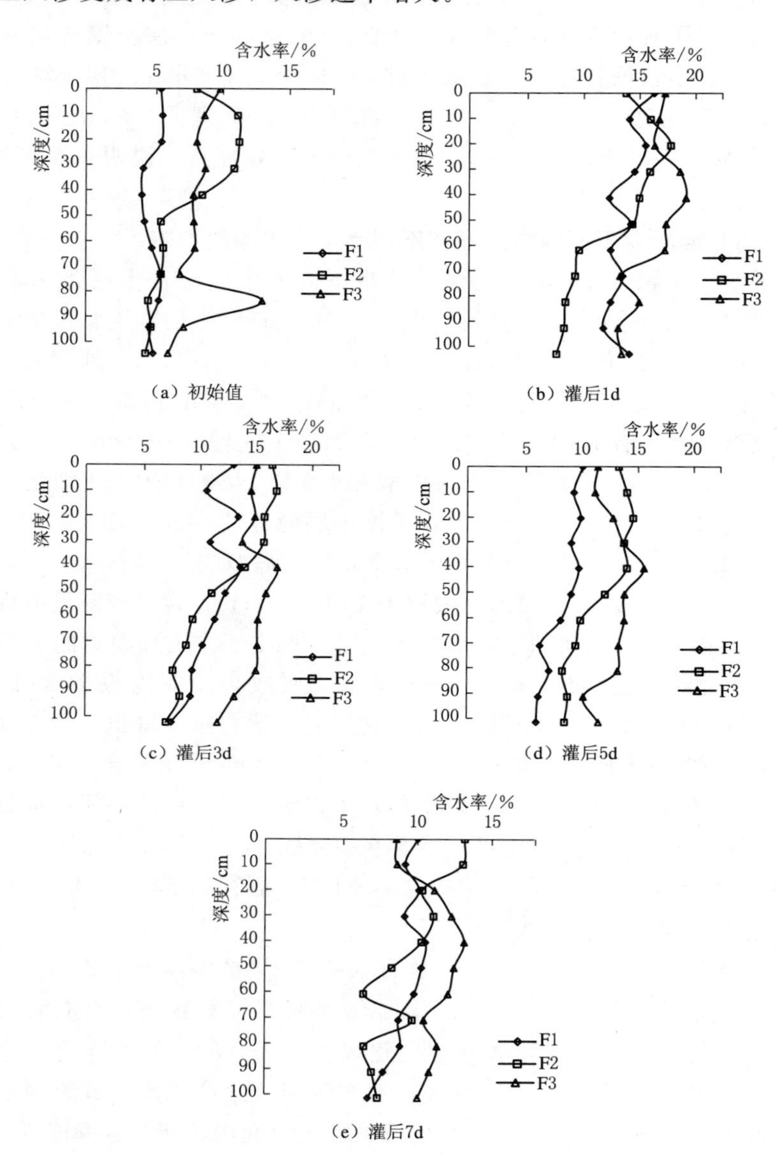


图8.14　不同灌水天数后不同灌水处理各土层土壤含水率分布

#### 8.4.1.3　灌水量相同距根部不同距离对不同土层含水率的影响

以第二次灌水、F2处理为例，分析距根部不同距离对各土层含水率的影响。令距根部 8.3cm 为 T1 处理，距根部 16.6cm 为 T2 处理，距根部 25cm 为 T3 处理。图 8.15 表示不同灌水后天数下各个处理马铃薯根区各土层土壤含水率变化过程。由图可知：

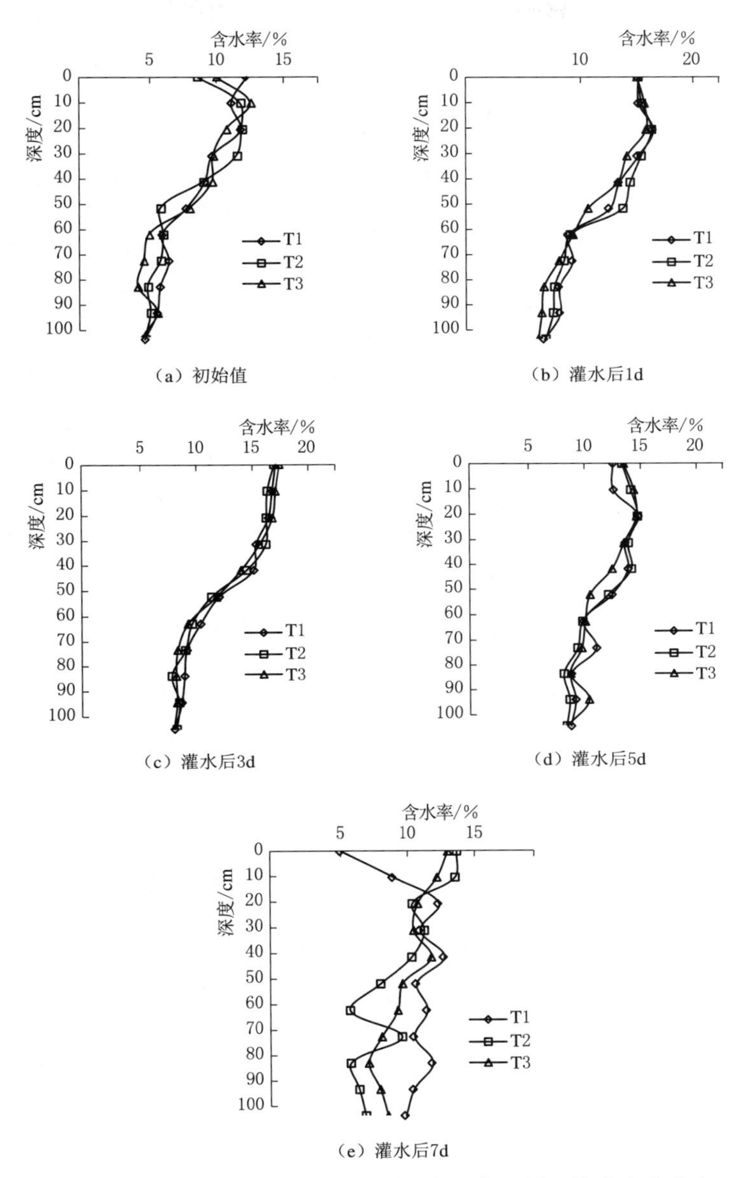


图 8.15　不同灌水天数后不同距离下各土层土壤含水率分布

T1 处理不同深度土壤含水率初始值在 5.1%～11.91%之间变化，T2 处理在 5.17%～11.63%之间变化，T3 处理在 4.91%～12.21%之间变化。各个处理不同深度土壤含水率基本一致，且随着深度的增加不断减少。灌水 1d 后，各个处理表层土壤（0～20cm）呈增加的趋势，T1 处理的增幅为 8.9%，T2 处理的增幅为 7.8%，T3 处理的增幅为 5.3%，说明离根部越远，土壤含水率增加的幅度越小；20～60cm 土层土壤含水率不断降低，T1

处理降幅为 45.97%，T2 处理降幅为 44.28%，T3 处理降幅为 41.02%，马铃薯根部主要分布在该土层，吸收了该土层附近的水分，容易吸收离根部近的土层中的水分，因而离根部越近，土壤含水率下降的幅度越大；60～100cm 土层土壤含水率虽呈下降趋势，但降幅比 20～60cm 土层小，各个处理降幅均为 25%左右，说明灌水后 1d 对各处理 60～100cm 土层土壤含水率的影响较小。

灌水后 3d，各个处理不同深度土层土壤含水率均呈下降趋势，各处理总体下降幅度分别为 59.24%、57.85%、56.92%，说明离根部越近，土壤含水率下降的幅度越大。各个处理 0～20cm 土层土壤含水率下降幅度比 20～60cm 土层低，主要原因是马铃薯根系主要分布在 20～40cm 土层，吸收了该土层附近大量的水分。60～80cm 土层土壤含水率也呈下降趋势，80～100cm 土层土壤含水率趋于稳定状态，其原因是由于马铃薯次要根系吸收了该土层附近的水分，而对 80～100cm 土层土壤含水率影响较小。

灌水后 5d，各个处理 0～20cm 土层土壤含水率不断增加，是由于表层土壤蒸发而导致。20～8cm 土层土壤含水率不断降低，T1 处理降低幅度为 40.47%，T2 处理降低幅度为 44.65%，T3 处理降低幅度为 40.35%，其原因是马铃薯的主要根系和次要根系分布在该土层，吸收了该土层的水分，因而不断降低，随着灌水后时间的推进，马铃薯根系不断生长，吸收的水分不断扩大，因此 T2 处理降幅最大，次之 T1 处理，T3 处理最小。80～100cm 土层土壤含水率趋于稳定状态。

灌水后 7d，T1 处理 0～20cm 土层土壤含水率不断增加，增幅比灌水 5d 大，说明蒸发强度越大，表层土壤蒸发量越多，20～100cm 土层土壤含水率均值为 10.87%，并以 1.3%幅度上下浮动。T2 和 T3 处理 0～80cm 土层土壤含水率呈下降趋势，T2 处理降幅为 53.36%，比 T3 处理高 11.64%，80～100cm 土层土壤含水率不断增加，T3 处理土壤含水率高于 T2 处理。

### 8.4.2　不同灌水处理下马铃薯根区土壤硝态氮运移规律

#### 8.4.2.1　距根部相同距离不同灌水处理对不同土层硝态氮的影响

以第二次灌水、距根部 16.6cm 为例，分析不同灌水量对各土层硝态氮含量的影响。图 8.16 表示不同灌水天数后各个处理马铃薯根区各土层土壤硝态氮变化过程。由图可知：

各灌水处理下马铃薯根区土壤硝态氮变化规律均为：随着灌溉定额的增加，0～20cm 土层硝态氮的含量不断增加，30～50cm 土层硝态氮的含量不断减少，60～100cm 土层硝态氮含量在 0.2mg/kg 的基础上以 0～0.11mg/kg 上下浮动，其原因是灌水量的不断增加促进表层土壤的硝态氮向下层移动，因此 0～20cm 土壤硝态氮含量不断增加，马铃薯根区主要分布在 30～40cm，吸收了该土层附近的养分，而对 60～100cm 土层影响小。F1 处理，灌水 1d 后不同深度土壤硝态氮含量最低，均值为 0.3mg/kg，随着灌水后天数的增加，不同深度土壤硝态氮含量不断增加，灌水 3d 后不同深度土层硝态氮的含量比灌水 1d 后高 0.1mg/kg 左右，总体呈两头高中间低的分布特征，灌水 5d 后不同深度土壤硝态氮的含量比灌水 3d 后高 0.3mg/kg 左右，灌水 7d 后 0～40cm 土壤硝态氮含量达到峰值，为 0.83mg/kg，其原因是土壤中水分少且蒸发强度大，蒸腾拉力使下层土壤中的硝态氮上升；F2 处理，灌水 1d 后，0～20cm 土壤硝态氮含量呈上升趋势，增幅为 53.1%，20～40cm 土壤硝态氮含量呈下降趋势，降幅为 57.1%，50cm 以下土层硝态氮含量在

0.18mg/kg 左右，其原因是灌水量越大，促进了硝态氮向下层运移，因此硝态氮含量先增加，马铃薯根区吸收了大量的硝态氮，因此又呈下降趋势，随着灌水后天数的增加，不同深度土层硝态氮含量不断减少，但在灌水 5d 后 0～40cm 土壤硝态氮含量达到峰值，为 0.67mg/kg，其原因是灌水 5d 后马铃薯根区有多余的硝态氮积累，随着时间的推移，不断淋移下渗，因此灌水 7d 后不同深度土层硝态氮的含量又出现减少的现象。F3 处理规律与 F2 处理一致。

灌水 7d 后，F1 和 F3 处理在 20～40cm 土层硝态氮含量达到峰值，分别为 0.66mg/kg 和 0.30mg/kg，出现了硝态氮累积现象，50～70cm 土层硝态氮含量低于初始值，分别比初始值 0.39mg/kg 和 0.28mg/kg 低 0.18mg/kg 和 0.06mg/kg，不利于马铃薯次要根区对养分的吸收。

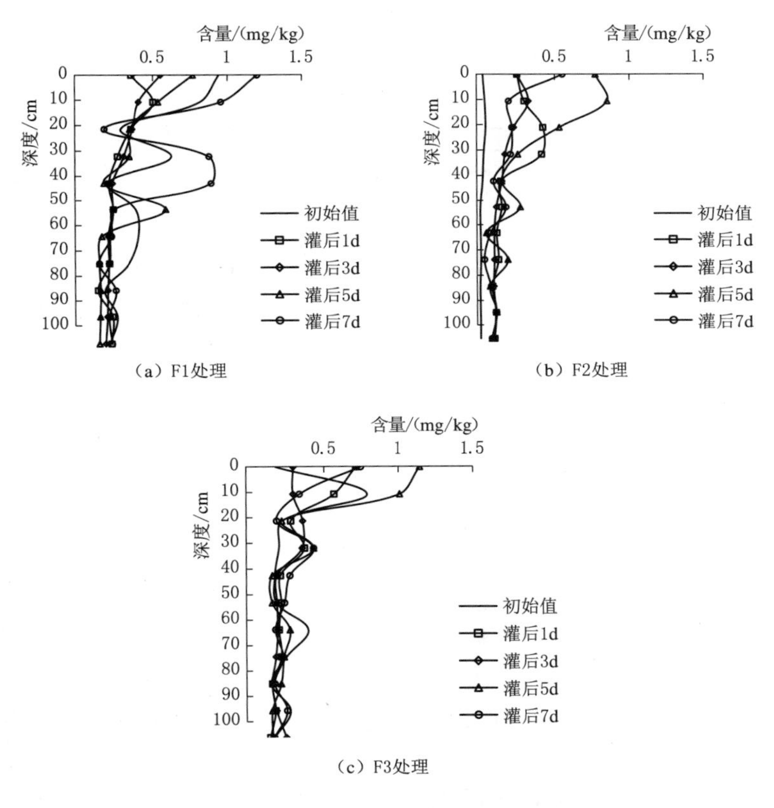


图 8.16 不同处理下马铃薯根区土壤硝态氮分布图

#### 8.4.2.2 灌水量相同距根部不同距离对不同土层硝态氮的影响

以第二次灌水、F2 处理为例，分析距根部不同距离对各土层硝态氮含量的影响。令距根部 8.3cm 为 T1 处理，距根部 16.6cm 为 T2 处理，距根部 25cm 为 T3 处理。图 8.17 表示不同灌水后天数下各个处理马铃薯根区各土层土壤硝态氮含量变化过程。由图可知：

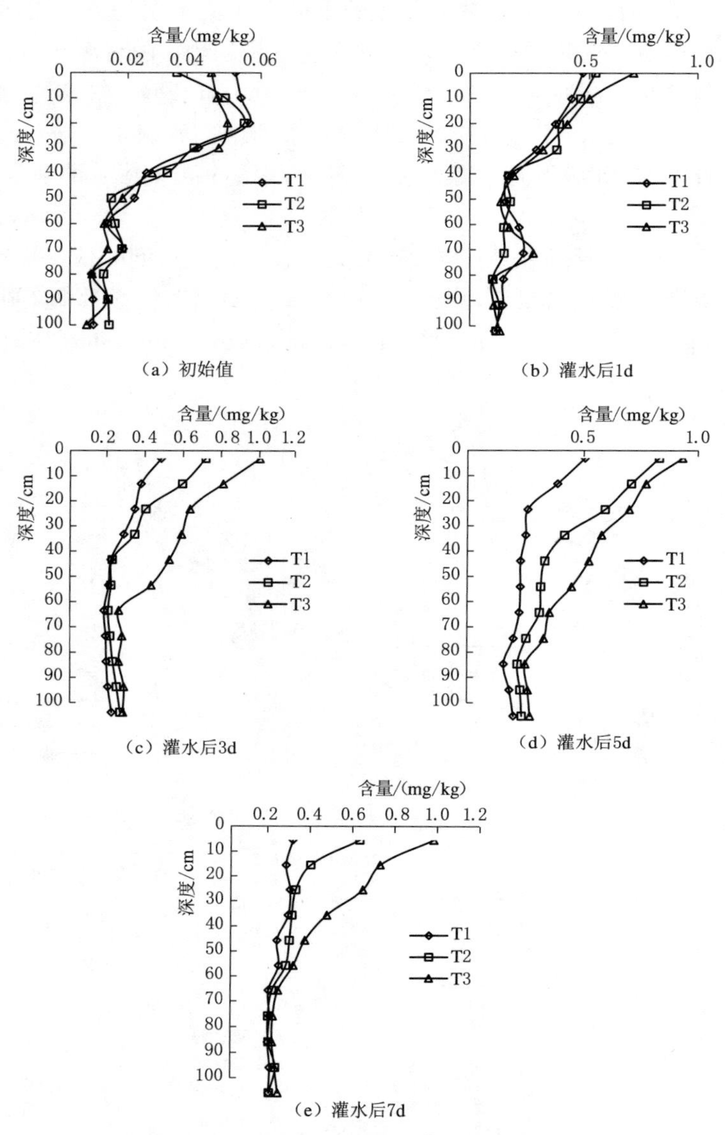


图 8.17　不同灌后天数不同距离下各土层土壤硝态氮含量分布

T1 处理不同深度土层硝态氮含量在 0.014～0.057mg/kg 之间变化，T2 处理在 0.017～0.055mg/kg 之间变化，T3 处理在 0.013～0.051mg/kg 之间变化，各个处理 0～20cm 土层硝态氮含量不断增加，20～60cm 土层硝态氮含量不断降低，60cm 以下土层硝态氮含量趋于稳定状态，各个处理差异不显著。灌水 1d 后，各个处理 0～40cm 土层硝态氮含量不断减少，距离根部越远，硝态氮含量越高，40cm 以下土层均在 0.2mg/kg 的基础上上下波动，由于马铃薯根部主要分布在 20～40cm 土层，吸收了该土层附近的氮素，灌水 1d 后对深层土壤无明显影响。

灌水 3d 后，各处理 0～60cm 土层硝态氮含量呈下降趋势，20～60cm 土层硝态氮含量明显低于0～20cm土层硝态氮含量，60～100cm土层硝态氮含量呈上升的趋势，距离根部越远，硝态氮含量越高，其原因是马铃薯根部主要分布在20～40cm土层，吸收了该土层附近的氮素，随着灌后时间的推移，硝态氮不断淋移下渗，导致60～100cm土层硝态氮含量不断增加。

灌水后5d，离根部越远，不同深度土层硝态氮含量越大。各处理在0～80cm土层硝态氮含量均呈现下降的趋势，T1处理降幅为68.73%，T2处理降幅为73.66%，T3处理降幅为72.89%，说明随着灌水后天数的推移，马铃薯根系对养分的需求不断扩大。各处理60～80cm土层硝态氮含量降低的幅度显然比0～60cm土层下降的幅度低，主要是由于马铃薯次要根系吸收了该土层附近的养分，但需求比主要根系低。硝态氮不断淋移下渗导致80～100cm土层硝态氮含量不断增加。

灌水后7d，T1和T2处理0～60cm土层硝态氮含量呈降低趋势，降幅分别为45.8%和73.38%，60cm以下土层硝态氮含量均为0.15mg/kg左右。T3处理0～60cm土层硝态氮含量不断降低，降幅为80.54%，60cm以下土层硝态氮含量呈上升的趋势。由于马铃薯根系增强了对养分的需求，因而离根部越远，下降幅度越大。

# 参 考 文 献


［1］ 吴季松．应对世界水资源危机［N］．人民日报，2000－4－18（7）．

［2］ 门福义，刘梦云．马铃薯栽培生理［M］．北京：中国农业出版社，1995.

［3］ 张千友，王万疆，廖武霜．马铃薯主粮化与产业开发研究综述［J］．西昌学院报，2016，30（2）：1－5.

［4］ 马国成．宁夏旱区膜下滴灌水肥耦合对马铃薯生理指标及品质的影响［D］．宁夏大学，2017.

［5］ 刘战东，肖俊夫，于秀琴．不同土壤水分处理对马铃薯形态指标、耗水量及产量的影响［J］．中国农村水利水电，2010，（8）：24－28.

［6］ ALLEN RG，Smith M，Pereira LS，et al. An update for calculation of reference evapo transpiration［J］．IC ID Bull，1994，43：35－92.

［7］ B Z Yuan，S Nishiyama，Y Kang. Effects of different irrigation regimes on the growth and yield of drip－irrigated potato［J］．Agricultural Water Management，2003，63（3）：153－167.

［8］ 王凤新，康跃虎，刘士平．滴灌条件下马铃薯耗水规律及需水量的研究［J］．干旱地区农业研究，2005，23（1）：12－15.

［9］ 张岁岐，山仑．植物水分利用效率及其研究进展［J］．干旱地区农业研究，2002，20（4）：1－5.

［10］ 山仑，徐萌．节水农业及其生理生态基础［J］．应用生态学报，1991，2（1）：70－76.

［11］ 李荣生，许煌灿，尹光天，等．植物水分利用效率的研究进展［J］．林业科学研究，2003，16（3）：366－371.

［12］ Van Loon C D. The effect of water stress on potato growth，development and yield［J］．Am Potato J，1981，58：51－69.

［13］ 高聚林，刘克礼，张宝．马铃薯干物质积累与分配规律的研究［J］．中国马铃薯，2003，17（4）：209－212.

［14］ 杨进荣，王成社，李景琦，等．马铃薯干物质积累及分配规律研究［J］．西北农业学报，2004，13（3）：118－120.

［15］ Fabeiro C F，Martin de Santa Olalla，de Juan J A. Yield and size of deficit irrigated potatoes［J］．Agricultural Water Management，2001，48：255－266.

［16］ Shoek CC，Feibert E B G，Saunders L D. Potato yield and quality response to defieit irrigation［J］．Hort Science，1998，33（4）：655－659.

［17］ 杜建民，王峰，左忠，等．旱地马铃薯根际补灌最佳栽培时期及适宜补灌量研究［J］．干旱地区农业研究，2009，27（2）：129－132.

［18］ 谢华，沈荣开，徐成剑，等．水、氮效应与叶绿素关系试验研究［J］．中国农村水利水电，2003（8）：40－43.

［19］ Evans J R，Seemann J R. Difference between wheat genotypes in specific activity of ribulose－1 5－bisphosphate carboxylase and the relationship to photosynthesis［J］．Plant Physiology，1984，74：759－765.

［20］ Evans J. R. Photosynthesis and nitrogen relationships in leaves of C3 plants［J］．Oecologia，1989，78：9－19.

[21] Szeles A V, Megyes A, Nagy J. Irrigation and nitrogen effects on the leaf chlorophyll content and grain yield of maize in different crop years. Agricultural Water Management, 2012. 107: 133 - 144.
[22] 刘晓宏，肖洪浪，赵良菊．不同水肥条件下春小麦耗水量和水分利用率［J］．干旱地区农业研究，2006（1）：56 - 59.
[23] 梁锦秀，郭鑫年，张国辉，等．氮磷钾用量对宁南旱地马铃薯产量及水肥利用效率的影响［J］．中国土壤与肥料，2015（6）：76 - 81.
[24] 付丽霞，李云乐．农业面源污染的现状、问题及对策探析［J］．食品安全质量检测学报，2014（7）：2285 - 2289.
[25] 陈印军，方琳娜，杨俊彦．我国农田土壤污染状况及防治对策［J］．中国农业资源与区划，2014（4）：1 - 5，19.
[26] 陈远学，李汉邯，周涛，等．施磷对间套作玉米叶面积指数、干物质积累分配及磷肥利用效率的影响［J］．应用生态学报，2013，10：2799 - 2806.
[27] 李荣生，许煌灿，尹光天，等．植物水分利用效率的研究进展［J］．林业科学研究，2003（3）：366 - 371.
[28] 黄承建，赵思毅，王龙昌，等．马铃薯/玉米套作对马铃薯品种光合特性及产量的影响［J］．作物学报，2013（2）：330 - 342.
[29] 陈晓瑞．宁夏马铃薯产业现状及发展对策［A］．中国作物学会马铃薯专业委员会．马铃薯产业与农村区域发展［C］．中国作物学会马铃薯专业委员会，2013：4.
[30] 陈建国．不合理施肥引起的稻田生态系统退化机理及其施肥修复效应研究［D］．湖南农业大学，2008.
[31] 王保莉，岑剑，武传东，等．过量施肥下氮素形态对旱地土壤细菌多样性的影响［J］．农业环境科学学报，2011（7）：1351 - 1356.
[32] 马立珩，张莹，隋标，等．江苏省水稻过量施肥的影响因素分析［J］．扬州大学学报（农业与生命科学版），2011（2）：48 - 52.
[33] 王艳群，彭正萍，薛世川，等．过量施肥对设施农田土壤生态环境的影响［J］．农业环境科学学报，2005，S1：81 - 84.
[34] 刘小虎，邢岩，等．施肥量与肥料利用率关系研究与应用［J］．土壤通报，2012（1）：131 - 135.
[35] 李文证．宁夏旱区膜下滴灌水肥耦合对马铃薯产量及肥料利用率的影响［D］．宁夏大学，2017.
[36] 宁夏马铃薯滴灌种植技术规程［Z］．银川：宁夏水利科学研究院，2016.
[37] 张明炷，李庆淮．土壤学与农作学［M］．北京：中国水利水电出版社，2007.
[38] 国际制土壤质地分级标准［S］，1987.
[39] 全国土壤质量标准化技术委员会. GB/T 32737—2016 土壤硝态氮的测定 紫外分光光度法［S］．北京：中国标准出版，2016.
[40] 环境保护部. HJ 634—2012 土壤氨氮、亚硝酸盐氮、硝酸盐氮的测定 氯化钾溶液提取—分光光度法［S］．北京：中国标准出版社，2012.
[41] 刘霞，张冰冰，马兵，等．甘蓝型油菜株高及其相关性状的主基因+多基因遗传分析［J］．西北农业学报，2018，27（4）：528 - 536.
[42] 于海英，王力．高寒草甸草本植物物候期和植株高度的关系研究［J］．内蒙古农业大学学报，2018（9）：1 - 10.
[43] BERNARD - VERDIER M, NAVAS ML, VELLEND M. Community assembly along a soil depth gradient: Contrasting patterns of plant trait convergence and divergence in a Mediterranean rangeland［J］. Journal of Ecology, 2012, 100: 1422 - 1433.
[44] 宋娜，王凤新，杨晨飞，等．水氮耦合对膜下滴灌马铃薯产量、品质及水分利用的影响［J］．农业工程学报，2013，29（13）：98 - 105.

[45] 沈建根．毛乌素沙地作物耗水规律及蒸散发过程模拟研究［D］．中国地质大学，2013.
[46] 谢贤群．测定农田蒸发的试验研究［J］．地理研究，1990，9（4）：94－98.
[47] 中华人民共和国农业部. GB/T 31784—2015 马铃薯商品薯分级与检验规程［S］．北京：中国标准出版社，2015.
[48] 李玉斌，马忠明．水氮互作对膜下滴灌玉米产量及水氮利用的影响［J］．玉米科学，2018，26（2）：102－109.
[49] 史鑫蕊，徐强，胡克林，等．灌水次数对绿洲春玉米田氮素损失及水氮利用效率的影响［J］．农业工程学报，2018，34（3）：118－126.
[50] 吕殿青，杨进荣．灌溉对土壤硝态氮淋吸效应影响的研究［J］．植物营养与肥料学报，1999，5（4）：307－315.
[51] 李梦龙，何万春，何昌福，等．氮肥施用量对水浇地覆膜马铃薯土壤矿质氮含量及马铃薯产量的影响［J］．甘肃农业大学学报，2016，51（3）：60－64.
[52] 胡亚瑾．垄膜沟秸秆覆盖对土壤水热与夏玉米生长的影响及其 HYDRUS 模拟［D］．西北农林科技大学，2016.
[53] Šimünek J，Šejna M，Van Genuchten M Th. The HYDRUS－1D software package for simulating the one－dimensional movement of water，heat，and multiple solutes in variably－saturated media（Version 2.0）［M］．California：U. S. Salinity Laborator Agricultural Research Service，U. S. Department of Agriculture，Riverside，1998.
[54] Selim T，Bouksila F，Bemdtsson R，et al. Soil water and salinity dis－tribution under different treatment of drip irrigation［J］．Soi1 Science Society of America，2013，77（4）：1144－1156.
[55] Simunek J，Genuchten M T J，Šejna M. Development and applications of the HYDRUS and STANMOD software packages and related codes［J］．Vadose Zone Journal，2008，7（2）：587－600.
[56] El－Nesr M N，Alazba A A，Šimunek J. HYDRUS simulation of the effects of dual－drip subsurface irrigation and a physical barrier on water movement and solute transport in soil［J］．Irrigation Science，2014，32－33.
[57] 刘彩虹．吉林西部苏打盐渍土区土壤水氮空间分布特征及行为模拟［D］．长春：吉林大学，2016.
[58] 张春辉．基于 SWAT 模型的苦水河流域水文过程模拟［D］．银川：宁夏大学，2018.
[59] 刘凡．干旱区马铃薯膜下滴灌条件下水肥耦合效应研究［D］．杨凌：西北农林科技大学，2014.
[60] 耿浩杰，尹娟，吴娇，刘宇朝．不同灌水量对马铃薯生长、耗水及产量品质的影响［J］．节水灌溉，2019（3）：43－47，58.
[61] 马慧娥．宁夏干旱区马铃薯膜下滴灌水肥耦合试验研究［D］．银川：宁夏大学，2015.
[62] 高锋．水氮耦合对膜下滴灌马铃薯土壤水氮运移及产量品质的影响［D］．呼和浩特：内蒙古农业大学，2017.
[63] 吴娇，尹娟，耿浩杰，等．滴灌下不同灌水处理对马铃薯水氮运移及产量的影响［J］．节水灌溉，2019（1）：22－25，31.